高等职业教育机电类专业系列教材

机床数控技术基础

主　编　蒋洪平　柴　俊　刘彩霞
副主编　陈晓红　王　蓓

西安电子科技大学出版社

内 容 简 介

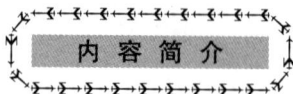

　　本书为五年制高职和三年制高职数控专业核心课教材。作者按照教学规律和学生职业成长规律及学生认知规律组织编写,内容由浅入深,重点突出,举例典型,条理清楚,具有很强的指导性。全书共分七章,包括绪论、数控机床的机械结构、数控编程与加工工艺基础、自动编程技术、计算机数控系统、伺服驱动系统、数控机床的使用与维护。

　　本书既可作为职业院校数控技术应用专业、数控设备应用与维护专业、机械设计与制造专业、机电一体化专业、机电设备维修专业等的教学用书,也可作为相关行业岗位培训教材及有关人员的自学用书。

图书在版编目(CIP)数据

机床数控技术基础 / 蒋洪平,柴俊,刘彩霞主编. —西安:西安电子科技大学出版社,2018.11(2024.7 重印)
ISBN 978 - 7 - 5606 - 5084 - 5

Ⅰ. ①机… Ⅱ. ①蒋… ②柴… ③刘… Ⅲ. ①数控机床 Ⅳ. ①TG659

中国版本图书馆 CIP 数据核字(2018)第 237683 号

策　　划　李惠萍　秦志峰
责任编辑　李惠萍
出版发行　西安电子科技大学出版社(西安市太白南路 2 号)
电　　话　(029)88202421　88201467　　邮　编　710071
网　　址　www.xduph.com　　　　　　电子邮箱　xdupfxb001@163.com
经　　销　新华书店
印刷单位　陕西天意印务有限责任公司
版　　次　2018 年 11 月第 1 版　2024 年 7 月第 3 次印刷
开　　本　787 毫米×1092 毫米　1/16　印张 24
字　　数　566 千字
定　　价　58.00 元
ISBN 978 - 7 - 5606 - 5084 - 5

XDUP　5386001 - 3

前　言

随着我国工业化水平的日益提高，数控机床的使用开始普及，它的利用率是衡量一个国家制造业水平的重要标准之一。我国已将数控技术列为振兴装备制造业的关键技术，并制定了相应政策壮大其产业。当前，数控技术人才是国内紧缺的高素质技能型人才之一。

本书作者长期从事机床数控技术应用、数控编程与加工、CAD/CAM 软件技术应用的教学与推广工作。本书内容的组织充分考虑到教学规律、学生认知规律与职业成长规律，由浅入深，重点突出，举例典型，条理清楚，具有很强的实践指导性。

全书共分七章，包括绪论、数控机床的机械结构、数控编程与加工工艺基础、自动编程技术、计算机数控系统、伺服驱动系统、数控机床的使用与维护。每章后附有适当的思考与练习题，便于学生复习；自测题用于学生自行检验学习效果。

本书既可作为职业院校数控技术应用专业、数控设备应用与维护专业、机械设计与制造专业、机电一体化专业、机电设备维修专业等的教学用书，也可作为相关行业岗位技能培训教材及有关人员自学用书。

本书参考教学时数为 80 学时，各章节的推荐学时分配如下：

序号	章节名称	学时
1	绪论	6
2	数控机床的机械结构	10
3	数控编程与加工工艺基础	16
4	自动编程技术	10
5	计算机数控系统	14
6	伺服驱动系统	12
7	数控机床的使用与维护	10
	机动	2
	合计	80

本书由江苏联合职业技术学院无锡机电分院的蒋洪平、柴俊，许昌电气职业学院的陈晓红，江苏省宜兴中等专业学校的余新，新乡市职业教育中心的刘彩霞，张家口

机械工业学校的王蓓等共同编写，由蒋洪平、柴俊、刘彩霞任主编，陈晓红、王蓓任副主编。蒋洪平教授统稿全书，具体编写分工为：蒋洪平编写第 1、5 章，余新编写第 2 章，刘彩霞编写第 3 章，柴俊编写第 4 章，王蓓编写第 6 章，陈晓红编写第 7 章。参与编写工作的还有蒋涵铎、陆纯娜、于爱珠、陆炳光等。

书中例题和练习涉及的原文件以及结果文件，请读者到西安电子科技大学出版社网站(http://www.xduph.com)上下载，或与作者联系通过电子邮件传送。

本书在编写过程中参阅了大量有关机床数控技术应用方面的资料和教材，在此谨致谢意。

由于编者水平有限，书中不足之处在所难免，敬请各位读者批评指正。所有意见和建议请发往 jhpjhpjhp@163.com(作者邮箱)。

欢迎访问江苏省职业教育名师工作室"蒋洪平 CAD/CAM 技术名师工作室"网站（附精品课程教学资源）：http://jhp.wxambf.com。

编　者

2018 年 9 月

本课程对应岗位

机床数控技术基础是数控技术应用、数控设备应用与维护、机电一体化、模具设计与制造、机电设备维修等专业学生必修的专业核心课程。

通过本课程的理论知识与实验实训技能的学习与训练,可使学生具有数控加工操作、程序编制等相关职业工种所具备的基本知识、基本能力和基本素质;初步具有从事数控加工工艺设计、加工程序编制、数控机床操作等具体工作岗位的能力,并且具有数控机床简单故障报警排除以及维护和保养的能力。

本课程内容对应的工作岗位有:

(1)数控设备操作工;

(2)数控设备安装与调试工;

(3)数控设备维护与修理工;

(4)数控程序员;

(5)现场生产管理员;

(6)现场设备管理员;

(7)现场工艺技术管理员;

(8)机电产品售后服务员。

机床数控岗位需求知识

（1）学习机床数控技术的基础知识，掌握数控技术的基本概念，熟悉数控机床的种类、基本组成和工作过程，了解机床数控技术的最新发展水平和方向。

（2）熟悉数控机床主运动系统、进给运动系统以及辅助装置的组成、工作原理与特点。

（3）熟悉常用数控机床的工艺范围和应用特点，具备数控机床程序编制的初步能力。

（4）熟悉常用数控系统的种类及硬件和软件的结构、数控系统的接口技术和信息处理的基本过程、刀具补偿原理、软件插补方法，了解 PLC 在数控机床上的应用。

（5）熟悉伺服驱动系统的控制类型、工作原理，熟悉数控机床位置检测装置的类型和工作原理。

（6）初步具备数控机床选用与管理、安装与调试的能力。

（7）能独立操作常用的数控机床，具备数控机床日常维护和保养的能力和故障排除的初步能力。

目　录

第1章

绪 论

本章知识点 ✎

(1) 数控机床的基本概念、结构组成和工作原理；
(2) 数控机床的加工特点和适用范围；
(3) 数控机床的常用种类；
(4) 机床数控技术的发展趋势。

先导案例 📄

　　机床工业是一个国家发展国民经济和国防工业的基础工业，尤其是数控机床，备受各国政府重视。世界上各工业发达国家均将数控技术及数控装备列为国家战略物资，不仅采取重大措施来发展自己的数控技术及其产业，而且在"高精尖"数控关键技术和装备方面对其它国家实行封锁和限制政策。冷战期间对西方国家安全危害最大的军用敏感高科技走私案件之一——东芝事件，就能很好地说明这一切。总之，大力发展以数控技术为核心的先进制造技术已成为世界各发达国家加速经济发展、提高综合国力和国家地位的重要途径。那么"东芝事件"具体案情是什么呢？

1.1 数控机床的概念

1.1.1 引言

　　机电一体化技术是一门新兴的综合性高科技技术，是机械技术与电子技术(特别是微电子技术)的有机结合。它是从系统观点出发，应用机械、电子、信息等技术，在信息论、控制论、系统工程等基础上建立起来的一门科学技术。它通过机械和电子技术的有机结合，互相渗透，从而产生出一批功能更强、性能更好的新一代机械产品和系统。

　　数控机床和数控技术正是微电子技术同传统机械技术相结合的产物，是一种技术密集型的产品和技术。它根据机械加工工艺的要求，使电子计算机对整个加工过程进行信息处理与控制，从而实现生产过程的自动化，较好地解决了复杂、精密、多品种、中小批量机械零件的加工问题，是一种通用、灵活、高效能的自动化机床。同时，数控技术又是柔性制造系统(Flexible Manufacturing System，FMS)、计算机集成制造系统(Computer Integrated Manufacturing System，CIMS)的技术基础之一，是机电一体化高新技术的重要组成部分。

1.1.2 数控机床的定义

数控即数字控制(Numerical Control，NC)，在机床领域是指用数字化信号对机床运动及其加工过程进行控制的一种方法。如果采用存贮程序的专用计算机来实现部分或全部的基本数控功能，则称为计算机数控(Computerized Numerical Control，CNC)。

数控机床即是采用了数控技术的机床，或者说是装备了数控系统的机床。国际信息处理联盟(International Federation for Information Processing，IFIP)第五技术委员会对数控机床的定义是：数控机床是一个装有程序控制系统的机床。该系统能够逻辑地处理具有使用代码或其他符号编码指令规定的程序。这里所说的程序控制系统，通常称作数控系统。

1.2 数控机床的组成和工作原理

1.2.1 数控机床的组成

图 1-1 是一台三坐标数控铣床的基本组成图，它是由 X、Y、Z 三个坐标来实现刀具和工件间的相对运动的立式数控铣床。

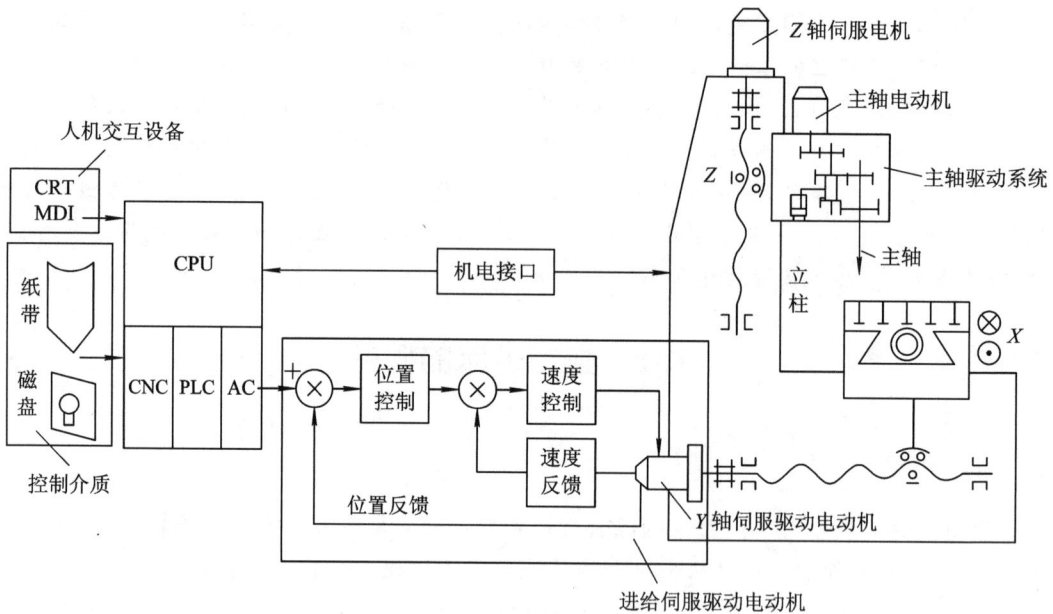

图 1-1 数控机床的基本组成

1. 控制介质

控制介质是指人与数控机床之间建立联系的媒介物，又称信息载体，如手持移动硬盘、闪存卡、磁盘、磁带、穿孔纸带等。

2. 人机交互设备

数控机床应具有人机联系的功能，键盘和显示器是数控不可缺少的人机交互设备。

3. 计算机数控装置

计算机数控(CNC)装置是由中央处理单元(CPU)、存储器、总线和相应的软件构成的专用计算机,它接到信息输入后,经过译码、轨迹计算(速度计算)、插补运算和补偿计算,再给各个坐标的伺服驱动系统分配速度、位移指令。这一部分是数控机床的核心,整个数控机床的功能强弱主要由这一部分决定。

4. 可编程控制器

可编程控制器(PLC)的作用是接受数控装置辅助控制指令,完成对数控机床的辅助加工动作控制,如控制机床的顺序动作、定时计数、主轴电动机的启动和停止、主轴转速调整、冷却泵启停以及转位换刀等动作。

5. 进给伺服驱动系统

进给伺服驱动系统的作用是把数控装置发来的速度和位移指令(脉冲信号)转换成执行部件的进给速度、方向和位移。

6. 测量反馈装置

测量反馈装置的作用是通过测量机床的实际运动并反馈,与指令运动比较,使 CNC 能随时判断机床的实际位置、速度是否与指令一致。

7. 主轴驱动系统

主轴驱动系统的作用是驱动主轴在正反方向都可实现转动和加减速。现代数控机床绝大部分采用交流主轴驱动系统。

8. 机床本体

数控机床的本体指其机械结构实体,包括加工运动的实际执行部件,如主运动部件、进给运动执行部件、工作台、拖板及其部件和床身立柱等,其设计要求比通用机床严格。

简单地说,数控机床主要具有与人脑相似的数控装置,与人手相似的伺服系统,与人体骨架相似的机床本体,与人体感官相似的位置检测装置。

1.2.2 数控机床的工作原理

1. 数控机床的工作过程

数控机床工作的一般过程如图 1-2 所示。

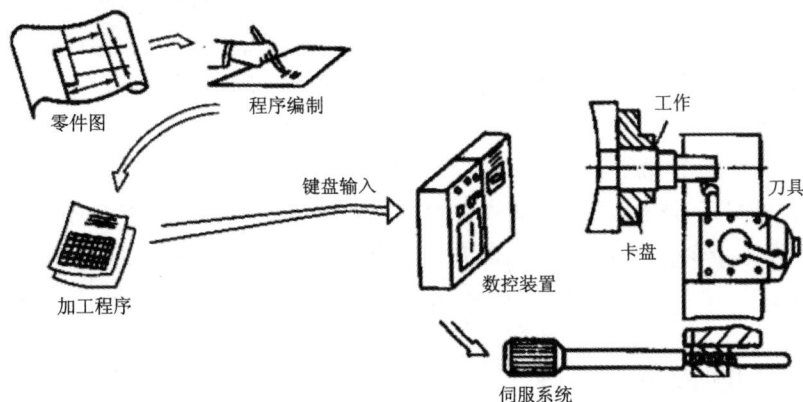

图 1-2 数控机床工作的一般过程

（1）通过对零件图样的分析，明确加工要求、加工条件，然后进行工艺设计，确定机床、刀具、夹具、加工方法，并进行必要的数学处理、辅助准备。

（2）将上述加工意图和数据结果按数控装置所规定的程序格式编制加工程序。

（3）将加工程序以二进制数字代码的形式记录在输入介质上，通过输入装置加工程序又以数字脉冲的形式被输入到数控装置。

（4）数控装置将加工程序信息进行一系列处理后，将处理结果以数字脉冲信号的形式向伺服系统发出执行命令，并按顺序控制机床主运动和其他辅助装置的开关动作。

（5）伺服系统接到执行信息后立即驱动机床进给机构，在位检装置的监视下进行进给运动；主运动机构接到命令后实现相应的启动、停止、正反转和变速；其他辅助运动也在相应命令下准确执行，进给运动、主运动、辅助运动相互配合，以实现准确及预定的加工运动。

2. 数控机床的工作内容

数控机床在加工零件时，根据所输入的数控程序，由数控装置控制机床执行机构的各种动作(包括机床主运动的变速、启停，进给运动的方向、速度和位移大小，以及其他诸如刀具选择交换、工件夹紧松开和冷却润滑的启停等)，使刀具与工件及其它辅助装置严格地按照数控程序规定的顺序、路径和参数进行工作，从而加工出满足给定技术要求的零件。

1.3 数控机床的加工特点和适用范围

1.3.1 数控机床的加工特点

与普通机床相比，数控机床具有以下特点：

（1）可以加工具有复杂型面的工件。

在数控机床上加工零件，零件的形状主要取决于加工程序。因此只要能编写出程序，无论工件多么复杂都能加工。例如，采用五轴联动的数控机床，就能加工螺旋桨的复杂空间曲面。

（2）加工精度高，质量稳定。

数控机床本身的精度比普通机床高，一般数控机床的定位精度为 ± 0.01 mm，重复定位精度为 ± 0.005 mm，在加工过程中操作人员不参与操作，因此工件的加工精度全部由数控机床保证，消除了操作者的人为误差。又因为数控加工工序集中，减少了工件多次装夹对加工精度的影响，所以工件的精度高，尺寸一致性好，质量稳定。

（3）生产率高。

数控机床可有效地减少零件的加工时间和辅助时间。数控机床主轴转速和进给量的调节范围大，允许机床进行大切削量的强力切削，从而有效地节省了加工时间。数控机床移动部件在定位中均采用了加速和减速措施，并可选用很高的空行程运动速度，缩短了定位和非切削时间。对于复杂的零件，可以采用计算机自动编程，而零件又往往安装在简单的定位夹紧装置中，从而加速了生产准备过程。尤其在使用加工中心时，工件只需一次装夹就能完成多道工序的连续加工，减少了半成品的周转时间，生产率的提高更为明显。此外，数控机床能进行重复性操作，尺寸一致性好，减少了次品率和检验时间。

（4）改善了劳动条件。

使用数控机床加工零件时，操作者的主要任务是程序编辑、程序输入、装卸零件、刀具准备、加工状态的观测、零件的检验等，劳动强度极大降低，机床操作者的劳动趋于智力型工作。另外，机床一般是封闭式加工，既清洁，又安全。

（5）有利于生产管理现代化。

使用数控机床加工零件，可预先精确估算出零件的加工时间，所使用的刀具、夹具可进行规范化、现代化管理。数控机床使用数字信号与标准代码为控制信息，易于实现加工信息的标准化，目前已与计算机辅助设计与制造（CAD/CAM）有机地结合起来，是现代集成制造技术的基础。

1.3.2 数控机床的适用范围

从数控机床加工的特点可以看出，数控机床加工的主要对象有：
（1）多品种、单件小批量生产的零件或新产品试制中的零件；
（2）几何形状复杂的零件；
（3）精度及表面粗糙度要求高的零件；
（4）加工过程中需要进行多工序加工的零件；
（5）用普通机床加工时，需要昂贵工装设备（工具、夹具和模具）的零件。

由此可见，数控机床和普通机床都有各自的应用范围，如图 1-3 所示，横轴是工件的复杂程度，纵轴是每批的生产件数。由图 1-3 可以看出数控机床的使用范围很广。图 1-4 为在各种机床上加工零件时的批量数和综合费用的关系。

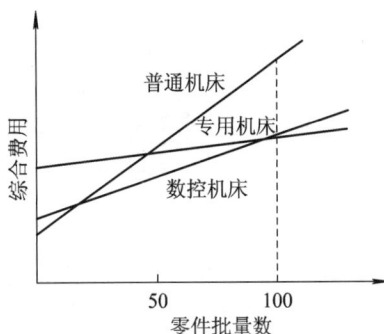

图 1-3 各种机床的使用范围 图 1-4 各种机床的加工批量与成本的关系

1.4 数控机床的分类

1.4.1 按工艺用途分类

1. 普通数控机床

普通数控机床是与传统的普通机床工艺可行性相似的各种数控机床的统称。如果从使用角度考虑并按机床的加工特性，又可以分为数控车床、数控铣床、数控刨床、数控磨床、数控钻床及数控电加工机床等。如进一步分析机床的结构等因素，还可进行更细的分类。

例如，普通数控车床还可分为卧式数控车床、立式数控车床、卡盘式数控车床和顶尖式数控车床等。

图 1-5 是数控车床，图 1-6 是数控铣床。

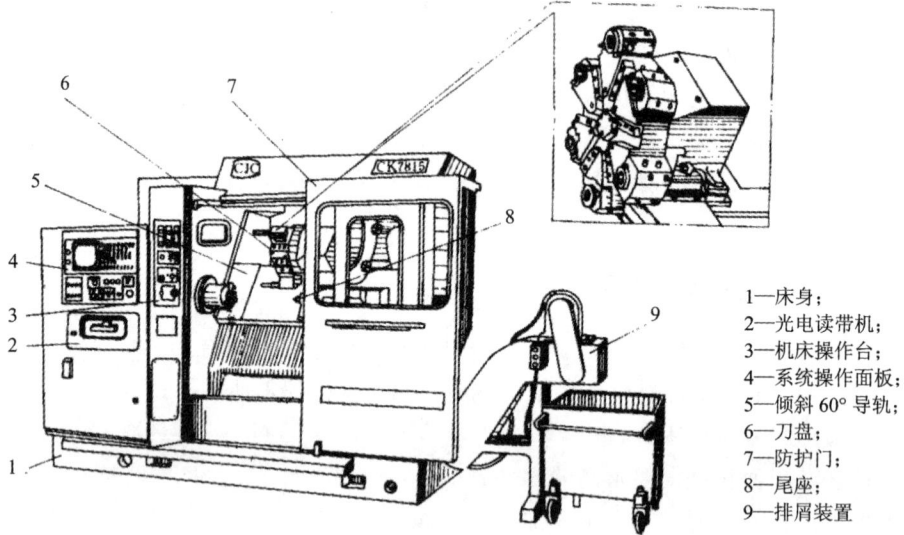

1—床身；
2—光电读带机；
3—机床操作台；
4—系统操作面板；
5—倾斜 60° 导轨；
6—刀盘；
7—防护门；
8—尾座；
9—排屑装置

图 1-5　数控车床

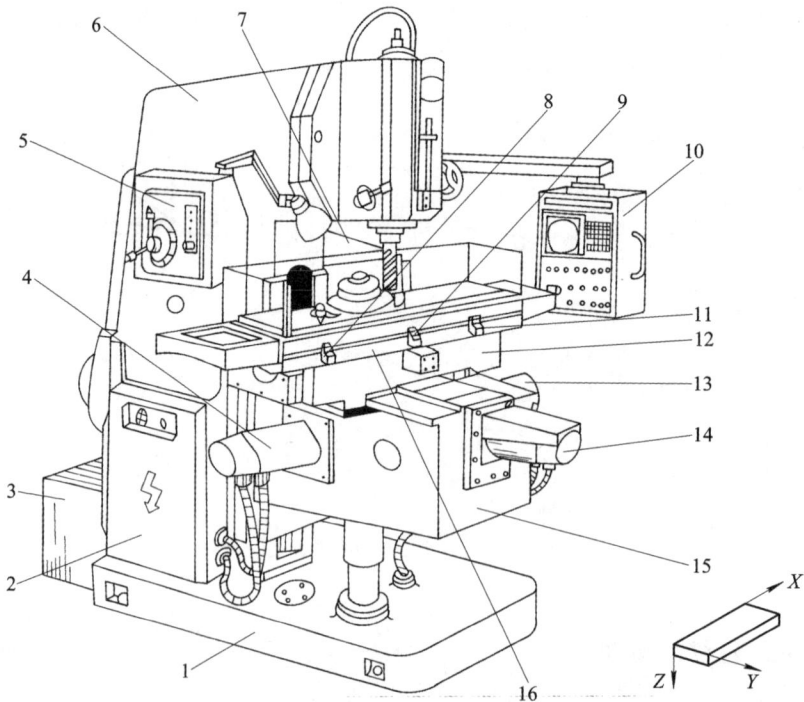

1—底座；2—强电柜；3—变压器箱；4—升降进给伺服电动机；5—主轴变速手柄和按钮板；6—床身立柱；
7—数控柜；8、11—纵向行程限位保护开关；9—纵向参考点设定档块；10—操纵台；12—横向滑板；
13—纵向进给伺服电动机；14—横向进给伺服电动机；15—升降台；16—纵向工作台

图 1-6　数控铣床

2. 加工中心

数控加工中心机床简称加工中心（Machine Center，MC），是带有刀库和自动换刀装置，并具有多种工艺手段的数控机床。

加工中心可划分为多种类别，除常见的卧式、立式、单柱、双柱（龙门式）加工中心外，还有单工作台、多工作台及复合（五面）加工中心等。图 1-7 是卧式加工中心，图 1-8 是立式加工中心。

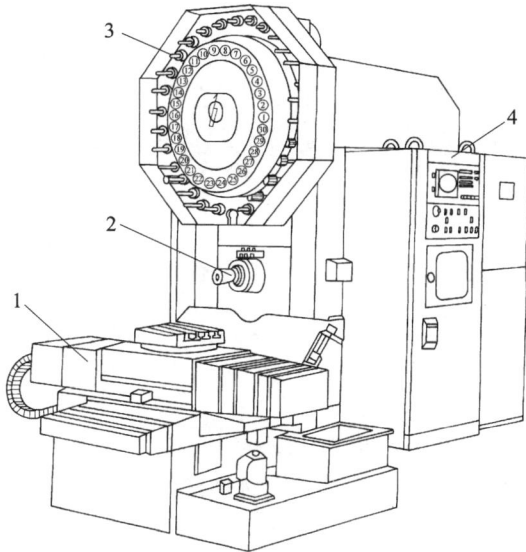

1—工作台；
2—主轴；
3—刀库；
4—数控柜

图 1-7　卧式加工中心

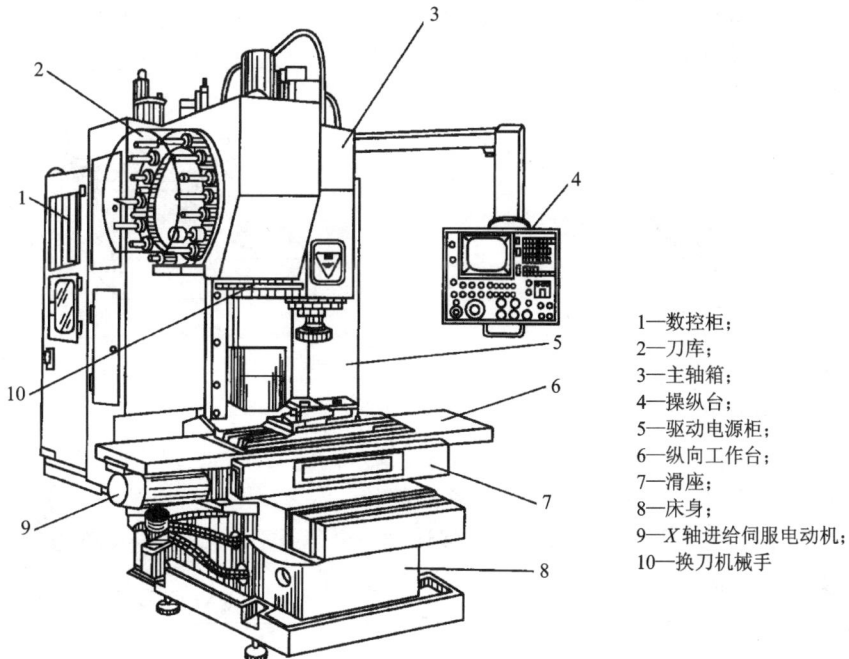

1—数控柜；
2—刀库；
3—主轴箱；
4—操纵台；
5—驱动电源柜；
6—纵向工作台；
7—滑座；
8—床身；
9—X 轴进给伺服电动机；
10—换刀机械手

图 1-8　立式加工中心

　　加工中心设置有刀库和相应的换刀机构，其刀库中可存放几把至几百把不同类型的刀具或检测用工具，这些刀具或检具在加工过程中通过加工程序可自动进行选用及更换。图1-8 所示加工中心的刀库容量为 16 把。

　　加工中心的特点是，零件经一次装夹后，能自动进行多工序（如钻、铰、镗、铣及攻螺纹等）的连续加工，可省去较多的工装及专用机床，其加工的典型零件以复杂、精密的箱体一类居多。

3．特种数控机床

　　特种数控机床是通过特殊的数控装置并自动进行特种加工的机床，其特种加工的含义主要是指加工手段特殊，零件的加工部位特殊，加工的工艺性能要求特殊等。常见的特种数控机床有数控线切割机床、数控激光加工（切割、打孔、焊接等）机床、数控火焰切割机床及数控弯管机床等。

4．其他类型的数控设备

　　例如三坐标测量机、数控装配机等也属于数控机床的范畴。

1.4.2　按运动轨迹分类

1．点位控制数控机床

　　点位控制就是保证单点在空间的位置，而不保证点到点之间的路径轨迹和精度的控制。如图 1-9 所示，起点到终点的运动轨迹可以是 1 轨迹或 2 轨迹中的任一种。这种控制主要用于数控冲床、数控钻床、数控点焊设备中，也可以用在数控坐标镗铣床上。

2．直线控制数控机床

　　直线控制就是不仅要保证点的位置精度，而且要保证点与点之间走直线的精度，如图 1-10 所示。在数控镗铣床上使用这种控制方法，可以在一次装夹箱式零件中对其平面和台阶完成铣削，然后再进行钻孔、镗孔加工，这样可以大大提高生产率。

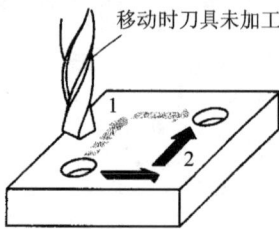

图 1-9　点位控制加工示意图　　　　　图 1-10　直线控制加工示意图

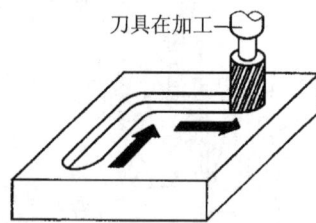

3．轮廓控制数控机床

　　轮廓控制是对两个或两个以上的坐标轴同时进行控制，如图 1-11 所示。它不仅能保证各点的位置精度，而且还要控制加工过程中各点的位移速度，也就是刀具移动的轨迹；不仅要保证尺寸精度，还要保证形状精度。在运动过程中，同时要向两个坐标轴分配脉冲，使它们走出所要求的形状来，这叫插补运算。它是一种软仿形，而不是硬仿形，所以大大缩短

图 1-11　轮廓控制加工示意图

了生产准备时间,更重要的是这种软仿形的精度要比硬仿形的高很多倍。

1.4.3 按伺服系统的控制原理分类

1. 开环控制数控机床

开环控制就是无位置反馈的一种控制方法,它采用的控制对象、执行机构多半是步进式电动机或液压转矩放大器(电液脉冲马达),图1-12就是采用步进电机作为控制对象的。这种控制方法在20世纪60年代应用很广泛,但随着机械制造业的发展,它已逐渐不能适应要求。例如,人们对精度的要求越来越高,对功率的要求也越来越大,而步进电动机的功率不可能做得很大。如果采用电液脉冲马达,其机构相当庞大,所以在实际工业生产中,这种结构逐渐被闭环系统所取代。开环控制系统结构简单,控制方法简便,所以价格也很便宜。对于加工精度要求不高且功率需求不是很大的地方,还是可以使用的。目前,很多高校应用的实习实训数控机床均选择了开环控制数控机床,如经济型简易数控车床就是其中的一种。

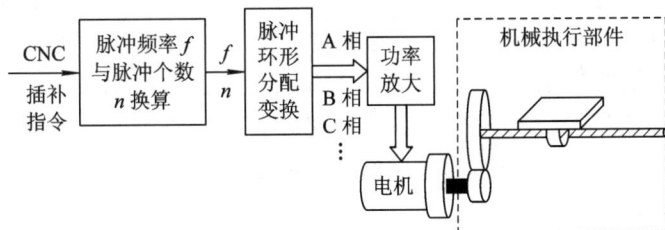

图1-12 开环控制数控机床结构简图

2. 闭环控制数控机床

图1-13是闭环控制数控机床的结构简图。

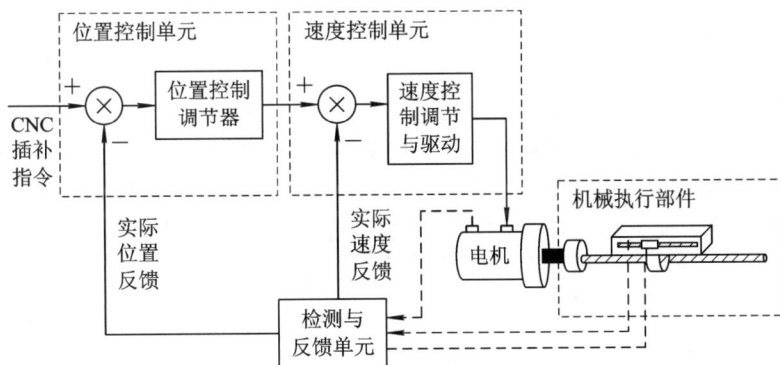

图1-13 闭环控制数控机床结构简图

闭环控制系统就是对机床移动部件的位置直接用直线位置检测装置进行检测,再把实际测量出的位置反馈到数控装置中去,与输入指令比较是否有差值,然后用这个差值去控制,使运动部件按实际需要值去运动,从而实现准确定位。这种方法,其精度主要取决于测量装置的精度,而与传动链的精度无关,因此这种控制要比开环控制精度高出许多。

3. 半闭环控制数控机床

图 1-14 是半闭环控制数控机床的结构简图。

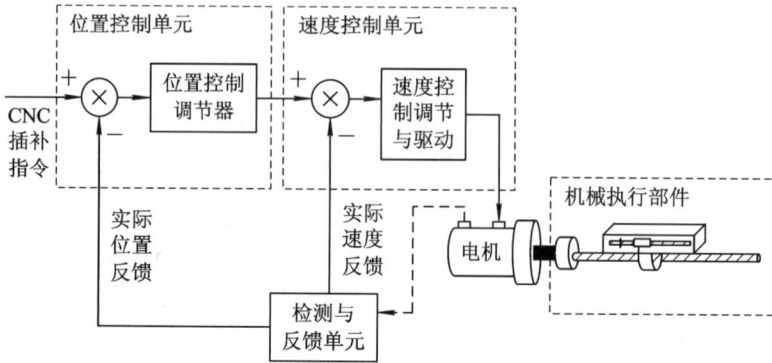

图 1-14　半闭环控制数控机床结构简图

半闭环控制系统是在丝杠上装有角度测量装置(光电编码器、感应同步器或旋转变压器)作为间接的位置反馈。因为零件的尺寸精度应由刀架的运动来测量,但半闭环控制系统不是直接测量刀架的实际位移,而是测量带动刀架的丝杠转动了多大角度,然后根据螺距来计算它的位置。这种方法显然是有局限性的,要求丝杠加工必须精确,且丝杠上的螺母之间的间隙很小。当然,还可以通过软件进行补偿,但是对这些器件的精度与传动间隙的要求也是必要的。

采用半闭环控制系统有一定的优点。因为在电动机上安装光电编码器比较简单,甚至电动机出厂时已装有光电编码器。但要安装一个感应同步器或者光栅尺,既复杂,投资又大。半闭环控制系统只需把传动环中最大的一个惯量环节——工作台或刀架——的移动放到整个传动闭环的外面,这样系统调试就相对简单了。

1.4.4　按控制联动的坐标轴数分类

1. 两轴联动

两轴联动可同时控制两个坐标轴联动,即数控装置控制运动部件沿 X、Y 和 Z 三个坐标轴中的两个坐标方向同时运动,以实现对二维直线、斜线和圆弧等曲线的轨迹控制。两轴联动数控机床用于加工如图 1-15(a)所示的零件沟槽。

2. 三轴联动

三轴联动可同时控制 X、Y、Z 三个直线坐标轴联动,或控制 X、Y、Z 中的两个直线坐标轴和绕其中某一直线坐标轴旋转运动的坐标轴。例如,车削加工中心除了控制纵向(Z 轴)、横向(X 轴)两个直线坐标轴外,还同时控制绕 Z 轴旋转的主轴联动。三坐标数控铣床可用于加工曲面,如图 1-15(b)所示。

3. 两轴半联动

数控机床本身有三个坐标,能做三个方向的运动,但两轴半联动的控制装置只能同时控制两个坐标,而第三个坐标只能做等距周期移动,可加工出零件的空间曲面如图 1-15(c)所示。

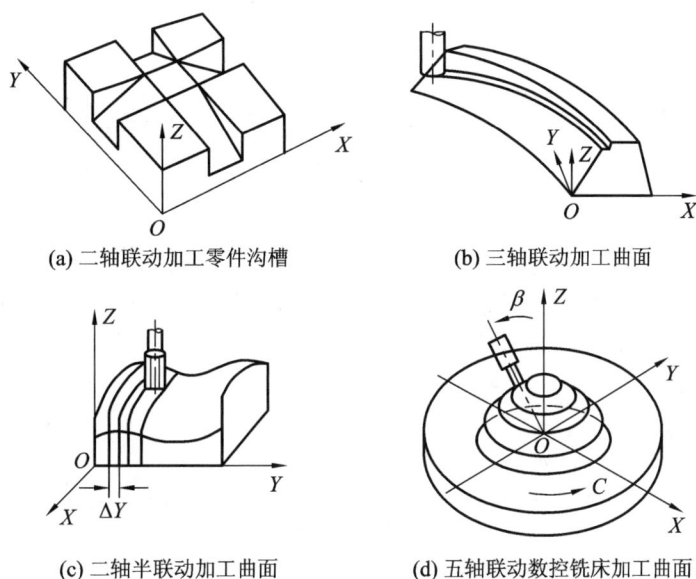

(a) 二轴联动加工零件沟槽　　　　　　　(b) 三轴联动加工曲面

(c) 二轴半联动加工曲面　　　　　　　(d) 五轴联动数控铣床加工曲面

图 1-15　空间平面和曲面的数控加工

4. 多轴联动

四轴或五轴联动的数控铣床或加工中心，在某些复杂曲面的加工中，为保证加工精度或提高加工效率，铣刀的侧面或端面应始终与曲面贴合，这就需要铣刀轴线位于曲线或曲面的切线或法线方向。为此，除需要 X、Y、Z 三个直线坐标轴联动外，还需要同时控制三个旋转坐标轴 A、B、C 中的一个或两个，使铣刀轴线围绕直线坐标轴摆动，形成四轴或五轴联动。图 1-15(d)所示为五轴联动数控铣床的加工曲面。

1.4.5　按数控装置的类型分类

1. 硬件数控

早期的数控装置基本上都属于硬件数控(Numerical Control，NC)类型，主要由固化的数字逻辑电路处理数字信息，数控机床的功能基本上靠此控制。硬件数控系统于 20 世纪 60 年代投入使用，结构如图 1-16 所示，其工作原理是先根据应用程序制备穿孔带，由磁带阅读机将穿孔带上的信息读入数控装置，再由数控装置控制机床加工出合格的零件。由于存在功能少、线路复杂、可靠性低等缺点，硬件数控系统已经基本上被淘汰。

2. 计算机数控

计算机数控是用计算机处理数字信息的计算机系统。数控机床的功能基本上是靠软件控制的，系统软件与应用程序放在 ROM 中，关机后不会丢失；也有少数老式的 CNC 机床的应用程序存放在 RAM 中，这样关机后就会丢失。当然，应用程序也可以存放在磁盘、磁带等程序载体上。随着微电子技术的迅速发展，微处理器功能越来越强，价格越来越便宜，现在数控系统的主流是微机控制(MNC)。根据数控系统微处理器的多少，可分为单微处理器数控系统和多微处理器数控系统，如图 1-17 所示。

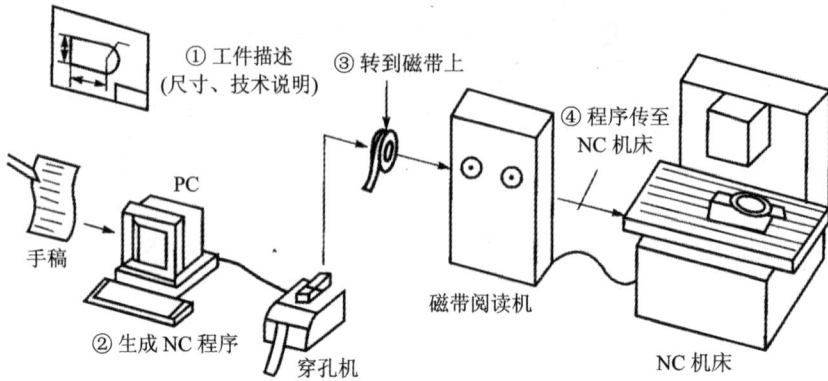

图 1-16　硬件数控系统

图 1-17　计算机数控

1.4.6　按数控系统的功能水平分类

1. 经济型数控机床

经济型数控机床的伺服进给驱动一般是由步进电动机实现的开环驱动，控制轴数为三轴或三轴以下，脉冲当量或进给分辨率为 2~10 μm，快速进给速度可达 10 m/min。数控系统的微机系统多为 8 位单板机或单片机，用数码管显示，一般不具备通信功能。这类机床结构一般比较简单，精度中等，能满足加工形状比较复杂的直线、斜线、圆弧及螺纹加工，价格比较便宜。

2. 中档数控机床

中档数控机床进给采用交流或直流伺服电动机实现半闭环控制，能实现四轴和四轴以下的联动控制，进给分辨率为 1 μm，快速进给速度可达 10~20 m/min，一般采用 16 位或 32 位处理器，具有 RS-232C 通信接口，具有图像显示功能及面向用户的宏程序功能。此类数控机床的品种很多，几乎覆盖了各种机床类型，其发展趋势是趋向于简单、实用，不追求过多的功能，保持价格适当且不断有所降低。

3. 高档数控机床

高档数控机床用于加工形状复杂的多轴联动数控铣床或加工中心，其功能强，工序集中，自动化程度高，具有高柔性。高档数控机床一般采用 32 位以上的处理器，具有多 CPU 结构；采用数字化交流伺服电动机形成闭环控制，并开始使用直流伺服电动机，具有主轴伺服功能，能实现五轴以上联动，最高分辨率可达 0.1 μm，最大快速驱动速度可达 100 m/min；具有三维动画功能，可进行加工仿真检验，同时还具有多功能智能监控系统和面向用户的宏程序功能，有很强的智能诊断功能和丰富的工艺数据库，能实现加工条件的自动设定，且能实现计算机联网和通信。

各档次的数控机床的功能和指标如表 1-1 所示。

表 1-1 各档次数控机床的功能和指标

功 能	低档（经济型）	中 档	高 档
进给分辨率/μm	10	1	0.1
快速进给速度/(m/min)	3～10	10～20	20～100
伺服系统结构	开环	半闭环	闭环
进给驱动装置	步进电动机	伺服电动机	伺服电动机
联动轴数	2～3轴	2～4轴	5轴以上
显示功能	LED 数码管	CRT 显示	CRT 显示，三维图形
内装 PLC	无	有	有
通信功能	无	RS-232	RS-232，网络接口

1.5 数控技术的产生和发展

1.5.1 数控技术与数控机床的产生和发展

随着电子技术的发展，1946 年，世界上第一台电子计算机问世，由此掀开了信息自动化的新篇章。1948 年，美国的一个小型飞机工业承包商帕森斯公司（Pasons Co.）在制造飞机框架及直升飞机的转动机翼时，提出了采用电子计算机对加工轨迹进行控制和数据处理的设想，后来得到美国空军的支持，并与美国麻省理工学院（Massachu-Setts Institute of Technology，MIT）合作，于 1952 年研制出第一台三坐标数控铣床。帕森斯的设想本身就考虑到刀具直径对加工路径的影响，使得加工精度达到±0.0015 英寸（这在当时水平是相当高的），因而帕森斯获得了专利。1954 年底，美国本迪克斯公司（Bendix Co.）在帕森斯专利的基础上生产出了第一台工业用的数控机床。当时数控机床的控制系统（专用电子计算机）采用的是电子管，体积庞大，功耗高，仅在一些军事部门中承担普通机床难以加工的形状复杂零件的加工。这是第一代数控系统。

1959 年，晶体管出现了，电子计算机开始应用晶体管元件和印刷电路板，从而使机床数控系统跨入了第二代。而且 1959 年克耐·杜列克公司（Keaney & Trecker Co.，简称 K&T 公司）在数控机床上设置刀库，并在刀库中装上了丝锥、钻头、铰刀等刀具，根据穿孔带的指令自动选择刀具，并通过机械手将刀具装在主轴上，以缩短刀具的装卸时间和减少零件的定位装卡时间。人们把这种带自动交换刀具的数控机床称为加工中心（Machining Center，MC）。加工中心的出现把数控机床的应用推上了一个更高的层次，它一般都集铣、钻、镗于一身，为以后立式、卧式加工中心、车削中心、磨削中心、五面体加工中心、板材加工中心等的发展打下了基础。今天加工中心已成为市场上非常畅销的一个数控机床品种。目前，美国、日本、德国等工业发达国家加工中心的产量几乎占数控机床产量的 25% 以上。

20 世纪 60 年代出现了集成电路，数控系统发展到了第三代。以上三代都属于硬逻辑数控系统。由于点位控制的数控系统比轮廓控制的数控系统要简单得多，在该阶段，点位控制的数控机床得到大发展。有资料统计，到 1966 年，实际使用的 6000 台数控机床中，85% 是点位控制的数控机床。1967 年，英国 Mollin Co. 将 7 台机床用 IBM 1360/140 计算机集中控制，组成 Mollin 24 系统。该系统首开柔性制造系统（Flexible Manufacturing System，FMS）的先河，能执行生产调度程序和数控程序，且具有工件储存、传送和检验自动化的功能，能加工小于 300 mm×300 mm 的工件，适合于几件到一百件的小规模零件生产。

随着计算机技术的发展，小型计算机应用于数控机床中，由此组成的数控系统称为计算机数控（Couputer Numevrcal Control，CNC），数控系统进入第四代。20 世纪 70 年代初，微处理机出现，美、日、德等国都迅速推出了以微处机为核心的数控系统，这样组成的数控系统称为第五代数控系统（MNC，通称为 CNC）。自此，开始了数控机床大发展的时代。1974 年，美国学者约瑟夫·哈林顿（Joseph Harrington）博士在《计算机集成制造》（《Computer Integrated Manufacturing》）一书中首先提出了计算机集成制造（CIM）的概念，由此组成的系统称为计算机集成制造系统（Computer Integrated Manufacturing System，CIMS）。其核心内容是："企业生产的各环节，即从市场分析、产品设计、加工制造、经营管理到售后服务的全部生产活动是一个不可分割的整体，要紧密连接，统一考虑；整个生产过程实质上是一个数据的采集、传送和加工处理的过程，最终形成的产品可以看作是数据的物质表现。"

进入 20 世纪 80 年代，微处理机的升档更加迅速，极大地促进了数控机床向柔性制造单元（Flexible Manufacturing Cell，FMC）、柔性制造系统（Flexible Manufacturing System，FMS）方向发展，并奠定了向规模更大、层次更高的生产自动化系统，如计算机集成制造系统（CIMS）、自动化工厂（Process Automation，PA）方向发展的坚实基础。

20 世纪 80 年代末期，又出现了以提高综合效益为目的，以人为主体，以计算机技术为支柱，综合应用信息、材料、能源、环境等高新技术以及现代系统管理技术，研究并改造传统制造过程作用于产品整个生命周期的所有适用技术，通称为先进制造技术。

我国从 1958 年开始研制数控机床，一些高等院校、科研单位、企业从采用电子管着手，到 20 世纪 60 年代曾研究出部分样机。1965 年开始研制晶体管数控系统，到 20 世纪 70 年代初曾研究出数控劈锥铣床、非圆插齿机、数控立铣床，以及数控车床、数控镗床、数控磨床、加工中心等。这一时期国产数控系统的稳定性、可靠性尚未得到很好的解决，因而也限制了国产数控机床的发展。而数控线切割机床由于其结构简单，价格低廉，使用方便，得到了较快的发展，据资料统计，1973—1979 年期间，我国共生产数控机床 4180 台，而其中数控线切割机床占 86% 左右。

20 世纪 80 年代初随着改革开放政策的实施，我国从国外引进技术，开始了微处机数控系统的批量生产，推动了我国数控机床新的发展高潮，先后开发出了立式、卧式加工中心，立式、卧式数控车床，数控铣床，数控钻镗床，数控磨床等，其中还有直径 4 m 的数控立车、镗杆直径达 160 mm 的数控落地镗铣床以及 40 吨的数控冲模回转头压力机。同时还在立式、卧式加工中心的基础上，配置了 10 个工件位置的自动交换工作台(托盘)APC (Automatic pallet Change)组成柔性制造单元，可以实现夜间(二、三班)无人(或少人)看管自动加工；可以安装不同工件，实现混流加工；可用软件控制工作台的任选交换，识别工件；按工件自动调出相应的加工程序，并相应地建造了规模较大的 FMS。

20 世纪 80 年代末期，我国还在一定范围内探索实施 CIMS，且取得了一些有益的经验和教训。20 世纪 90 年代我国还加强了自主知识产权数控系统的研制工作，而且取得了一定的成效，如在五轴联动数控系统(分辨率为 0.02 μm)、高精度车床数控系统、数字仿形系统、中低档数控系统等方面都取得了较好的成果。

1.5.2 数控技术的发展趋势

当代，数控技术的典型应用是 FMC/FMS/CIM，其趋势是向高速化、高精度化、高效加工、多功能化、复合化和智能化方向发展，其主要发展动向是研制开放式全功能通用数控系统。

1. 数控装置的发展趋势

1) 向高速度、高精度方向发展

随着数控机床向高速度、高精度方向发展的需要，数控装置不仅要能高速处理输入的指令数据，计算出伺服机构的位移量，而且要求伺服电机能高速地作出反应。目前高速主轴单元(电主轴)转速已达 15 000～100 000 r/min；进给运动部件不但要求高速度，而且要具有高的加、减速功能，其快速移动速度达 60～120 m/min，工作进给速度已高达 60 m/min 以上。微处理器芯片的迅速发展，为数控系统采用高速处理技术提供了保障。CPU 已由 20 世纪 80 年代的 16 位(如 FANUC-6M 等)发展为现今的 32 位(如 FANUC-15 等)以及 64 位 CPU 的数控系统，20 世纪 90 年代还出现了精简指令集(RISC)芯片的数控系统(如 FANUC-16 等)。CPU 的频率由原来的 5 MHz、10 MHz，提高到几百兆赫、上千兆赫，甚至更高，进一步提高了系统的运算速度。由于运算速度的极大提高，即使在分辨率为 0.1 μm、0.01 μm 的状况下仍能获得很高的进给速度和快速进给速度(100～240 m/min)。

2) 向基于个人计算机(PC)的开放式数控系统发展

PC 机具有良好的人机界面，软件资源特别丰富，近来 CPU 主频已高达一千兆赫以上，内存在 128 MB 以上，外存在 30 GB 以上已是常见之事；相应的 Windows 和 Windows NT 界面更加友好，功能更趋完善，其通讯功能、联网功能、远程诊断和维修功能将更加普遍。更重要的是微机成本低廉，可靠性高。日本、美国、欧盟等国家正在开放式的 PC(微机)平台上进行"开放式数控系统"的研究，包括标准、结构、编程、通讯、操作系统以及样机的研制等。

3) 配置多种遥控接口和智能接口

系统除配置 RS-232C 串行接口、RS-422 等接口外，还有 DNC(Dirct Numerical Control，直接接口，也称群控)接口。为适应网络技术的需要，许多数控系统还带有与工业局域网络(LAN)通讯的功能。近年来，不少数控系统还带有 MAP(Mannfacturing Automation

Protocol，制造自动化协议）等高级工业控制网络接口，以实现不同厂家和不同类型机床联网的需要。

4）具有很好的操作性能

系统具有"友好"的人机界面，普遍采用薄膜软按钮的操作面板，减少指示灯和按钮数量，使操作一目了然；大量采用菜单选择操作方式，使操作越来越方便；CRT 显示技术大大提高，彩色图像显示已很普遍，不仅能显示字符、平面图形，还能显示三维图形，甚至显示三维动态图形。

5）数控系统的可靠性大大提高

系统大量采用高集成度的芯片、专用芯片及混合式集成电路，提高了硬件质量，减少了元器件数量，因此降低了功耗，提高了可靠性。新型大规模集成电路采用表面贴装技术，实现了三维高密度安装工艺。元器件经过严格筛选，建立了由设计、试制到生产的一整套质量保证体系，使得数控系统的平均无故障时间达到 10 000～36 000 h。

2. 伺服系统的发展趋势

伺服驱动技术是数控技术的重要组成部分。与数控装置相配合，伺服系统的静态和动态特性直接影响机床的位移速度、定位精度和加工精度。如今，直流伺服系统已被交流数字伺服系统所取代，伺服电机的位置、速度及电流环都实现了数字化，并采用新的控制理论，实现了不受机械负荷变动影响的高速响应系统。

伺服系统新的发展技术主要有以下几个方面：

（1）前馈控制技术。过去的伺服系统是把检测器信号与位置指令的差值乘以位置环增益作为速度指令。这种控制方式总是存在着跟踪滞后误差，使得在加工拐角及圆弧时加工精度恶化。使用前馈控制技术后，跟踪滞后误差大大减小。所谓前馈控制，就是在原来的控制系统上加上速度指令的控制方式，这样可使伺服系统的跟踪滞后误差大大减小。

（2）机械静止摩擦的非线性控制技术。对于一些具有较大静止摩擦的数控机床，新型数字伺服系统具有补偿机床驱动系统静摩擦的非线性控制功能。

（3）伺服系统的位置环和速度环（包括电流环）均采用软件控制，如数字调解和矢量控制等。为适应不同类型的机床、不同的精度和不同的速度要术，可预先调整加、减速性能。

（4）采用高分辨率的位置检测装置。如高分辨率的脉冲编码器，内有由微处理器组成的细分电路，使得位置检测装置的分辨率大大提高，增量位置检测为 10 000 p/r（脉冲数/转）以上，绝对位置检测为 1 000 000 p/r 以上。

（5）补偿技术得到了发展和应用。现代数控系统都具有补偿功能，可以对伺服系统进行多种补偿，如丝杠螺距误差补偿、齿侧间隙补偿、轴向运动误差补偿、空间误差补偿和热变形补偿等。

3. 机械结构技术的发展趋势

为适应数控技术的发展，数控机床机械结构也发生了很大的变化。为缩小体积，减少占地面积，现代数控机床更多地采用机电一体化结构。为了提高自动化程度，机床多采用自动交换刀具，自动交换工件，主轴立、卧自动转换，工作台立、卧自动转换。主轴带 C 轴控制，带万能回转铣头以及数控夹盘、数控回转工作台、动力刀架和数控夹具等。为了提高数控机床的动态特性，伺服系统和机床主机进行了很好的机电匹配。

4. 数控编程技术的发展趋势

数控编程技术是实现数控加工的主要环节,当前其发展趋势主要有以下几个方面:

(1) 从脱机编程发展到在线编程。传统的编程是脱机进行的,由人工、计算机或编程机来完成,然后再输入数控装置。现代的 CNC 装置有很强的存储和运算能力,把很多自动编程机具有的功能移植到数控装置的计算机中来,在人工操作键盘和彩色显示器的作用下,以人机对话方式进行编程,并具有前台操作、后台编程的功能。

(2) 具有机械加工技术中的特殊工艺和组合工艺方法的程序编制功能。除了具有圆切削、固定循环和图形循环外,现代的 CNC 装置还有宏程序设计、子程序设计功能及会话式自动编程、蓝图编程和实物编程功能。

(3) 编程系统由只能处理几何信息发展到几何信息和工艺信息同时处理的新阶段。新型的 CNC 系统中装入了小型工艺数据库,使得在线程序编制过程中可以自动选择最佳切削用量和适合的刀具。

5. 向智能化方向发展的趋势

随着人工智能在计算机领域的不断渗透和发展,数控系统的智能化不断提高,具体表现在:

(1) 应用自适应控制(Adaptive Control)技术。该技术可控制数控系统检测加工过程中的一些重要信息,并自动调整系统的有关参数,达到改进系统运行状态的目的。

(2) 引入专家系统指导加工。将熟练工人和专家的经验、加工的一般规律与特殊规律存入系统中,以工艺参数数据库为支撑,建立具有人工智能的专家系统。当前已开发出模糊逻辑控制和带自学习功能的人工神经网络的数控系统和其他数控加工系统。

(3) 引入故障诊断专家系统。

(4) 智能化伺服驱动装置。可以通过自动识别负载而自动调整参数,使驱动系统获得最佳的运行状态。

1.5.3 数控系统的技术性能指标

(1) 数控系统的性能在很大程度上取决于系统所须用的 CPU。数控系统的 CPU 从 20 世纪 70 年代频率为 5 MHz 的 8 位机,发展到当前的 14 GHz 的 32 位机、64 位机、精简指令集(Reduced Instruction Set Compter,RISC)芯片的数控系统。CPU 芯片性能不断改进提高,为采用个人微机作为数控系统平台的开放式数控系统提供了很高的速度和丰富的软硬件资源。

(2) 系统具有高分辨率。现代数控系统能实现高精度、超精密加工,系统分辨率通常都在 0.001 mm,速度可达到 100 000~240 000 mm/min。超精密加工时分辨率为 0.1 μm(甚至为 0.01 μm),速度为 24 000 mm/min。

(3) 控制功能。控制轴数和同时控制轴(联动轴)数是数控系统功能的重要指标。FANUC-15 可控制 2 至 15 根轴;Siemens 840D 最高可控制 31 根轴,还具有多主轴控制功能。另外,除了具有直线插补、圆弧插补功能外,许多数控系统增加了螺旋线插补、极坐标插补、圆柱面插补、抛物线插补、指数函数插补、渐开线插补、样条插补、假想轴插补以及曲面直接插补等功能。

（4）伺服驱动系统的性能。目前几乎绝大多数数控系统都采用了对位置环、速度环、电流环全部进行数字控制的交流伺服系统，而且许多公司都开发了具有前馈控制、非线性控制、摩擦扭矩补偿以及数字伺服自动调整等新功能的高性能伺服系统。

（5）数控系统内的 PLC 功能。新型数控系统的 PLC 都有单独的 CPU，除了逻辑控制外，还具有轴控制功能；基本指令执行时间是 $0.2~\mu s/step$ 以上，梯形图语言程序容量可达 16 000 步以上，输入点数/输出点数为 768/512，且可扩展。PLC 的软件除可用梯形图（Ladder Diagram）语言编写之外，还可用 Pascal、C 语言等编写。

（6）系统的通讯接口功能。早期的数控系统仅有 RS - 232 接口，以后又有了 DNC、RS 422(RS - 485)等高速远距离传输接口。FANUC - 15、Siemens 840D 等系统还具有 MAP 接口板，可连接到 MAP3.0 的局域网络(LAN)上，以适应 FMS 或 CIMS 的需要。

（7）系统的开放性。目前，以个人微机为平台的开放式数控系统有了很大的发展，数控系统生产厂家都在进行开放式数控系统的研究，如 Siemens 公司的 CNC 系统具有开放式"原始设备制造商(Original Equipment Manufacturer, OEM)"程序，FANUC 等公司的 CNC 系统引入了"用户特定宏程序"。此外，各公司都推出了人机通信功能(Man Machine Communication, MMC)，也叫做人机控制功能(Man Machine Controller)。MMC 由高性能的硬件和软件组成，有很强的图形处理和数据处理功能。它采用在微机上广为流行的"并行(Concurrent)DOS"操作系统(Operation System, OS)，可支持多任务并行处理，使用的开发语言有汇编、BASIC、C 以及 FORTRAN 语言等，另外提供数控系统的子程序，使得机床厂家和用户能够开发自身专用的软件，自动生成 NC 数据，并通过高速窗口传送到 CNC 系统；也可以利用 MMC 和 PLC 的高速窗口在机床操作和排序方法上加上最适合于该 CNC 机床的新功能，而且还可同时并行处理有关 MMC 与 CNC 软件的功能。由此，CNC 系统变成了含有丰富的机床厂（或用户）专利（或诀窍）特征的个性化系统。理想的开放系统为数控软件、硬件均可选择、可重组、可添加，这就要求具有统一的软、硬件规范化标准。目前美国、欧洲、日本几大开放数控系统计划正在执行中，已有样机产品。

（8）可靠性与故障自诊断。数控系统的可靠性是一个非常重要的指标，一般都以平均无故障时间(Mean Time Between Failures, MTBF)来衡量，国外有的系统可达到 10 000 h，而国内自主开发的数控系统仅能达到 3000～5000 h。数控系统还应尽量缩短修复时间，即维修性能要好，要有自诊断功能和良好的检测方法，能快速确定故障的部位，以达到及时更换模块的效果。一般数控系统都具有软件、硬件的故障自诊断程序，系统自诊断软件可由纸带、磁介质、EPROM 的形式提供。有些数控系统还有对 PLC 的单独诊断线路和诊断软件，通过 CRT 可显示 PLC 标志、定时器、计数器内容、输入信号及输出信号等，这样有助于快速确定故障部位。也有的数控系统具有远程诊断服务功能，用户可通过远距离诊断接口和联网功能与远程维修服务中心联系取得支持，以解决故障中的疑难问题。

知识拓展

进入 21 世纪，人类迈入了一个知识经济快速发展的时代，传统的制造技术以及制造模式正在发生质的飞跃，先进制造技术在制造业中正逐步被应用，并推动制造业的发展。近年来，正逐步被推广应用的先进制造技术有快速原型法、虚拟制造技术、自适应控制技术、计算机群控技术、柔性制造单元和柔性制造系统等。

1. 快速原型法

快速原型法又称快速成形法，是 20 世纪 80 年代中、后期发展起来的一种新技术，它与虚拟制造技术一起，被称为未来制造业的两大支柱技术。

1）快速原型法的基本原理

快速原型法是综合运用 CAD 技术、数控技术、激光加工技术和材料技术，实现从零件设计到三维实体原型制造一体化的系统技术。它采用软件离散化—材料堆积的原理，实现零件的成型，如图 1-18 所示。

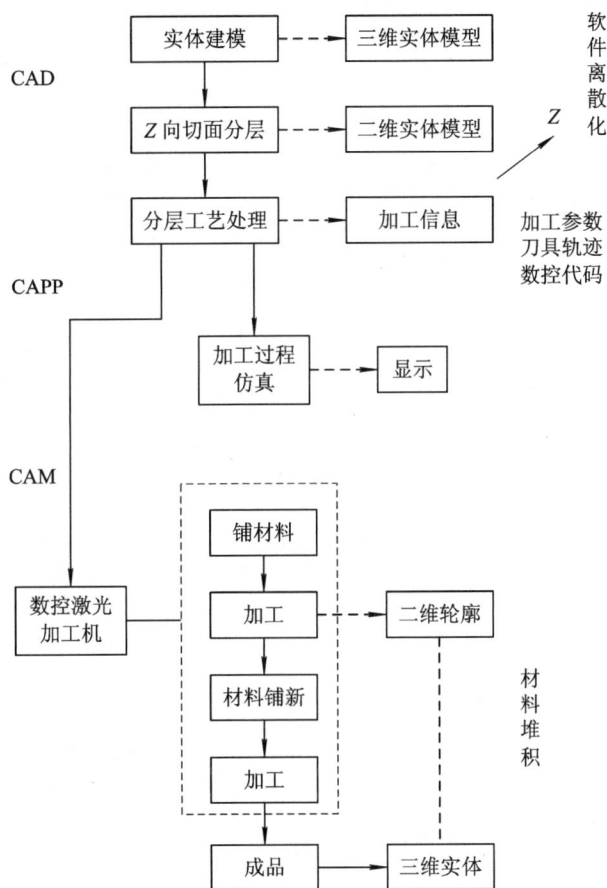

图 1-18 快速原型制造原理

快速原型法的具体过程如下：

（1）采用 CAD 软件设计出零件的三维曲面或实体模型；

（2）根据工艺要求，按照一定的厚度在某坐标方向，如 Z 向，对生成的 CAD 模型进行切面分层，生成各个截面的二维平面信息；

（3）对层面信息进行工艺处理，选择加工参数，系统自动生成刀具移动轨迹和数控加工代码；

(4) 对加工过程进行仿真,确认数控代码的正确性;

(5) 利用数控装置精确控制激光束或其他工具的运动,在当前工作层(二维)上采用轮廓扫描,加工出适当的截面形状;

(6) 铺上一层新的成型材料,进行下一次的加工,直至整个零件加工完毕。

可以看出,快速成型过程是由三维转换成二维(软件离散化),再由二维到三维(材料堆积)的工作过程。

快速原型法不仅可用于原始设计中,快速生成零件实物,也可用来快速复制实物(包括放大、缩小、修改)。

2) 快速原型技术的主要工艺方法

(1) 光固化立体成型制造法。

光固化立体成型制造法(LSL 法)是以各类树脂为成型材料,以氦-镉激光器为能源,以树脂受热固化为特征的快速成型方法。

(2) 实体分层制造法。

实体分层制造法(LOM 法)以片材(如纸片、塑料薄膜或复合材料)为材料,利用 CO_2 激光器为能源,用激光束切割片材的边界,形成某一层的轮廓,各层间的粘接利用加热、加压的方法,最后形成零件的形状。该方法取材广泛,成本低。

(3) 选择性激光烧结制造法。

选择性激光烧结制造法(SLS 法)采用各种粉末(金属、陶瓷、蜡粉、塑料等)为材料,利用滚子铺粉,用 CO_2 高功率激光器对粉末进行加热直到烧结成块。利用该方法可以加工出能直接使用的金属件。

(4) 熔融沉积制造法。

熔融沉积制造法(FDM 法)采用蜡丝为原料,利用电加热方式将蜡丝熔化成蜡液,蜡液由喷嘴喷到指定的位置固定,一层层地加工出零件。该方法污染小,材料可以回收。

3) 快速原型法的特点

(1) 适合于形状复杂的、不规则零件的加工;

(2) 减少了对熟练技术工人的需求;

(3) 没有下脚料或下脚料极少,是一种环保型的制造技术;

(4) 成功地解决了 CAD 中三维造型"看得见,摸不着"的问题;

(5) 系统柔性高,只需修改 CAD 模型就可生成不同形状的零件;

(6) 技术集成,设计制造一体化;

(7) 具有广泛的材料适应性;

(8) 不需要专门的工装夹具和模具,大大缩小了新产品试制时间。

因此,快速原型法主要适用于新产品开发、快速单件及小批量零件的制造、形状复杂零件的制造、模具设计与制造以及难加工材料零件的加工制造。

2. 虚拟制造技术

虚拟制造是以计算机支持的仿真技术和虚拟现实技术为前提,对企业的全部生产、经营活动进行建模,并在计算机上"虚拟"地运行产品设计、加工制造、计划制定、生产调度、经营管理、成本财务管理、质量管理甚至市场营销等在内的企业全部功能,在求得系统的最佳运行参数后,再据此实现企业的物理运行。

虚拟制造包括设计过程仿真、加工过程仿真。实质上虚拟制造是一般仿真技术的扩展，是仿真技术的最高阶段。虚拟制造的关键是系统的建模技术，它将现实物理系统映射为计算机环境下的虚拟物理系统，将现实信息系统映射为计算机环境下的虚拟信息系统。计算机环境下的虚拟物理系统与虚拟信息系统组成虚拟制造系统。虚拟制造系统不消耗能源和其他资源(计算机耗电除外)，所进行的过程是虚拟过程，所生产的产品是可视的虚拟产品或数字产品。

虚拟制造系统的体系结构如图 1-19 所示。

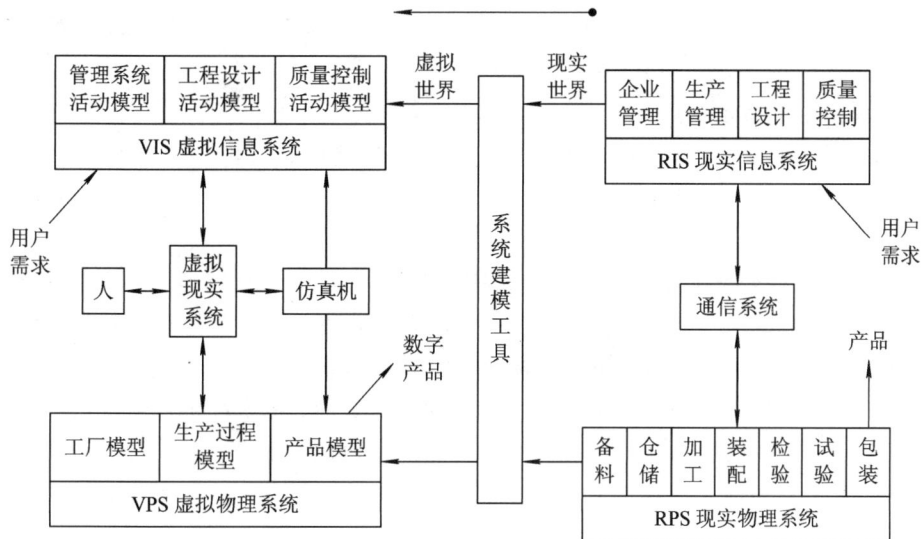

图 1-19　虚拟制造系统的体系结构

由图 1-19 可知，通过系统建模工具，首先将现实物理系统和现实信息系统映射为计算机环境下的虚拟物理系统和虚拟信息系统，然后利用仿真机和虚拟现实系统对设计过程及结果进行仿真、对工艺过程和企业运行状态进行仿真，最后的产品是满足用户要求的高质量的数字产品和企业运行的最佳参数，据此最佳参数调整企业的运行过程，使其始终处于最佳运行状态，最后生产出高质量的物理产品投放市场。

3. 自适应控制技术

在闭环控制的数控机床中，位置反馈系统主要监控机床和刀具的相对位置或移动轨迹的精度。数控机床严格按照加工前编制的程序自动进行加工，但有一些因素，如工件毛坯余量不均匀、材料硬度不一致、刀具磨损或破损、工件变形、机床热变形、化学亲和力、润滑和冷却液等因素，在编程序时事先难以预测，往往是根据可能出现的最坏情况进行估算，在实际加工时，很难实现根据最佳参数进行切削，这样就无法充分发挥数控机床的能力。如果能在加工过程中，根据实际参数的变化值自动改变机床切削进给量，使数控机床能适应任一瞬时的变化，始终保持在最佳加工状态，这种控制方法叫做自适应控制。图 1-20 是自适应控制的结构框图，其工作过程是通过各种传感器测得加工过程参数的变化信息并传送到适应控制器，与预先存储的有关数据进行比较分析，然后发出校正指令并送到数控装置，自动修正程序中的有关数据。

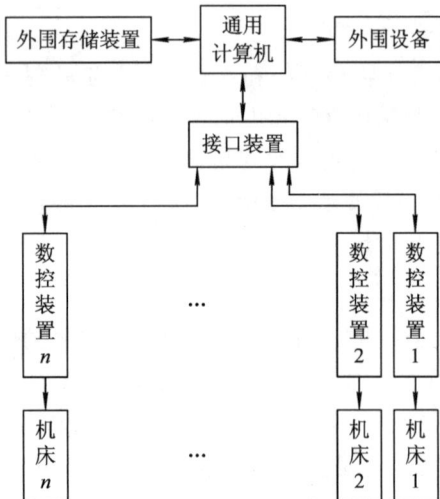

图 1-20　自适应控制结构框图

　　计算机控制装置为自适应控制提供了物质条件。只要在传感器检测技术方面有所突破，数控机床的自适应能力必将大大提高。

4. 计算机群控技术

　　计算机群控可以简单地理解为用一台大型通用计算机直接控制一群机床，简称 DNC 系统。根据机床群与计算机联接的方式不同，可以分为间接型、直接型和计算机网络三种不同方式。

　　图 1-21 是间接型 DNC 系统框图。间接型 DNC 使用主计算机控制每台数控机床，加工程序全部存放在主计算机内。加工工件时，由主计算机将加工程序分送到每台数控机床的数控装置中，每台数控机床仍保留插补运算等控制功能。

　　图 1-22 是直接型 DNC 系统框图。在直接型 DNC 中，机床群中每台机床不再安装数控装置，只有一个由伺服驱动电路和操作面板组成的机床控制器。加工过程所需要的插补运算等功能全都集中由主计算机完成。这种系统内的任何一台数控机床都不能脱离主计算机单独工作。

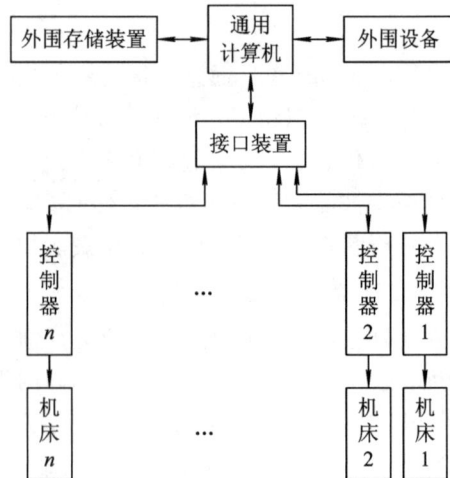

图 1-21　间接型 DNC 系统框图　　　　　　　图 1-22　直接型 DNC 系统框图

　　图 1-23 是计算机网络 DNC 系统框图。该系统使用计算机网络协调各个数控机床工作，最终可以将该系统与整个工厂的计算机联成网络，形成一个较大的、完整的制造系统。

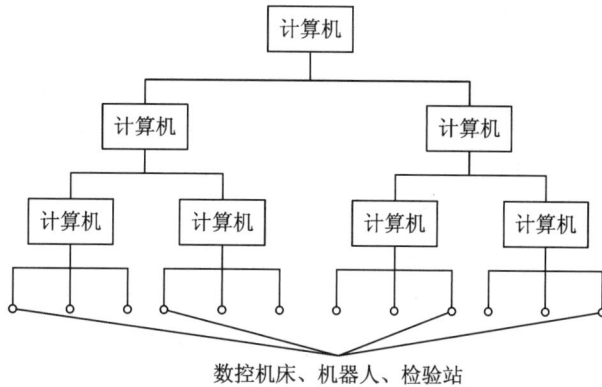

图 1-23 计算机网络 DNC 系统框图

5. 柔性制造系统

柔性制造系统(FMS)一般由加工系统、物流系统、信息流控制系统和辅助系统组成，如图 1-24 所示。

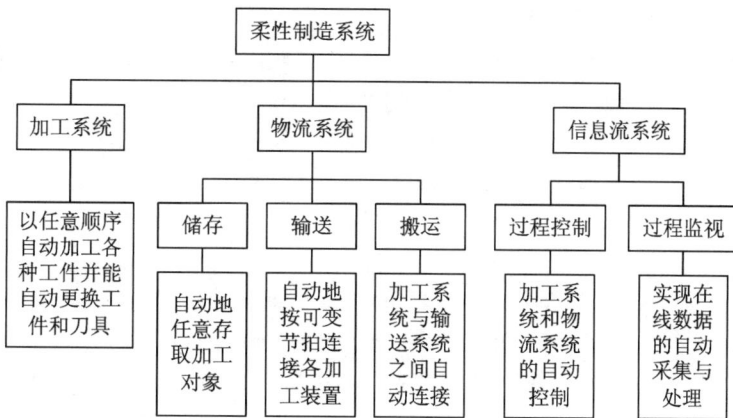

图 1-24 柔性制造系统的构成

1) 加工系统

加工系统主要由数控机床、加工中心等设备组成。加工系统的功能是可以任意顺序自动加工各种工件，并能自动更换工件和刀具。

2) 物流系统

物流是 FMS 中物料流动的总称。在 FMS 中流动的物料主要有工件、刀具、夹具、切屑及切削液。物流系统是从 FMS 的进口到出口，实现对这些物料的自动识别、存储、分配、输送、交换和管理功能的系统，包括自动运输小车、立体仓库、中央刀库等，主要完成刀具、工件的存储和运输。

3) 信息流控制系统

信息流控制系统是实现 FMS 加工过程、物料流动过程的控制、协调、调度、监测和管理的系统，由计算机、工业控制机、可编程控制器、通信网络、数据库和相应的控制与管理软件等组成。它是 FMS 的神经中枢，也是各子系统之间的联系纽带。

4）辅助系统

辅助系统包括清洗工作站、检验工作站、排屑设备、去毛刺设备等。这些工作站和设备均在 FMS 控制器的控制下与加工系统、物流系统协调工作，共同实现 FMS 的功能。

FMS 适于加工形状复杂、精度适中、批量中等的零件。因为柔性制造系统中的所有设备均由计算机控制，所以改变加工对象时只需改变控制程序即可，这使得系统的柔性很大，特别适应于市场动态多变的需求。

6. 柔性制造单元

柔性制造单元可以被认为是小型的 FMS，它通常包括 1～2 台加工中心，再配以托盘库、自动托盘交换装置和小型刀库。图 1-25 所示为一典型的 FMC 示意图。

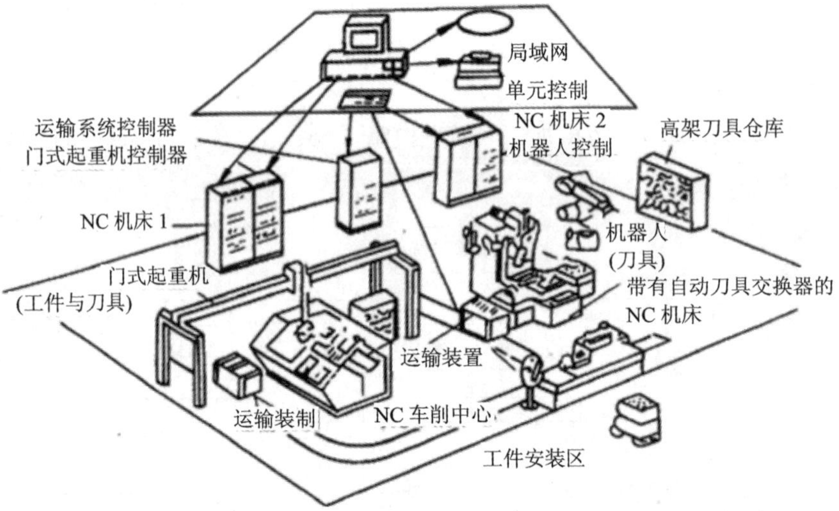

图 1-25　柔性制造单元

因为 FMC 比 FMS 的复杂程度低，规模小，投资少，工作可靠，同时 FMC 还便于连成功能可以扩展的 FMS，所以 FMC 是 FMS 的发展方向，是一种很有前途的自动化制造形式。

7. 计算机集成制造系统

计算机集成制造系统（Computer Intergrated Manufacturing System）是一种集市场分析、产品设计、加工制造、经营管理、售后服务与一体，借助于计算机的控制与信息处理功能，使企业运作的信息流、物质流、价值流和人力资源有机融合，实现产品快速更新、生产率大幅提高、质量稳定、资金有效利用、损耗降低、人员合理配置、市场快速反馈和良好服务的全新的企业生产模式。

1）CIMS 的功能构成

CIMS 的功能构成包括下列内容，如图 1-26 所示。

（1）管理功能。CIMS 能够对生产计划、材料采购、仓储和运输、资金和财务以及人力资源进行合理配置和有效协调。

（2）设计功能。CIMS 能够运用 CAD、CAE、CAPP（计算机辅助工艺编制）、NCP（数控程序编制）等技术手段实现产品设计、工艺设计等。

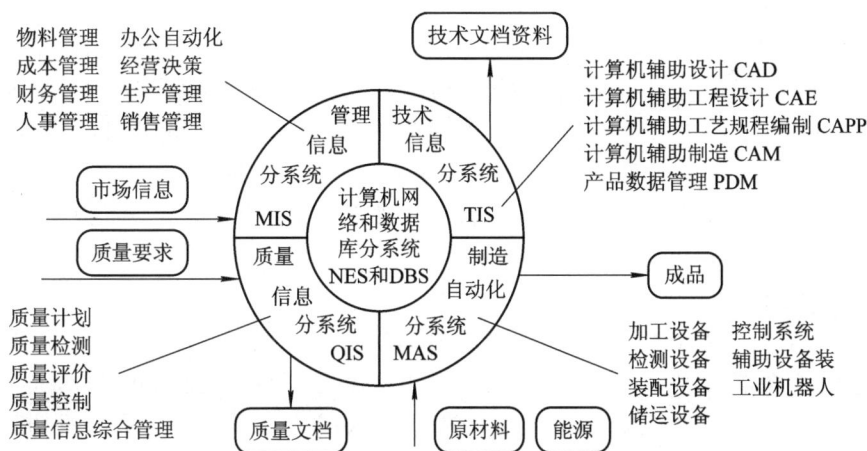

图 1 - 26　CIMS 的组成

（3）制造功能。CIMS 能够按工艺要求，自动组织协调生产设备（CNC、FMC、FMS、FAL、机器人等）、储运设备和辅助设备（送料、排屑、清洗等设备）完成制造过程。

（4）质量控制功能。CIMS 运用 CAQ（Computer Arded Qualoty，计算机辅助质量管理）来完成生产过程的质量管理和质量保证，它不仅在软件上形成质量管理体系，在硬件上还参与生产过程的测试与监控。

（5）集成控制与网络功能。CIMS 采用多层计算机管理模式，例如工厂控制级、车间控制级、单元控制级、工作站控制级、设备控制级等，各级间分工明确、资源共享，并依赖网络实现信息传递。CIMS 还能够与客户建立网络沟通渠道，实现自动定货、服务反馈、外协合作等。

从上述介绍可知，CIMS 是目前最高级别的自动化制造系统，但这并不意味着 CIMS 是完全自动化的制造系统。事实上，目前 CIMS 的自动化程度甚至比柔性制造系统还要低。CIMS 强调的主要是信息集成，而不是制造过程物流的自动化。CIMS 的主要特点是系统十分庞大，包括的内容很多，要在一个企业完全实现难度很大。但可以采取部分集成的方式，逐步实现整个企业的信息及功能集成。

2）CIMS 的关键技术

CIMS 是传统制造技术、自动化技术、信息技术、管理科学、网络技术、系统工程技术综合应用的产物，是复杂而庞大的系统工程。CIMS 的主要特征是计算机化、信息化、智能化和高度集成化。目前各个国家都处在局部集成和较低水平的应用阶段，CIMS 所需解决的关键技术主要有信息集成、过程集成和企业集成等问题。

（1）信息集成。

针对设计、管理和加工制造的不同单元，实现信息正确、高效的共享和交换，是改善企业技术和管理水平必须首先解决的问题。信息集成的首要问题是建立企业的系统模型。利用企业的系统模型来科学地分析和综合企业各部分的功能关系、信息关系和动态关系，解决企业的物质流、信息流、价值流、决策流之间的关系，这是企业信息集成的基础。其次，由于系统中包含了不同的操作系统、控制系统、数据库和应用软件，且各系统间可能使用不同的通信协议，因此信息集成还要处理好信息间的接口问题。

（2）过程集成。

企业为了提高 T（效率）、Q（质量）、C（成本）、S（服务）、E（环境）等目标，除了信息集成这一手段外，还必须处理好过程间的优化与协调。过程集成要求将产品开发、工艺设计、生产制造、供应销售中的各串行过程尽量转变为并行过程，如在产品设计时就考虑到下游工作中的可制造性、可装配性、可维护性等，并预见产品的质量、售后服务内容等。过程集成还包括快速反应和动态调整，即当某一过程出现未预见偏差时，相关过程及时调整规划和方案。

（3）企业集成。

充分利用全球的物质资源、信息资源、技术资源、制造资源、人才资源和用户资源，满足以人为核心的智能化和以用户为中心的产品柔性化是 CIMS 的全球化目标。企业集成就是解决资源共享、资源优化、信息服务、虚拟制造、并行工程、网络平台等方面的关键技术。

先导案例解决方案

20 世纪 80 年代初，日本东芝机械公司背着巴黎统筹委员会向苏联出售高精密的加工船用螺旋桨的数控机床，这一震动国际政坛的事件称为"东芝事件"。背景始于美国和苏联核潜艇技术的竞争。

据统计，冷战时期苏联有 256 艘攻击型核潜艇，而美国只有 96 艘，但美国的核潜艇噪声小，苏联的核潜艇噪声大。一般情况下，美国的反潜系统在距离苏联核潜艇 200 海里时，便能发现它并辨别其特征。因此，苏联若不尽快设法消除噪声，一旦爆发战争，苏联的核潜艇将是一堆废铁。核潜艇的噪声主要是由螺旋桨造成的。

1981 年，苏联谋求从日本东芝机械公司进口 MBP‐110 铣床。东芝机械公司深知这种机床在巴黎统筹委员会的货单上是绝对禁止向经济互助委员会（简称"经互会"，是 1949 年苏、罗、捷、保、匈、波六国在莫斯科成立的国际经济组织，总部设在莫斯科。1991 年 6 月 28 日，经济互助委员会在匈牙利的首都布达佩斯正式宣布解散"经互会"）成员国出口的，便以符合巴统规定的 TDP70‐110 机床申请出口。在装船时耍个掉包计，骗过日本通产省和海关的所有官员，甚至还派人员到列宁格勒安装调试机床。效果很快显示出来：苏联新型攻击核潜艇的噪声降到原来的十分之一甚至百分之一，美国潜艇必须靠近到 20 海里以内才能发现。美国若要保持其优势必须改进反潜系统，估计需要花费 200 至 400 亿美元。

事情败露后，日本通产省宣布在一年内禁止东芝机械公司向 14 个国家出口产品，仅此一项使东芝公司损失 1 亿美元。

美国对东芝公司报复更为强烈，国会通过法案，禁止东芝公司电子产品进入美国市场。在日本，许多当事人被捕，东芝机械公司乃至东芝公司首脑先后引咎辞职，一时间东芝股票价格猛跌，企业陷入困境。

生产学习经验

【案例 1‐1】 "高档数控机床与基础制造装备"国家科技重大专项简况。

【案例 1 - 2】　机床行业知名专家恩宝贵(原机械工业部机床司副总工程师)曾说过："目前国内机床产品在性能上与国际知名品牌的性能相差不大,为什么得不到客户的认可呢?关键在于可靠性。"那么什么是可靠性?它的衡量指标又有哪些呢?

【案例 1 - 1】　　　　　　　　　　　　　　　　　【案例 1 - 2】

本 章 小 结

本章学习重点是数控机床的基本概念、结构组成、工作原理、加工特点和常用分类方法;学习难点是数控机床的工作原理、按伺服系统控制原理的分类方法,以及先进制造技术的基本原理。

思 考 与 练 习

1-1　何谓数字控制?数控机床的定义是什么?

1-2　数控机床的组成部分有哪些?各有什么作用?

1-3　简述数控机床的工作过程与工作原理。

1-4　与普通机床相比,数控机床的加工有何特点?它的适用范围是什么?

1-5　数控机床的分类方法有哪些?

1-6　数控机床按工艺用途分有哪些类型?各用于什么场合?

1-7　何谓点位控制数控机床、直线控制数控机床、轮廓控制数控机床?点位控制方式与轮廓控制方式有什么不同?各适用于什么场合?

1-8　什么是开环控制数控机床?它的优缺点如何?适用于什么场合?

1-9　什么是闭环控制数控机床?它的优缺点如何?适用于什么场合?

1-10　如何区分开环控制数控机床、半闭环控制数控机床和闭环控制数控机床?

1-11　数控机床是在怎样的背景下产生的?

1-12　数控技术的发展趋势是什么?

1-13　数控系统的技术性能指标有哪些?

1-14　快速原型法的基本原理是什么?

1-15　何谓虚拟制造技术?

1-16　什么是自适应控制?为什么要采用自适应控制技术?自适应控制与普通闭环控制有何区别?

1-17　什么是计算机群控技术?类型有哪些?

1-18　何谓FMS?FMS的结构组成部分有哪些?各部分的功能是什么?

1-19　何谓FMC?FMC的结构组成部分有哪些?

1-20　什么是CIMS?它有哪些组成部分?各部分的功能是什么?

自 测 题

一、选择题(请将正确答案的序号填写在题中的括号内,每题 3 分,共 30 分)

1. 世界上第一台三坐标数控铣床是( )年研制出来的。

    A. 1930   B. 1947   C. 1952   D. 1958

2. 数控机床指的是( )。

    A. 装有 PLC(可编程序逻辑控制器)的专用机床

    B. 带有坐标轴位置显示的机床

    C. 装备了 CNC 系统的机床

    D. 加工中心

3. 数控机床是采用数字化信号对机床的( )进行控制。

    A. 运动   B. 加工过程

    C. 运动和加工过程   D. 无正确答案

4. 数控机床的驱动执行部分是( )。

    A. 控制介质与阅读装置   B. 数控装置

    C. 伺服系统   D. 机床本体

5. 加工精度高、( )、自动化程度高,劳动强度低、生产效率高等是数控机床加工的特点。

    A. 加工轮廓简单、生产批量又特别大的零件

    B. 对加工对象的适应性强

    C. 装夹困难或必须依靠人工找正、定位才能保证其加工精度的单件零件

    D. 适于加工余量特别大、材质及余量都不均匀的坯件

6. 不适合采用加工中心进行加工的零件是( )。

    A. 周期性重复投产   B. 多品种、小批量

    C. 单品种、大批量   D. 结构比较复杂

7. 数控机床中把脉冲信号转换成机床移动部件运动的组成部分称为( )。

    A. 控制介质   B. 数控装置

    C. 伺服系统   D. 机床本体

8. 普通数控机床与加工中心比较,错误的说法是( )。

    A. 能加工复杂零件   B. 加工精度都较高

    C. 都有刀库   D. 加工中心比普通数控机床的加工效率更高

9. 数控系统所规定的最小设定单位就是( )。

    A. 数控机床的运动精度   B. 机床的加工精度

    C. 脉冲当量   D. 数控机床的传动精度

10. ( )与虚拟制造技术一起,被称为未来制造业的两大支柱技术。

    A. 数控技术   B. 快速成形法

    C. 柔性制造系统   D. 柔性制造单元

二、判断题(请将判断结果填入括号中,正确的填"√",错误的填"×",每题 2 分,共 20 分)

( )1. 半闭环、闭环数控机床带有检测反馈装置。

( )2. 数控机床工作时,数控装置发出的控制信号可直接驱动各轴的伺服电机。

( )3. 目前数控机床只有数控铣、数控磨、数控车、电加工等几种。

( )4. 具有刀库、刀具交换装置的数控机床称为加工中心。

( )5. FMC 是柔性制造系统的简称。

( )6. 对于装夹困难或完全由找正定位来保证加工精度的零件,不适合于在数控机床上生产。

( )7. 卧式加工中心是指主轴轴线垂直设置的加工中心。

( )8. 数控车床传动系统的进给运动有纵向进给运动和横向进给运动。

( )9. 数控铣床的控制轴数与联动轴数相同。

( )10. CIMS 是计算机集成制造系统的简称。

三、名词解释(每题 4 分,共 20 分)

1. 数字控制　　　　2. 数控机床　　　　　3. 闭环控制

4. DNC　　　　　　5. 自适应控制

四、简答题(每题 6 分,共 30 分)

1. 数控机床主要由哪几部分组成?

2. 数控机床的加工特点和适用范围是什么?

3. 简述数控机床的工作原理。

4. FMS 的结构组成部分有哪些?

5. 简述数控技术的发展趋势。

自测题答案

第2章

数控机床的机械结构

本章知识点 ✎

(1) 数控机床机械结构的主要组成和特点；

(2) 数控机床对主传动系统和进给传动系统的要求；

(3) 数控机床主传动系统的特点和分类；

(4) 数控机床主轴部件的结构和工作原理；

(5) 数控机床滚珠丝杠副的结构、工作原理和轴向间隙的调整方法；

(6) 进给传动系统齿轮间隙的消除方法；

(7) 数控机床分度工作台、回转工作台的结构和工作原理；

(8) 自动换刀装置的结构和工作原理。

先导案例 📄

立式加工中心与卧式加工中心在结构上有什么区别？

2.1 数控机床机械结构的组成和特点

2.1.1 数控机床机械结构的主要组成

由于进给伺服驱动、主轴驱动和 CNC 技术的发展，以及为适应高生产率的需要，数控机床的机械结构已从初期对普通机床局部结构的改进，逐步发展为数控机床的独特机械结构。尽管如此，普通机床的构成模式仍适应于现代数控机床，其零部件的设计方法和普通机床设计理论和计算方法基本一样。

数控机床的机械结构，除机床基础部件外，由下列各部分组成：① 主传动系统；② 进给系统；③ 实现工件回转、定位的装置和附件；④ 实现某些部件动作和辅助功能的系统和装置，如液压、气动、润滑、冷却等系统和排屑、防护等装置；⑤ 刀架或自动换刀装置（Automatic Tool Changer，ATC）；⑥ 自动托盘交换装置（Automatic Pallet Changer，APC）；⑦ 特殊功能装置，如刀具破损监控、精度检测和监控装置；⑧ 为完成自动化控制功能的各种反馈信号装置及元件。

机床基础件称机床大件，通常是指床身、底坐、立柱、横梁、滑坐、工作台等。图 2 - 1 所示为 XH715 立式加工中心基础件装配图，它是整台机床的基础和框架，机床的其他零、部件，或者固定在基础件上，或者工作时在它的导轨上运动。其他机械结构的组成则按机床的功能需要选用。如一般的数控机床除基础件外，还有主传动系统、进给系统以及液压、润滑、冷却等其它辅助装置，这是数控机床机械结构的基本构成。加工中心则至少还应有ATC，有的还有双工位 APC 等。柔性制造单元（FMC）除 ATC 外还带有工位数较多的APC，有的配有用于上下料的工业机器人。

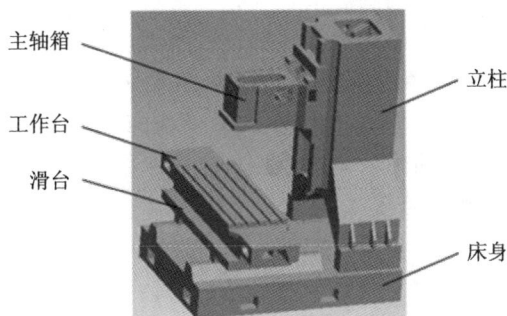

图 2-1　XH715 立式加工中心基础件装配图

　　数控机床可根据自动化程度、可靠性要求和特殊功能需要，选用各类破损监控、机床与工件精度检测、补偿装置和附件等。有些特殊加工数控机床，如电加工数控机床和激光切割机，其主轴部件不同于一般数控金属切削机床，但对进给伺服系统的要求则是一样的。

　　数控机床用的刀具虽不是机床本体的组成部分，但它是机床实现切削功能不可分割的部分，对提高数控机床的生产效率有重大影响。

2.1.2　数控机床机械结构的主要特点

1. 高刚度和高抗振性

1）机床刚度的基本概念

机床刚度是机床的技术性能之气，它反映了机床结构抵抗变形的能力。根据机床所受载荷性质的不同，机床在静态力作用下所表现的刚度称为机床的静刚度，机床在动态力作用下所表现的刚度称为机床的动刚度。在机床性能测试中，常用机床柔度来说明机床的该项性能。柔度是刚度的倒数。

机床和机床零部件在静力负载下的刚度系数（N/μm）为

$$\kappa = \frac{\text{静力负载}}{\text{变形量}} \tag{2-1}$$

机床和机床零部件在动态力负载下的刚度系数（N/μm）为

$$\kappa_d = \kappa \sqrt{\left(1 - \frac{\omega^2}{\omega_n^2}\right)^2 + 4\xi^2 \frac{\omega^2}{\omega_n^2}} \tag{2-2}$$

式中：κ——机床结构系数的静刚度（N/μm）；

κ_d——机床结构系数的动刚度（N/μm）；

ω——外加激振力的激振频率（Hz）；

ω_n——机床结构系统的固有频率，$\omega_n = \sqrt{\kappa/m}$；

ξ——机床结构系数的阻尼比。

由式(2-1)和式(2-2)可见，机床弹性系统在动态力作用下的动刚度 κ_d 与静刚度、激振频率与固有频率的频率比 ω/ω_n 及阻尼比有关。

当 $\omega/\omega_n=1$ 时，即当两种频率相等时，为共振状态，动刚度最小，$\kappa_d=2\xi\kappa$。

当 $\omega/\omega_n\leqslant1$ 时，即激振频率远比固有频率小时，动刚度接近于静刚度，$\kappa_d\approx\kappa$。

当 $\omega/\omega_n\geqslant1$ 时，即激振频率远比固有频率大时，动刚度随着 ω 的加大而增加。

在同样频率比的条件下，静刚度愈大，动刚也愈大，两者成正比关系；阻尼愈大，动刚度也愈大。机床系统的综合刚度由机床各零部件的刚度综合而成。

上述机床刚度分析的基本理论同样适用于数控机床。为满足数控机床高速度、高精度、高生产率、高可靠性和高自动化的要求，与普通机床比较，数控机床应有更高的静、动刚度和更好的抗振性。例如有的国家规定数控机床的刚度系数比普通机床至少高50%。

2）提高数控机床结构刚度的措施

（1）提高机床构件的静刚度和固有频率。

改善薄弱环节的结构或布局，以减少所承受的弯曲负载和转矩负载。例如，在数控车床上加大主轴的支承轴径，尽量缩短主轴端部的受力悬伸长度，以减少所受弯矩；采用布置合理的肋板结构，以便在较小重量下具有较高的静刚度和适当的固有频率；数控机床的主轴箱或滑枕等部件可采用卸荷装置来平衡载荷，以补偿部件引起的静力变形，常用的卸荷装置有重锤和平衡液压缸；改善构件间的接触刚度和机床与地基联结处的刚度等。

（2）改善数控机床结构的阻尼特性。

在大件内腔充填泥芯和混凝土等阻尼材料，防止在振动时因相对摩擦力较大而耗散振动能量。也可采用阻尼涂层法，即在大件表面喷涂一层具有高内阻尼和较高弹性的粘滞弹性材料（如沥青基制成的胶泥减振剂、高分子聚化物和油漆腻子等），涂层厚度愈大，阻尼愈大。阻尼涂层常用于钢板焊接的大件结构。采用间断焊缝也可以改变接合面间的摩擦阻尼。间断焊缝虽使静刚度略有下降，但阻尼比 ξ 大为增加。

（3）采用新材料和钢板焊接结构。

长期以来，机床大件材料主要采用铸铁，现在部分机床大件已采用新材料代替，主要的新材料是聚化物混凝土，它具有刚度高、抗振好，耐腐蚀和耐热的特点。用丙烯酸树脂混凝土制成的床身，其动刚度比铸铁高6倍。用钢板焊接构件代替铸铁构件的趋势也不断扩大，从开始在单件和小批量生产的重型机床和超重型机床上应用，逐步发展到有一定批量的中型机床。采用钢板焊接构件的主要原因是焊接技术的发展，使抗振措施十分有效；轧钢技术的发展，又提供了多种形式的型钢；制造周期短，省去了制作木模和铸造工序，不易出废品等。

2. 减少机床热变形的影响

机床的热变形是影响机床加工精度的重要因素之一。由于数控机床主轴转速、进给速度远高于普通机床，而大切削量产生的炽热切屑对工件和机床部件的热传导影响远比普通机床严重，而热变形对加工精度的影响操作者往往难以修正。因此，应特别重视减少数控机床热变形的影响。常用措施有以下几种：

1）改进机床的布局和结构

（1）采用热对称结构。

采用热对称结构时，相对热源是对称的。在产生热变形时，其工件或者刀具回转中心对称线的位置基本保持不变,因而可以减少对加工件的精度影响。例如卧式加工中心采用框式双立柱结构,主轴箱嵌入立柱内(见图 1-7),并且从立柱左右导轨内侧定位。这样,热变形时主轴中心将主要产生垂直方向的变化,而双立柱结构的单向热膨胀又很容易用垂直坐标(Y 轴方向)移动的修正量加以补偿。

(2)采用倾斜床身和斜滑板结构。

图 1-5 所示的数控车床采用倾斜 60°导轨结构,这样便于配置倾斜的防护罩,使炽热的切屑容易进入排屑口,被自动排屑装置及时排出。

(3)采用热平衡措施。

某些重型数控机床由于结构限制,不能采用上面所述的对称结构方法,可采用热平衡法。例如,立柱导轨部分和两侧及后壁的厚度悬殊很大时,热容量差别很大,当室温变化时,各部分的温度变化率不同,会造成立柱的弯曲变形。此时,可采用保持温度场均匀(热平衡法)加以解决。

2)控制温度

对机床发热部位(如主轴箱等)采用散热、风冷和液冷等控制温升的办法来吸收热源发出的热量。这是各类数控机床上广泛采用的一种减少热变形影响的对策。

3)对切削部位采取强冷措施

在大切削量切削加工时,落在工作台、床身等部件上的炽热切屑是重要的热源。现代数控机床,特别是加工中心和数控车床普遍采用多喷嘴、大流量冷却液来冷却并排除这些炽热的切屑,并对冷却液用大容量循环散热或用冷却装置致冷来控制温升。

4)热位移补偿

预测热变形规律,建立数学模型并存入计算机中,以进行实时补偿。图 2-2 是热变形自动修正装置。

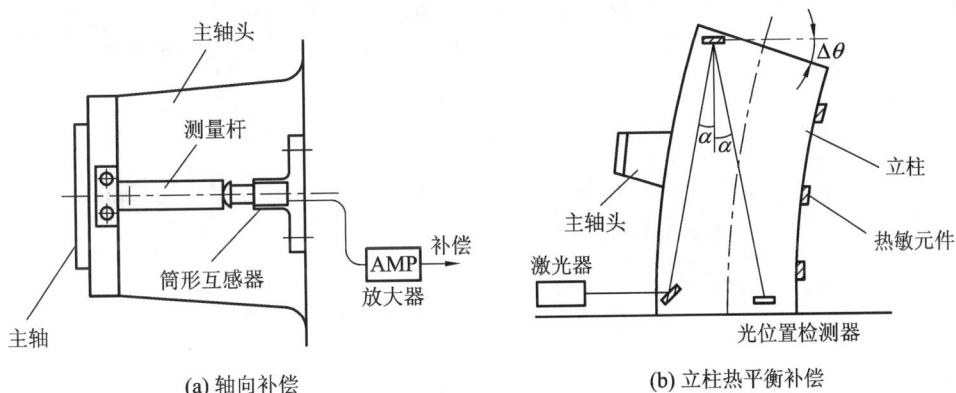

(a) 轴向补偿　　　　　　　　　　(b) 立柱热平衡补偿

图 2-2　热变形自动补偿装置

3. 传动系统机械结构的简化

数控机床的主轴驱动系统和进给驱动系统分别采用交、直流主轴电动机和伺服电动机驱动,这两类电动机调速范围大,并可无级调速,因此使主轴箱、进给变速箱及传动系统大为简化,箱体结构简单,齿轮、轴承和轴类零件数量大为减少甚至不用齿轮,而由电动机直接带动主轴或进给滚珠丝杠。图 2-3 是某普通车床和数控车床的传动系统图。从图中可以看出，主轴箱内传动轴和齿轮数大为减少，庞大而复杂的变速箱和溜板箱则被伺服电动机通过齿形带驱动所代替。普通车床传统的两杠——即走刀光杠和滑动丝杠——以及挂轮架功能由数控系统、伺服电动机和滚珠丝杠完成。

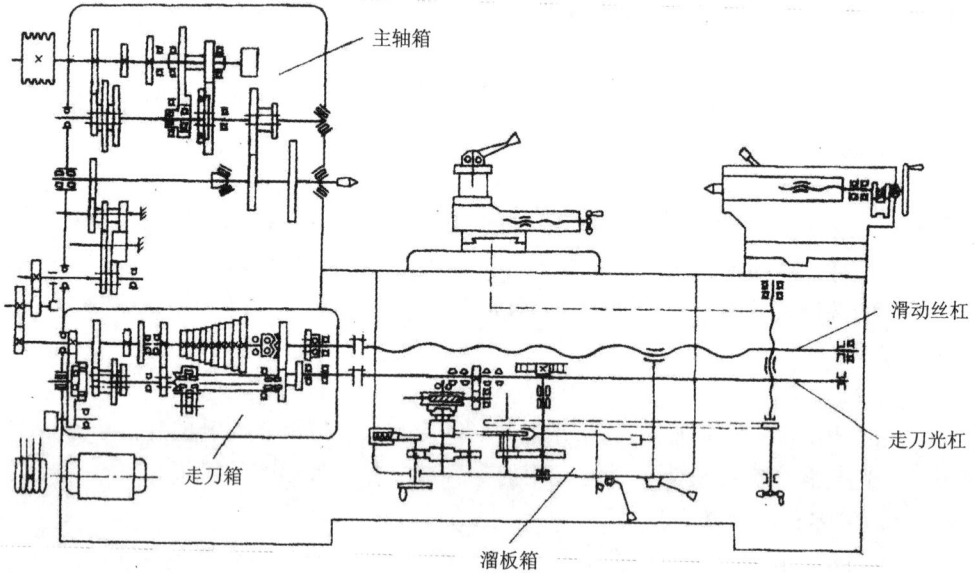

(a) 某普通车床

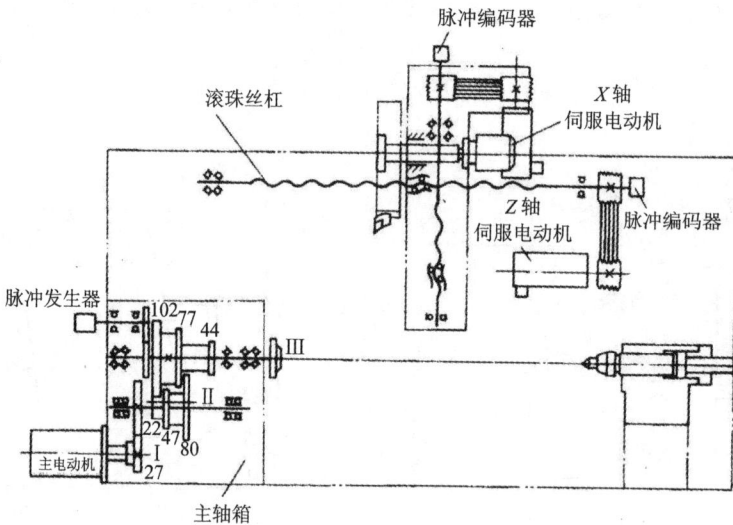

(b) 某数控车床

图 2-3　普通车床与数控车床传动系统比较

4. 高传动效率和无间隙传动装置

数控机床在高进给速度下，要求工作平稳并有高定位精度。因此，对进给系统中的机械传动装置和元件要求具有高寿命、高刚度、无间隙、高灵敏度和低摩擦阻力的特点。目前，数控机床进给驱动系统中常用的机械装置主要有三种，即滚珠丝杠副、静压蜗杆-蜗母条机构和预加载荷双齿轮-齿条。

5. 低摩擦因数的导轨

机床导轨是机床的基本结构之一。机床加工精度和使用寿命在很大程度上决定于机床导轨的质量,数控机床的导轨则有更高的要求。如在高速进给时不振动,低速进给时不爬行,具有很高的灵敏度,能在重载下长期连续工作,耐磨性要高,精度保持性要好等。现代数控机床使用的导轨从类型上说仍是滑动导轨、滚动导轨和静压导轨 3 种,但在材料和结构上已发生了质的变化,已不同于普通机床的导轨。

1) 塑料滑动导轨

传统的铸铁-铸铁滑动导轨,除经济型数控机床外,在其他数控机床上已不再采用,取而代之的是做铸铁-塑料或镶钢-塑料滑动导轨。塑料导轨常用在导轨副的运动导轨上,与之相配的金属导轨有铸铁或钢质导轨两种。铸铁牌号为 HT300,表面淬火硬度为 $45\sim50$HRC,表面粗糙度磨削为 $Ra0.20\sim0.10$;镶钢导轨常用 55 钢或其它合金钢,淬硬为 $58\sim62$HRC。导轨塑料常用聚四氟乙烯导轨软带和环氧耐磨导轨涂层两类。

(1) 聚四氟乙烯导轨软带。

聚四氟乙烯导轨软带材料以聚四氟乙烯为基体,加入青铜粉、二硫化钼和石墨等填充剂混合烧结并做成软带状。聚四氟乙烯导轨软带的特点主要有以下四点:

① 摩擦特性好。聚四氟乙烯导轨软带的动、静摩擦因数基本不变,而且摩擦因数很低,能防止低速爬行,使运动平稳且可获得高的定位精度。普通导轨副的动、静摩擦因数相差很大,几乎近一倍。

② 耐磨性好。聚四氟乙烯导轨软带材料中含有青铜、二流化铜和石墨,本身具有自润滑作用,对润滑油的供油量要求不高,采用间歇供油即可。此外塑料质地较软,即使嵌入金属碎屑、灰尘等,也不至损坏金属导轨和软带本身。

③ 减振性好。塑料的阻尼性能好,其减振消声性能对提高摩擦副的相对运动速度有很大的意义。

④ 工艺性好。聚四氟乙烯导轨软带可降低对粘贴塑料的金属基体的硬度和表面质量的要求,而且塑料易于加工(铣、刨、磨、刮),能获得优良的导轨表面质量。

由于聚四氟乙烯导轨软带具有这些优点,所以被广泛应用于中、小型数控机床的运动导轨中,常用的进给移动速度为 15 m/min 以下。图 2-4 是加工中心工作台的横剖面,在移动工作台的各面都粘贴有聚四氟乙烯导轨软带。

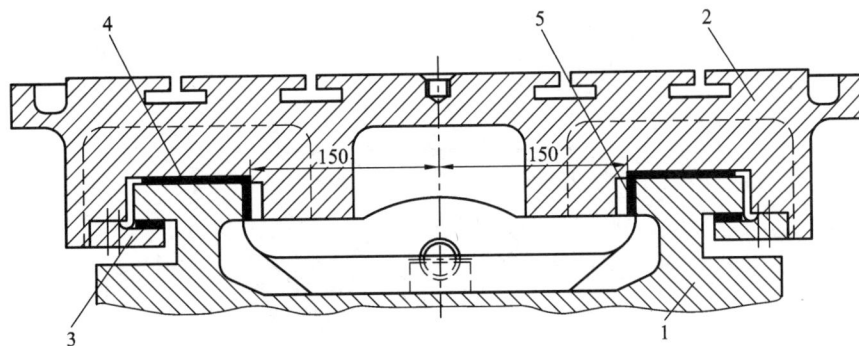

1—床身;2—工作台;3—下压板;4—导轨软带;5—粘导轨软带的镶条

图 2-4　工作台和滑座横剖面

导轨软带使用工艺很简单。首先将导轨粘贴面加工至表面粗糙度为 $Ra3.2\sim1.6$。有时为了固定软带,将导轨粘贴面加工成 $0.5\sim1$ mm 深的凹槽,如图 2-5 所示。用汽油或金属清净剂或丙酮清洗粘合面后,用胶粘剂粘合。固化 $1\sim2$ h 后再合拢到配对的固定导轨或专用夹具上,施加一定的压力,并在室温下固化 24 h,取下清除余胶即可开油槽和进行精加工。由于这类导轨采用粘接方法,习惯称为"贴塑导轨"。

1—粘结层厚度;2—粘结材料;3—导轨软带

图 2-5 导轨软带

(2)环氧型耐磨涂层。

环氧型耐磨涂层是另一类已成功地用于金属-塑料导轨的材料。它是以环氧树脂和二硫化钼为基体,加入增塑剂,混合成液状或膏状为一组份和固化剂为另一组份的双组份塑料涂层。其中德国 Gieitbelag-Technik 公司的 SKC3 导轨塑料涂层和 Diamant-kitte Sehulz 公司的 Moglice 钻石牌导轨涂层最为有名。

SKC3 导轨塑料涂层具有良好的可加工性,可经车、铣、刨、钻、磨削和刮削加工;具有良好的摩擦特性和耐磨性,而且其抗压强度比聚四氟乙烯导轨软带要高,固化时体积不收缩,尺寸稳定。特别是可在调整好固定导轨和运动导轨间的相关位置精度后注涂料,可节省许多加工工时,特别适合重型机床和不能用导轨软带的复杂配合型面。

SKC3 导轨塑料耐磨涂层材料使用工艺也很简单。以导轨副为例,首先将导轨涂层面粗刨或粗铣成如图 2-6 所示的粗糙表面,以便保证有良好的粘附力。

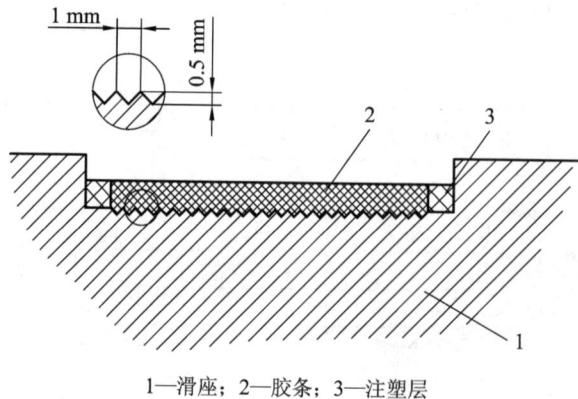

1—滑座;2—胶条;3—注塑层

图 2-6 注塑导轨

图 2-6 中，导轨面刀纹的宽度为 1 mm，刀纹深 0.5～0.8 mm，两侧凸台宽 2 mm，凸台高 1.5 mm。与塑料导轨相配的金属导轨面或模具表面用溶剂清洗后涂上一薄层硅油或专用脱模剂，以防与耐磨导轨涂层粘接。按配方加入固化剂调好耐磨涂层材料，涂抹于导轨面，然后叠合在金属导轨面或模具上固化。叠合前可放置形成油槽、油腔的模板。固化 24 h 后，即可将两导轨分离。涂层硬化两三天后进行下一步加工。图 2-6 是注塑后的导轨示意图。从图中可以看出，塑料导轨面宽度与贴塑导轨一样，需小于相配的金属导轨面。空隙处要用密封条堵住。由于这类涂层导轨采用涂注入膏状塑料的方法，习惯上称为"注塑导轨"。

2）滚动导轨

滚动导轨具有摩擦因数低（一般是 0.003 左右），动、静摩擦因数相差小，几乎不受运动速度变化的影响，定位精度和灵敏度高，精度保持性好等优点。数控机床常用的滚动导轨有滚动导轨块和单元式直线滚动导轨两种。

（1）滚动导轨块。

滚动导轨块是一种滚动体循环运动的滚动导轨。移动部件运动时，滚动体沿封闭轨道作循环运动。滚动体为滚珠或滚柱。图 2-7 所示为滚柱式滚动导轨块，多用于中等负荷导轨。滚动导轨块由专业厂生产，有各种规格、型式供用户选用。使用时，导轨块装在运动部件上，每一条导轨上至少用两块或更多块，导轨块的数目取决于导轨的长度和负载的大小。与之相配的导轨多用镶钢淬火导轨。

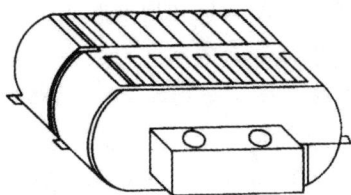

图 2-7　滚柱式滚动导轨块

由于滚柱的圆柱度一致性很难做到，滚动块容易引起轴线歪斜，对钢导轨表面在精度和硬度上也有很高的要求在装配调整时需要花费大量的人力和时间。因此，目前在加工中心上很少采用，最常见是单元式直线滚动导轨。

（2）单元式直线滚动导轨。单元式直线滚动导轨的外形如图 2-8 所示。这种滚动导轨是把轨道及相对运动的导轨块由生产厂家预先根据用户要求组装好，用户只要把导轨单元的轨道和导轨块分别固定在机床的固定导轨和运动导轨上即可。因此在设计和装配调试上都十分简单方便。

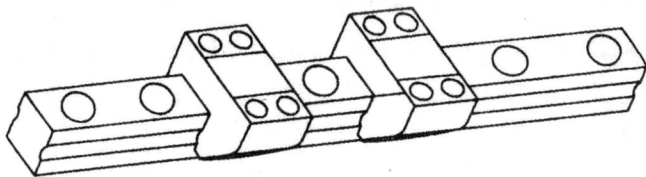

图 2-8　单元式直线滚动导轨

图 2-9 所示是单元式直线滚动导轨的结构。这种滚动导轨由导轨体、滑块、滚珠、保持器、端盖等组成。当滑块沿轨道移动时，滚珠在轨道和滑块之间的圆弧直槽内滚动，并通过端盖内的滚道从负荷区移到非负荷区，然后继续滚动回到负荷区，不断地循环，从而把轨道和滑块之间的移动变成了滚珠的滚动。为防止灰尘和脏物进入导轨滚道，滑块两端及下部均装有塑料密封垫。滑块上还有润滑油注油杯。

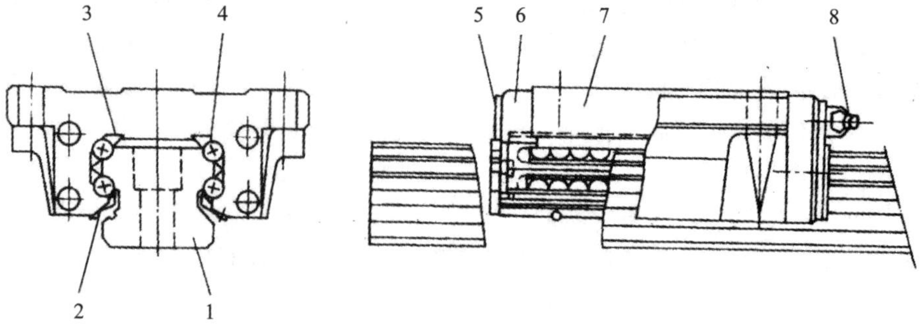

1—导轨体；2—侧面密封垫；3—保持器；4—承载球列；5—端部密封垫；6—端盖；7—滑块；8—润滑油环

图 2-9　直线式滚动导轨结构

3）静压导轨

静压导轨是在两个相对运动的导轨面间通入压力油，使运动件浮起。工作过程中，导轨面上的油腔中的油压能随着外加负载的变化自动调节，以平衡外加负载，保证导轨面间始终处于纯液体摩擦状态。

静压导轨的摩擦因数极小，约为 0.0005，功率消耗少。由于导轨工作在液体摩擦状态，故导轨不会磨损，因而导轨的精度保持性好，寿命长。油膜厚度几乎不受速度的影响，油膜承载能力大，刚性高，吸振性良好，导轨运行平稳，既无爬行，也不会产生振动。但静压导轨结构复杂，且需要一套过滤精度高的液压装置，制造成本较高。

静压导轨较多地应用在大型、重型数控机床上。有关静压导轨的详细参数可参阅液压技术。

2.2　数控机床主传动系统及主轴部件

2.2.1　数控机床对主传动系统的要求

数控机床主传动系统是用来实现机床主运动的，它将主轴电动机的原动力通过该传动系统变成可供切削加工用的切削力矩和切削速度。为了适应各种不同材料的加工及各种不同的加工方法，要求数控机床的主传动系统要有较宽的转速范围及相应的输出力矩。此外，由于主轴部件将直接装夹刀具对工件进行切削，因而对加工质量（包括加工粗糙度）及刀具寿命有很大的影响，所以对主传动系统的要求是很高的。为了能高效率地加工出高精度、低粗糙度的工件，必须要有一个具有良好性能的主传动系统和一个具有高精度、高刚度、振动小、热变形及噪声均能满足需要的主轴部件。

2.2.2　数控机床主传动系统的特点

数控机床的主传动系统一般采用直流或交流主轴电动机，通过皮带传动和主轴箱的变速齿轮带动主轴旋转。由于这种电动机调速范围广，又可无级调速，因此主轴箱的结构大为简化。主轴电动机在额定转速时输出全部功率和最大转矩，随着转速的变化，功率和转矩将发生变化。在调压范围内（从额定转速调到最低转速）为恒转矩，功率随转速成正比例下降；在调速范围内(从额定转速调到最高转速)为恒功率，转矩随转速升高成正比例减小。图 2-10 所示为直流主轴电动机转速与转矩的关系。这种变化规律是符合正常加工要求的，即低速切削所需转矩大，高速切削消耗功率大。同时也可以看出电动机的有效转速范围并不一定能完全满足主轴的工作需要，所以主轴箱一般仍需要设置几挡变速(2～4 挡)。机械变挡一般采用液压缸推动滑移齿轮实现，这种方法结构简单，性能可靠，一次变速只需1 s。有些小型的或者调速范围不需太大的数控机床，也常采用由电动机直接带动主轴或用带传动主轴旋转。

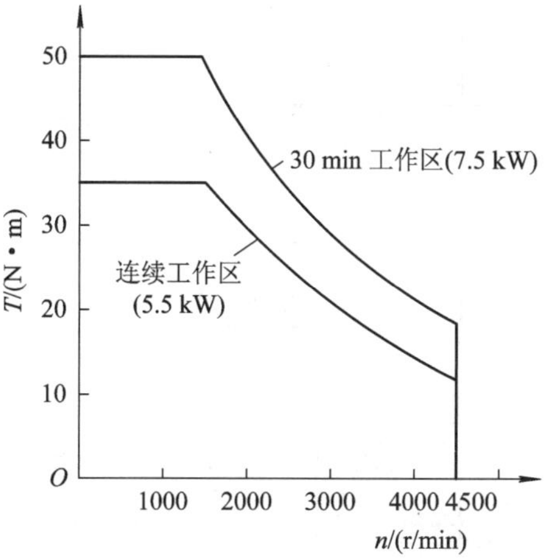

图 2-10　直流主轴电动机的转速与转矩关系图

为了满足主传动系统高精度、高刚度和低噪声的要求，主轴箱的传动齿轮都要经过高频淬硬，精密磨削。在结构允许的条件下，应适应增加齿轮宽度，提高齿轮的重叠系数。变速滑移齿轮一般都用花键传动，采用内径定心。侧面定心的花键对降低噪声更为有利，因为这种定心方式传动间隙小，接触面大，但加工需要专门的刀具和花键磨床。带传动容易产生振动，在传动带长度不一致的情况下更为严重。因此，在选择传动带时，应尽可能缩短带的长度。如因结构限制，带长度无法缩短时，可增设压紧轮，将带张紧，以减少振动。

2.2.3　主传动系统的分类

为了适应不同的加工要求，目前主传动系统大致可以分为三类。

1. 带有变速齿轮的主传动

图 2-11(a)是带有变速齿轮的主传动，这是大、中型数控机床采用的一种配置方式。通过少数几对齿轮降速，扩大了输出扭矩，以满足主轴输出扭矩特性的要求。一部分小型数控机床也采用此种传动方式，以获得强力切削时所需要的扭矩。滑移齿轮的移位大都采用液压拨叉或直接由液压缸带动齿轮来实现。

2. 通过皮带传动的主传动

图 2-11(b)是通过皮带传动的主传动，主要应用在小型数控机床上，可以避免齿轮传动时引起的振动与噪声。但它只适用于低扭矩特性要求的主轴，在加工中心和数控机床上必须使用同步齿型带，以保证主轴的伺服功能。

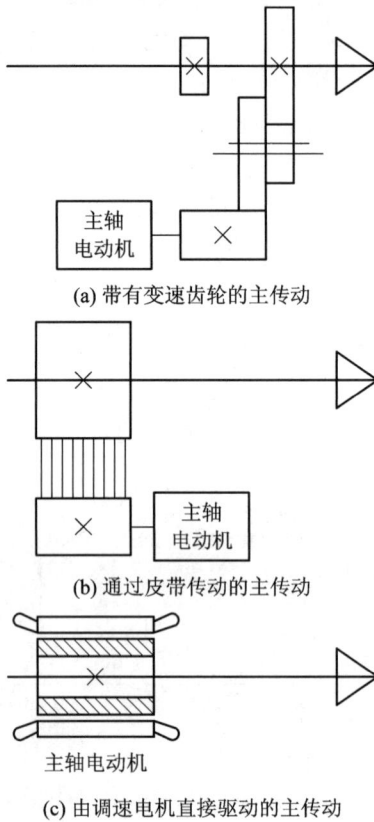

(a) 带有变速齿轮的主传动

(b) 通过皮带传动的主传动

主轴电动机

(c) 由调速电机直接驱动的主传动

图 2-11　数控机床主传动系统分类

3. 由调速电机直接驱动的主传动

图 2-11(c)是由调速电机直接驱动的主传动，这种主传动方式大大简化了主轴箱体与主轴的结构，有效地提高了主轴部件的刚度，但主轴输出扭矩小，电机发热对主轴的精度影响较大。

在带有齿轮变速的主传动系统中，液压拨叉和电磁离合器曾经是两种常用的变速方法。

拨叉机构在使用中为了保证不出现移动齿轮的"顶齿"现象，通常必须增加一台小型电动机，在变速时使主轴作低速回转，这会使结构变得十分复杂。摩擦片式离合器由于打滑现象，不能使用于有伺服要求的主轴系统。电磁离合器的电刷和滑环之间的摩擦和磨损会影响变速的可靠性；更严重的是它具有剩磁和发热等缺点，会使主轴轴承磁化，寿命下降，并影响加工精度。因此目前已很少使用以上两种变速方法。

2.2.4　主轴部件

数控机床主轴部件是机床中最关键的部件之一，是体现整台机床技术水平的一个主要标志，它的精度、刚度和热变形对加工质量将产生直接影响。而且由于数控机床在加工过程中不进行人工调整，这些影响就更为严重。

1. 数控机床主轴轴承的一般配置形式

目前数控机床的主轴轴承配置形式主要有三种：

（1）前支承采用双列短圆柱滚子轴承和 60°角接触双列向心推力球轴承组合，后支承采用成对向心推力球轴承，如图 2－12(a)所示。

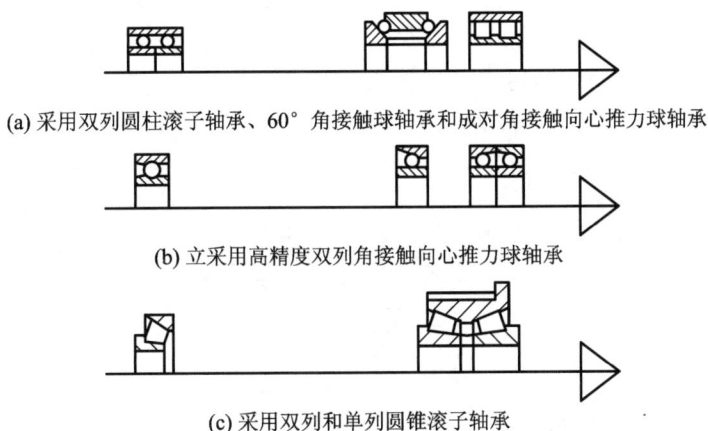

(a) 采用双列圆柱滚子轴承、60°角接触球轴承和成对角接触向心推力球轴承

(b) 立采用高精度双列角接触向心推力球轴承

(c) 采用双列和单列圆锥滚子轴承

图 2－12 数控机床主轴轴承的配置形式

这种配置型式使主轴的综合刚度大幅度提高，可以满足强力切削的要求，因此普遍应用于各类数控机床的主轴。

（2）前轴承采用高精度双列向心推力球轴承。

如图 2－12(b)所示，向心推力球轴承具有良好的高速性能，主轴最高转速可达 10 000 r/min，但是它的承载能力小，因而适用于高速、轻载和精密的数控机床主轴。

（3）双列和单列圆锥滚子轴承。

如图 2－12(c)所示，这组轴承径向和轴向刚度高，能承受重载荷，尤其能承受较强的动载荷，安装与调整性能好。但是这种轴承配置方式限制了主轴的最高转速和可以达到的精度，因此适用于中等精度、低速与重载的数控机床主轴。

数控机床为了获得尽可能高的生产效率，主轴的高速化正在成为主要的发展趋势，而滚动轴承的高速化又是这一发展的关键。近十多年来出现了以氮化硅（Si_3N_4）陶瓷材料作为滚动体的高速轴承，而且已被普遍采用。由于陶瓷材料的质量密度只有钢的 40%，因此使限制滚动轴承转速提高的关键因素——高速旋转时滚动体产生的离心力大幅度下降，对于减小轴承的温升和磨损有明显效果。另外，陶瓷材料滚动体和钢质内外环滚道的分子亲和力极小，不容易产生微粘连现象；且由于陶瓷材料热胀系数较小，有助于减小在不同温度下预加载荷的变化。这些都会明显地提高轴承的精度和精度保持性。

在保持滚动轴承外形尺寸不变的条件下，减小滚动体的直径，同时增加滚动体的数量也是降低高速旋转时滚动体离心力的另一重要措施。它同样能达到降低温升、增加耐磨性和提高轴承 d_n 值的目的。

在主轴的结构上，要处理好卡盘或刀具的装夹、主轴的卸荷、主轴轴承的定位和间隙调整、主轴部件的润滑和密封及工艺上的一系列问题。为了尽可能减少主轴部件温升引起的热变形对机床工作精度的影响，通常利用润滑油的循环系统把主轴部件的热量带走，使主轴部件与箱体保持恒定的温度。在某些数控镗铣床上采用专用的制冷装置，比较理想地实现了温度控制。近十年来，一些数控机床的主轴轴承采用高级油脂，用封入方式进行润滑，每加一次油脂可以使用 7～10 年。为了使润滑油和油脂不致混合，通常采用迷宫式密封方式。

对于数控机床主轴，因为在它的两端安装着结构笨重的动力卡盘和夹紧油缸，主轴刚度必须进一步提高，并应设计合理的联接端，以改善动力卡盘与主轴端部的联接刚度。

数控机床主轴端部的结构对工件或刀具的定位、安装、拆卸以及夹紧的准确、牢固、方便和可靠有很大影响。常见的几种用于不同类型数控机床主轴的端部结构如图 2-13 所示，目前这些结构都已标准化。

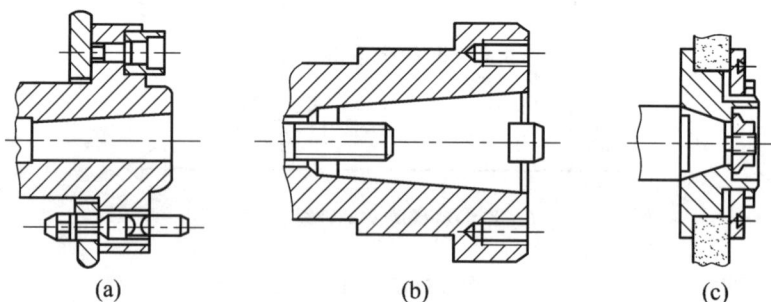

(a)　　　　　　　　(b)　　　　　　　　(c)

图 2-13　数控机床主轴的端部结构

2. 主轴部件的特殊结构

由于数控机床的主轴要求实现自动更换刀具或自动更换工件，因此其主轴部件必须设计出相应的特殊结构以满足这些要求。

1) 主轴内刀具的自动夹紧和切屑清除装置

数控加工中心的机床为实现刀具在主轴上的自动装卸，其主轴必须设计刀具的自动夹紧机构。自动换刀卧式镗铣加工中心主轴的刀具夹紧机构如图 2-14 所示。刀杆 1 采用 7：24 的大锥度锥柄，在锥柄的尾端轴颈被拉紧的同时，通过锥面定心和摩擦作用将刀杆

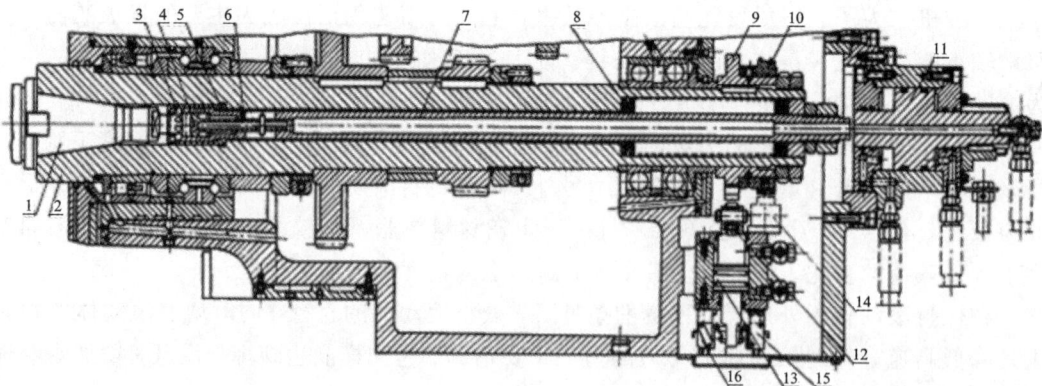

1—刀杆；2—主轴；3—钢球；4—喷气头；5—套筒；6—钢球隔离抓圈；7—拉杆；8—碟形弹簧；
9、10—凸轮；11—活塞；12—滚子；13—定位活塞；14—无触点开关；15—限位开关；16—行程开关

图 2-14　卧式镗铣加工中心机床主轴的刀具夹紧机构

夹紧于主轴 2 的端部。大锥度的锥柄既有利于定心，也为松夹带来了方便。在碟形弹簧 8 的作用下，拉杆 7 始终保持约 10 000N 的拉力，并通过拉杆左端的钢球 3 将刀杆 1 的尾部轴颈拉紧。换刀前必须首先将刀柄松开，即将压力油通入主轴尾部的油缸右腔，活塞 11 推动拉杆 7 向左移动，同时使碟形弹簧 8 压紧。拉杆 7 的左移使左端的钢球 3 位于套筒 5 的喇叭口处，解除了刀杆上的拉力。当拉杆继续左移时，喷气头 4 的端部把刀具顶松，机械手便取出刀杆。机械手将新刀装入之后，压力油通入油缸左腔，活塞 11 向右退回原位，碟形弹簧又拉紧刀杆。当活塞处于左右两个极限位置时，相应的限位开关发出松开和夹紧的信号。

上述的主轴结构在活塞向左推动拉杆时，将在主轴轴承上作用一个相当大的推力。为了使此轴向推力不直接作用在主轴轴承上，可以采用图 2-15 所示的改进结构，使轴向推力作用到箱体上。油缸的支架 6 用螺钉（图中未示出）与连接座 3 固定在一起，并允许在主轴箱孔内作向右浮动。因此连接座 3 并不固死在主轴箱体 2 上，而是用螺钉 5 通过弹簧 4 压紧在主轴箱的端面。当油缸右腔通入压力油使活塞 7 受到向左的推力时，油缸右端面受到方向相反的向右推力。此时整个油缸支架 6 及连接座 3 压缩弹簧 4，而向右移动。当连接座 3 上的垫片 8 的端面和螺母 1 压紧时，松开刀杆所需的推力可以直接由连接座 3 和油缸支架 6 承受，从而实现主轴轴承的轴向卸载。

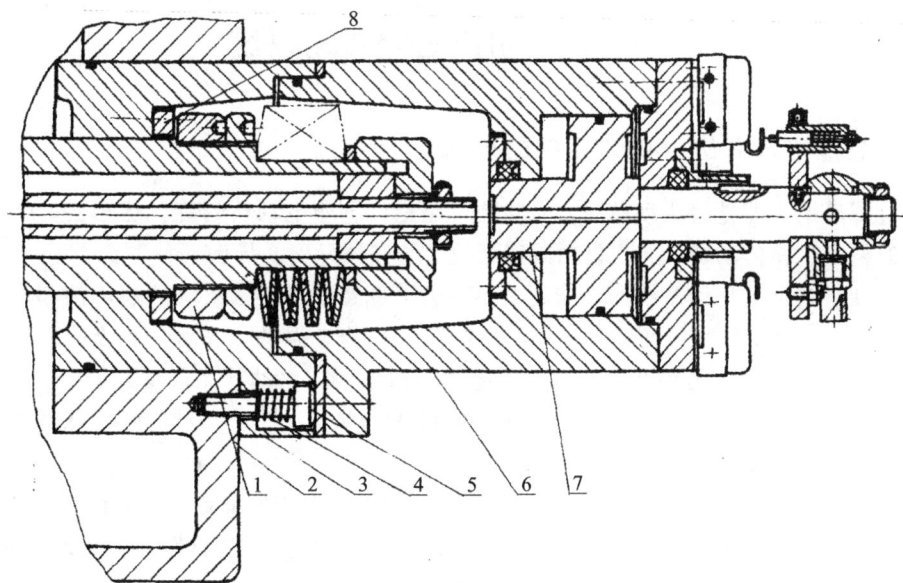

1—螺母；2—主轴箱体；3—连接座；4—压缩弹簧；5—螺钉；6—支架；7—活塞；8—垫片

图 2-15　主轴改进结构

自动清除主轴孔中的切屑和灰尘是换刀操作中一个不容忽视的问题。如果在主轴锥孔中掉进了切屑或其他污物，在拉紧刀杆时，主轴锥孔表面和刀杆的锥柄就会被划伤，并且使刀杆发生偏斜，破坏刀具的正确定位，影响加工零件的精度，甚至使零件报废。为了保持主轴锥孔的清洁，常用压缩空气吹屑。图 2-14 的活塞 11 的心部钻有压缩空气通道，当活塞向左移动时，压缩空气经过活塞由主轴孔内的空气喷嘴 4 吹喷出，将锥孔清理干净。喷气小孔要有合理的喷射角度，并均匀分布，以提高其吹屑效果。

2）主轴准停装置

在镗铣加工中心上，切削扭矩通常是通过刀杆的端面键来传递的，因此在每一次自动装卸刀杆时，都必须使刀柄上的键槽对准主轴的端面键，这就要求主轴具有准确定位的功能。在加工精密的坐标孔时，由于每次都能在主轴固定的圆周位置上装刀，因此能保证刀尖与主轴相对位置的一致性，从而减少被加工孔的尺寸分散度，这是主轴准停装置带来的另一个好处。

主轴的准停装置设在主轴尾端（如图 2-14 所示），当主轴需要停车换刀时，会发出降速信号，主轴箱自动改变传动路线，使主轴转换到最低转速运转。在时间继电器延时数秒钟后，开始接通无触点开关 14。在凸轮 10 上的感应片对准无触点开关时，发出准停信号，立即切断主电机电源，脱开与主轴的传动联系，以排除传动系统中大部分旋转零件的惯性对主轴准停的影响，使主轴作低速惯性空转。再经过时间继电器的短暂延时，接通压力油，使定位活塞 13 带着定位滚子 12 向上运动，并紧压在凸轮 10 的外表面。当凸轮 9 的 V 形缺口对准滚子 12 时，滚子进入槽内，使主轴准确停止，同时限位开关 15 发出信号，表示已完成准停。如果在规定时间内限位开关并未发出完成准停信号，即表示滚子 12 没有进入 V 形缺口，时间继电器将发出重新定位信号，并重复上述动作，直到完成准停为止。然后，活塞 13 退回到释放位置，行程开关 16 发出相应信号。

2.3　数控机床进给传动系统

2.3.1　数控机床对进给传动系统的要求

进给传动系统即进给驱动装置。驱动装置是指将伺服电动机的旋转运动变为工作台直线运动的整个机械传动链，主要包括减速装置、丝杠螺母副及导向元件等。

数控机床对进给传动系统的要求通常有三点，即传动精度、系统的稳定性和动态响应特性（灵敏度）。传动精度包括动态误差、稳态误差和静态误差，即伺服系统的输入量与驱动装置实际位移量的精确程度。系统的稳定性是指系统在启动状态或受外界干扰时，经过几次衰减振荡后，能迅速地稳定在新的或原来的平衡状态的能力。动态响应特性是指系统的响应时间以及驱动装置的加速能力。

为确保数控机床进给传动系统的传动精度、系统的稳定性和动态响应特性，对驱动装置机械结构总的要求是消除间隙，减少摩擦，减少运动惯量，提高部件的精度和刚度。具体措施通常是采用低摩擦的传动副，如减摩滑动导轨、滚动导轨及静压导轨、滚珠丝杠等；保证机械部件的精度，采用合理的预紧、合理的支承形式，以提高传动系统的刚度；选用最佳降速比，以提高机床的分辨率，并使系统折算到驱动轴上的惯量减少；尽量消除传动间隙，减小反向死区误差，提高位移精度等。

2.3.2　滚珠丝杠螺母副

滚珠丝杠螺母副是回转运动与直线运动相互转换的传动装置，在数控机床上得到了广泛的应用。它的结构特点是在具有螺旋槽的丝杠螺母间装有滚珠作为中间传动元件，以减少摩擦，工作原理如图 2-16 所示。图中丝杠和螺母上都加工有圆弧形的螺旋槽，它们对合起来就形成了螺旋滚道。滚道内装有滚珠,当丝杠与螺母相对运动时,滚珠沿螺旋槽向前滚动,在丝杠上滚过数圈以后通过回程引导装置,逐个地又滚回到丝杠和螺母之间,构成一个闭合的回路管道。

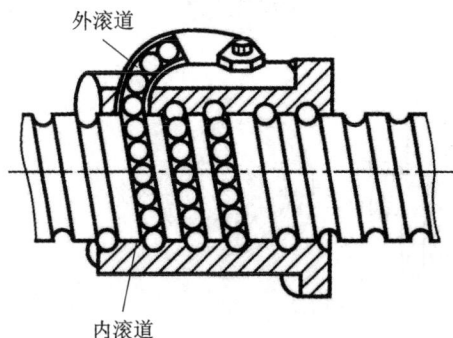

图 2 - 16　滚珠丝杠副的原理图

　　滚珠丝杠副的优点是摩擦因数小,传动效率 η 高,可达 $0.92 \sim 0.96$,所需传动转矩小;灵敏度高,传动平稳,不易产生爬行,随动精度和定位精度高;磨损小,寿命长,精度保持性好;可通过预紧和间隙消除措施提高轴向刚度和反向精度;运动具有可逆性,不仅可以将旋转运动变为直线运动,也可将直线运动变为旋转运动。缺点是制造工艺复杂,成本高,在垂直安装时不能自锁,因而需附加制动机构。

1. 滚珠丝杠副的结构

　　滚珠丝杠的螺纹滚道法向截面有单圆弧和双圆弧两种不同的形状,如图 2 - 17 所示。其中单圆弧加工工艺简单,双圆弧加工工艺较复杂,但性能较好。

(a) 单圆弧　　　　(b)双圆弧

图 2 - 17　螺纹截面

　　滚珠的循环方式有外循环和内循环两种。滚珠在返回过程中与丝杠脱离接触的为外循环,滚珠在循环过程中与丝杠始终接触的为内循环。在内、外循环中,滚珠在同一个螺母上只有一个回路管道的叫单循环,有两个回路管道的叫双列循环。循环中的滚珠叫工作滚珠,工作滚珠所走过的滚道圈数叫工作圈数。

　　外循环滚珠丝杠副按滚珠循环时的返回方式分类,主要有插管式和螺旋槽式两种。图 2 - 18(a)所示为插管式,它用弯管作为返回管道,这种形式结构工艺性好,但由于管道突出于螺母体外,径向尺寸较大。图 2 - 18(b)所示为螺旋槽式,它是在螺母外圆上铣出螺旋槽,槽的两端钻出通孔并与螺纹滚道相切,形成返回通道,这种形式的结构比插管式结构径向尺寸小,但制造上较为复杂。

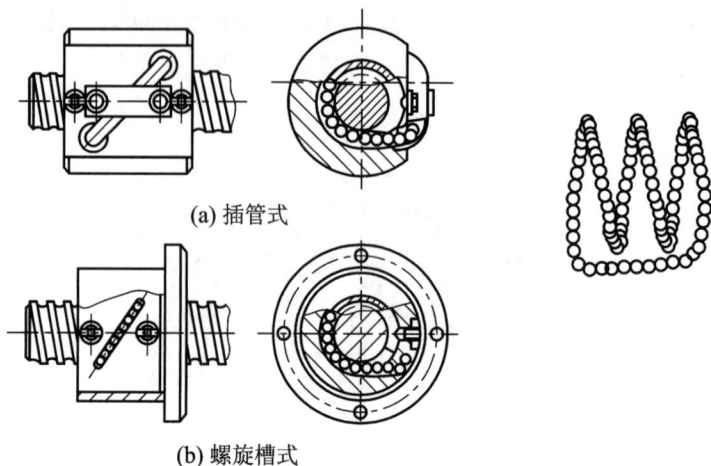

(a) 插管式

(b) 螺旋槽式

图 2 - 18　外循环滚珠丝杠

图 2 - 19 为内循环结构。在螺母的侧孔中装有圆柱凸键式反向器,反向器上铣有 S 形回珠槽(如图 2 - 19(b)所示),将相邻两螺纹滚道联结起来。滚珠从螺纹滚道进入反向器,借助反向器迫使滚珠越过丝杠牙顶进入相邻滚道,实现循环。一般一个螺母上装有2~4个反向器,反向器沿螺母圆周等分分布。其优点是径向尺寸紧凑,刚性好,因其返回滚道较短,摩擦损失小;缺点是反向器加工困难。

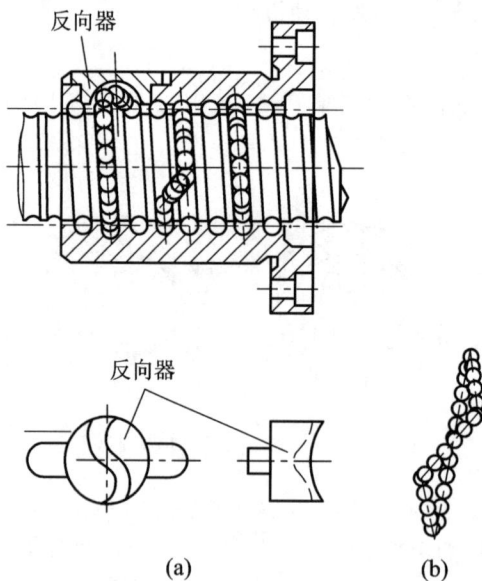

反向器

反向器

(a)

(b)

图 2 - 19　内循环滚珠丝杠

2. 滚珠丝杠副轴向间隙的调整

滚珠丝杠的传动间隙是轴向间隙。为了保证反向传动精度和轴向刚度,必须消除轴向间隙。消除间隙的方法常采用双螺母结构,利用两个螺母的相对轴向位移,使两个滚珠螺母中的滚珠分别贴紧在螺旋滚道的两个相反的侧面上。用这种方法预紧消除轴向间隙时,应注意预紧力不宜过大,预紧力过大会使空载力矩增加,从而降低传动效率,缩短使用寿命。此外还要消除丝杠安装部分和驱动部分的间隙。

常用的双螺母丝杠消除间隙方法有：

1）垫片调隙式

如图 2-20 所示，调整垫片厚度使左右两螺母产生方向相反的位移，使两个螺母中的滚珠分别贴紧在螺旋滚道的两个相反的侧面上，即可消除间隙并产生预紧力。这种方法结构简单，刚性好，但调整不便，滚道有磨损时不能随时消除间隙和进行预紧。

2）螺纹调隙式

如图 2-21 所示，右螺母 4 外端有凸缘，而左螺母 1 左端是螺纹结构，用两个圆螺母 2、3 把垫片压在螺母座上；左右螺母和螺母座上加工有键槽，采用平键连接，使螺母在螺母座内可以轴向滑移而不能相对转动；调整时，只要拧紧圆螺母 3 使左螺母 1 向左滑动，就可以改变两螺母的间距，即可消除间隙并产生预紧力。螺母 2 是锁紧螺母，调整完毕后，将螺母 2 和螺母 3 并紧，可以防止在工作中螺母松动。这种调整方法具有结构简单、工作可靠、调整方便的优点，但调整预紧量不能控制。

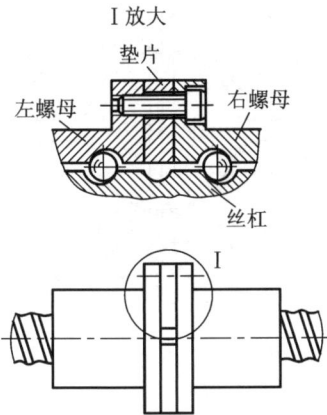

图 2-20　垫片调隙式

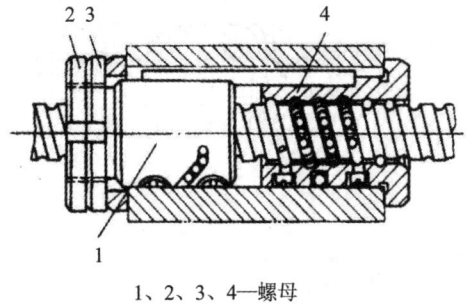

1、2、3、4—螺母

图 2-21　螺纹调隙式

3）齿差调隙式

如图 4-22 所示，在左右两个螺母的凸缘上各加工有圆柱外齿轮，分别与左右内齿圈相啮合，内齿圈相啮合紧固在螺母座左右端面上，所以左右螺母不能转动。两螺母凸缘齿轮的齿数不相等，相差一个齿。调整时，先取下内齿圈，让两个螺母相对于螺母＊座同方向都转动一个齿，然后再插入内齿圈并紧固在螺母座上，则两个螺母便产生相对角位移，使两螺母轴向间距改变，实现消除间隙和预紧。设两凸缘齿轮的齿数分别为 Z_1、Z_2，滚珠丝杠的导程为 t，两个螺母相对于螺母座同方向转动一个齿后，其轴向位移量为 $s=\left(\dfrac{1}{Z_1}-\dfrac{1}{Z_2}\right)t$。例如，$Z_1=81$，$Z_2=80$，滚珠丝杠的导程为 $L=6$ mm 时，则 $s=6/6480\approx0.001$ mm。这种调整方法能精确调整预紧量，调整方便、可靠，但结构尺寸较大，多用于高精度的传动。

4）单螺母变位螺距预加负荷

如图 4-23 所示，它是在滚珠螺母体内的两列循环滚珠链之间使内螺纹滚道在轴向产生一个 ΔL_0 的导程变量，从而使两列滚珠在轴向错位实现预紧。这种调隙方法结构简单，但导程变量须预先设定且不能改变。

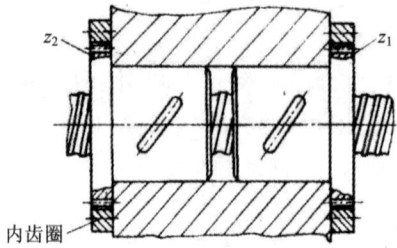

图 2-22 齿差调隙式

图 2-23 单螺母变位螺距式

3. 滚珠丝杠副的参数及选择

如图 2-24 所示，滚珠丝杠副的参数主要有公称直径 d_0、基本导程 L_0 和接触角 β。

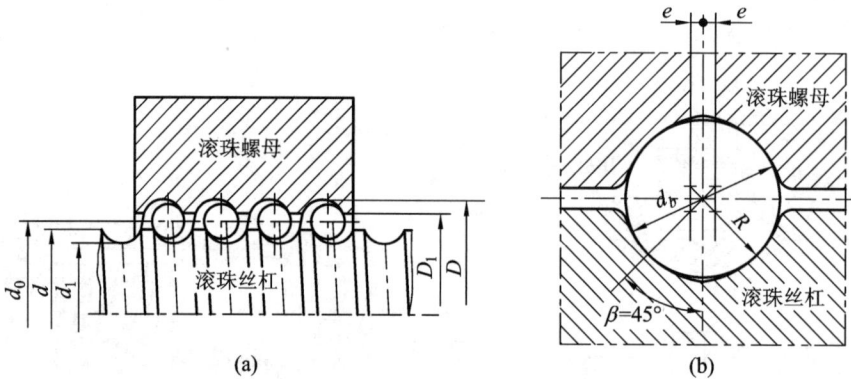

图 2-24 滚珠丝杠副的基本参数

1）公称直径 d_0

公称直径是指滚珠与螺纹滚道在理论接触角状态时包络滚珠球心的圆柱直径，用 d_0 表示，它是滚珠丝杠副的特性尺寸。

2）基本导程 L_0

基本导程是指丝杠相对于螺母旋转 2π 弧度时，螺母上的基准点的轴向位移，且 L_0 表示。

3）接触角 β

接触角是指滚珠与滚道在接触点处的公法线与螺纹轴线的垂直线间的夹角，用 β 表示。理想接触角 $\beta=45°$。

此外，还有丝杠螺纹大径 d、丝杠螺纹小径 d_1、螺纹全长 l_1、滚珠直径 d_b、螺母螺纹大径 D、螺母螺纹小径 D_1、滚道圆弧半径 R 等参数。

导程的大小根据机床的加工精度要求确定，精度要求高时，应将导程取小些，可减小丝杠上的摩擦阻力。但导程取小后，势必将滚珠直径 d_b 取小，使滚珠丝杠副的承载能力降低。若丝杠副的公称直径 d_0 不变，导程变小，则螺旋升角也小，传动效率 η 也变小。因此，导程的数值在满足机床加工精度的条件下尽可能取大些。

公称直径 d_0 与承载能力直接有关，有的资料建议滚珠丝杠副的公称直径 d_0 应大于丝杠工作长度的 $1/30$。数控机床常用的进给丝杠，公称直径 d_0 为 $20\sim80$ mm。

由试验结果可知，滚珠丝杠各工作圈的滚珠所受的轴向负载不相等，第一圈滚珠承受总负载的 50% 左右，第二圈约承受 30%，第三圈约为 20%。因此，外循环滚珠丝杠副中的

滚珠工作圈数取为 $j=2.5\sim3.5$ 圈,工作圈数大于 3.5 无实际意义。为提高滚珠的流畅性,滚珠数目应小于 150 个,且工作圈数不得超过 3.5 圈。

4. 滚珠丝杠副的标记方法

根据机械工业部标准 JB/T 3162.1—1991 的规定,滚珠丝杠副的型号根据其结构、规格、精度、螺纹旋向等特征按下列格式编写。

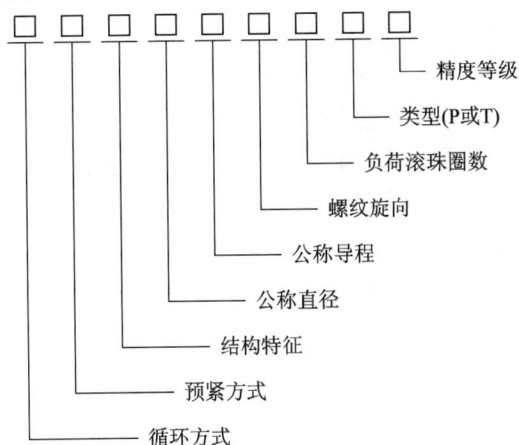

其中循环方式见表 2-1,预紧方式见表 2-2,结构特征见表 2-3,精度等级标号及选择见表 2-4。螺纹旋向为右旋者不标,为左旋者标记代号为"LH"。P 类为定位滚珠丝杠副,即通过旋转角度和导程控制轴向位移量的滚珠丝杠副;T 类为传动滚珠丝杠副,它是与旋转角度无关,用于传递动力的滚珠丝杠副。

表 2-1　循 环 方 式

循环方式		标记代号
内循环	浮动式	F
	固定式	G
外循环	插管式	C

表 2-2　预 紧 方 式

预紧方式	标记代号
单螺母垫片预紧	B
双螺母垫片预紧	D
双螺母齿差预紧	C
双螺母螺纹预紧	L
单螺母无预紧	W

表 2-3　结 构 特 征

结构特征	代　号
导珠管埋入式	M
导珠管凸出式	T

表 2－4　精度等级标号及选择

精度等级	分 1、2、3、4、7 和 10 级。1 级精度最高，依次递减
精度等级标号	应用范围
5	普通机床
4，3	数控钻床、数控车床、数控铣床、机床改造
2，1	数控磨床、数控线切割机床、数控镗床、坐标镗床、MC、仪表机床

【示例】　CDM5010－3－P3 表示为外循环插管式、双螺母垫片预紧、导珠管埋入式的滚珠丝杠副，公称直径为 50 mm，基本导程为 10 mm，螺纹旋向为右旋，负荷总圈数为 3 圈，精度等级为 3 级。

5. 滚珠丝杠副的安装支承方式

数控机床的进给系统要获得较高的传动刚度，除了加强滚珠丝杠副本身的刚度外，滚珠丝杠的正确安装及支承结构的刚度也是不可忽视的因素。如为减少受力后的变形，螺母座应有加强肋，增大螺母座与机床的接触面积，并且要连结可靠；采用高刚度的推力轴承，以提高滚珠丝杠副的轴向承载能力。

滚珠丝杠副的支承方式有以下几种，如图 2－25 所示。

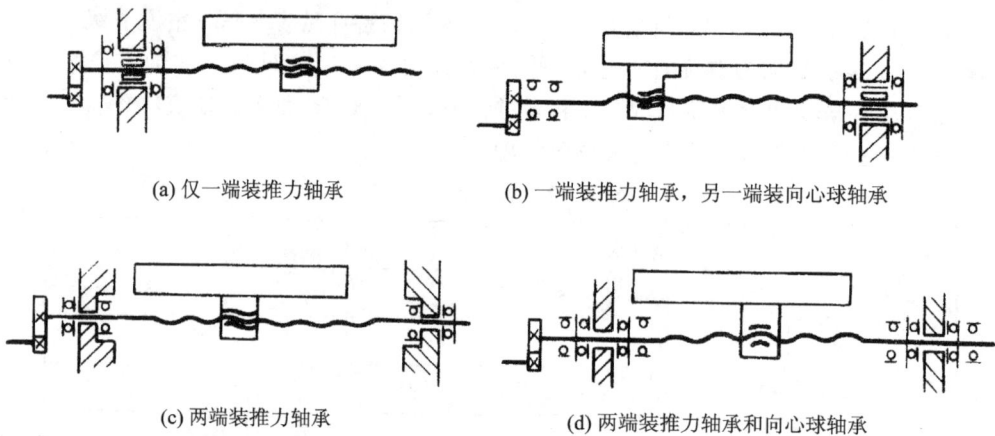

(a) 仅一端装推力轴承　　　　　　(b) 一端装推力轴承，另一端装向心球轴承

(c) 两端装推力轴承　　　　　　(d) 两端装推力轴承和向心球轴承

图 2-25　滚珠丝杠副在机床上的支承方式

图 2－25(a)为一端装推力轴承。这种安装方式只适用于行程小的短丝杠，它的承载能力小，轴向刚度低，一般用于数控机床的调节环节或升降台式铣床的垂直坐标进给传动结构。

图 2－25(b)为一端装推力轴承，另一端装向心球轴承。此种方式用于丝杠较长的情况，当热变形造成丝杠伸长时，其一端固定，另一端能作微量的轴向浮动。为减少丝杠热变形的影响，安装时应使电机热源和丝杠工作时的常用段远离止推端。

图 2－25(c)为两端装推力轴承。把推力轴承装在滚珠丝杠的两端，并施加预紧力，可以提高轴向刚度，但这种安装方式对丝杠的热变形较为敏感。

图 2－25(d)为两端装推力轴承及向心球轴承。它的两端均采用双重支承并施加预紧，使丝杠具有较大的刚度，这种方式还可使丝杠的温度变形转化为推力轴承的预紧力，但设计时要求提高推力轴承的承载能力和支架刚度。

6. 滚珠丝杠副的防护

滚珠丝杠副也可用润滑剂来提高耐磨性及传动效率。润滑剂分为润滑油和润滑脂两大类。润滑油一般为机械油或 90－180 号透平油或 140 号主轴油。润滑脂可采用锂基润滑脂。润滑脂一般加在螺纹滚道和安装螺母的壳体空间内,而润滑油则经过壳体上的油孔注入螺母的空间内。

滚珠丝杠副和其它滚动摩擦的传动元件一样,应避免灰尘或切屑污物进入,因此必须有防护装置。如果滚珠丝杠副在机床上外露,应采取封闭的防护罩,如采用螺旋弹簧钢带套管、伸缩套以及折叠式套管等。安装时将防护罩的一端连接在滚珠螺母的端面,另一端固定在滚珠丝杠的支承座上。如果处于隐蔽的位置,则可采用密封圈防护。密封圈装在滚珠螺母的两端。接触式的弹性密封圈用耐油橡胶或尼龙制成,其内孔做成与丝杠螺纹滚道相配合的形状。接触式密封圈的防尘效果好,但因有接触压力,使摩擦力矩略有增加。非接触式的密封圈又称迷宫式密封圈,用硬质塑料制成,其内孔与丝杠螺纹滚道的形状相反,并稍有间隙,这样可避免摩擦力矩,但防尘效果差。

2.3.3　进给传动系统齿轮间隙的消除

数控机床在加工过程中,经常变换移动方向。当机床的进给方向改变时,由于齿侧存在间隙,会造成指令脉冲丢失,并产生反向死区,从而影响加工精度,因此必须采取措施消除齿轮传动中的间隙。

1. 直齿圆柱齿轮传动

图 2-26 是最简单的偏心轴套式消除间隙结构。电动机 2 通过偏心套 1 安装在壳体上。转动偏心套使电动机中心轴线的位置向上,而从动齿轮轴线位置固定不变,所以两啮合齿轮的中心距减小,从而消除了齿侧间隙。

图 2-27 是用轴向垫片来消除间隙的结构。两个啮合着的齿轮 1 和 2 的节圆直径沿齿宽方向制成略带锥度形式,使其齿厚沿轴线方向逐渐变厚。装配时,两齿轮按齿厚相反变化走向啮合。改变调整垫片 3 的厚度,使两齿轮沿轴线方向产生相对位移,从而消除间隙。

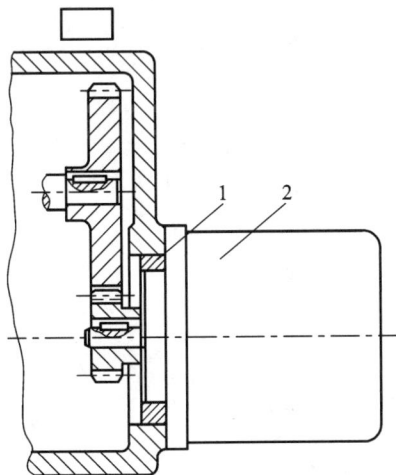

1—偏心套;2—电动机

图 2-26　偏心套调整

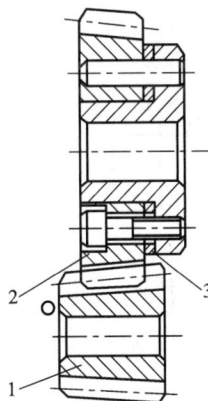

1、2—齿轮;3—垫片

图 2-27　轴向垫片调整

上述两种方法的特点是结构简单，能传递较大的动力，但齿轮磨损后不能自动消除间隙。

图 2-28 为双片薄齿轮错齿调整法。在一对啮合的齿轮中，其中一个是宽齿轮（图中未示出），另一个由两薄片齿轮组成。薄片齿轮 1 和 2 上各开有周向圆弧槽，并在两齿轮的槽内各压配有安装弹簧 4 的短圆柱 3。在弹簧 4 的作用下使齿轮 1 和 2 错位，分别与宽齿轮的齿槽左右侧贴紧，消除了齿侧间隙，但弹簧 4 的张力必须足以克服驱动转矩。由于齿轮 1 和 2 的轴向圆弧槽及弹簧的尺寸都不能太大，故这种结构不宜传递转矩，仅用于读数装置。

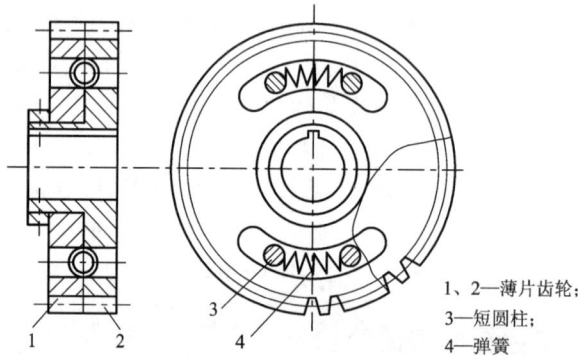

1、2—薄片齿轮；
3—短圆柱；
4—弹簧

图 2-28 双片薄齿轮错齿调整

2. 斜齿圆柱齿轮传动

图 2-29 为斜齿轮垫片调整法，其原理与错齿调整法相同。斜齿轮 1 和 2 的齿形拼装在一起加工，装配时在两薄片齿轮间装入已知厚度为 D 的垫片 3，这样它的螺旋线便错开了，使两薄片齿轮分别与宽齿轮 4 的左、右齿面贴紧，消除了间隙。垫片 3 的厚度 D 与齿侧间隙 4 的关系可表示为

$$D = \Delta \cot \gamma$$

式中：γ——螺旋角。

图 2-30 为斜齿压簧错齿调整法，原理同上。其特点是齿侧隙可以自动补偿，但轴向尺寸较大，结构不紧凑。

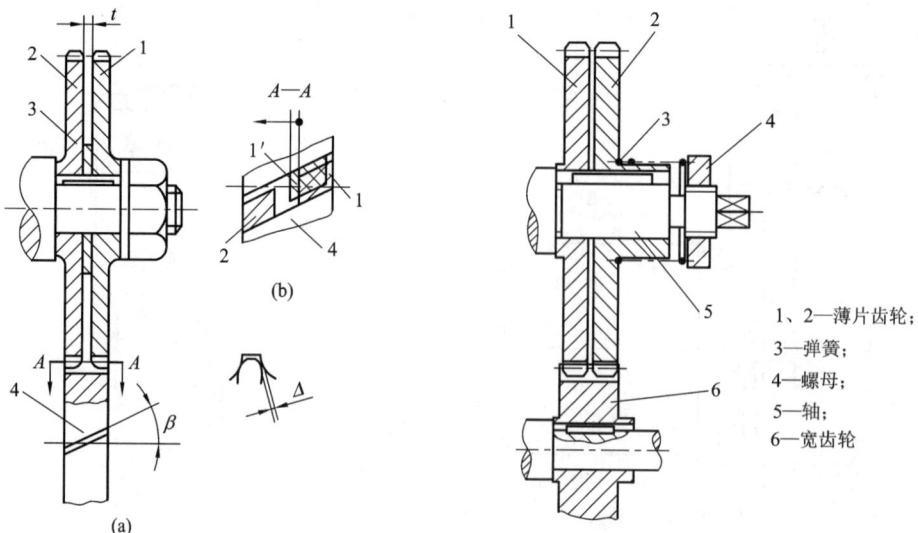

1、2—薄片齿轮；
3—弹簧；
4—螺母；
5—轴；
6—宽齿轮

图 2-29 斜齿轮垫片调整法   图 2-30 斜齿压簧调整法

3. 锥齿轮传动

锥齿轮同圆柱齿轮一样可用上述类似的方法来消除齿侧间隙。

图 2-31 为轴向压簧调整法。两个啮合着的锥齿轮 1 和 2，其中在装锥齿轮 1 的传动轴 5 上装有压簧 3，锥齿轮 1 在弹簧力的作用下可稍作轴向移动，从而消除间隙。弹簧力的划、由螺母 4 调节。

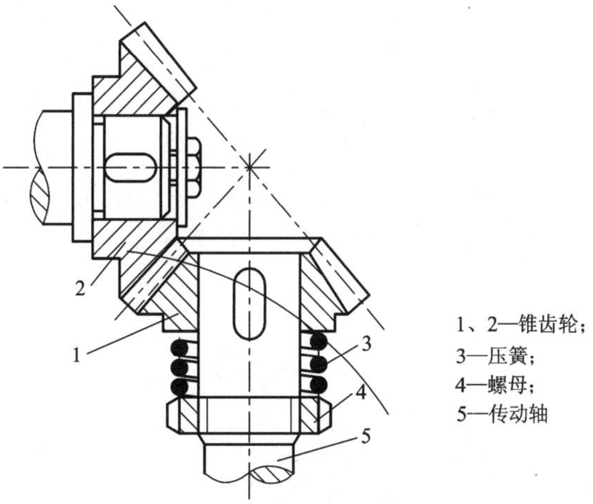

1、2—锥齿轮；
3—压簧；
4—螺母；
5—传动轴

图 2-31　锥齿轮轴向压簧调整法

图 2-32 为周向弹簧调整法。将一对啮合锥齿轮中的一个齿轮做成大小两片 1 和 2，在大片上制有三个圆弧槽，而在小片的端面上制有三个凸爪 6，凸爪 6 伸入大片的圆弧槽中。弹簧 4 一端顶在凸爪 6 上，而另一端顶在镶块 3 上。为了安装的方便，用螺钉 5 将大小片齿圈相对固定，安装完毕之后将螺钉卸去，利用弹簧力使大小片锥齿轮稍微错开，从而达到消除间隙的目的。

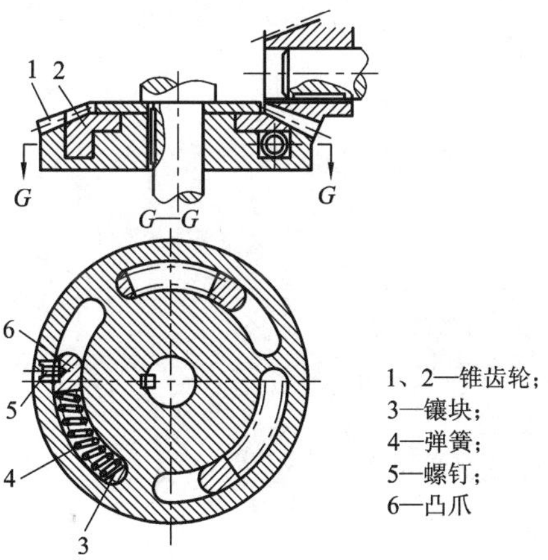

1、2—锥齿轮；
3—镶块；
4—弹簧；
5—螺钉；
6—凸爪

图 2-32　锥齿轮周向压簧调整法

4. 预加负载双齿轮-齿条传动

在大型数控机床(如大型数控龙门铣床)中，工作台的行程很长，因此它的进给运动不宜采用滚珠丝杠副传动。一般的齿轮-齿条结构是机床上常用的直线运动机构之一，它效率高，结构简单，从动件易于获得高的移动速度和长行程，适合在工作台行程长的大型机床上用作直线运动机构。但一般齿轮-齿条传动机构的位移精度和运动平稳性较差，为了利用其结构上的优点，除提高齿条本身的精度或采用精度补偿措施外，还应采取措施消除传动间隙。

当负载小时，可用双片薄齿轮错齿调整法，分别与齿条齿槽左、右侧贴紧，从而消除齿侧隙。但双片薄齿轮错齿调整法不能满足大型机床的重负载工作要求。预加负载双齿轮-齿条无间隙传动机构能较好地解决这个问题。

图 2-33(a)所示是预加负载双齿轮-齿条无间隙传动机示意图。进给电动机经两对减速齿轮传递到轴 3，轴 3 上有两个螺旋方向相反的斜齿轮 5 和 7，分别经两级减速传至与床身齿条 2 相啮合的两个小齿轮 1。轴 3 端部有加载弹簧 6，调整螺母，可使轴 3 上下移动。由于轴 3 上两个齿轮的螺旋方向相反，因而两个与床身齿条啮合的小齿轮 1 产生相反方向的微量转动，以改变间隙。当螺母将轴 3 往上调时，将间隙调小或预紧力加大，反之则将间隙调大和预紧力减小。传动间隙的调整也可以靠液压加负载，如图 2-33(b)所示。

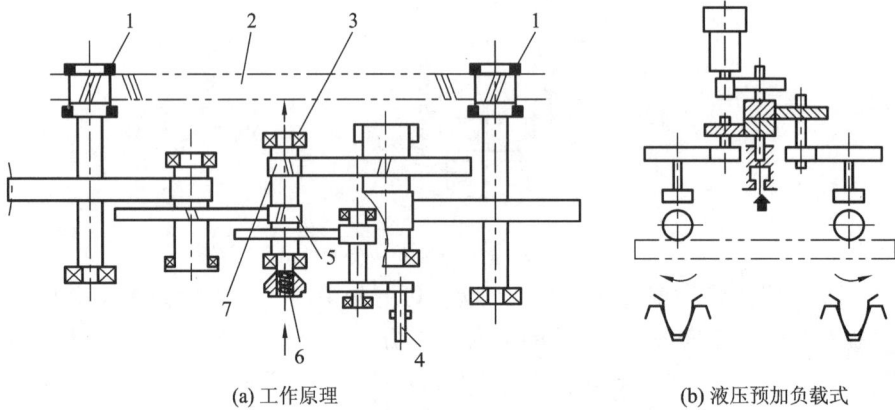

(a) 工作原理　　　　　　　　　　　　　　(b) 液压预加负载式

1—双齿轮；2—齿条；3—调整轴；4—进给电机轴；5—右旋齿轮；6—加载弹簧；7—左旋齿轮

图 2-33　预加负载双齿轮-齿条无间隙传动机构

5. 静压蜗杆-蜗轮条传动

蜗杆-蜗轮条机构是丝杠螺母机构的一种特殊形式。如图 2-34 所示，蜗杆可看作长度很短的丝杠，其长径比很小。蜗轮条则可以看作一个很长的螺母沿轴向剖开后的一部分，其包容角常在 $90°\sim120°$ 之间。

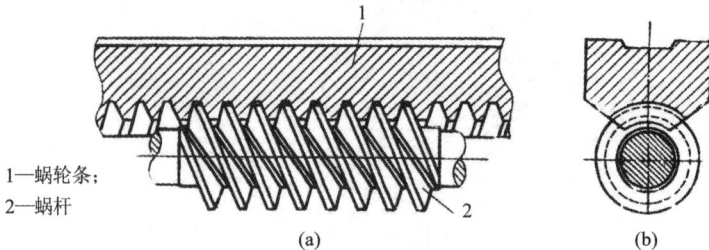

1—蜗轮条；
2—蜗杆

(a)　　　　　　　　　　(b)

图 2-34　蜗杆-蜗轮条传动机构

液体静压蜗杆-蜗轮条机构是在蜗杆蜗轮条的啮合面间注入压力油，以形成一定厚度的油膜，使两啮合齿面间成为液体摩擦，其工作原理如图 2-35 所示。图中油腔开在蜗轮上，用毛细管节流的定压供油方式给静压蜗杆-蜗轮条供压力油。从液压泵输出的压力油，经过蜗杆螺纹内的毛细管节流器 10 分别进入蜗轮条齿的两侧面油腔内，然后经过啮合面之间的间隙进入齿顶与齿根之间的间隙，之后压力降为零，流回油箱。

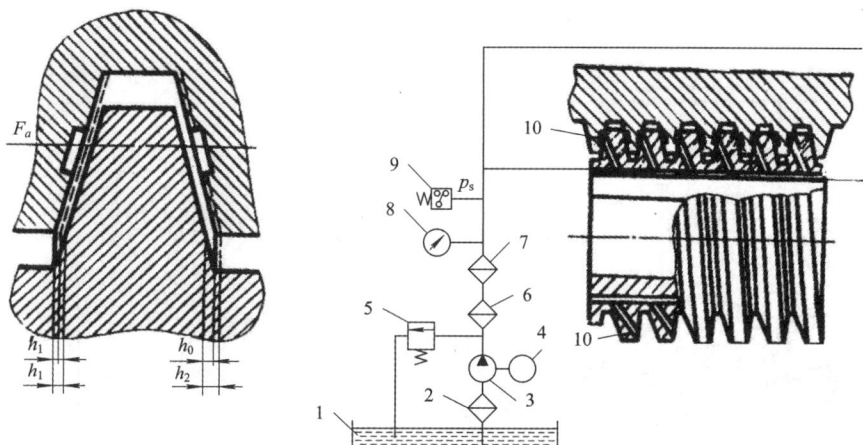

1—油箱；2—滤油器；3—液压泵；4—电动机；5—溢流阀；
6—粗滤油器；7—精滤油器；8—压力表；9—压力继电器；10—节流器

图 2 - 35　静压蜗杆-蜗轮条的工作原理

　　静压蜗杆-蜗轮条传动由于既有纯液体摩擦的特点，又有蜗杆-蜗轮条机构结构的特点，因此特别适合在重型机床的进给传动系统上应用，其优点是：

　　(1) 摩擦阻力小，启动摩擦因数小于 0.0005；功率消耗少，传动效率高，可达 0.94～0.98；在很低的速度下运动也很平稳。

　　(2) 使用寿命长，齿面不直接接触，不易磨损，能长期保持精度。

　　(3) 抗振性能好。油腔内的压力油层有良好的吸振能力。

　　(4) 有足够的轴向刚度。

　　(5) 蜗轮条能无限接长，因此运动部件的行程可以很长，不像滚珠丝杠副受结构的限制。

2.4　数控机床分度工作台和回转工作台

　　工作台是数控机床的重要部件，主要有矩形、回转式以及倾斜成各种角度的万能工作台三种。回转工作台中又有 90°分度工作台和任意分度数控工作台，以及卧式回转工作台和立式回转工作台等。此外在 FMC 中，附加在数控机床上的还有交换工作台，在 FMS 中有工件缓冲台、工件上下料台、工件运输台等。本节主要介绍数控机床常用的定位、回转工作台的结构及工作原理。

2.4.1　数控分度工作台

　　分度工作台只完成分度辅助运动，即按照数控系统的指令，在需要分度时，将工作台及其工件回转一定角度(45°、60°或 90°等)，以改变工件相对于主轴的位置，加工工件的各个表面。分度工作台按其定位机构的不同分为端面齿盘式和定位销式两类。

1. 端面齿盘式分度工作台

　　端面齿盘式分度工作台是目前用得较多的一种精密的分度定位机构，可与数控机床做成整体的，也可以作为机床的标准附件。

端面齿盘式分度工作台主要由工作台面、底座、夹紧液压缸分度液压缸及端面齿盘等零件组成，见图 2-36。

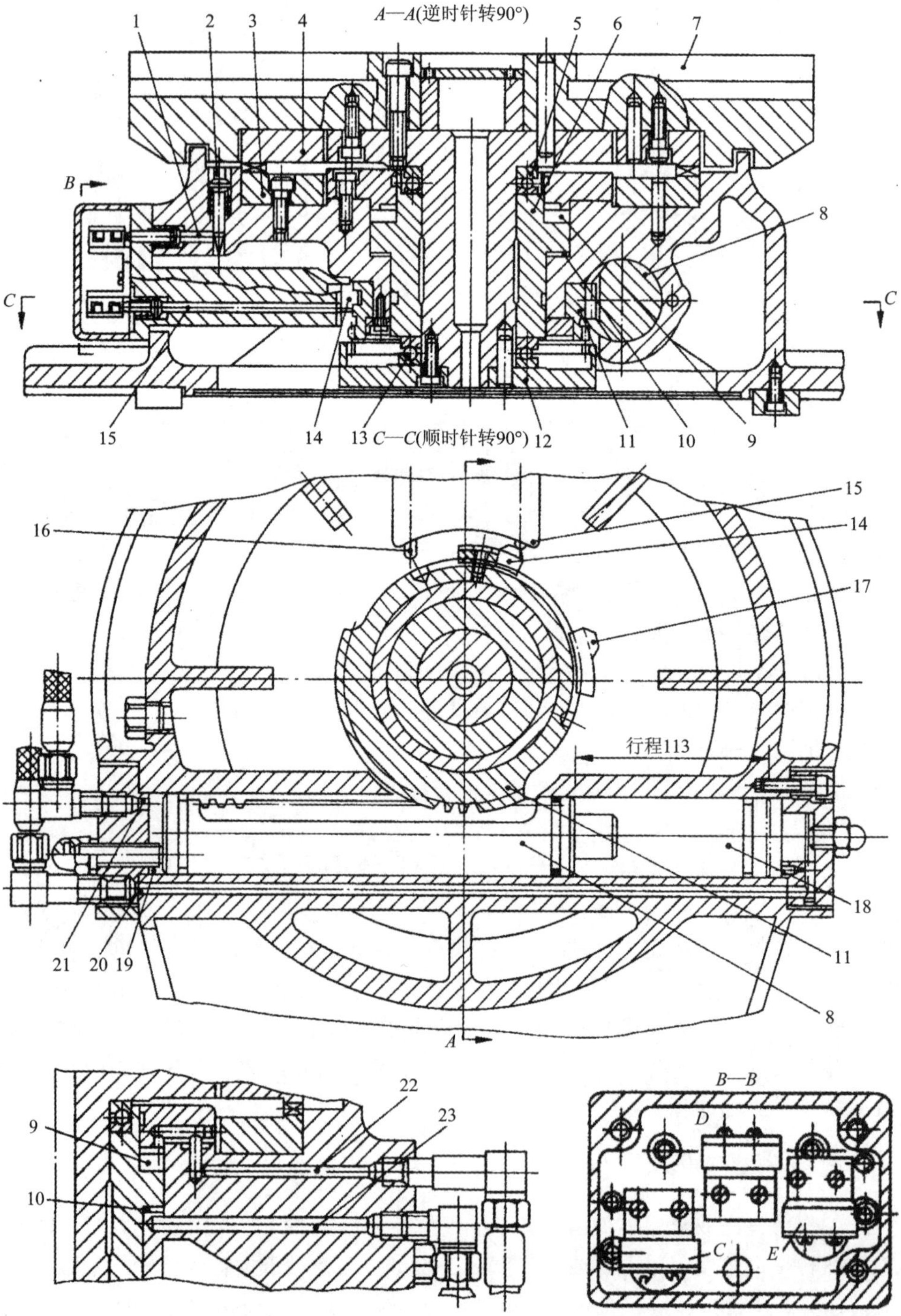

图 2-36 端面齿盘式工作台

1、2、15、16—推杆；3—下齿盘；4—上齿盘；5、13—推力轴承；6—活塞；7—工作台；8—齿条活塞；
9—升降液压缸上腔；10—升降液压缸下腔；11—齿轮；12—齿圈；13—油槽；14、17—挡块；
18—分度液压缸右腔；19—分度液压缸左腔；20、21—分度液压缸进回油管道；22、23—升降液压缸回油管道机床需要分度时，数控装置就发出分度指令（也可用手压按钮进行手动分度），由电磁铁控制液压阀（图 2-36 中未示出），使压力油经管道 23 至分度工作台 7 中央的夹紧液压缸下腔 10，推动活塞 6 上移（液压缸上腔 9 回油经管道 22 排回），经推力轴承 5 使工作台 7 抬起，上端面齿盘 4 和下端面齿盘 3 脱离啮合。工作台上移的同时带动内齿圈 12 上移并与齿轮 11 啮合，完成了分度前的准备工作。

当工作台 7 向上抬起时，推杆 2 在弹簧作用下向上移动，使推杆 1 在弹簧的作用下右移，松开微动开关 D 的触头，控制电磁阀（图中未示出）使压力油经管道 21 进入分度液压缸的左腔 19 内，推动齿条活塞 8 右移（右腔 18 的油经管道 20 及节流阀流回油箱），与它相啮合的齿轮 11 作逆时针转动。根据设计要求，当齿条活塞 8 移动 113 mm 时，齿轮 11 回转 90°，因此时内齿轮 12 已与齿轮 11 相啮合，故分度工作台 7 也回转 90°。分度运动的速度快慢可由油管路 20 中的节流阀来控制齿条活塞 8 的运动速度。

齿轮 11 开始回转时，挡块 14 放开杆 15，使微动开关 C 复位，当齿轮 11 转过 90°时，它正面的挡块 17 压推杆 16，使微动开关 E 被压下，控制电磁铁使夹紧液压缸上腔 9 通入压力油，活塞 6 下移（下腔 10 的油经管道 23 及节流阀流回油箱），工作台 7 下降。端面齿盘 4 和 3 又重新啮合，并定位夹紧，这时分度运动已进行完毕。管道 23 中有节流阀用来限制工作台 7 的下降速度，避免产生冲击。

当分度工作台下降时，推杆 2 被压下，推杆 1 左移，微动开关 D 的触头被压下，通过电磁铁控制液压阀，使压力油从管道 20 进入分度液压缸的右腔 18，推动活塞齿条 8 左移（左腔 19 的油经管道 21 流回油箱），使齿轮 11 顺时针回转；它上面的挡块 17 离开推杆 16，微动开关 E 的触头被放松。因工作台面下降夹紧后齿轮 11 下部的轮齿已与内齿圈脱开，故分度工作台面不转动。当活塞齿条 8 向左移动 113 mm 时，齿轮 11 就顺时针转 90°，齿轮 11 上的挡块 14 压下推杆 15，微动开关 C 的触头又被压紧，齿轮 11 停在原始位置，为下次分度做好准备。

端面齿盘式分度工作台的优点是分度和定心精度高，分度精度可达 ±(0.5～3)″。由于采用多齿重复定位，从而可使重复定位精度稳定，而且定位刚性好，只要分度数能除尽端面齿盘齿数，都能分度，适用于多工位分度。端面齿盘式分度工作台除用于数控机床外，还用在各种加工和测量装置中。缺点是端面齿盘的制造比较困难，此外它不能进行任意角度的分度。

2. 定位销式分度工作台

图 2-37 所示为 THK6380 型自动换刀数控卧式镗铣床的定位销式分度工作台。分度工作台台面 1 的两侧有长方工作台 10。在不单独使用分度工作台时，它们可以作为整体工作台使用。

在分度工作台 1 的底部均布地固定有八个圆柱定位销 7，底座 21 上有一个定位孔衬套及供定位销移动的环形槽。其中只有一个定位销 7 进入定位衬套 6 中，其他 7 个定位销都在环形槽中。因为定位销之间的分布角度为 45°，因此工作台只能作二、四、八等分的分度运动。

分度时机床的数控系统发出指令，由电器控制的液压缸使六个均布的锁紧液压缸 8（图 2-37 中只画出一个）中的压力油，经环形槽 13 流回油箱，活塞 11 被弹簧 12 顶起，工作台 1 处于松开状态。同时消隙液压缸 5 也卸荷，液压缸中的压力油经回油路流回油箱。油管

18 中的压力油进入中央液压缸 17，使活塞 16 上升，并通过螺栓 15、支座 4 把止推轴承 20 向上抬起 15mm，顶在底座 21 上。分度工作台 1 用四个螺钉与锥套 2 相连，而锥套 2 用六角头螺钉 3 固定在支座 4 上，所以当支座 4 上移时，通过锥套使工作台 1 抬高 15mm，固定在工作台面上的定位销 7 从定位衬套中拔出。

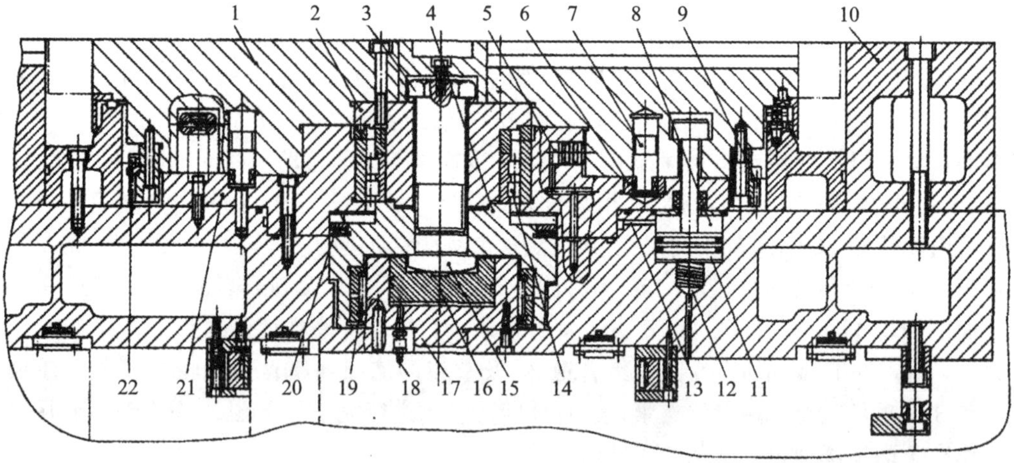

1—分度工作台；2—锥套；3—螺钉；4—支座；5—消隙液压缸；6—定位孔衬套；7—定位销；
8—锁紧液压缸；9—齿轮；10—长方形工作台；11—锁紧缸活塞；12—弹簧；13—油槽；
14、19、20—轴承；15—螺栓；16—活塞；17—中央液压缸；18—油管；21—底座；22—挡块

图 2-37　定位销式分度工作台

工作台抬起之后发出信号使液压马达驱动减速齿轮(图中未画出)，带动固定在工作台 1 下面的大齿轮 9 转动，进行分度运动。分度工作台的回转速度由液压马达和液压系统中的单向节流阀来调节，分度初作快速转动，在将要到达规定位置前减速，减速信号由固定在大齿轮 9 上的挡块 22(共八个，周向均布)碰撞限位开关发出。挡块碰撞第一个限位开关时，发出信号使工作台降速，当挡块碰撞第二个限位开关时，分度工作台停止转动。此时，相应的定位销 7 正好对准定位套孔 6。

分度完毕后，数控系统发出信号使中央液压缸 17 卸荷，油液经管道 18 流回油箱，分度工作台 1 靠自重下降，定位销 7 插入定位套孔 6 中。定位完毕后消隙液压缸 5 通压力油，活塞顶向工作台面 1，以消除径向间隙。经环槽 13 来的压力油进入锁紧液压缸 8 的上腔，推动活塞杆 11 下降，通过 11 上的 T 形头将工作台锁紧。至此分度工作进行完毕。

分度工作台 1 的回转部分支承在加长型双列圆柱滚子轴承 14 和滚针轴承 19 中，轴承 14 的内孔带有 1∶12 的锥度，用来调整径向间隙。轴承内环固定在锥套 2 和支座 4 之间，并可带着滚柱在加长的外环内作 15 mm 的轴向移动。轴承 19 装在支座 4 内，能随支座 4 作上升或下降移动并作为另一端的回转支承。支座 4 内还装有端面滚柱轴承 20，使分度工作台回转很平稳。

定位销式分度工作台的定位精度取决于定位销和定位孔的精度，最高可达±5″。有时对最常用的相差 180°同轴线孔的定位精度要求高些(常用于调头镗孔)，其它角度(45°、90°、135°)的定位精度低些。定位销和定位衬套的制造和装配精度要求都很高，硬度的要求也很高，而且耐磨性好。

2.4.2　数控回转工作台

数控回转工作台主要用于数控镗床和数控铣床,其外形和分度工作台十分相似,但其内部结构却具有数控进给驱动机构的许多特点。它的功能是使工作台进行圆周进给,以完成切削工作,并使工作台进行分度。开环系统中的数控转台由传动系统、间隙消除装置及蜗轮夹紧装置等组成。

下面介绍 JCS-013 型自动换刀数控卧式镗铣床的数控回转工作台,如图 2-38 所示。

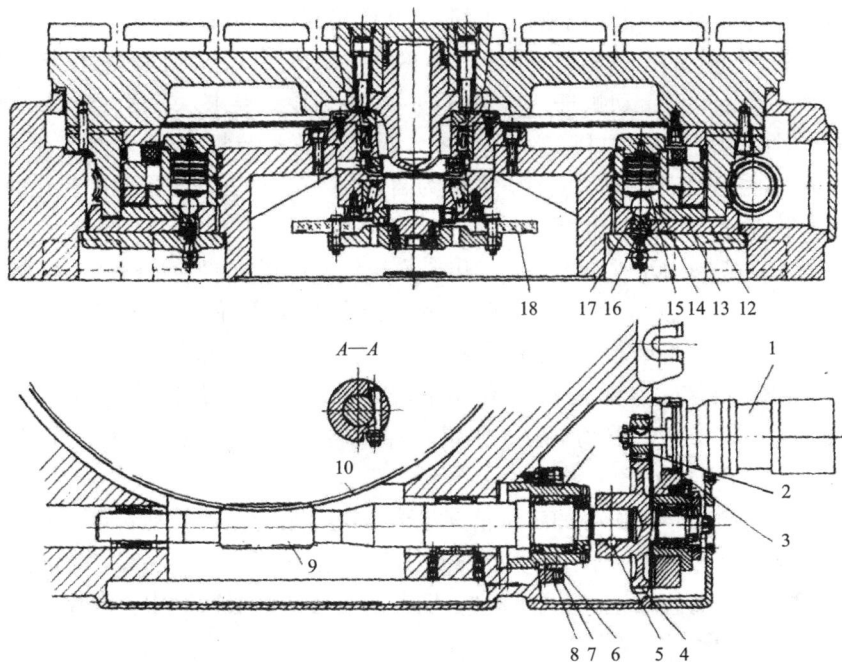

(a) 回转工作台剖视图

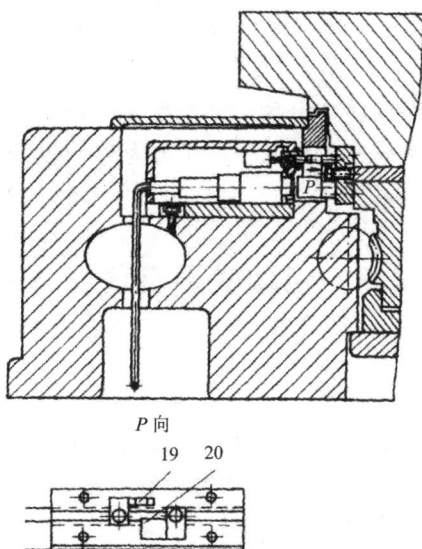

1—电液脉冲马达;
2、4—齿轮;
3—偏心环;
5—楔形拉紧销;
6—压块;
7—螺母;
8—锁紧螺钉;
9—蜗杆;
10—蜗轮;
11—调整套;
12、13—夹紧瓦;
14—夹紧液压缸;
15—活塞;
16—弹簧;
17—钢球;
18—光栅;
19—撞块;
20—感应块

(b) 工作台零点位置局部视图和 P 向视图

图 2-38　数控回转工作台

当数控工作台接到数控系统的指令后，首先把蜗轮松开，然后启动电液脉冲马达，按指令脉冲来确定工作台的回转方向、回转速度及回转角度大小等参数。

工作台的运动由电液脉冲马达 1 驱动，经齿轮 2 和 4 带动蜗杆 9，通过蜗轮 10 使工作台回转。为了尽量消除传动间隙和反向间隙，齿轮 2 和齿轮 4 相啮合的侧隙是靠调整偏心环 3 来消除的。齿轮 4 与蜗杆 9 是靠楔形拉紧圆柱销 5（$A-A$ 剖面）来连接的，这种连接方式能消除轴与套的配合间隙。为了消除蜗轮副的传动间隙，采用了双螺距渐厚蜗杆，通过移动蜗杆的轴向位置来调整间隙。这种蜗杆的左右两侧面具有不同的螺距，因此蜗杆齿厚从一端向另一端逐渐增厚。但由于同一侧的螺距是相同的，所以仍然保持着正常的啮合。调整时先松开螺母 7 上的锁紧螺钉 8，使压块 6 与调整套 11 松开，同时将楔形圆柱销 5 松开。然后转动调整套 11，带动蜗杆 9 作轴向移动。根据设计要求，蜗杆有 10 mm 的轴向移动调整量，这时蜗轮副的侧隙可调整 0.2 mm。调整后锁紧调整套 11 和楔形圆柱销 5。蜗杆的左右两端都由双列滚针轴承支承，左端为自由端可以伸长以消除温度变化的影响；右端装有双列止推轴承，能轴向定位。

工作台静止时必须处于锁紧状态，工作台面用沿其圆周方向分布的八个夹紧液压缸进行夹紧。当工作台不回转时，夹紧液压缸 14 的上腔进压力油，使活塞 15 向下运动，通过钢球 17、夹紧瓦 13 及 12 将蜗轮 10 夹紧。当工作台需要回转时，数控系统发出指令，使夹紧缸 14 上腔的油流回油箱，在弹簧 16 的作用下，钢球 17 抬起，夹紧瓦 12 及 13 松开蜗轮，然后由电液脉冲马达 1 通过传动装置，使蜗轮和回转工作台按照控制系统的指令作回转运动。

开环系统的数控回转工作台的定位精度主要取决于蜗轮副的传动精度，因而必须采用高精度的蜗轮副。除此之外，还可在实际测量工作台静态定位误差之后，确定需要补偿的角度位置和补偿脉冲的符号（正向或反向），并将其记忆在补偿回路中，由数控装置进行误差补偿。

数控回转工作台设有零点，当它作返回零点运动时，首先由安装在蜗轮上的撞块 19（如图 2-38(b)所示）碰撞限位开关，使工作台减速；再通过感应块 20 和无触点开关使工作台准确地停在零点位置上。

该数控工作台可作任意角度回转和分度，由光栅 18 进行读数控制。光栅 18 在圆周上有 21 600 条刻线，通过 6 倍频电路使刻度分辨能力为 $10''$，因此工作台的分度精度可达 $\pm 10''$。

2.5　自动换刀装置

2.5.1　数控车床刀架

刀架是数控车床的重要功能部件，其结构形式很多，主要取决于机床的形式、工艺范围以及刀具的种类和数量等。下面介绍几种典型刀架结构。

1. 经济型数控车床方刀架

经济型数控车床方刀架是在普通车床四方刀架的基础上发展的一种自动换刀装置，其功能和普通四方刀架一样：有四个刀位，能装夹四把不同功能的刀具；方刀架回转 90° 时，刀具变换一个刀位，但方刀架的回转和刀位号的选择是由加工程序指令控制的；换刀时方刀架的动作顺序是刀架抬起—刀架转位—刀架定位—夹紧刀架。为完成上述动作要求，要有相应的机构来实现，下面就以 WZD4 型刀架为例说明其具体结构。

　　如图 2-39 所示，该刀架可以安装四把不同的刀具，转位信号由加工程序指定。当换

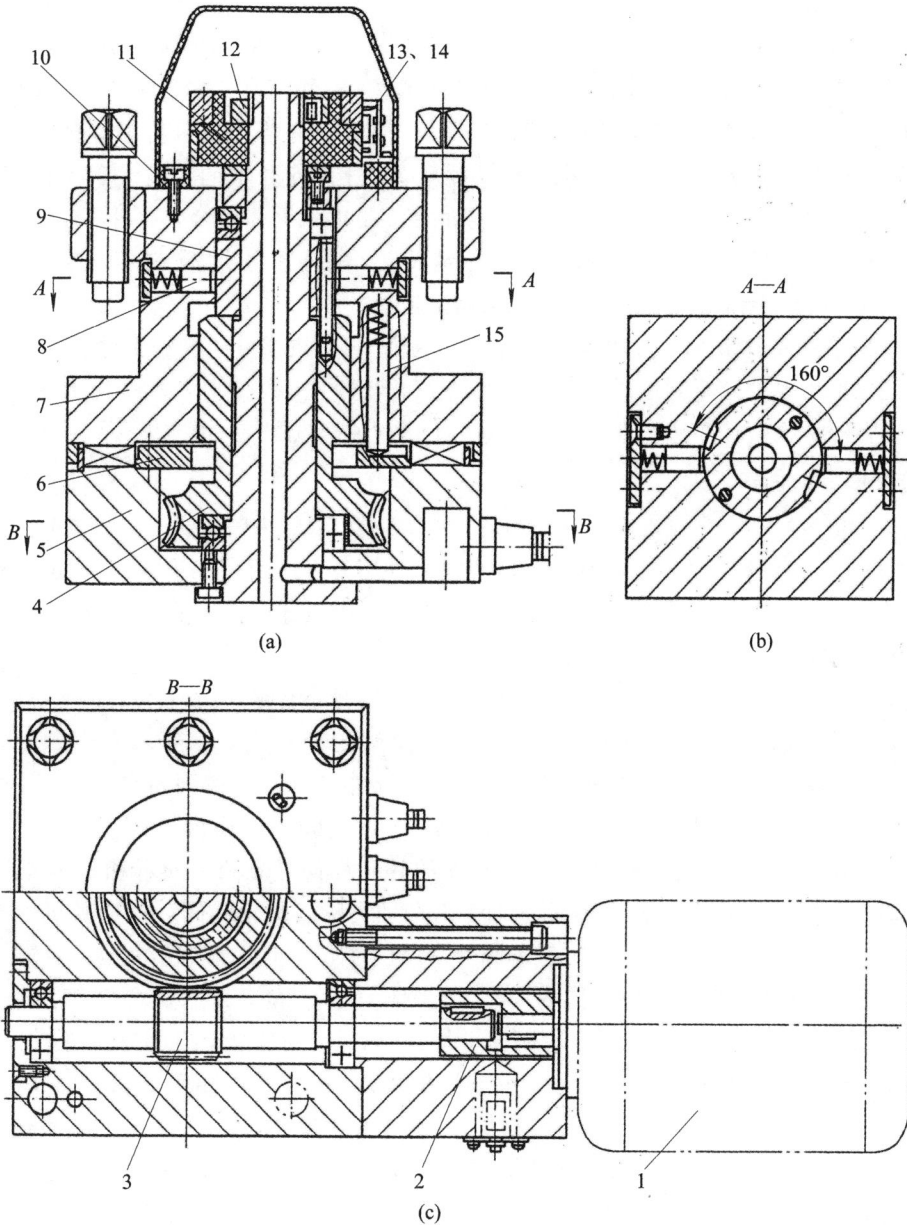

(a)

(b)

(c)

1—电动机；2—联轴器；3—蜗杆轴；4—蜗轮丝杠；5—刀架底座；6—粗定位盘；7—刀架体；8—球头销；9—转位套；10—电刷座；11—发信体；12—螺母；13、14—电刷；15—粗定位销

图 2-39　数控车床方刀架结构

刀指令发出后，小型电动机 1 启动正转，通过平键套筒联轴器 2 使蜗杆轴 3 转动，从而带动蜗轮 4 转动。蜗轮的上部外圆柱加工有外螺纹，所以该零件称为蜗轮丝杠。刀架体 7 的内孔加工有内螺纹，与蜗轮丝杠旋合。蜗轮丝杠内孔与刀架中心轴外圆是滑配合，在转位换刀时，中心轴固定不动，蜗轮丝杠环绕中心轴旋转。当蜗轮开始转动时，由于刀架底座 5 和刀架体 7 上的端面齿处在啮合状态，且蜗轮丝杠轴向固定，这时刀架体 7 抬起。当刀架体抬至一定距离后，端面齿脱开，转位套 9 用销钉与蜗轮丝杠 4 联接，随蜗轮丝杠一同转动，当端面齿完全脱开，转位套正好转过 160°（如图 2-39(b)A-A 剖面所示），球头销 8 在弹簧力的作用下进入转位套 9 的槽中，带动刀架体转位。刀架体 7 转动时带着电刷座 10 转动，当转到程序指定的刀号时，定位销 15 在弹簧的作用下进入粗定位盘 6 的槽中进行粗定位，同时电刷 13、14 接触导通，使电动机 1 反转，由于粗定位槽的限制，刀架体 7 不能转动，使其在该位置垂直落下，刀架体 7 和刀架底座 5 上的端面齿啮合，实现精确定位。电动机继续反转，此时蜗轮停止转动，蜗杆轴 3 继续转动，随夹紧力增加，转矩不断增大时，达到一定值时，在传感器的控制下，电动机 1 停止转动。

译码装置由发信体 11、电刷 13、14 组成，电刷 13 负责发信，电刷 14 负责位置判断。当刀架定位出现过位或不到位时，可松开螺母 12，调好发信体 11 与电刷 14 的相对位置。这种刀架在经济型数控车床及普通车床的数控化改造中得到广泛的应用。

2. 盘形自动回转刀架

图 2-40 为 CK7815 型数控车床采用的 BA200L 刀架结构图。该刀架可配置 12 位（A 型或 B 型）、8 位（C 型）刀盘。A、B 型回转刀盘的外切刀可使用 25 mm×150 mm 的标准刀具和刀杆截面为 25 mm×25 mm 的可调工具，C 型可用尺寸为 20 mm×20 mm×125 mm 的标准刀具。镗刀杆直径最大为 32 mm。

刀架转位为机械传动，端面齿盘定位。转位开始时，电磁制动器断电，电动机 11 通电转动，通过齿轮 10、9、8 带动蜗杆 7 旋转，使蜗轮 5 转动。蜗轮内孔有螺纹，与轴 6 上的螺纹配合。端面齿盘 3 被固定在刀架箱体上，轴 6 固连在端面齿盘 2 上，端面齿盘 2 和端面齿盘 3 处于啮合状态，所以，当蜗轮转动时，轴 6、端面齿盘 2 和刀架 1 同时向左移动，直到端面齿盘 2 与 3 脱离啮合。轴 6 的外圆柱面上有两个对称槽，内装滑块 4。蜗轮 5 的右侧固连圆环 14，圆环左侧端面上有凸块，所以蜗轮和圆环同时旋转。当端面齿盘 2、3 脱开后，与蜗轮固定在一起的圆环 14 上的凸块正好碰到滑块 4，蜗轮继续转动，通过 14 上的凸块带动滑块连同轴 6、刀盘一起进行转位。到达要求位置后，电刷选择器发出信号，使电机 11 反转，这时蜗轮 5 及圆环 14 反向旋转，凸块与滑块 4 脱离，不再带动轴 6 转动。同时蜗轮 5 与轴 6 上的旋合螺纹使轴 6 右移，端面齿盘 2、3 啮合并定位。压紧端面齿盘的同时，轴 6 右端的小轴 13 压下微动开关 12，发出转位结束信号，电动机断电，电磁制动器通电，维持电动机轴上的反转力矩，以保持端面齿盘之间有一定的压紧力。

刀具在刀盘上由压板 15 及调节楔铁 16（见图 2-40(b)）来夹紧，更换和对刀十分方便。

刀位选择由刷形选择器进行，松开、夹紧位置检测由微动开关 12 控制。整个刀架控制是一个纯电气系统，结构简单。

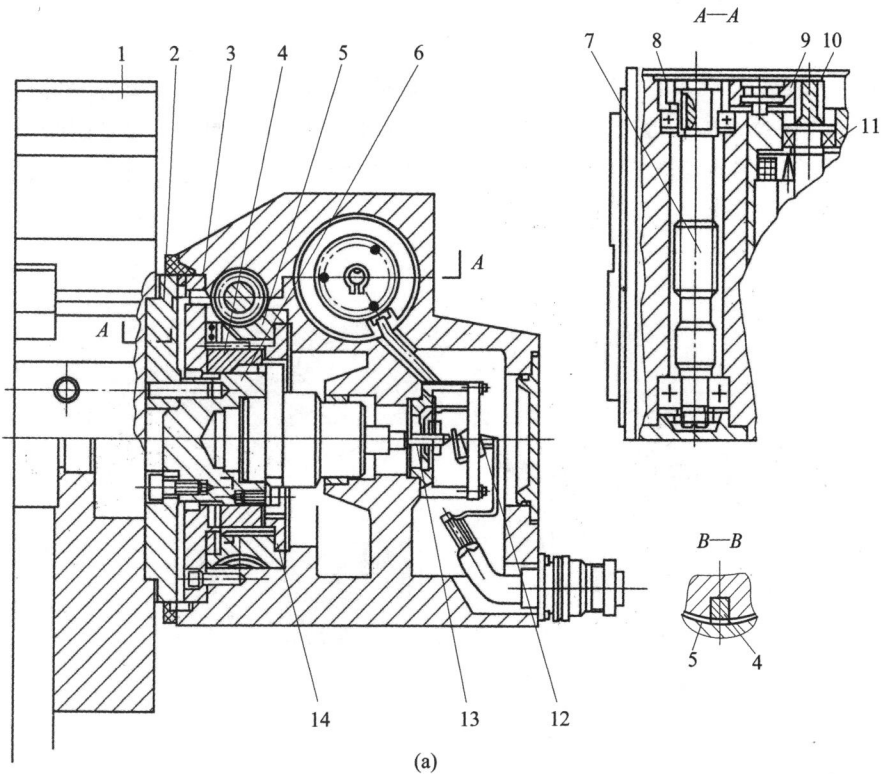

(a)

(b)

1—刀架；2、3—端面齿盘；4—滑块；5—蜗轮；6—轴；7—蜗杆；8、9、10—传动齿轮；
11—电动机；12—微动开关；13—小轴；14—圆环；15—压板；16—楔铁

图 2-40　回转刀架

3. 车削中心用动力刀架

图 2-41(a)为意大利 Baruffaldi 公司生产的适用于全功能数控车及车削中心的动力转塔刀架。刀盘上既可以安装各种非动力辅助刀夹(车刀夹、镗刀夹、弹簧夹头、莫氏刀柄)夹持刀具进行加工，还可安装动力刀夹进行主动切削，配合主机完成车、铣、钻、镗等各种

复杂工序，实现加工程序的自动化、高效化。

图 2-41(b)为该转塔刀架的传动示意图。刀架采用端齿盘作为分度定位元件，刀架转位由三相异步电动机驱动，电动机内部带有制动机构，刀位由二进制绝对编码器识别，并可双向转位和任意刀位就近选刀。动力刀具由交流伺服电动机驱动，通过同步齿形带、传动轴、传动齿轮、端面齿离合器将动力传递到动力刀夹，再通过刀夹内部的齿轮传动，刀具回转，实现主动切削。

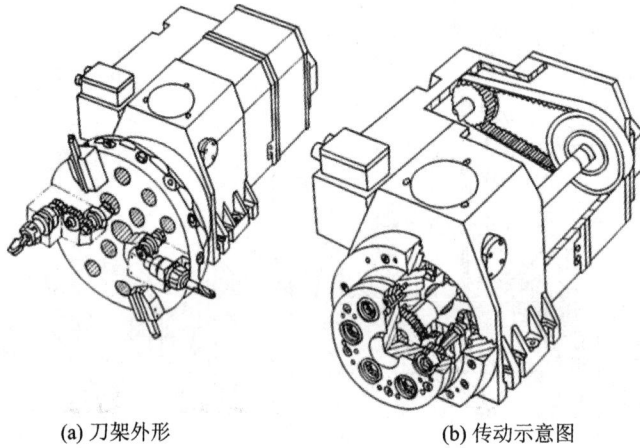

(a) 刀架外形　　　　　　(b) 传动示意图

图 2-41　动力转塔刀架

2.5.2　加工中心自动换刀系统

加工中心是一种备有刀库并能自动更换刀具对工件进行多工序加工的数控机床。工件经一次装夹后，数控系统能控制机床按不同工序自动选择和更换刀具；自动改变机床主轴的转速、进给量和刀具相对工件的运动轨迹及其他辅助机能；依次完成工件几个面上多工序的加工。由于加工中心能集中完成多种工序，因而可减少工件装夹、测量和机床的调整时间，减少工件周转、搬运和存放时间，使机床的切削利用率很高，具有良好的经济效果。

自动换刀系统是加工中心的重要组成部分，主要包括刀库、刀具交换装置(机械手)等部件。刀库是存放加工过程所要使用的全部刀具的装置。当需要换刀时，根据数控机床指令，由机械手将刀具从刀库取出并装入主轴中心。刀库的容量从几把刀具到上百把刀具不等，机械手的结构根据刀库与主轴的相对位置及结构的不同也有多种形式，下面具体加以介绍。

1. 刀库的形式

刀库的形式很多，结构也各不相同，加工中心最常用的刀库有鼓轮式刀库和链式刀库两种。

1) 鼓轮式刀库

鼓轮式刀库结构紧凑、简单，在钻削中心上应用较多，一般存放刀具不超过 32 把。图 2-42 为刀具轴线与鼓轮轴线平行分布的刀库，其中图 2-42(a)为径向取刀形式，图 2-42(b) 为轴向取刀形式。

(a) 径向取刀形式　　　(b) 轴向取刀形式

图 2-42　鼓轮式刀库之一

图 2-43 为刀具径向安装在刀库上(图 2-43(a))和刀具轴线与鼓轮轴线成一定角度分布的结构(图 2-43(b)),这种结构占地面积较大。

(a) 刀具径向安装　　　　　　　　　(b) 角度分布的结构

图 2-43　鼓轮式刀库之二

2) 链式刀库

链式刀库是在环形链条上装有许多刀座,刀座的孔中装夹各种刀具,链条由链轮驱动。链式刀库适用于刀库容量较大的场合,且多为轴向取刀。链式刀库有单环链式和多环链式等几种,如图 2-44(a)、(b)所示。当链条较长时,可以增加支承链轮的数目,使链条折迭回绕,提高了空间利用率,如图 2-44(c)所示。

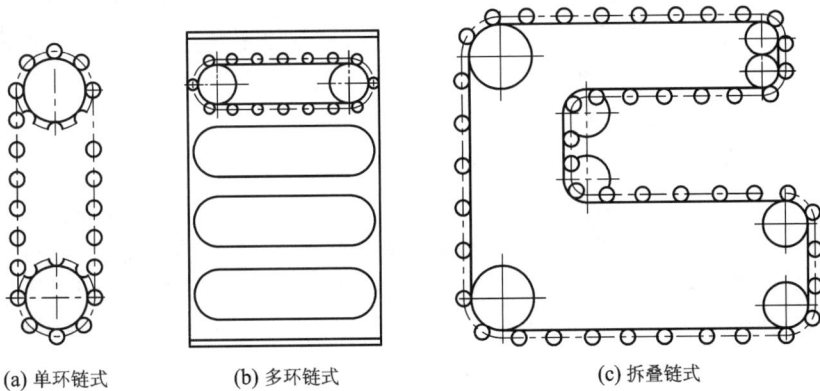

(a) 单环链式　　　　(b) 多环链式　　　　(c) 拆叠链式

图 2-44　多种链式刀库

除此之外，还有格子箱式刀库、直线式刀库、多盘式刀库等，此处不再赘述。

2. 刀具的选择

按数控装置的刀具选择指令，从刀库中挑选各工序所需要的刀具的操作称为自动选刀。常用的选刀方式有顺序选刀和任意选刀两种。

1）顺序选刀

刀具的顺序选择方式是指将刀具按加工工序的顺序，依次放入刀库的每一个刀座内，刀具顺序不能搞错。更换加工工件时，刀具在刀库上排列顺序也要改变。这种方式的缺点是同一工件上相同的刀具不能重复使用，因此增加了刀具的数量，降低了刀具和刀库的利用率，但其控制及刀库运动等比较简单。

2）任意选刀

任意选刀方式是指预先把刀库中每把刀具（或刀座）都编上代码，按照编码选刀，刀具在刀库中不必按工件的加工顺序排列。任意选刀有四种方式：① 刀具编码方式；② 附件编码方式；③ 刀座编码方式；④ 计算机记忆方式。

（1）刀具编码方式。

刀具编码方式采用了一种特殊的刀柄结构，并对每把刀具进行编码。换刀时通过编码识别装置，根据换刀指令代码，在刀库中寻找出所需要的刀具。由于每一把刀具都有自己的代码，因而刀具可以放入刀库的任何一个刀座内，这样不仅刀库中的刀具可以在不同的工序中多次重复使用，而且换下来的刀具也不必放回原来的刀座，这对装刀和选刀都十分有利。

刀具编码识别有两种方式：一为接触式识别，另一种为非接触式识别。

接触式识别的编码刀柄如图 2 - 45 所示。刀柄尾部的拉紧螺杆 3 上套装着一组等间隔的编码环 1，并由锁紧螺母 2 将它们固定。编码环的外径有大小两种不同的规格，每个编码环的大小分别表示二进制数的"1 和"0"。通过对两种圆环的不同排列，可以得到一系列的代码。例如图中所示的 7 个编码环，就能够区别出 127 种刀具

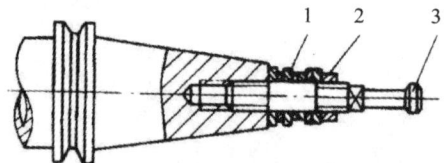

1—编码环；2—锁紧螺母；3—拉紧螺杆

图 2 - 45　编码刀柄示意图

(2^7-1)。当刀库中带有编码环的刀具依次通过编码识别装置时，编码环的大小就能使相应的触针读出每一把刀具的代码。如果读出的代码与穿孔带上选择刀具的代码一致时，发出信号使刀库停止回转，这时加工所需要的刀具就准确地停留在取刀位置上，然后由机械手从刀库中将刀具取出。接触式编码识别装置的结构简单，但可靠性较差，寿命较短，而且不能快速选刀。

非接触式刀具的识别采用磁性或光电识别方法。

磁性识别方法是利用磁性材料和非磁性材料磁感应的强弱不同，通过感应线圈读取代码。编码环分别由软钢和黄铜（或塑料）制成，前者代表"1"，后者代表"0"，将它们按规定的编码排列。当编码环通过感应线圈时，只有对应于软钢圆环的那些感应线圈才能感应出电信号"1"，而对应于黄铜的感应线圈状态保持不变"0"，从而读出每一把刀具的代码。磁性识别装置没有机械接触和磨损，因此可以快速选刀，而且具有结构简单、工作可靠、寿命长等优点。

光电识别方法的原理如图 2 - 46 所示。链式刀库带着刀座 1 和刀具 2 依次经过刀具识别位置Ⅰ，在此位置上安装有投光器 3，通过光学系统将刀具的外形及编码环投影到由无数光敏元件组成的屏板 5 上形成了刀具图样。装刀时，屏板 5 将每一把刀具的图样转换成对应的脉冲信息，经过处理后将每一把刀具的"图形信息码"存入存储器中。选刀时，当某一把刀具在识别位置出现的"图形信息码"与存储器内指定刀具的"图形信息码"相一致时，便发出指令，使该刀具停在换刀位置Ⅱ，由机械手 4 将刀具取出。这种识别系统不但能识别编码，还能识别图样，因此给刀具的管理带来方便。

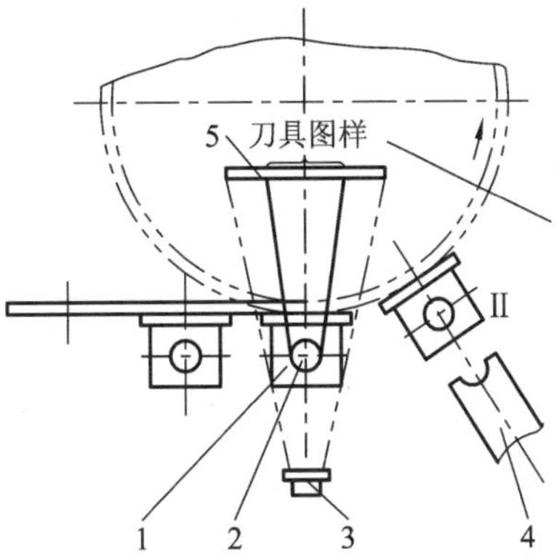

1—刀座；2—刀具；3—投光器；
4—机械手；5—屏板

图 2 - 46　光电识别方法

（2）附件编码方式。

附件编码方式可分为编码钥匙、编码卡片、编码杆和编码盘等，其中应用最多的是编码钥匙。这种方式是先给刀具都缚上一把表示该刀具号的编码钥匙，当把某把刀具放入刀库中时，识别装置可以通过识别刀具上的号码来选取该钥匙旁边的刀具。这种编码方式也称为临时性编码，因为从刀座中取出刀具时，刀座中的编码钥匙也会被取出，刀库中原来的编码随之消失。因此，这种方式具有更大的灵活性。采用这种编码方式时，用过的刀具不必放回原来的刀座中。

（3）刀座编码方式。

刀座编码是对刀库中所有刀座预先编码，每把刀具放入相应刀座之后，就具有了相应刀座的编码，即刀具在刀库中的位置是固定的。在编程时，要指出哪一把刀具放在哪个刀座上。必须注意的是，在这种编码方式中，必须将用过的刀具放回原来的刀座内，不然会造成事故。由于这种编码方式取消了刀柄中的编码环，使刀柄结构大大简化，刀具识别装置的结构也不受刀柄尺寸的限制，可放置在较为合理的位置。刀具在加工过程中可重复多次使用，缺点是必须把用过的刀具放回原来的刀座。

（4）计算机记忆方式。

目前应用最多的是计算机记忆式选刀。这种方式的特点是，刀具号和存刀位置或刀座号（地址）对应地存放在计算机的存储器或可编程控制器的存储器中。不论刀具存放在哪个刀座上，新的对应关系重新存放，这样刀具可以在任意位置（地址）存取。刀具本身不必设置编码元件，结构大为简化，控制也十分简单。计算机控制的机床几乎全部采用这种方式选刀。

在刀库机构中通常设有刀库零位，执行自动选刀时，刀库可以正反方向回转，每次选刀运动不会超过一圈的 1/2。

3. 刀具交换装置

在数控机床的自动换刀系统中，实现刀库与机床主轴之间刀具传递和刀具装卸的装置称为刀具交换装置。刀具的交换方式通常分为无机械手换刀和有机械手换刀两大类。

1）无机械手换刀

无机械手换刀的方式是利用刀库与机床主轴的相对运动实现刀具交换。XH754 型卧式加工中心就是采用这类刀具交换装置的实例,其外形如图 1-7 所示。

该机床主轴 2 在立柱上可以沿 Y 轴方向上下移动,工作台 1 横向运动为 Z 轴,纵向移动为 X 轴。鼓轮式刀库 3 位于机床顶部,有 30 个装刀位置,可装 29 把刀具。4 为数控柜。换刀过程见图 2-47。

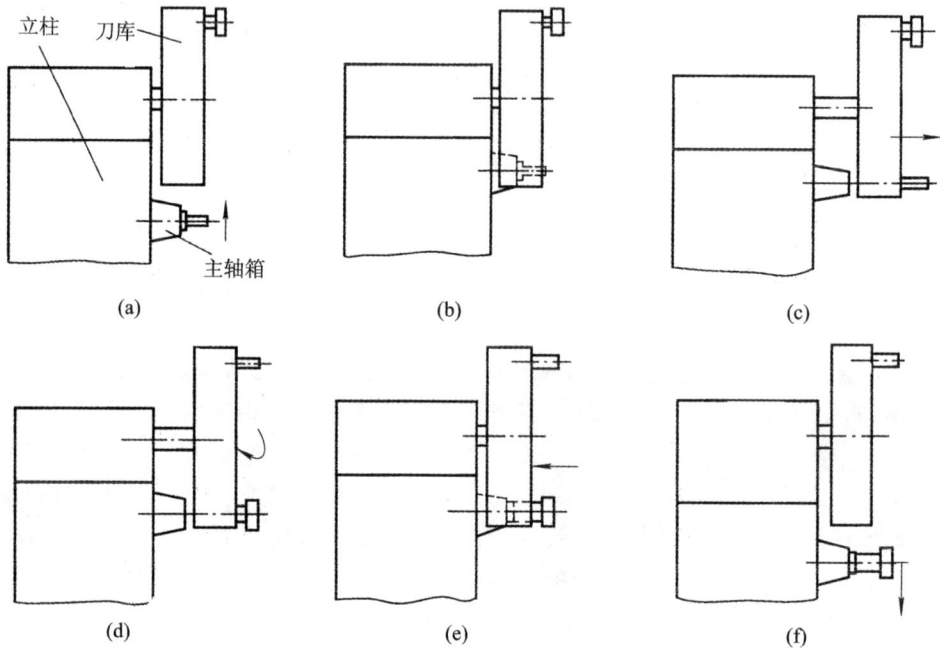

图 2-47　换刀过程

如图 2-47(a)所示,加工工步结束后执行换刀指令,主轴实现准停,主轴箱沿 Y 轴上升。这时机床上方刀库的空档刀位正好处在交换位置,装夹刀具的卡爪打开。

如图 2-47(b)所示,主轴箱上升到极限位置,被更换刀具的刀杆进入刀库空刀位,即被刀具定位卡爪钳住,与此同时,主轴内刀杆的自动夹紧装置放松刀具。

如图 2-47(c)所示,刀库伸出,从主轴锥孔中将刀具拔出。

如图 2-47(d)所示,刀库转位,按照程序指令要求将选好的刀具转到最下面的位置,同时压缩空气将主轴锥孔吹净。

如图 2-47(e)所示,刀库退回,同时将新刀具插入主轴锥孔,主轴内刀具夹紧装置将刀杆拉紧。

如图 2-47(f)所示,主轴下降到加工位置后启动,开始下一工步的加工。

这种换刀机构不需要机械手,结构简单、紧凑。由于交换刀具时机床不工作,所以不会影响加工精度,但会影响机床的生产效率。其次因刀库尺寸限制,装刀数量不能太多,因此常用于小型加工中心。

刀库转位机构由伺服电动机通过消隙齿轮 1、2 带动蜗杆 3,通过蜗轮 4 使刀库转动,如图 2-48 所示。蜗杆为右旋双导程蜗杆,可以用轴向移动的方法来调整蜗轮副的间隙。压盖 5 内孔螺纹与套 6 相配合,转动套 6 即可调整蜗杆的轴向位置,也就调整了蜗轮副的间隙。调整好后用螺母 7 锁紧。

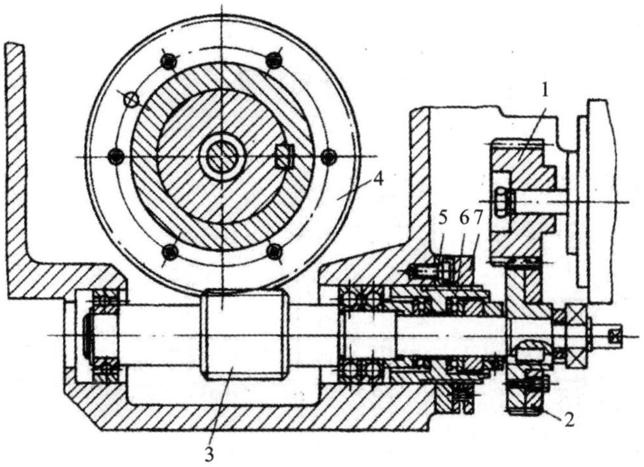

1、2—齿轮；3—蜗杆；4—蜗轮；5—压盖；6—套；7—螺母

图 2-48　刀库转位机构

刀库的最大转角为 180°，根据所换刀具的位置决定正转或反转，由控制系统自动判别，以使找刀路径最短。每次转角大小由位置控制系统控制，进行粗定位，最后由定位销精确定位。

刀库及转位机构在同一个箱体内，由液压缸实现其移动。图 2-49 为刀库液压缸结构图，1 是刀库和转位机构，2 是液压缸，3 是立柱顶部平面。

在这种刀库中，每把刀具在刀库上的位置是固定的，从哪个刀位取下的刀具，用完后仍然送回到哪个刀位去。

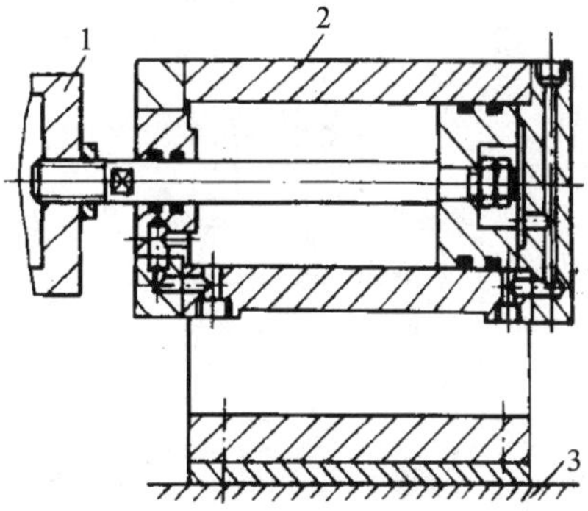

1—刀库；2—液压缸；3—立柱顶面

图 2-49　刀库液压缸结构图

2）机械手换刀

采用机械手进行刀具交换的方式应用得最为广泛，这是因为机械手换刀有很大的灵活性，而且可以减少换刀时间。机械手的结构形式是多种多样的，因此换刀运动也有所不同。下面以卧式镗铣加工中心为例说明采用机械手换刀的工作原理。

如图 2-50 所示，该机床采用的是链式刀库，位于机床立柱左侧。由于刀库中存放刀具的轴线与主轴的轴线垂直，故而机械手需要有三个自由度。机械手沿主轴轴线的插拔刀具动作，由液压缸来实现；绕竖直轴 90° 的摆动进行刀库与主轴间刀具的传送动作，由液压马达实现；绕水平轴旋转 180° 完成刀库与主轴上刀具交换的动作，也由液压马达实现，其换刀分解动作如图 2-50(a)～(f)所示。

如图 2-50(a)所示，抓刀爪伸出，抓住刀库上的待换刀具，刀库刀座上的锁板拉开。

如图 2-50(b)所示，机械手带着待换刀具绕竖直轴逆时针方向转 90°，与主轴轴线平行，另一个抓刀爪抓住主轴上的刀具，主轴将刀杆松开。

如图 2-50(c)所示，机械手前移，将刀具从主轴锥孔内拔出。

如图 2-50(d)所示，机械手绕自身水平轴转 180°，将两把刀具交换位置。

如图 2-50(e)所示，机械手后退，将新刀具装入主轴，主轴将刀具锁住。

如图 2-50(f)所示，抓刀爪缩回，松开主轴上的刀具。

机械手绕竖直轴顺时针转 90°，将刀具放回刀库的相应刀座上，刀库上的锁板合上。最后抓刀爪缩回，松开刀库上的刀具，恢复到原始位置。

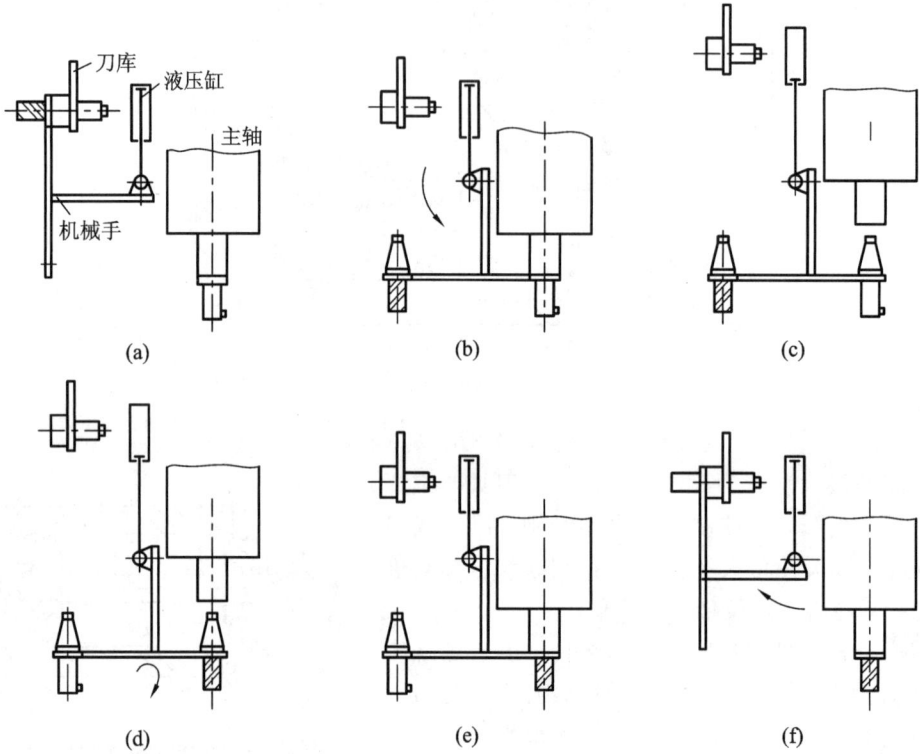

图 2-50　换刀分解动作示意图

为防止刀具掉落，各种机械手的刀爪都必须带有自锁机构。图 2-51 是机械手臂和刀爪部分的构造。它有两个固定刀爪 5，每个刀爪上还有一个活动销 4，它依靠后面的弹簧 1 在抓刀后顶住刀具。为了保证机械手在运动时刀具不被甩出，有一个锁紧销 2。当活动销 4 顶住刀具时，锁紧销 2 就被弹簧 3 弹起，将活动销 4 锁住，再不能后退。当机械手处在上升位置要完成插拔刀动作时，销 6 被挡块压下使销 2 也退下，故可以自由地抓放刀具。

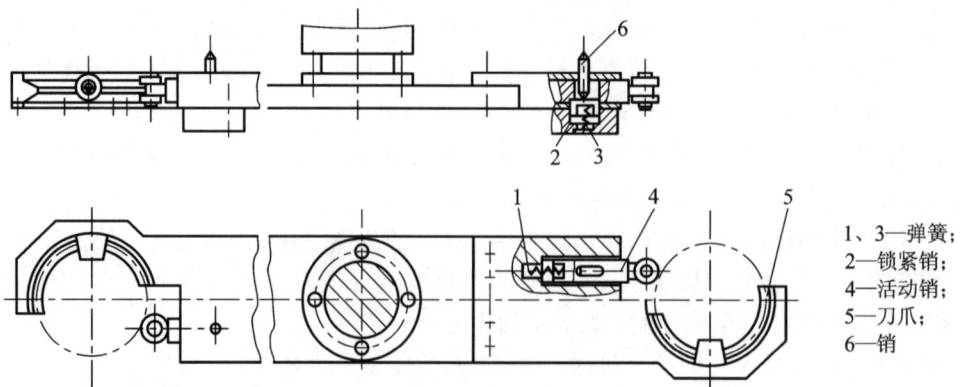

1、3—弹簧；
2—锁紧销；
4—活动销；
5—刀爪；
6—销

图 2-51　机械手臂和刀爪

知识拓展

1. 电主轴

数控机床将高效、高精度和高柔性集为一体。为了得到高生产效率和高加工精度,高速加工技术越来越受到业内的重视。超高速数控机床是实现超高速加工的物质基础,而高速主轴又是超高速数控机床的"核心"部件,它的性能直接决定了机床的超高速加工性能,它不但要求较高的速度精度,而且要求连续输出的高转矩能力和非常宽的恒功率运行范围。因此,具备相应的高转速、高精度和高效率特性的数控机床电主轴应运而生。电主轴具有结构紧凑、重量轻、惯性小、动态特性好等优点,并可改善机床的动平衡,避免振动、污染和噪声,它在超高速切削机床上得到了广泛的应用。美国、德国、日本、瑞士、意大利等工业发达国家,都在高速数控机床上广泛采用了电主轴结构。

主轴电动机和机床主轴合为一体的电主轴通常采用交流高频电动机,故也称为"高频主轴"。图 2-52 所示为电主轴的结构简图,其主要特征是将电动机内置于主轴内部直接驱动主轴,实现电动机、主轴一体化的功能。图 2-53 所示为数控机床高速电主轴实物图。

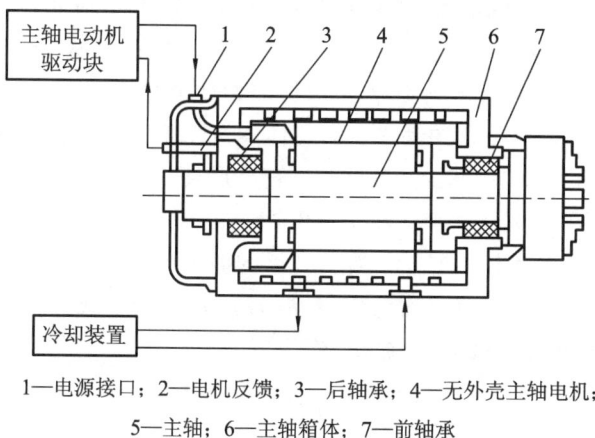

1—电源接口;2—电机反馈;3—后轴承;4—无外壳主轴电机;

5—主轴;6—主轴箱体;7—前轴承

图 2-52　电主轴结构简图　　　　　图 2-53　电主轴实物图

与传统机床主轴相比,电主轴具有如下特点:

(1) 主轴由内装式电动机直接驱动,省去了中间传动环节,具有结构紧凑、机械效率高、噪声低、振动小和精度高等特点;

(2) 采用交流变频调速和矢量控制,输出功率大,调整范围宽,功率转矩特性好;

(3) 机械结构简单,转动惯量小,可实现很高的速度和加速度及定角度的快速准停;

(4) 电主轴更容易实现高速化,其动态精度和动态稳定性更好;

(5) 由于没有中间传动环节的外力作用,主轴运行更平稳,使主轴轴承寿命得到延长。

电主轴最早是用在磨床上,后来才发展到加工中心。强大的精密机械工业不断提出要求,使电主轴的功率和品质都不断得到提高。目前电主轴最大转速可达 200 000 r/min,直径范围为 33~300 mm,功率范围为 125 W~80 kW,扭矩范围为 0.02~300 N·M。

国外由于研究较早,高速电主轴技术发展较快,技术水平也处于领先地位,并且随着变频技术及数字技术的发展日趋完善,逐步形成了一系列标准产品,高转速电动主轴在机床行业和工业制造业中普遍采用。最近及今后一段时间，将着重发展研究大功率、大扭矩、调速范围宽、能实现快速制启动、准确定位、自动对刀等数字化高标准电动主轴单元。

近几年，美国、日本、德国、意大利、英国、加拿大和瑞士等工业强国争相投入巨资大力开发此项技术。著名的有德国的 GMN 公司、SIEMENS 公司、意大利的 GAMFIOR 公司及日本三菱公司和安川公司等，它们的技术水平代表了该领域的世界先进水平，具有功率大、转速高，采用高速、高刚度轴承，精密加工与精密装配工艺水平高和配套控制系统水平高等特点。

2. 电主轴高速旋转发热严重的故障分析

电主轴运转中的发热和温升问题始终是研究的焦点。电主轴单元的内部有两个主要热源：一是主轴轴承，另一个是内藏式主电动机。

电主轴单元最凸出的问题是内藏式主电动机的发热。由于主电动机旁边就是主轴轴承，如果主电动机的散热问题解决不好，还会影响机床工作的可靠性。主要的解决方法是采用循环冷却结构，分外循环和内循环两种，冷却介质可以是水或油，使电动机与前后轴承都能得到充分冷却。

主轴轴承是电主轴的核心支承，也是电主轴的主要热源之一。当前高速电主轴大多数采用角接触陶瓷球轴承，因为陶瓷球轴承具有以下特点：① 滚珠重量轻，离心力小，动摩擦力矩小。② 因温升引起的热膨胀小，使轴承的预紧力稳定。③ 弹性变形量小，刚度高，寿命长。由于电主轴运转速度高，因此对主轴轴承的动态、热态性能有严格要求。合理的预紧力、良好而充分的润滑是保证主轴正常运转的必要条件。一般采用油雾润滑方式，雾化发生器进气压为 0.25～0.3 MPa，选用 20 号透平油，油滴速度控制在 80～100 滴/分钟。润滑油雾在充分润滑轴承的同时，还带走了大量的热量。前后轴承的润滑油分配是非常重要的问题，必须加以严格控制。进气口截面大于前后喷油口截面的总和，排气应顺畅，各喷油小孔的喷射角与轴线呈 15°夹角，使油雾直接喷入轴承工作区。

先导案例解决方案

立式加工中心与卧式加工中心的基本功能相同，均以铣削为主。两者又有很大的不同，主要体现在结构差异和产品定位、加工范围差异等方面。立式加工中心和卧式加工中心的结构对比如图 2-54 所示。

1. 主轴结构不同

立式加工中心是指主轴为垂直状态的加工中心，卧式加工中心指主轴为水平状态的加工中心。

2. 立柱构造不同

立式加工中心的立柱一般不移动。为了追求刚性，一般制造结构比较粗壮。也有动柱式立式加工中心，动柱立式加工中心工作台只做 X 或 Y 向运动，立柱相应会做 Y 或 X 向运动，这种设计方式对立柱的驱动电机有较大的功率要求。

卧式加工中心的立柱一定是动柱式的，正 T 型的卧式加工中心立柱沿 X 向移动，倒 T 型的卧式加工中心立柱沿 Z 向移动。移动立柱的结构要求立柱必须在满足刚性的前提下

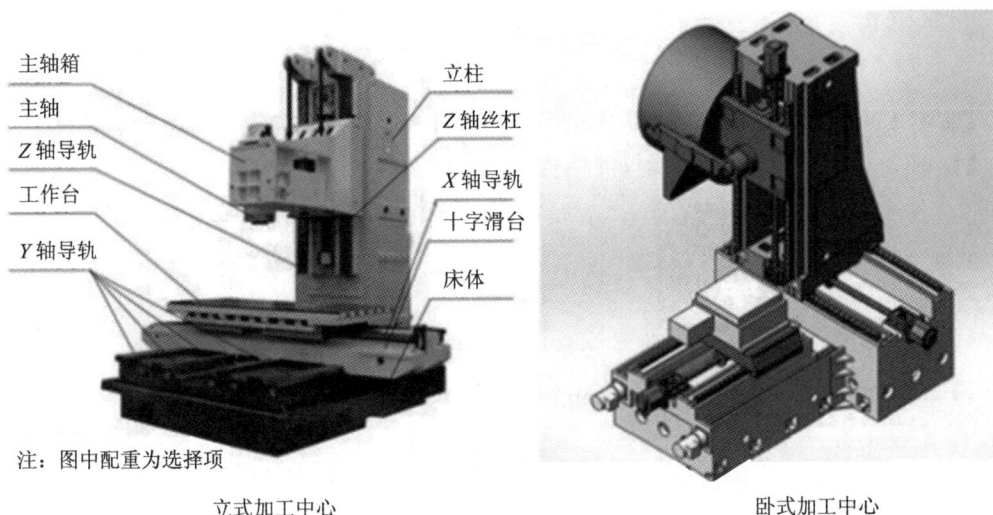

立式加工中心　　　　　　　　　卧式加工中心

图 2-54　立式加工中心和卧式加工中心的结构对比

注：图中配重为选择项

尽可能的轻巧，国外机床往往用钢板焊接结构来解决这个问题。

3. 工作台形式不同

立式加工中心工作台一般为十字滑台结构的 T 型槽工作台，有两套运动机构负责相互垂直方向的工作台移动，X 向进给的工作台覆盖在负责 Y 向进给的导轨之上。

卧式加工中心的工作台只做 X 或 Y 向运动，工作台形式一般为点阵螺孔台面的旋转式工作台，相对较容易选装交换式双工作台。

4. 加工时的排屑状况不同

立式加工中心在加工型腔或下凹的型面时，切屑不易排出，严重时会损坏刀具，破坏已加工表面，影响加工的顺利进行。

卧式加工中心加工时排屑容易，加工状况相对较理想。

5. 操控状况有所不同

立式加工中心装夹方便，便于操作，易于观察加工情况，调试程序容易。

卧式加工中心所加工工件普遍比较庞大，装夹困难，不容易监控加工过程，操作调试相对困难。

6. 加工对象不同

立式加工中心受立柱高度及换刀装置的限制，不能加工太高的零件，适合加工盘、套、板类零件，所加工工件的体积相对较小。如果要实现工件的侧面加工必须加装角度头或者数控转台。如在工作台上安装一个沿水平轴旋转的回转台，可用以加工螺旋线类零件。

卧式加工中心在一次装夹后可以完成除安装面和顶面以外的其余四个表面的加工，最适合加工箱体类零件，加装角度头后可以实现五面体加工。

总体来说，卧式加工中心结构复杂度要超过立式加工中心，有能力生产卧式加工中心的工厂数量远小于立式加工中心工厂，相同工作范围的卧式加工中心价格往往是立式加工中心的两倍以上。

生产学习经验

【案例2-1】　如何利用误差防止和误差补偿技术，提高数控机床机械加工精度？

【案例2-2】　简述刀具预调仪的结构和工作原理。

【案例2-1】　　　　　　　　　　　　　　【案例2-2】

本 章 小 结

　　本章学习重点是数控机床机械结构的主要组成和特点，主轴部件结构和工作原理，滚珠丝杠螺母副的结构、工作原理和轴向间隙调整方法，进给传动系统齿轮间隙消除方法，自动换刀装置的结构和工作原理。学习难点是数控机床主轴部件、滚珠丝杠副、分度工作台、回转工作台和自动换刀装置的工作原理。

思 考 与 练 习

2-1　数控机床机械结构的主要组成部分是什么？

2-2　数控机床机械结构的主要特点是什么？

2-3　机床导轨的种类有哪些？什么是塑料导轨？有何特点？

2-4　滚动导轨的类型有哪些，其特点及应用场合是什么？

2-5　数控机床对主传动系统有哪些要求？主传动系统的结构特点是什么？

2-6　数控机床的主轴变速方式有哪几种？试述其特点及应用场合。

2-7　加工中心主轴如何实现刀具的自动装卸和夹紧？主轴为什么需要准停？如何实现准停？

2-8　数控机床对进给系统的机械传动部分的要求是什么？如何实现这些要求？

2-9　数控机床为什么常采用滚珠丝杠副作为传动元件，它的特点是什么？

2-10　滚珠丝杠副中的滚珠循环方式可分为哪两类？试比较其结构特点及应用场合。

2-11　试述滚珠丝杠副轴向间隙调整和预紧的基本原理，常用的有哪几种结构形式？

2-12　齿轮消除间隙的方法有哪些？各有何特点？

2-13　车床上的回转刀架换刀时需完成哪些动作？如何实现？

2-14　什么是刀具交换装置？刀具交换的方式有哪两类？试比较它们的特点及应用场合。

2-15　分度工作台的功用如何？试述其工作原理。

2-16　数控回转工作台的功用如何？试述其工作原理。

2-17　为什么采用双导程蜗杆传动能消除传动副之间的间隙？

自　测　题

一、选择题(请将正确答案的序号填写在题中的括号内,每题 3 分,共 30 分)

1. 下列型号中,(　　)是一台加工中心。

  A. XK754　　　　　B. XH715　　　　　C. CA6140　　　　D. CK0630

2. 数控机床进给系统采用齿轮传动副时,应该有消隙措施,其消除的是(　　)。

  A. 齿轮轴向间隙　　　　　　　　B. 齿顶间隙

  C. 齿侧间隙　　　　　　　　　　D. 齿根间隙

3. 滚珠丝杠预紧的目的是(　　)。

  A. 增加阻尼比,提高抗振性　　　B. 提高运动平稳性

  C. 消除轴向间隙和提高传动刚度　D. 加大摩擦力,使系统能自锁

4. 为了保证数控机床能满足不同的工艺要求,并能够获得最佳切削速度,主传动系统的要求是(　　)。

  A. 无级调速　　　　　　　　　　B. 变速范围宽

  C. 分段无级变速　　　　　　　　D. 变速范围宽且能无级变速

5. 加工中心的刀具可通过(　　)自动调用和更换。

  A. 刀架　　　　　B. 对刀仪　　　　　C. 刀库　　　　　D. 换刀机构

6. 加工中心按主轴的方向可分为(　　)两种。

  A. Z 坐标和 C 坐标　　　　　　B. 经济性和多功能

  C. 立式和卧式　　　　　　　　　D. 移动和转动

7. 数控机床的核心部件是(　　)。

  A. 控制介质　　　B. 数控装置　　　C. 伺服系统　　　D. 机床本体

8. 加工中心的刀具由(　　)管理。

  A. AKC　　　　　B. PLC　　　　　C. TAC　　　　　D. ABC

9. 提高机床动刚度的有效措施是(　　)。

  A. 增大摩擦或增加切削液　　　　B. 减少切削液或增大偏斜度

  C. 减少偏斜度　　　　　　　　　D. 增大阻尼

10. 数控车床与普通车床相比在结构上差别最大的部件是(　　)。

  A. 主轴箱　　　　　B. 床身　　　　　C. 进给传动　　　　D. 刀架

二、判断题(请将判断结果填入括号中,正确的填"√",错误的填"×",每题 2 分,共 20 分)

(　　)1. 圆柱齿轮传动间隙的调整方法有刚性调整法和柔性调整法两种。

(　　)2. 加工中心不可以在主轴旋转状态下改变转速,以防止将变速齿轮打坏。

(　　)3. 中小型立式加工中心常采用固定式空心立柱。

(　　)4. 鼓轮式刀库一般适用于刀库容量不超过 24 把的场合。

(　　)5. 加工中心按照功能特征分类,可分为复合镗铣和钻削加工中心。

(　　)6. 机床通电后应首先检查各开关按钮和键是否正常。

(　　)7. 机床转动轴中的滚珠丝杠不需要检查。

（　）8.采用油脂润滑的主轴系统，润滑油脂的用量要充足，这样有利于降低主轴的温升。

（　）9.三爪自定心卡盘、平口钳属于组合夹具。

（　）10.滚珠丝杠虽然传动效率高，精度高，但不能自锁。

三、名词解释（每题 4 分，共 20 分）

1. 机床刚度　　　　2. 主轴准停　　　　3. 外循环

4. 静压导轨　　　　5. 刀具交换装置

四、简答题（每题 6 分，共 30 分）

1. 数控机床机械结构的主要组成部分有哪些？

2. 改善数控机床机械结构动态特性的方法主要有哪些？

3. 数控机床按加工路线分类，可分为哪几类？各有何特点？

4. 滚珠丝杠副的工作原理及其特点是什么？

5. 数控机床进给系统传动齿轮间隙的消除方法有哪些？各有何特点？

自测题答案

第3章

数控编程与加工工艺基础

本章知识点

(1) 数控编程的概念、方法和基本步骤；

(2) 数控机床坐标系和运动方向的规定；

(3) 数控程序的格式和指令代码，常用编程指令、程序编制中的数值计算；

(4) 数控加工工艺特点和工艺分析主要步骤；

(5) 数控加工工艺编制主要内容；

(6) 数控加工工艺文件。

先导案例

如图3-1所示，锥孔螺母套零件数控加工，单件小批生产，试分析其加工工艺并编制数控加工工序卡片。

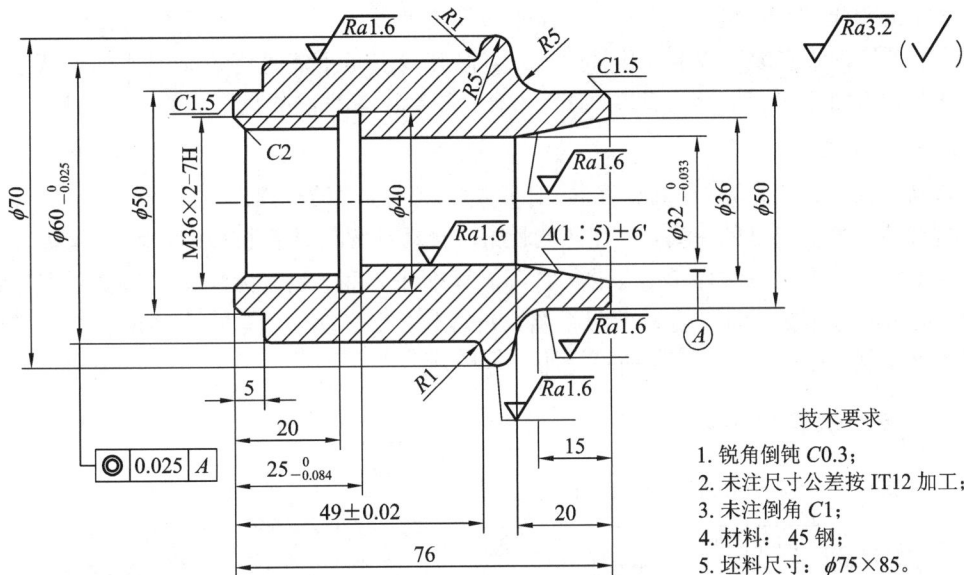

技术要求

1. 锐角倒钝 C0.3；
2. 未注尺寸公差按 IT12 加工；
3. 未注倒角 C1；
4. 材料：45 钢；
5. 坯料尺寸：$\phi75\times85$。

图 3-1　车削加工典型零件

3.1　数控编程的概念、方法和步骤

3.1.1　数控编程的概念

为了使数控机床能根据零件加工的要求进行动作，必须将这些要求以机床数控系统能识别的指令形式告知数控系统，这种数控系统可以识别的指令称为程序，制作程序的过程称为数控编程。

数控编程的过程不仅仅单一指编写数控加工指令的过程，它还包括从零件分析到编写加工指令再到制成控制介质以及程序校核的全过程。

在编程前首先要进行零件的加工工艺分析，确定加工工艺路线、工艺参数、刀具的运动轨迹、位移量、切削参数（切削速度、进给量、背吃刀量）以及各项辅助功能（换刀、主轴正反转、切削液开关等）；然后，根据数控机床规定的指令及程序格式编写加工程序单；再把这一程序单中的内容记录在控制介质上（如软磁盘、移动存储器、硬盘），检查正确无误后采用手工输入方式或计算机传输方式输入数控机床的数控装置中，从而指挥机床加工零件。

3.1.2　数控编程的方法

数控编程可分为手工编程和自动编程两种。

1. 手工编程

手工编程是指所有编制加工程序的全过程（图样分析、工艺处理、数值计算、编写程序单、制作控制介质、程序校验）由手工来完成。

手工编程无需计算机、编程器、编程软件等辅助设备，只需要有合格的编程人员即可完成。手工编程具有编程快速、及时的优点，但其缺点是不能进行复杂曲面的编程。手工编程比较适合批量较大、形状简单、计算方便、轮廓由直线或圆弧组成的零件的加工。

2. 自动编程

自动编程是指用计算机（或编程器）编制数控加工程序的过程。

自动编程的优点是效率高，程序正确性好。自动编程由计算机（或编程器）代替人完成复杂的坐标计算和书写程序单的工作，它可以解决许多手工编制无法完成的复杂零件编程难题，但其缺点是必须具备自动编程系统或编程软件。自动编程较适合于形状复杂零件的加工程序编制，如模具加工、多轴联动加工等场合。

3.1.3　数控编程的步骤

数控编程的步骤一般如图 3-2 所示。

图 3-2　数控编程的步骤

1. 分析零件图样和工艺要求

分析零件图样和工艺要求的目的是为了确定加工方法、制定加工计划，以及确认与生产有关的问题，其内容包括：

（1）根据零件选用数控机床，选择合理的装夹方法和工装夹具。

（2）确定采用何种刀具或采用多少把刀进行加工。

（3）确定加工路线，即选择对刀点、程序原点、走刀路线、程序终点。

（4）确定切削用量等切削参数。

（5）确定加工过程中机床的辅助动作等。

2. 数值计算

根据零件图样的几何尺寸确定工艺路线并设定工件坐标系，计算零件粗、精加工运动轨迹，得到刀位的运动数据。对于点定位控制的数控机床（如数控冲床），一般不需要计算。

只有当工件坐标系与编程坐标系不一致时，才需要进行坐标换算。对于形状比较简单的零件（如直线和圆弧组成的零件）的轮廓加工，需要计算出几何元素的起点、终点、圆弧的圆心、两几何元素的交点或切点的坐标值，有的还要计算刀具中心的运算轨迹坐标值。对于形状比较复杂的零件（如非圆曲线、曲面组成的零件），需要用直线段或圆弧段逼近，按要求的精度计算其节点坐标值。

3. 编制零件数控加工工艺文件

零件的加工路线、工艺参数及刀位数据确定后，编程人员根据数控系统规定的功能指令代码及程序段格式，逐段编制和填写加工程序单。此外，还应填制有关的工艺文件，如编程任务书、工件安装和零点设定卡片、数控加工工程卡片、数控刀具卡片、数控刀具明细表以及数控加工轨迹运行图等，并编制数控加工程序单。

4. 制作控制介质，输入程序信息

程序单完成后，编程者或机床操作者可通过 CNC 机床的操作面板，在编辑方式下将程序信息直接输入到 CNC 系统程序存储器中；也可以根据 CNC 系统输入、输出装置的不同，先将程序单的程序制作成穿孔带或转移至某种控制介质中。控制介质大多采用穿孔带，也可以用磁带、磁盘等信息载体。利用光电阅读机、磁盘驱动器等输入装置，可将控制介质中的程序信息输入到 CNC 系统程序存储器中。

5. 程序校验与首件试切

程序必须经过校验和试切才能正式使用。校验的方法是用输入的程序使机床空运转，以检查机床的运动轨迹是否正确。在有 CRT 图形显示屏的数控机床上，用模拟刀具与工件切削过程的方法进行检验。但这些方法只能检验出运动是否正确，而不能查出被加工零件的加工精度，因此还要进行零件的首件试切。当发现有加工误差时，应分析误差产生的原因，找出问题所在并加以修正。

3.2　数控机床的坐标系和运动方向的规定

3.2.1　机床坐标系

1. 机床坐标系的定义

在数控机床上加工零件，机床的动作是由数控系统发出的指令来控制的。为了确定机床的运动方向和移动距离，就要在机床上建立一个坐标系，这个坐标系就叫机床坐标系，也叫标准坐标系。

2. 机床坐标系中的规定

1）坐标轴的命名

在数控机床中统一规定采用右手笛卡尔坐标系进行坐标轴的命名，如图 3-3 所示。图中大拇指的指向为 X 轴的正方向，食指指向为 Y 轴的正方向，中指指向为 Z 轴的正方向。A、B、C 分别表示绕 X、Y、Z 的轴线或绕与 X、Y、Z 轴线相平行的轴转动。

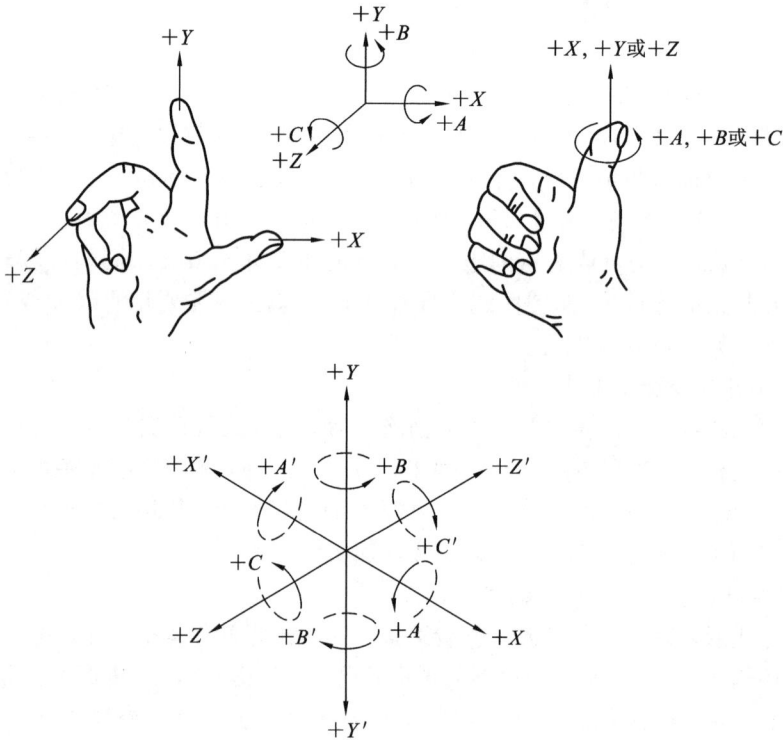

图 3-3　右手笛卡尔坐标系统

（1）坐标轴的命名规定。

① 坐标系中的各个坐标轴与机床的主要导轨相平行。

② 在加工过程中不论是刀具移动，还是被加工工件移动，都一律假定被加工工件相对静止不动，而刀具在移动，并规定刀具远离工件的运动方向为坐标轴的正方向。

③ 如果把刀具看作相对静止不动，工件移动，那么在坐标轴的字母上加"′"，如 X'、Y'、Z' 等。

④ 机床主轴旋转运动的正方向用右手螺旋定则确定。

（2）机床坐标系的确定方法。

确定机床坐标轴时，一般先确定 Z 轴，再确定 X 轴和 Y 轴。

① Z 轴。一般选取产生切削力的轴线作为 Z 轴。对于有主轴的机床，如图 3-4 所示的卧式车床和图 3-5 所示的立式升降台铣床等，都以机床主轴轴线作为 Z 轴；对于没有主轴的机床，如图 3-6 所示的牛头刨床、数控龙门刨床等，则规定都以垂直于装夹面的坐标轴为 Z 轴；同时还规定刀具远离工件的方向为 Z 轴的正方向。

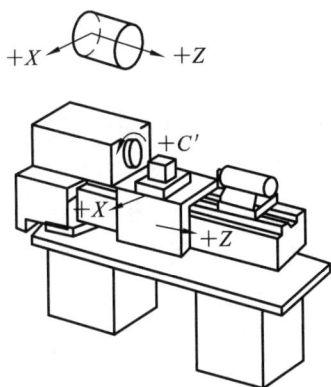

图 3-4　卧式车床

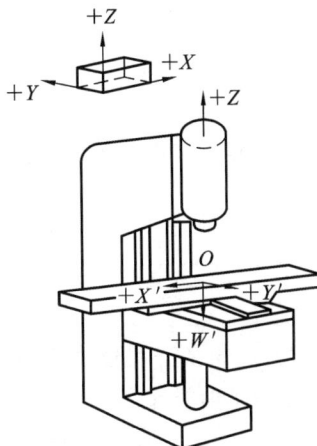

图 3-5　立式升降台铣床

② X 轴。X 轴位于与工件装夹面相平行的水平面内。对于机床主轴带动工件旋转的机床，如车床等，X 轴在工件的径向并平行于横向滑板，刀具离开工件旋转中心的方向是 X 轴的正方向，如图 3-4 所示。

对于机床主轴带动刀具旋转的机床，如铣床、钻床、镗床等，如果 Z 轴是水平的，则从刀具（主轴）向工件看，X 轴的正方向指向右边，如图 3-7 所示；如果 Z 轴是竖直的，则从刀具（主轴）向立柱看，X 轴的正方向指向右边，如图 3-5 所示。

对于无主轴的机床，如刨床等，则选定主要切削方向为 X 轴正方向，如图 3-6 所示。

图 3-6　牛头刨床

图 3-7　卧式升降台铣床

③ Y 轴。Y 轴方向根据已选定的 Z、X 轴按右手直角坐标系来确定。

④ A、B、C 的转向。选定 X、Y、Z 坐标轴后，根据右手螺旋定则来确定 A、B、C 转动的正方向。

⑤ 附加坐标系。如果机床在基本的直角坐标系 X、Y、Z 之外，另有轴线平行于它们的坐标系，则附加的直角坐标系指定为 U、V、W 和 P、Q、R。

3. 机床原点与机床参考点

机床原点（又称机床零点）是机床上设置的一个固定的点，即机床坐标系的原点。它是数控机床进行加工或位移的基准点,在机床装配、调试时就已调整好,一般情况下不允许用户进行修改,因此它是一个固定的点。

机床参考点是机床坐标系中一个固定不变的极限点,其固定位置由各轴向的机械挡块来确定。一般数控机床开机后,用控制面板上的"手动返回参考点"按钮使刀具或工作台退到该点。对数控铣床、加工中心而言,机床参考点与机床原点重合;对数控车床而言,机床参考点是指刀架退到离主轴端面和旋转中心线最远处的某一固定点。机床参考点在数控机床制造厂产品出厂时,就已经调好并记录在机床使用说明书中供用户编程使用,一般情况下不允许随意变动。

图 3-8 所示为某一型号数控车床的机床坐标系。机床原点 O 取在卡盘后端面与旋转中心线的交点处,而机床参考点 O' 在机床坐标系中的坐标为 (L, D)。

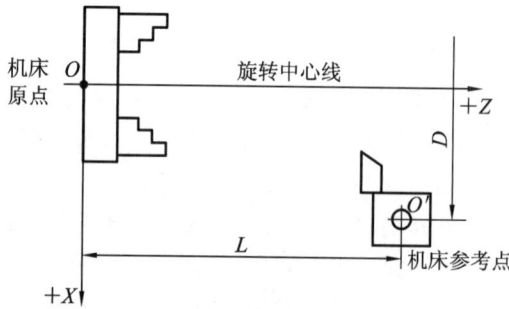

图 3-8 数控车床的机床原点和参考点

3.2.2 工件坐标系

编程时,为了编程方便,需要在零件图样上选定一个适当的基准点,并以这个基准点作为坐标系的原点建立一个新的坐标系,此坐标系称为工件坐标系。工件坐标系的原点称为工件原点,见图 3-9。工件原点是人为设定的,设定的依据既要符合图样尺寸的标注习惯,又要便于编程。

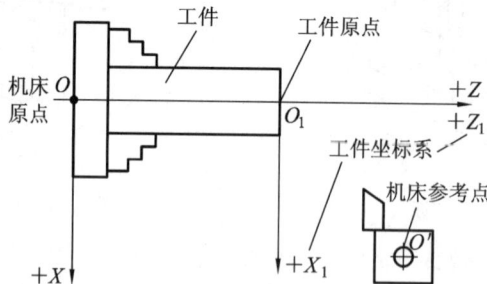

图 3-9 数控车床的工件坐标系及工件原点

3.2.3 绝对坐标系和相对坐标系

工件或刀具移动量的指令方法有绝对尺寸指令和增量尺寸指令两种。

所有坐标值均以机床或工件原点计量的坐标系,称为绝对坐标系,其移动的尺寸称为绝对尺寸(绝对坐标),所用的编程指令称为绝对尺寸指令。图 3-10 中,从 A 点运动到 B 点,其绝对尺寸指令为 $X40.0\ Y70.0$。

运动轨迹的终点坐标是相对于起点计量的坐标系,称为增量坐标系或相对坐标系。其移动的尺寸称为增量尺寸(增量坐标),所用的编程指令称为增量尺寸指令。图 3-10 中,从 A 点运动到 B 点,其增量尺寸指令为:$X-60.0\ Y40.0$,其中负号表示 B 点在 A 点的负向。

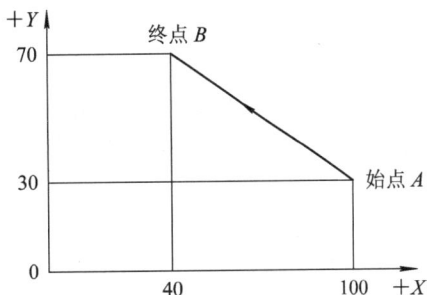

图 3-10　绝对尺寸和增量尺寸

在编程时,可根据需要从计算方便、编程方便等方面考虑,选用不同的坐标系,但必须给定相应的指令。

3.3　程序中的信息字和程序格式

3.3.1　数控程序指令代码

为了设计、制造、维修和使用的方便,在输入代码、坐标系统、加工指令、辅助功能及程序格式等方面逐渐形成了两种国际通用的数字控制标准,即 ISO(International Staudardization Organization,国际标准化组织)标准,和 EIA(Electourc Industries Association,美国电子工业协会)标准。我国也已颁布了相关的数字控制标准 JB 3208—1983。由于各类机床使用代码、指令的含义不一定完全相同,因此,编程人员还必须按照数控机床使用手册的具体规定进行程序编制。

穿孔带是数控机床的输入介质之一。由于穿孔带使用固定代码孔,不易受磁场等环境影响,便于长期保存和重复使用,并且能储存大量的信息,故至今仍是数控机床常用的信息输入方式。

穿孔带几何尺寸见图 3-11,按照孔道上有孔或无孔状态的不同组合,可以表示各种信息代码。所谓代码,就是由一些按标准排列的信息孔组成的一行二进制图案,每一行代码分别表示一个十进制数、一个英文字母、一个功能符号。国际上通用的数控穿孔带代码

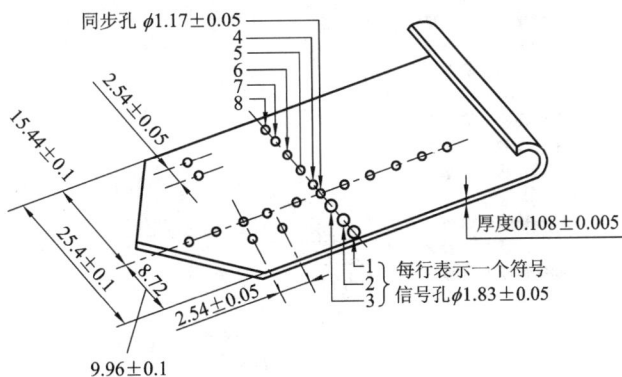

图 3-11　八单位标准穿孔带

有 ISO 代码和 EIA 代码，表 3-1 是 EIA 代码和 ISO 代码的穿孔带编码形式及其意义。穿孔带编码包括数字符 0～9、字母符 A～Z 及其它功能符。代码中是"1"，表示穿孔带编码中有孔；代码为"0"，表示穿孔带编码中无孔，从而组成二进制码位。第 3 列和第 4 列之间的连续小孔称同步孔，作为行定位基准。在使用穿孔机制作穿孔带和读代机读穿孔带时，同步孔会产生同步信号。

表 3-1 ISO 和 EIA 代码表

字 符	意 义
0	数字 0
1	数字 1
2	数字 2
3	数字 3
4	数字 4
5	数字 5
6	数字 6
7	数字 7
8	数字 8
9	数字 9
A	绕着 x 坐标的角度
B	绕着 y 坐标的角度
C	绕着 z 坐标的角度
D	第三进给速度功能
E	第二进给速度功能
F	进给速度功能
G	准备功能
H	ISO 永不指定(可作特殊用途；EIA 输入(或引入))
I	ISO 沿 x 坐标圆弧起点对圆心值；EIA 不用
J	ISO 沿 y 坐标圆弧起点对圆心值；EIA 未指定
K	ISO 沿 z 坐标圆弧起点对圆心值；EIA 不用
L	ISO 永不指定；EIA 不用
M	辅助功能
N	序号
O	不用
P	平行于 x 坐标的第三坐标
Q	平行于 y 坐标的第三坐标
R	平行于 z 坐标的第三坐标
S	主轴转速功能
T	刀具功能
U	平行于 x 坐标的第二坐标
V	平行于 y 坐标的第二坐标
W	平行于 z 坐标的第二坐标
X	x 坐标方向的主运动
Y	y 坐标方向的主运动
Z	z 坐标方向的主运动
.	小数点
+	加、正
—	减、负
*	乘/星号
/	省略/除或跳过任选程序段
,	逗号
=	等号
(	左圆括号/控制暂停
)	右圆括号/控制恢复
$	单元符号
;	选择(或计划)倒带停止/对准功能
LF 或 CR	程序段结束
Tab 或 HT	制表(或分融符号)
%/Stop	ISO 程序开始/EIA 纸带倒带停止
Delete	注销
Space	空格
NUL	空白报带
BS	反绕(退格)
EM	载体终了

　　ISO 编码与 EIA 编码的区别主要是：ISO 编码中每行孔数必为偶数，若代码中"1"的个数为奇数时，则在穿孔带第八列补穿一孔，凑成偶数。例如，数字符 1 的代码是 0110001，"1"的个数是奇数，穿孔带编码时，在第八列补一个孔凑成偶数；若"1"的个数已是偶数，则穿孔带第八列不再补孔。而 EIA 编码每行必为奇数孔，其第五列为补奇孔。补奇或补偶的作用是检验纸带的孔是否少穿、孔道是否堵塞、纸带是否断裂以及读带机线路元件是否完好。出现差错时，数控装置根据穿孔带的奇偶特性可以自动识别。

　　ISO 代码和 EIA 代码其他区别简单介绍如下：

　　(1) ISO 代码是大写字母，EIA 代码是小写字母。

　　(2) 程序段结束时，ISO 码用 LF 或 NL，EIA 码用 CR。

　　(3) ISO 采用"％"实现倒带，EIA 使用 ER 实现倒带。

　　(4) ISO 中有左括号和右括号，左括号表示控制暂停，右括号表示控制恢复，所以在括号之间可以写入注解，对机床控制没有影响，但其间不允许出现字符";"与"％"。

　　(5) ISO 中有"："代码，表示数控带上的一个特定位置。它的作用是在读带时，读带机将数控带送到位置后立即停止。若数控带倒带时，返回到此位置停止。后续加工中需使用"："代码后程序时，非常方便。

　　(6) ISO 使用"/"取消程序段，EIA 使用 DEL 取消程序段。

　　另外，还需指出，计算机中普遍采用的 ASCII 代码与 ISO 代码相同。

　　我国过去设计的数控机床大都采用 EIA 编码。考虑到国际上趋向于采用 ISO 编码，所以根据 ISO 编码制定了 JB 3050－1982《数控机床用七单位编码字符集》部颁标准，它与 ISO 840 代码标准等效。

3.3.2　信息字及其含义

　　信息字又称程序字、功能字，简称字，它是机床数字控制的专用术语。它的定义是：一套有规定次序的代码符号，可以作为一个信息单元进行存贮、传递和操作，如 X10 就是一个字。字是表示某一功能的一组代码符号，如 G01 就表示直线插补。字的开头是英文字母，随后是符号和数字。英文字母称为字的地址，它表示该字的功能。英文字母、符号和数字统称为字符或代码。

　　字分为尺寸字和非尺寸字两种。在尺寸字中，地址后面表示的是运动方向的符号、坐标或距离的十进制数。以字母 X、Y、Z、U、V、W、P、Q、R、I、J、K、A、B、C、D、E 等为地址的字是尺寸字，以字母 N、G、F、S、T、M 等为地址的字是非尺寸字。

　　一个字所含字符的个数叫做字长。

3.3.3　加工程序的组成

　　数控加工中，零件加工程序的组成形式因采用的数控系统形式不同而略有差异。加工程序一般可分为主程序和子程序。将重复出现的程序(如依次加工几个相同的型面)单独组成子程序。数控装置按主程序运行，在主程序中遇到调用某子程序的指令就转入子程序运行；在子程序中遇到返回指令，则又返回到主程序继续运行，其关系如图 3－12 所示。

　　一个主程序按需要可以有多个子程序，并可重复调用。主程序和子程序的内容各不相同，但程序格式是相同的。

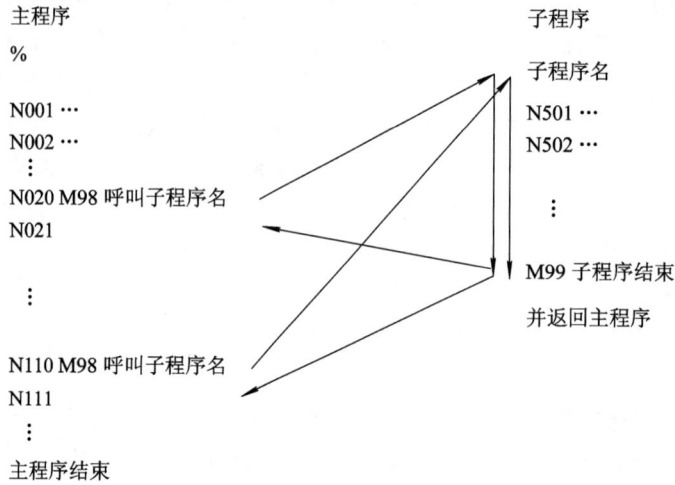

图 3-12 主程序与子程序关系图

不论是主程序还是子程序，每一个程序都是由若干个程序段组成。程序段是由一个或若干个字组成，每个字都是数控机床为完成某一特定动作的指令。

例如：

O0001
N05 G54 G98 G21；
N10 M03 S600；
N20 T0101；
N30 G00 X42 Z2；
    ⋮
N80 M02；

上面每一行都称为一个程序段，N10、G54、M03、S600……都是一个字。

3.3.4 程序段格式

每个加工程序都由加工程序号、程序段号、程序结束符等几部分组成。

1. 加工程序号

格式：□__

"□"中为程序号指令代码，ISO 代码为"："，EIA 代码为"O"，还有的代码为"％"。具体可参见有关机床数控系统的编程说明。

"__"为程序号，可以从 0001 到 9999。存入数控系统中的各零件加工程序号不能相同。

2. 程序段

格式：

$$\underset{\text{顺序号}}{N\_\_} \quad \underset{\text{准备功能}}{N\_\_} \quad \underset{\text{坐标值}}{X\_\_ Y\_\_ Z\_\_} \quad \underset{\text{准备功能}}{\cdots\cdots} \quad \underset{\text{工艺性指令}}{F\_\_ S\_\_ M\_\_} \quad \underset{\text{附加功能}}{\cdots\cdots} \quad \underset{\text{结束代码}}{*(\text{或LF})}$$

程序段格式说明：

（1）顺序号可以从 1 到 9999，但有的数控系统只能从 10 到 9990。在把加工程序输入到计算机数控装置时，系统在每个程序段的开头会自动生成顺序号。用 DNC 传输时可以把顺序号全部省略，以节省内存。

（2）坐标值的输入最大值可为 ±99999.999，但输入的实际值不能超出机床的加工范围。输入时"＋"号可以省略。在输入整数时，有的数控系统小数点后面的三个 0 可以不输入，但小数点必须输入，如 X88.000 可只输入 X88.；有的数控系统整数后面的小数点及 0 都可以不输入，具体情况应根据不同的数控系统来确定。

（3）其他坐标包括 I、J、K 及 R 等。

（4）附加指令包括固定循环及子程序的重复次数、刀具补偿号、刀具号及暂停等指令。

（5）结束代码可以是 ＊ 或 LF 等，不同的数控系统有不同的结束代码，可参见有关规定。

（6）上面程序段格式中的指令有的属于续效指令，所以在每个程序段中，不需要每个指令都完全写出。

（7）除顺序号、程序段结束代码外，其他指令或代码的先后次序都可任意组合。

（8）对有的数控系统，G、T、S、M 指令不允许共段。

3. 程序结束符

国产数控系统一般都没有结束符，FANUC 数控系统的结束符为"％"，SIEMENS 数控系统的结束符为"RET"。

3.4　常用程序编制指令

数控机床在编程时，对机床操作的各个动作，如机床主轴的开、停、换向，刀具的进给方向，冷却液的开、关等，都要用指令的形式给予规定，这类指令称为功能指令。机床数控系统的功能有准备功能 G、辅助功能 M、进给功能 F、主轴转速功能 S、刀具功能 T 等几种。

3.4.1　准备功能 G 指令

准备功能 G 指令用来规定刀具和工件的相对运动轨迹（即指令插补功能）、工件坐标系、平面选择、刀具补偿等多种操作。JB 3208—1983 标准规定：G 功能指令由字符 G 及其后面的两位数字组成，从 G00 到 G99 共有 100 个，见表 3-2）。

表 3-2　准备功能 G 指令

代　码	功能保持到被取消或被同样字母表示的程序指令所代替	功能仅在所出现的程序段内有作用	功　　能
(1)	(2)	(3)	(4)
G00	a		点定位
G01	a		直线插补
G02	a		顺时针方向圆弧插补
G03	a		逆时针方向圆弧插补
G04		＊	暂停

代　码	功能保持到被取消或被同样字母表示的程序指令所代替	功能仅在所出现的程序段内有作用	功　　能
(1)	(2)	(3)	(4)
G05	#	#	不指定
G06	a		抛物线插补
G07	#	#	不指定
G08		*	加速
G09		*	减速
G10～G16	#	#	不指定
G17	c		XY 平面选择
G18	c		ZX 平面选择
G19	c		YZ 平面选择
G20～G32	#	#	不指定
G33	a		螺纹切削，等螺距
G34	a		螺纹切削，增螺距
G35	a		螺纹切削，减螺距
G36～G39	#	#	永不指定
G40	d		刀具补偿/刀具偏置注销
G41	d		刀具补偿—左
G42	d		刀具补偿—右
G43	#(d)	#	刀具偏置—正
G44	#(d)	#	刀具偏置—负
G45	#(d)	#	刀具偏置＋/＋
G46	#(d)	#	刀具偏置＋/－
G47	#(d)	#	刀具偏置－/－
G48	#(d)	#	刀具偏置－/＋
G49	#(d)	#	刀具偏置 0/＋
G50	#(d)	#	刀具偏置 0/－
G51	#(d)	#	刀具偏置＋/0
G52	#(d)	#	刀具偏置－/0
G53	f		直线偏移，注销
G54	f		直线偏移 X
G55	f		直线偏移 Y
G56	f		直线偏移 Z
G57	f		直线偏移 X、Y
G58	f		直线偏移 X、Z
G59	f		直线偏移 Y、Z
G60	h		准确定位 1(精)

续表二

代 码 (1)	功能保持到被取消 或被同样字母表示的 程序指令所代替 (2)	功能仅在所出 现的程序段内有 作用 (3)	功　　能 (4)
G61	h		准确定位 2(中)
G62	h		快速定位(粗)
G63		*	攻螺纹
G64~G67	♯	♯	不指定
G68	♯(d)	♯	刀具偏置,内角
G69	♯(d)	♯	刀具偏置,外角
G70~G79	♯	♯	不指定
G80	e		固定循环注销
G81~G89	e		固定循环
G90	j		绝对尺寸
G91	j		增量尺寸
G92		*	预置寄存
G93	k		时间倒数,进给率
G94	k		每分钟进给
G95	k		主轴每转进给
G96	i		恒线速度
G97	i		每分钟转数(主轴)
G98~G99	♯	♯	不指定

注:① ♯号:如选作特殊用途,必须在程序格式说明中加以说明。

　　② 如在直线切削控制中没有刀具补偿,则 G43~G52 可指定作其他用途。

　　③ 表中左栏括号中的字母(d)表示:可以被同栏中没有括号的字母 d 所注销或代替,亦可被有括号的字母(d)所注销或代替。

　　④ G45~G52 的指令可用于机床上任意两个预定的坐标。

　　⑤ 控制机上没有 G53~G59 和 G63 指令时,可以指定作其他用途。

1. 坐标系有关指令

1) 绝对尺寸指令与增量尺寸指令 G90、G91

G90 表示程序段中的尺寸字为绝对尺寸,G91 表示程序段中的尺寸字为增量尺寸;G90 以各轴移动的终点位置坐标值进行编程,G91 是以各轴的移动量直接编程,它们均为续效指令或称模态指令。图 3-9 中的移动量分别用绝对尺寸指令和增量尺寸指令编程时,其程序段格式如下:

　　　　G90 C01 X40.0 Y70.0 F100 或 G91 C01 X−60.0 Y40.0 F100

2) 平面选择指令 G17、G18、G19

G17、G18、G19 分别表示在 XY、ZX、YZ 坐标平面内进行加工,常用于确定圆弧插补平面、刀具半径补偿平面,它们均为续效指令。有的数控机床(如数控车床)只在一个平面内加工,则在程序中不必加入平面选择指令。

2. 快速点定位指令 G00

G00 指令使刀具以点位控制方式从刀具所在点以最快速度移动到坐标系的另一点。其移动轨迹通常以立方体的对角线三轴联动，然后以正方形的对角线二轴联动，最后一轴移动。在图 3-13 中，如果从 $A(0,0,20)$ 移动到 $D(55,35,0)$，则刀具轨迹为 $A \to B$（走立方体的对角线）$\to C$（走正方形的对角线）$\to D$（走与坐标轴平行的直线）。

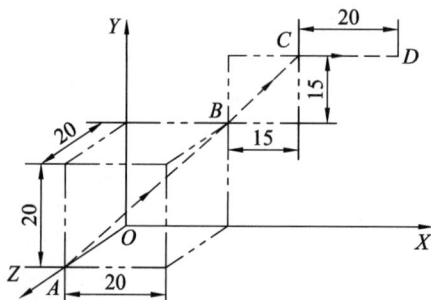

图 3-13　G00 快速点定位移动轨迹

G00 是续效指令，只有在指令了 C01、G02 或 G03 后，G00 才无效。指令了 G00 的程序段一般不需要指定进给功能 F。有时为了操作安全上的考虑，也可以指定一个进给功能 F。G00 移动的速度已由机床生产厂家设定好，一般不允许修改。

3. 直线插补指令 C01

C01 用以指令两个坐标（或三个坐标）以联动的方式，按程序段中规定的进给功能 F，插补加工出任意斜率的直线。刀具的当前位置是直线的起点，在程序段中指定的是终点的尺寸字。在 C01 程序段中必须指定进给功能 F，且 G01 与 F 都是续效指令。

4. 圆弧插补指令 G02、G03

圆弧插补指令 G02、G03 分别指令刀具相对于工件顺时针及逆时针移动进行圆弧加工。圆弧的顺、逆方向可按图 3-14（数控车床）及图 3-15（数控铣床与加工中心）给出的方向判断。注意在判断顺、逆方向时，都是从坐标轴的正向往负向看在另外两轴组成平面中的转向。在数控车床中，如从上往下看，顺、逆方向正好与常规的相反。这一点，在编程中必须注意。圆弧插补程序段应包括圆弧的顺/逆圆插补指令、圆弧的终点坐标以及圆心坐标（或半径）。

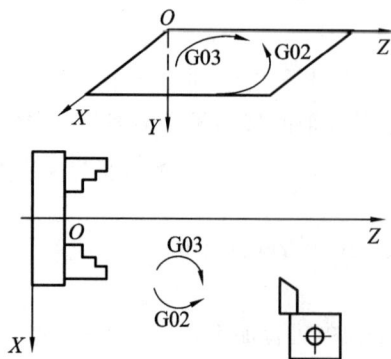

图 3-14　数控车床的 G02 与 G03

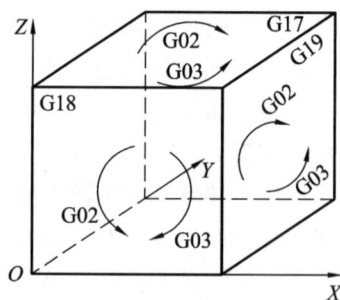

图 3-15　数控铣床（加工中心）的 G02 与 G03

（1）XY 平面圆弧的程序段格式为：

$$\text{G17} \begin{Bmatrix} \text{G02} \\ \text{G03} \end{Bmatrix} X\underline{\ \ } Y\underline{\ \ } \begin{Bmatrix} R\underline{\ \ } \\ I\underline{\ \ } J\underline{\ \ } \end{Bmatrix} F\underline{\ \ }$$

（2）XZ 平面圆弧的程序段格式为：

$$\text{G18} \begin{Bmatrix} \text{G02} \\ \text{G03} \end{Bmatrix} X\underline{\ \ } Z\underline{\ \ } \begin{Bmatrix} R\underline{\ \ } \\ I\underline{\ \ } K\underline{\ \ } \end{Bmatrix} F\underline{\ \ }$$

（3）YZ 平面圆弧的程序段格式为：

$$\text{G19} \begin{Bmatrix} \text{G02} \\ \text{G03} \end{Bmatrix} Y\underline{\ \ } Z\underline{\ \ } \begin{Bmatrix} R\underline{\ \ } \\ J\underline{\ \ } K\underline{\ \ } \end{Bmatrix} F\underline{\ \ }$$

在数控车床中，G18 可省略；在数控铣床（或加工中心）中，G17 可省略。G17、G18、G19 是续效指令。

X、Y、Z 是圆弧终点坐标值，其值可以用绝对尺寸，也可以用增量尺寸。R 是圆弧半径，当圆弧所对应的圆心角小于 180°时，R 取正值；当圆心角等于或大于 180°时，R 取负值。I、J、K 分别表示圆心相对于圆弧始点在 X、Y、Z 轴方向的坐标增量，其值与 G90 无关。注意，I、J、K 为零时可以省略；在同一程序段中，当 I、J、K 与 R 同时出现时，R 有效。

例如在图 3-16 中，从 $A \rightarrow B \rightarrow C$，其程序为：

（1）采用绝对尺寸指令 G90 时，为：

　　G90 G03 X140.0 YI00.0 R60.0 F300
　　G02 X120.0 Y60.0 R50.0

或　　G90 G03 X140.0 Yi00.0 I—60.0 F300
　　G02 X120.0 Y60.0 I—50.0

（2）采用增量尺寸指令 G91 时，为：

　　G91 G03 X—60.0 Y60.0 R60.0 F300

　　G02 X—20.0 Y—40.0 R50.0

或　　G91 G03 X—60.0 Y60.0 I—60.0 F300

　　G02 X—20.0 Y—40.0 I—50.0

但应注意，用 R 编程时，不能加工整圆（即封闭圆）。加工整圆时，只能用圆心坐标 I、J、K 编程。图 3-17 中整圆的加工程序为：

　　G02 I—25.0 F100；从 A 点起，到 A 点终

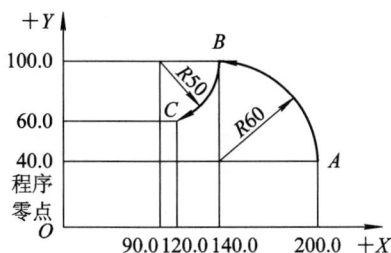

图 3-16　圆弧插补举例

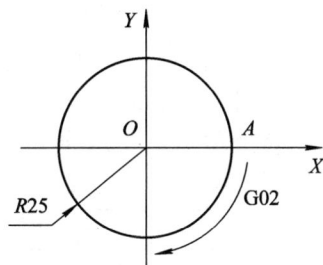

图 3-17　整圆插补加工举例

5. 暂停（延迟）指令 G04

暂停指令 G04 可以使刀具暂时停止进给（但主轴仍然在转动），经过指令的暂停时间后再继续执行下一程序段。其程序段格式为：

G04 ψ __

格式中 ψ 常用字符 F、X 或 P 表示。后面的暂停时间单位为 s 或 ms，也可以是刀具或工件的转数。具体参见各个数控系统的规定。

此指令常用于切槽、钻孔到孔底、锪平底孔等对表面粗糙度有要求的场合。

6. 刀具半径补偿指令 G41、G42、G40

在加工曲线轮廓时，利用刀具半径补偿指令可不必求出刀具中心的运动轨迹，只按被加工工件的轮廓曲线编程，同时在程序中给出刀具半径补偿指令，就可加工出具有轮廓曲线的工件，使编程工作大大简化。G41 为左偏指令，是指顺着刀具前进方向看，刀具偏在工件轮廓的左边；若偏在右边，则用 G42 指令。G41、G42 是续效指令，需用 G40 进行注销，即当 G41 或 G42 程序完成后用 G40 程序段消除偏置值，从而使刀具中心与编程轨迹重合。图 3－18 为刀具半径补偿示例，利用 G41、G42 和 G40 指令，刀具中心将沿图中虚线移动。

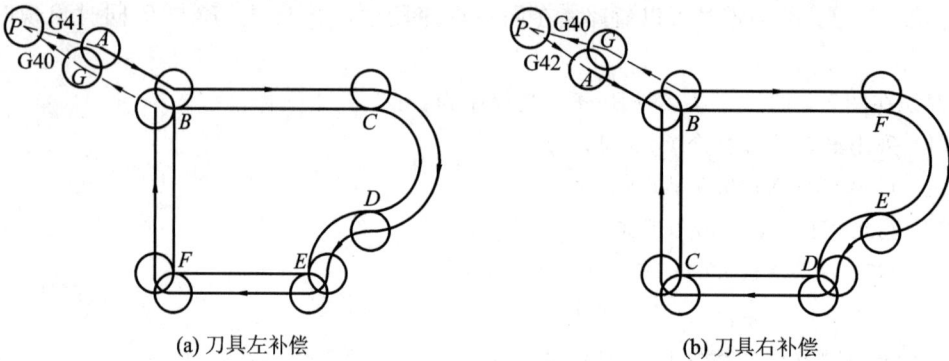

(a) 刀具左补偿　　　　　　　　　　(b) 刀具右补偿

图 3－18　刀具半径补偿举例

3.4.2　辅助功能 M 指令

M 功能指令是由地址字符 M 及其后面的两位数字组成的，从 M00 到 M99 共有 100 个，见表 3－3。它是用于机床加工操作的工艺性指令，如主轴的启停、切削液的开关等。M 功能指令也有续效指令和非续效指令，这类指令与机床的插补运算无关。

表 3－3　辅助功能 M 指令

代　码	功能开始时间		功能保持到被注销或被适当程序指令代替	功能仅在所出现的程序段内有作用	功　　能
	与程序段指令运动同时开始	在程序段指令运动完成后开始			
(1)	(2)	(3)	(4)	(5)	(6)
M00		*		*	程序停止
M01		*		*	计划停止
M02		*		*	程序结束

续表一

代　码	功能开始时间		功能保持到被注销或被适当程序指令代替	功能仅在所出现的程序段内有作用	功　能
	与程序段指令运动同时开始	在程序段指令运动完成后开始			
(1)	(2)	(3)	(4)	(5)	(6)
M03	*		*		主轴顺时针方向
M04	*		*		主轴逆时针方向
M05		*	*		主轴停止
M06	#	#		*	换刀
M07	*		*		2 号冷却液开
M08	*		*		1 号冷却液开
M09		*	*		冷却液关
M10	#	#	*		夹紧
M11	#	#	*		松开
M12	#	#	#	#	不指定
M13	*		*		主轴顺时针方向,冷却液开
M14	*		*		主轴逆时针方向,冷却液开
M15	*			*	正运动
M16	*			*	负运动
M17～M18	#	#	#	#	不指定
M19		*	*		主轴定向停止
M20～M29	#	#	#	#	永不指定
M30		*		*	纸带结束
M31	#	#		*	互锁旁路
M32～M35	#	#	#	#	不指定
M36	*		#		进给范围 1
M37	*		#		进给范围 2
M38	*		#		主轴速度范围 1
M39	*		#		主轴速度范围 2
M40～M45	#	#	#	#	如有需要作为齿轮换挡,此外不指定
M46～M47	#	#	#	#	不指定
M48		*	*		注销 M49
M49	*		#		进给率修正旁路
M50	*		#		3 号冷却液开
M51	*		#		4 号冷却液开
M52～M54	#	#	#	#	不指定
M55	*		#		刀具直线位移,位置 1
M56	*		#		刀具直线位移,位置 2

代　码 (1)	功能开始时间		功能保持到被注销或被适当程序指令代替 (4)	功能仅在所出现的程序段内有作用 (5)	功　能 (6)
	与程序段指令运动同时开始 (2)	在程序段指令运动完成后开始 (3)			
M57～M59	#	#	#	#	不指定
M60		*		*	更换工件
M61	*				工件直线位移，位置1
M62	*		*		工件直线位移，位置2
M63～M70	#	#	#	#	不指定
M71	*		*		工件角度位移，位置1
M72	*		*		工件角度位移，位置2
M73～M89	#	#	#	#	不指定
M90～M99	#	#	#	#	永不指定

注：① ♯号表示：如选作特殊用途，必须在程序说明中加以说明。

② M90～M99可指定为特殊用途。

1．程序停止指令 M00

M00实际上是一个暂停指令。当执行有M00指令的程序段后，主轴停转，进给停止，切削液关，程序停止。程序运行停止后，模态（续效）信息全部被保存，利用机床的"启动"键，可使机床继续运转。该指令经常用于加工过程中测量工件的尺寸、工件调头、手动变速等固定操作。

2．选择停止指令 M01

该指令的作用和M00相似，但它必须是在预先按下操作面板上的"选择停止"按钮并执行到M01指令的情况下，才会停止执行程序。如果不按下"选择停止"按钮，M01指令无效，程序继续执行。该指令常用于工件关键性尺寸的停机抽样检查等，当检查完毕后，按"启动"键可继续执行以后的程序。

3．程序结束指令 M02

当全部程序结束后，用此指令可使主轴、进给及切削液全部停止，并使机床复位。

4．与主轴有关的指令 M03、M04、M05

M03表示主轴正转，M04表示主轴反转。所谓正转是沿主轴轴线向正Z方向看为顺时针方向旋转，逆时针方向则为反转。也可用右手定则判断：用右手拇指代表正Z方向，紧握四指则代表主轴正转方向，如图3-19所示。M05为主轴停止指令，它是在该程序段其他指令执行完以后才执行的。

5．换刀指令 M06

M06是手动或自动换刀指令，它不包括刀具选择功能，常用于加工中心换刀前的准备工作。

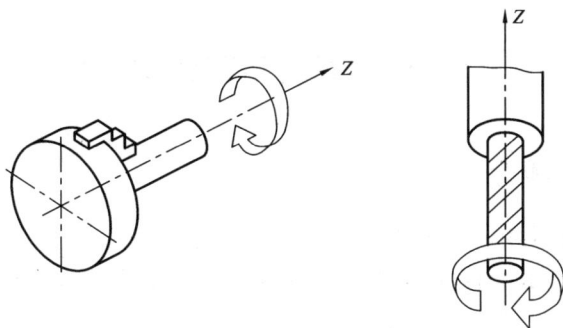

图 3-19　主轴的正转方向

6. 与切削液有关的指令 M07、M09

M07 为切削液开，M09 为切削液关。

7. 与主轴、切削液有关的复合指令 M13、M14

M13 为主轴正转，切削液开；M14 为主轴反转，切削液开。

8. 程序结束指令 M30

在完成程序的所有指令后，M30 可使主轴、进给和切削液都停止，并使机床及控制系统复位。M30 与 M02 基本相同，但 M30 能自动返回程序起始位置，为加工下一个工件作好准备。

9. 与子程序有关的指令 M98、M99

M98 为调用子程序指令，M99 为子程序结束并返回到主程序的指令。

注意：在一个程序段中只能指令一个 M 功能指令。如果在一个程序段中同时指令了两个或两个以上的 M 功能指令时，则只有最后一个 M 功能指令有效，其余的 M 功能指令均无效。有的数控系统对两个或两个以上的 M 功能指令都不能执行，并出现报警。

3.4.3　F、S、T 功能

1. 进给功能 F

F 功能指令是由字符 F 及其后面的若干位数字组成的，单位为 mm/min 或 mm/r。例如，F150 表示进给速度为 150 mm/min。

2. 主轴转速功能 S

S 功能指令是由字母 S 及其后面的若干位数字组成的，单位为 r/min。例如，S300 表示主轴转速为 300r/min。现在大多数数控机床都采用直接给出主轴转速数值的方法。

在一些经济型数控机床中，有的采用字符 M 及后面的两位数字来表示，其中后面的两位数字并不代表真实的转速，只代表主轴转速代码。有的采用手动换速，在编程时要注意所给的转速必须与车床换速挡上所标注的数值相同，否则系统将不执行而出现报警。如车床换速挡上标注的速度有 450 r/min，没有 500 r/min，那么在编程时只能用 S450。

3. 刀具功能 T

在自动换刀的数控机床中，该指令用以选择所需的刀具。在多道工序加工时，必须选取合适的刀具。每把刀具都应安排一个刀具号，如 T06 表示第 6 号刀具，刀具号在程序中指定。T 功能指令是由字符 T 及其后面的两位数字组成的，即 T00 至 T99，因此最多可换100 把刀。

3.5 程序编制中的数值计算

3.5.1 数值计算的概念

在数控编程加工过程中,首先要计算出刀具运动轨迹点的坐标。这种根据工件图样,按照已确定的加工路线和允许的编程误差,计算数控系统所需输入的数据,称为数控加工的数值计算。

3.5.2 数值计算的内容

1. 基点、节点的概念与计算

1) 基点的概念与计算

一个工件的轮廓往往由许多不同的几何元素组成,如直线、圆弧、二次曲线以及其他曲线等。构成工件轮廓的这些不同几何元素的连接点称为基点,如图 3-20 中的 A、B、C、D、E 和 F 等点都是该工件轮廓上的基点。显然,相邻基点间只能是一个几何元素。

轮廓的基点可以直接作为其运动轨迹的起点或终点。目前,一般的数控机床都具有直线和圆弧插补功能。计算基点时,只需计算轨迹(线段)的起点或终点在选定坐标系中的各坐标值和圆弧运动轨迹的圆心坐标值。因此,基点的计算较为方便,常采用手工计算。

2) 节点的概念与计算

当采用不具备非圆曲线插补功能的数控机床加工非圆曲线轮廓的工件时,在加工程序的编制工作中,常常需要用直线或圆弧去近似代替非圆曲线,称为拟合处理。拟合线段的交点或切点就称为节点。如图 3-21 中的 P_1、P_2、P_3、P_4、P_5 点为直线拟合非圆曲线时的节点。

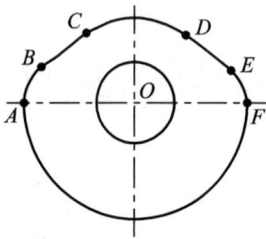

图 3-20 工件轮廓中的基点

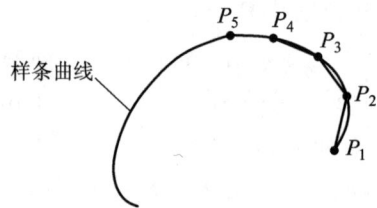

图 3-21 件轮廓中的节点

对采用直线或圆弧拟合的非圆曲线进行编程时,应按节点划分程序段。逼近线段的近似区间愈大,测切点数目愈少,相应的逼近误差也就越大。节点拟合计算的难度及工作量都较大,故宜通过计算机完成。有时也可由人工计算完成,但对编程者的数学处理能力要求较高。

2. 刀位点轨迹的计算

当采用圆弧形车刀进行车削加工及立铣刀进行铣削加工时,因刀位点规定在刀具中心处,因此大多数情况下,刀具的刀位点轨迹与工件轮廓轨迹不重合,如图 3-22 所示,通常是沿轮廓偏移一个刀具半径值。对于具有刀具半径补偿功能的数控机床,在切削平面内的刀具刀位点轨迹大多由数控系统根据工件的加工轮廓和设定的刀具半径值自动计算,无需用户计算。如果采用球头铣刀手工编程加工三维型面(如图 3-23 所示的球面)时,则需计算球头铣刀球心的运动轨迹。此外,一些老式的数控系统,由于不具有刀具半径补偿功能,因此也需进行刀具刀位点运动轨迹的计算。

图 3-22　刀具半径补偿的刀位点轨迹

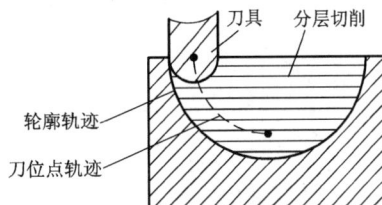

图 3-23　球头铣刀加工三维型面

3. 辅助计算

辅助计算包括增量计算、辅助程序段计算和切削用量计算等,通常较为简单。

3.5.3　计算方法

常用的基点计算方法有列方程求解法、三角函数法、CAD 绘图求解法等。

1. 列方程求解法

1) 列方程求解法中的常用方程

由于基点计算主要内容为直线和圆弧的端点、交点、切点的计算,因此列方程求解法中用到的直线与圆弧方程如下:

直线方程的一般形式为

$$Ax + By + C = 0$$

式中:A、B、C——任意实数,并且 A、B 不能同时为零。

直线的标准方程为

$$y = kx + b$$

式中:k——直线的斜率,即倾斜角的正切值;

b——直线在 Y 轴上的截距。

圆的标准方程为

$$(x - a)^2 + (y - b)^2 = R^2$$

式中:a、b——圆心的横、纵坐标;

R——为圆的半径。

圆的一般方程为

$$x^2 + y^2 + Dx + Ey + F = 0$$

式中:D——常数,等于 $-2a$,a 为圆心的横坐标;

E——常数,等于 $-2b$,b 为圆心的纵坐标;

F——常数,等于 $a^2 + b^2 - R^2$,且圆半径 $R = \dfrac{1}{2}\sqrt{D^2 + E^2 - 4F}$。

2) 列方程求解直线与圆弧的交点或切点

为了叙述上的方便,把直线与圆弧的关系及其列方程求解方法归纳为表 3-4 中的两种类型。

表 3-4　求直线与圆弧的交点或切点

类型	示　图	联立方程与推导计算公式	说　明
（一）直线与圆相交	已知：k，b；(x_0, y_0)，R，求(x_c, y_c)	方程：$\begin{cases}(x-x_0)^2+(y-y_0)^2=R^2\\ y=kx+b\end{cases}$ 公式：$A=1+k^2$ $B=2[k(b-y_0)-x_0]$ $C=x_0^2+(b-y_0)^2-R^2$ $x_c=\dfrac{-B\pm\sqrt{B^2-4AC}}{2A}$ $y_c=kx_c+b$	公式也可用于求解直线与圆相切时的切点坐标。当直线与圆相切时，取$B^2-4AC=0$，此时$x_c=-\dfrac{B}{2A}$，其余计算公式不变
（二）两圆相交	已知：(x_1, y_1)，R_1；(x_2, y_2)，R_2，求(x_c, y_c)	方程：$\begin{cases}(x-x_1)^2+(y-y_1)^2=R_1^2\\ (x-x_2)^2+(y-y_2)^2=R_2^2\end{cases}$ 公式：$\Delta x=x_2-x_1$，$\Delta y=y_2-y_1$ $D=\dfrac{(x_2^2+y_2^2-R_2^2)-(x_1^2+y_1^2-R_1^2)}{2}$ $A=1+\left(\dfrac{\Delta x}{\Delta y}\right)^2$ $B=2\left[\left(y_1-\dfrac{D}{\Delta y}\right)\dfrac{\Delta x}{\Delta y}-x_1\right]$ $C=\left(y_1-\dfrac{D}{\Delta y}\right)^2+x_2^2-R_1^2$ $x_c=\dfrac{-B\pm\sqrt{B^2-4AC}}{2A}$ $y_c=\dfrac{D-\Delta x\,x_c}{\Delta y}$	当两圆相切时，$B^2-4AC=0$，因此公式也可用于求两圆相切时的切点。公式中求解x_c时，较大值取"＋"，较小值取"－"

3）列方程求解法实例

例 3-1　两圆相交，假设$R_1=15.0$，圆心坐标为$(5，10)$；$R_2=18.0$，圆心坐标为$(20，16)$，试求交点C和D的坐标。

解　利用两圆相交求交点的推导公式，计算如下：

$$\Delta x=15,\ \Delta y=6$$

$$D=\frac{(20^2+16^2-18^2)-(5^2+10^2-15^2)}{2}=216$$

$$A=1+\left(\frac{15}{6}\right)^2=7.25$$

$$B=2\left[\left(10-\frac{216}{6}\right)\times\frac{15}{6}-5\right]=-140$$

$$C=\left(10-\frac{216}{6}\right)^2+5^2-15^2=476$$

$$x_c=4.405,\ y_c=24.988;\ x_D=14.906,\ y_D=-1.264$$

2. 三角函数计算法

1）三角函数法中常用的定理

三角函数计算法简称三角计算法，在手工编程工作中是进行数学处理时应重点掌握的方法之一。三角函数计算法常用的三角函数定理的表达式如下：

正弦定理为

$$\frac{a}{\sin A} = \frac{b}{\sin B} = \frac{c}{\sin C} = 2R$$

余弦定理为

$$\cos A = \frac{b^2 + c^2 - a^2}{2bc}$$

式中：a、b、c——角 A、B、C 所对边的边长；

　　R——三角形外接圆半径。

2）三角函数法求解直线和圆弧的交点与切点

为了叙述上的方便，把直线与圆弧的关系及其求解方法归纳为表 3-5 中的四种类型。

表 3-5　三角函数法求解直线和圆弧的交点与切点的四种类型

类型	示　图	推导后的计算公式	说　明
（一）直线与圆相切	已知：$(x_1，y_1)$，$(x_2，y_2)$，R。求 $(x_c，y_c)$	$\Delta x = x_2 - x_1$，$\Delta y = y_2 - y_1$ $\alpha_1 = \arctan \dfrac{\Delta x}{\Delta y}$ $\alpha_2 = \arcsin \dfrac{R}{\sqrt{\Delta x^2 + \Delta y^2}}$ $\beta = \mid \alpha_1 \pm \alpha_2 \mid$ $x_c = x_2 \pm R \mid \sin \beta \mid$ $y_c = y_2 \pm R \mid \cos \beta \mid$	公式中的角度是有向角，由于过已知点与圆的切线有两条，具体选哪条切线由 α_2 前面的"±"号决定，沿基准线的逆时针方向为"+"，反之为"-"
（二）直线与圆相交	已知：$(x_1，y_1)$，α_1；$(x_2，y_2)$，R。求 $(x_c，y_c)$	$\Delta x = x_2 - x_1$，$\Delta y = y_2 - y_1$ $\alpha_2 = \arcsin \left\mid \dfrac{\Delta x \sin\alpha_1 - \Delta y \cos\alpha_1}{R} \right\mid$ $\beta = \mid \alpha_1 \pm \alpha_2 \mid$ $x_c = x_2 \pm R \mid \cos \beta \mid$ $y_c = y_2 \pm R \mid \sin \beta \mid$	公式中的角度是有向角，α_1 取角度绝对值不大于 90° 范围内的那个角。相对于 X 逆时针方向为"+"，反之为"-"
（三）两圆相交	已知：$(x_1，y_1)$，R_1；$(x_2，y_2)$，R_2。求 $(x_c，y_c)$	$\Delta x = x_2 - x_1$，$\Delta y = y_2 - y_1$ $d = \sqrt{\Delta x^2 + \Delta y^2}$ $\alpha_1 = \arctan \dfrac{\Delta y}{\Delta x}$ $\alpha_2 = \arccos \dfrac{R_1^2 + d^2 - R_2^2}{2R_1 d}$ $\beta = \mid \alpha_1 \pm \alpha_2 \mid$ $x_c = x_2 \pm R_1 \cos \mid \beta \mid$ $y_c = y_2 \pm R_1 \sin \mid \beta \mid$	两圆相切时，α_2 等于 0，计算较为方便。两圆相交的另一交点坐标根据公式中的"±"选取。注意 X 和 Y 值相互间的搭配关系

续表

类型	示　图	推导后的计算公式	说　明
（四）直线与两圆相切	已知：$(x_1，y_1)$，R_1；$(x_2，y_2)$，R_2。求$(x_c，y_c)$	$\Delta x = x_2 - x_1$，$\Delta y = y_2 - y_1$ $\alpha_1 = \arctan \dfrac{\Delta y}{\Delta x}$ $\alpha_2 = \arcsin \dfrac{R_2 \pm R_1}{\sqrt{\Delta x^2 + \Delta y^2}}$ $\beta = |\alpha_1 \pm \alpha_2|$ $x_{c1} = x_1 \pm R_1 \sin\beta$ $y_{c1} = y_1 \pm R_1 |\cos\beta|$ 同理，$x_{c2} = x_2 \pm R_2 \sin\beta$ $y_{c2} = y_2 \pm R_2 |\cos\beta|$	求α_2角度值时，内公切线用"＋"，外公切线用"－"。R_2表示大圆半径，R_1表示小圆半径

3）三角函数计算法实例

例 3 - 2　如图 3 - 24 所示，试采用三角函数法求解基点 A、B、C、D、E 点的坐标。

解　A 点：按表 3 - 5 中的类型（二）求得 $X_A = -49.64$，$Y_A = 85.98$；

B 点：按表 3 - 5 中的类型（三）求得 $X_B = 18.04$，$Y_B = 126.63$；

C 点与 D 点：按表 3 - 5 中的类型（四）求得 $X_C = 57.69$，$Y_C = 98.46$；$X_D = 131.54$，$Y_D = 67.69$；

E 点：按表 3 - 5 中的类型（一）求得 $X_E = 145.26$，$Y_E = 23.81$。

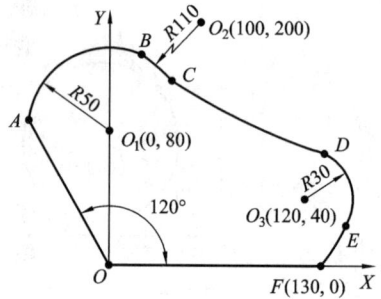

图 3 - 24　三角函数法求基点坐标

3. CAD 绘图分析法

1）常用的 CAD 绘图软件

当前在国内常用的 CAD 绘图软件有 AutoCAD 和 CAXA 电子图板等。

AutoCAD 是 Autodesk 公司的主导产品，是当今最为流行的绘图软件之一，具有强大的二维功能，如绘图、编辑、填充、图案绘制、尺寸标注以及二次开发等功能，同时还具有部分三维绘图功能。CAXA 电子图板软件由北航海尔公司研制开发，是我国自行研发的全国产化软件。

2）CAD 绘图分析基点与节点坐标

（1）分析过程：采用 CAD 绘图来分析基点与节点坐标时，首先应学会一种 CAD 软件的使用方法，然后用该软件绘制出工件的二维零件图并标出相应尺寸（通常是基点与工件坐标系原点间的尺寸），最后根据坐标系的方向及所标注的尺寸确定基点的坐标。

（2）注意事项：采用这种方法分析基点坐标时，要注意以下几方面的问题：

① 绘图要细致认真，不能出错。

② 应严格按 1∶1 的比例绘制图形。

③ 尺寸标注的精度单位要设置正确，通常为小数点后三位。

④ 标注尺寸时找点要精确，不能捕捉到无关的点上去。

（3）CAD 绘图分析法的特点：采用 CAD 绘图分析法可以避免大量复杂的人工计算，操作方便，基点分析精度高，出错几率少。因此，建议尽可能采用这种方法来分析基点与节点坐标。这种方法的不利之处是对技术工人又提出了新的学习要求，同时还增加了设备的投入。

3.5.4 非圆曲线节点的拟合计算

1. 非圆曲线节点的拟合计算方法

目前，大多数数控系统都不具备非圆曲线的插补功能。因此，在加工这些曲线时，通常采用直线段或圆弧线段拟合的方法进行。在手工编程过程中，常用的拟合计算方法有等间距法、等插补段法和三点定圆法等几种。

1）等间距法

在一个坐标轴方向，将拟合轮廓的总增量（如果在极坐标系中，则指转角或径向坐标的总增量）进行等分后，对所设定的节点所进行的坐标值计算方法称为等间距法，如图 3-25 所示。

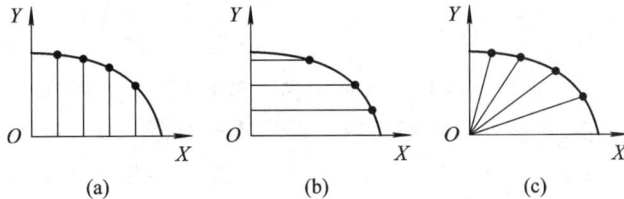

图 3-25 非圆曲线切点的等间距拟合

在实际编程过程中，采用这种方法很容易控制非圆曲线的节点。因此，在数控加工的宏程序（或参数）编程过程中普遍采用这种方法。

2）等插补段法

当设定的相邻两节点间的弦长相等时，对该轮廓曲线所进行的节点坐标值计算方法称为等插补段法，如图 3-26 所示。

3）三点定圆法

三点定圆法是一种用圆弧拟合非圆曲线时常用的计算方法，其实质是过已知曲线上的三点（亦包括圆心和半径）作一圆。

2. 非圆曲线的拟合误差

不管采用以上三种拟合方法中的哪一种进行曲线拟合计算，均会在拟合过程中产生拟合误差（见图 3-27），而且各拟合段的误差大小各不相同。

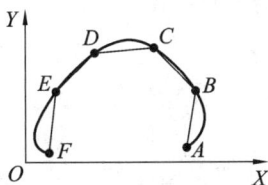

图 3-26 非圆曲线节点的
　　　　 等插补段似合

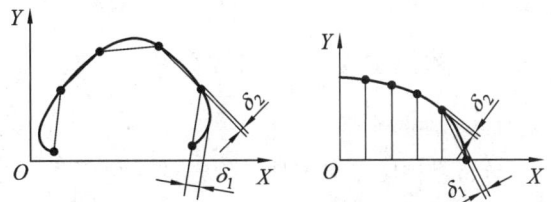

图 3-27 非圆曲线的拟合误差

在曲线拟合过程中，要尽量控制其拟合误差。通常情况下，拟合误差 δ 应小于或等于编程允许误差 $\delta_允$，即 $\delta \leqslant \delta_允$。考虑到工艺系统及计算误差的影响，$\delta_允$ 一般取工件公差的 $1/10 \sim 1/5$。

在实际编程过程中，主要采用以下几种方法来减小拟合误差：

（1）采用合适的拟合方法。相比较而言，采用圆弧拟合方法的拟合误差要小一些。

（2）减小拟合线段的长度。减小拟合线段的长度可以减小拟合误差，但增加了编程的工作量。

（3）运用计算机进行曲线拟合计算。采用计算机进行曲线的拟合，在拟合过程中自动控制拟合精度，以减小拟合误差。

3.6 数控加工工艺基础

3.6.1 数控加工的工艺特点

1. 工艺详细

数控加工工艺制定的步骤和内容与普通工艺大致相同，但数控工艺的一个明显特点是工艺内容十分具体、完整。普通工艺规程视零件的生产批量、复杂程度以及零件的重要性等的不同而有不同的工艺设计内容，但最多详细到工步。数控加工工艺必须详细到每一步走刀和每一个操作的细节，留给操作工人完成的工艺与操作内容都必须由编程人员在程序中预先确定。其次，凡是用数控加工的零件，不论简单、重要与否，都要有完整的加工程序，因而都要制定详细的工艺。

2. 工序集中

现代数控机床具有刚性大、精度高、刀库容量大、切削参数范围广及多坐标、多工位等特点，有可能在零件一次装夹中完成多种加工方法和由粗到精的过程，甚至可在工作台上安装几个相同或相似的零件进行加工，从而可缩短工艺路线和生产周期，减少加工设备和工艺装备，减少中间储存与运输。

3. 方法先进

对于一般简单表面的加工方法，数控加工与普通加工无大差异。但对于一些复杂表面、特殊表面或有特殊要求的表面，数控加工就与传统加工有着根本不同的加工方法。例如对于曲线、曲面的加工，传统加工是用划线、样板、靠模、预钻、砂轮、钳工等方法，不仅费工、费时，而且还不能保证加工质量，甚至产生废品。而数控加工则用多坐标联动自动控制加工方法，其加工质量与生产效率是传统方法无法与之比拟的。

3.6.2 数控加工的工艺性分析

1. 零件图分析

分析零件图是制定加工工艺的首要工作，直接影响零件加工程序的编制及加工结果。零件图分析主要内容为：

1）零件图尺寸标注分析

零件图上尺寸标注最好以同一基准引注或直接给出坐标尺寸，既便于编程，也便于尺寸间的相互协调，还利于设计基准、工艺基准、测量基准与编程原点的统一。

2）轮廓几何要素分析

在编制程序时，编程人员必须充分掌握构成零件轮廓的几何要素参数及各几何要素间的关系，以便于自动编程时对零件轮廓的所有几何要素进行定义。手工编程时，计算所有基点和节点的坐标；自动编程时，对构成零件轮廓的几何元素进行定义。因此，在分析零件图时，要分析几何元素的给定条件是否充分。如图 3-28 所示，圆弧与斜线的关系要求为相切，但经计算后却为相交。又如图 3-29 所示，图中给出的各段长度之和不等于其总长，给定的几何元素条件自相矛盾。

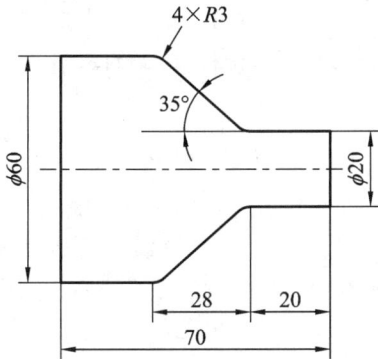

图 3-28　几何要素缺陷示例（一）　　　　　　图 3-29　几何要素缺陷示例（二）

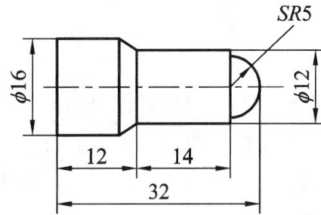

3）尺寸公差和表面粗糙度要求分析

分析零件图样的尺寸公差和表面粗糙度要求，是确定机床、刀具、切削用量以及确定零件尺寸精度的控制方法和加工工艺的重要依据，在分析过程中还同时进行一些编程尺寸的简单换算。

数控车削加工中，常对零件要求的尺寸取其最大极限尺寸和最小极限尺寸的平均值，作为编程的尺寸依据。对表面粗糙度要求较高的表面，还应确定恒线速度切削。此外，还要考虑本工序的数控车削加工精度能否达到图样要求。若达不到要求需继续加工，应给后道工序留有足够的加工余量。

4）形状和位置公差要求分析

零件图上给定的形状和位置公差是保证零件精度的重要要求，在工艺分析过程中，应按图样的形状和位置公差要求确定零件的定位基准、加工工艺，以满足公差要求。

数控车削加工中，零件的形状和位置误差主要受车床机械运动副精度和加工工艺的影响，车床机械运动副的误差不得大于图样规定的形位公差要求。在机床精度达不到要求时，需在工艺准备中考虑进行技术性处理的相关方案，以便有效地控制其形状和位置误差。图样上有位置精度要求的表面，应尽量一次装夹加工完毕。

2. 零件结构的工艺性分析

零件的结构工艺性是指加工工艺特点对零件的设计所产生的要求。也就是说，零件的结构设计会影响或决定加工工艺性的好坏。因此，在满足使用要求的前提下，要尽量提高零件加工的可行性和经济性。

（1）零件的内腔与外形最好采用统一的几何类型和尺寸，这样可以减少刀具规格和换刀次数，从而简化编程并提高生产率。

例如，图 3-30(a)所示的数控车削加工零件，需要三把不同宽度的切槽刀切槽，如无特殊需要，显然不合理。若改成图 3-30(b)所示的结构，只需一把切槽刀即可加工出三个槽，既减少了刀具数量，少占刀架位置，又节省了换刀时间。

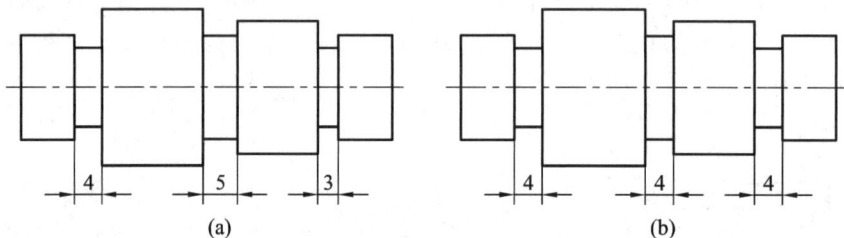

(a)   (b)

图 3-30 数控车削加工零件的结构工艺性

（2）轮廓最小内圆弧或外轮廓的内凹圆弧的半径 R 限制了刀具的半径。因此，圆弧半径 R 不能取得过小。此外，零件的结构工艺性还与 R/H（H 为零件轮廓面的最大加工高度）的值有关，当 $R/H > 0.2$ 时，零件的结构工艺性较好（如图 3-31 所示的外轮廓内凹圆弧），反之则较差（如图 3-31 所示的内轮廓圆弧）。

（3）铣削槽底平面时，槽底圆角半径 r（见图 3-32）不能过大。圆角半径 r 越大，铣刀端面刃与铣削平面的最大接触直径 $d = D - 2r$（D 为铣刀直径）越小，加工平面的能力就越差，效率就越差，工艺性也越差。

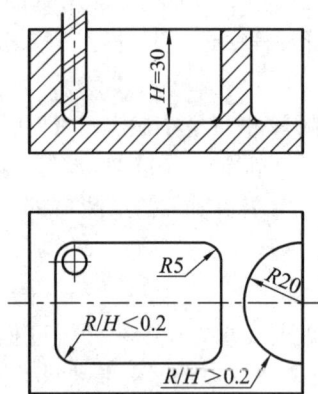

图 3-31 零件结构工艺性

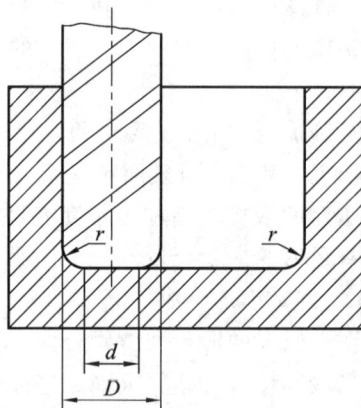

图 3-32 槽底平面圆弧对加工工艺的影响

（4）对于零件在数控加工过程中的变形问题，可在加工前采取适当的热处理工艺（如调质、退火等）来解决，也可采取粗、精加工分开或对称去余量等常规方法来解决。

（5）对于毛坯的结构工艺性要求，首先应考虑毛坯的加工余量应充足和尽量均匀；其次应考虑毛坯在加工时定位与装夹的可靠性和方便性，以便在一次安装过程中加工出尽量多的表面。对于不便装夹的毛坯，可考虑在毛坯上另外增加装夹余量或工艺凸台、工艺凸耳等辅助基准。

3.6.3　数控加工工艺的制定

1. 选择加工内容

数控机床有很多优点，但价格昂贵，消耗较大，维护费用较高，导致加工成本增加。因此，从技术和经济等角度出发，对于某个零件来说，并非全部加工工艺过程都适合在数控机床上进行，而往往只选择其中一部分内容采用数控加工。

在对零件图进行详细工艺分析的基础上，选择那些适合且需要进行数控加工的内容和工序进行数控加工，以充分发挥数控加工技术的优势。一般按下列原则顺序进行选择：

(1) 普通机床无法加工的内容优先；

(2) 普通机床加工困难、质量难以保证的内容作为重点；

(3) 普通机床加工效率低、劳动强度大的内容作为平衡。

此外，在选择加工内容时，还要考虑生产批量、生产周期、工序间周转情况等因素，尽量合理安排，以充分发挥数控机床的优势，达到多、快、好、省的目的。

2. 划分加工阶段

对重要的零件，为了保证其加工质量和合理使用设备，零件的加工过程可划分为 4 个阶段，即粗加工阶段、半精加工阶段、精加工阶段和精密加工(包括光整加工)阶段。

1) 粗加工阶段

粗加工的任务是切除毛坯上大部分多余的金属，使毛坯在形状和尺寸上接近零件成品，减小工件的内应力，为半精加工作好准备。因此，粗加工的主要目标是提高生产率。

2) 半精加工阶段

半精加工的任务是使主要表面达到一定的精度并留有一定的精加工余量，为主要表面的精加工作好准备，并可完成一些次要表面(如攻螺纹、铣键槽等)的加工。热处理工序一般放在半精加工的之前或之后。

3) 精加工阶段

精加工是指从工件上切除较少的余量，得到精度比较高、表面粗糙度值比较小的加工过程，其任务是全面保证工件的尺寸精度和表面粗糙度等加工质量。

4) 精密加工阶段

精密加工主要用于加工精度和表面粗糙度要求很高(IT6 级以上，表面粗糙度值为 $Ra0.4\ \mu m$ 以下)的零件，其主要目标是进一步提高尺寸精度，减小表面粗糙度。精密加工对位置精度影响不大。

划分加工阶段的目的为：

(1) 保证加工质量。

工件在粗加工阶段，切削的余量较多。因此，切削力和夹紧力较大，切削温度也较高，零件的内部应力也将重新分布，从而产生变形。如果不进行加工阶段的划分，将无法避免由上述原因产生的误差。

(2) 合理使用设备。

粗加工可采用功率大、刚性好和精度低的机床加工，车削用量也可取较大值，从而充分发挥设备的潜力；精加工则切削力较小，对机床破坏小，从而保持设备的精度。

（3）便于及时发现毛坯缺陷。

对于毛坯的各种缺陷（如铸件、夹砂和余量不足等），在粗加工后即可发现，便于及时修补或决定报废，避免造成浪费。

（4）便于组织生产。

通过划分加工阶段，便于安排一些非切削加工工艺（如热处理工艺、去应力工艺等），从而有效地组织生产。

3. 安排加工顺序

加工顺序又称工序，通常包括切削加工工序、热处理工序和辅助工序。

1）加工顺序安排原则

（1）基准面先行原则。

用作精基准的表面应优先加工出来，因为定位基准的表面越精确，装夹误差就越小。如图 3 - 33 所示的工件，由于 $\phi40$ mm 外圆是同轴度的基准，所以应首先加工该表面，再加工其他表面。

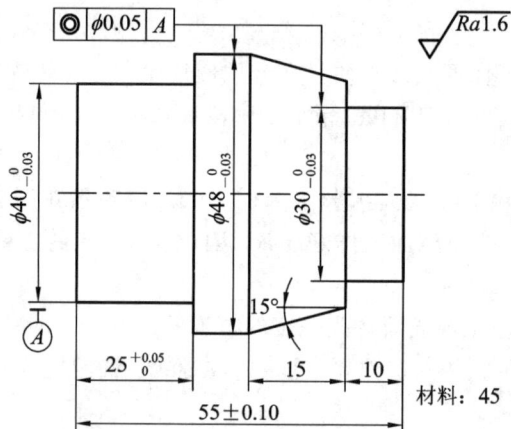

图 3 - 33　基准面先行加工示例

（2）先粗后精原则。

各个表面的加工顺序按照粗加工→半精加工→精加工→精密加工的顺序依次进行，逐步提高表面的加工精度，减小表面粗糙度值。

（3）先主后次原则。

零件的主要工作表面、装配基面应先加工，以便能及早发现毛坯中主要表面可能出现的缺陷。次要表面可穿插进行，放在主要加工表面加工到一定程度后、最终精加工之前进行。

（4）先近后远原则。

通常情况下，工件装夹后，离刀架近的部位先加工，离刀架远的部位后加工，以便缩短刀具移动距离，减少空行程时间，而且还有利于保持坯件或半成品的刚性，改善其切削条件。如图 3 - 34 所示的零件内孔，应先加工内圆锥孔，再加工 $\phi30$ mm 内孔，最后加工 $\phi20$ mm 内孔。

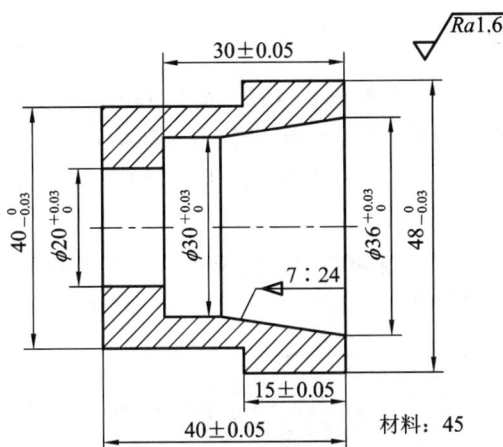

图 3 - 34　先近后远加工示例

2）工序的划分

（1）工序划分的原则。

划分工序有两种不同的原则，即工序集中原则和工序分散原则。

① 工序集中原则。工序集中原则是指每道工序包括尽可能多的加工内容，从而使工序的总数减少。采用工序集中原则有利于保证加工精度（特别是位置精度），提高生产效率，缩短生产周期，减少机床数量，但专用设备和工艺装备投资大，调整维修比较麻烦，生产准备周期较长，不利于转产。

② 工序分散原则。工序分散就是将工件的加工分散在较多的工序内进行，每道工序的加工内容很少。采用工序分散原则有利于调整和维修加工设备和工艺装备，选择合理的切削用量且转产容易，但工艺路线较长，所需设备及工人数量多，占地面积大。

（2）工序划分的方法。

① 按所用刀具划分。以同一把刀具完成的那一部分工艺过程为一道工序。这种方法适用于工件的待加工表面较多、机床连续工作时间较长、加工程序的编制和检查难度较大等情况。

以图 3 - 34 所示的工件为例，工序一：钻头钻孔，去除加工余量；工序二：采用外圆车刀粗、精加工外形轮廓；工序三：内孔车刀粗、精车内孔。

② 按安装次数划分。以一次安装完成的那一部分工艺过程为一道工序。这种方法适用于加工内容不多的工件，加工完成后就能达到待检状态。

以图 3 - 33 所示的工件为例，工序一：以外形毛坯定位装夹加工左端轮廓；工序二：以加工好的外圆表面定位加工右端轮廓。

③ 按粗、精加工划分。以粗加工中完成的那部分工艺过程为一道工序，精加工中完成的那一部分工艺过程为一道工序。这种划分方法适用于加工后变形较大，需粗、精加工分开的工件，如毛坯为铸件、焊接件或锻件的工件。

④ 按加工部位划分。以完成相同型面的那一部分工艺过程为一道工序。对于加工表面多而复杂的工件，可按其结构特点（如内形、外形、曲面和平面等）划分成多道工序。

以图 3 - 34 所示的工件为例，工序一：工件外轮廓的粗、精加工；工序二：工件内轮廓的粗、精加工。

4. 选择加工方法

机械零件的结构形状是多种多样的，但它们都是由平面、外圆柱面、内圆柱面或曲面、成形面等基本表面所组成的。每一种表面都有多种加工方法，具体选择时应根据零件表面的形状、尺寸大小、精度和粗糙度、材料性质、生产类型以及具体的生产条件等来确定。

1）外圆表面加工方法的选择

外圆表面加工方法主要是车削和磨削。当表面粗糙度要求较小时，还要经光整加工。图 3-35 是外圆表面的加工方案。

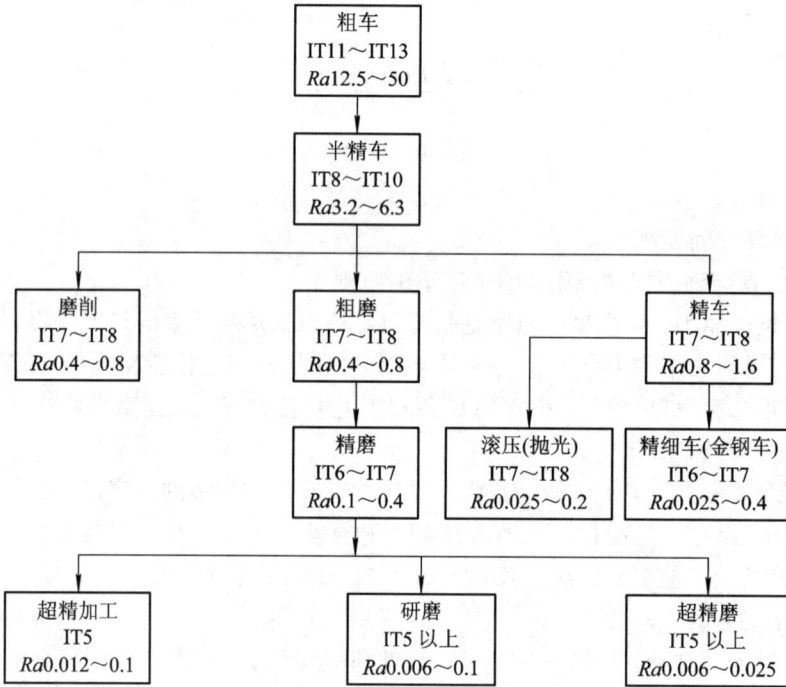

图 3-35　外圆表面的加工方案（R_a 值单位为 μm）

各种加工方案的适用范围如下：

（1）最终工序为车削的加工方案，适用于除淬火钢以外的各种金属。

（2）最终工序为磨削的加工方案，适用于淬火钢、未淬火钢和铸铁。不适用于有色金属，因其韧性大，磨削时易堵塞砂轮。

（3）最终工序为精细车或金刚车的加工方案，适用于要求较高的有色金属的精加工。

（4）最终工序为光整加工，如研磨、超精磨及超精加工等。为提高生产率和加工质量，一般在光整加工前进行精磨。

（5）对表面粗糙度要求高，而尺寸精度要求不高的外圆，可通过滚压或抛光达到要求。

2）内孔表面加工方法的选择

内孔表面的加工方法有钻孔、扩孔、铰孔、镗孔、拉孔、磨孔以及光整加工等。图 3-36 是常用的孔加工方案。应根据被加工孔的加工要求、尺寸、具体的生产条件、批量的大小以及毛坯上有无预加工孔合理选用。

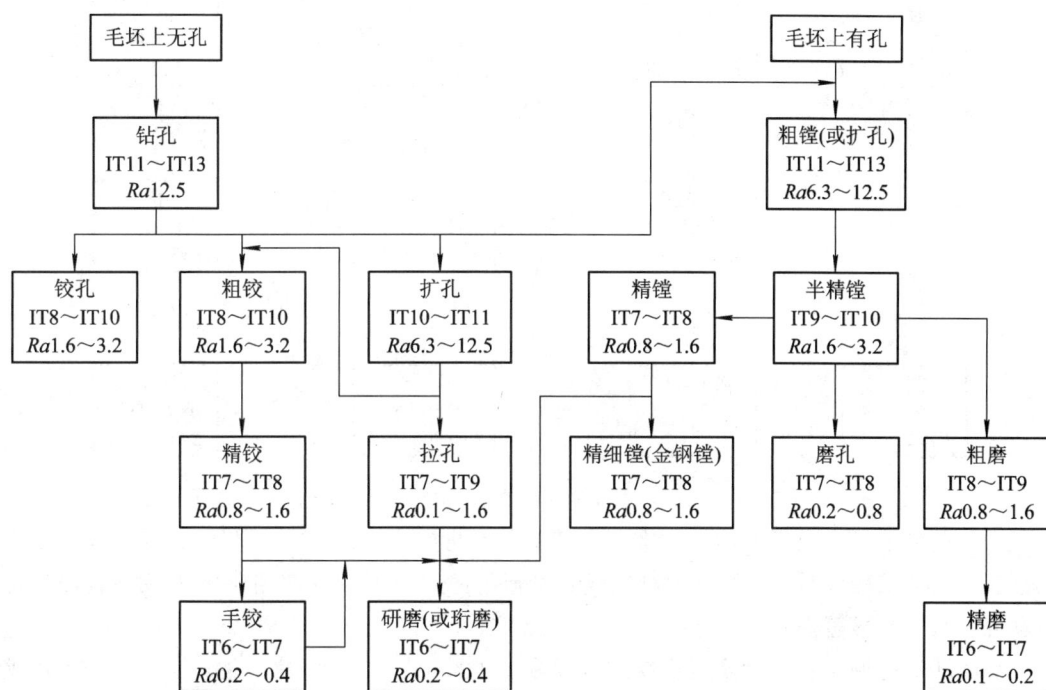

图 3-36　孔加工方案(Ra 值单位为 μm)

（1）加工精度为 IT9 级的孔，当孔径小于 10 mm 时，可采用钻—铰方案；当孔径小于 30 mm 时，可采用钻—扩方案；当孔径大于 30 mm 时，可采用钻—镗方案。此方案适用于工件材料为淬火钢以外的各种金属。

（2）加工精度为 IT8 级的孔，当孔径小于 20 mm 时，可采用钻—铰方案；当孔径大于 20 mm 时，可采用钻—扩—铰。此方案适用于加工除淬火钢以外的各种金属，但孔径应在 20～80 mm 范围内。此外也可采用最终工序为精镗或拉的方案。淬火钢可采用磨削加工。

（3）加工精度为 IT7 级的孔，当孔径小于 12 mm 时，可采用钻—粗铰—精铰方案；当孔径在 12～60 mm 之间时，可采用钻—扩—粗铰—精铰方案或钻—扩—拉方案。若加工毛坯上已铸出或锻出的孔，可采用粗镗—半精镗—精镗方案或采用粗镗—半精镗—磨孔方案。最终工序为铰孔的方案适用于未淬火钢或铸铁。对有色金属铰出的孔表面粗糙度较大，常用精细镗孔代替铰孔。最终工序为拉孔的方案适用于大批大量生产，工件材料为未淬火钢、铸铁及有色金属。最终工序为磨孔的方案适用于加工除硬度低、韧性大的有色金属外的淬火钢、未淬火钢和铸铁。

（4）加工精度为 IT6 级的孔，最终工序采用手铰、精细镗、研磨或珩磨等均能达到，应视具体情况选择。韧性较大的有色金属不宜采用珩磨，可采用研磨或精细镗。研磨对大、小孔加工均适用，而珩磨只适用于大直径孔的加工。

3）平面加工方法的选择

平面的主要加工方法有铣削、刨削、车削、磨削及拉削等，精度要求高的表面还需经研磨或刮削加工。图 3-37 是常见的平面加工方案。表中尺寸公差的等级是指平行平面之间距离尺寸的公差等级。

拉削
IT7~IT9
*Ra*0.2~0.8

粗铣(粗刨)
IT8~IT10
*Ra*1.6~6.3

粗磨
IT8~IT9
*Ra*1.6~6.3

粗车
IT11~IT13
*Ra*12.5~50

精铣(精刨)
IT8~IT10
*Ra*1.6~6.3

精磨
IT6~IT7
*Ra*0.025~0.4

半精车
IT8~IT10
*Ra*3.2~6.3

刮研
IT6~IT7
*Ra*0.1~0.8

宽刃细刨
IT6
*Ra*0.2~0.8

研磨
IT5 以上
*Ra*0.006~0.1

精车
IT7~IT8
*Ra*0.8~1.6

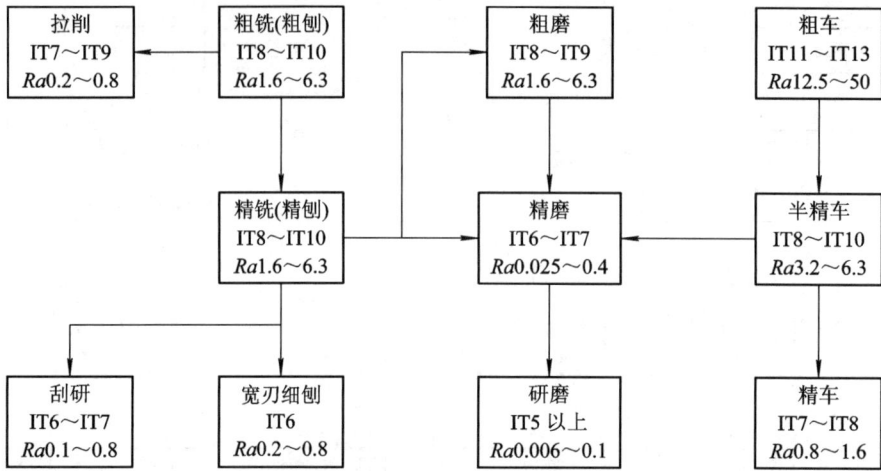

图 3-37 平面加工方案(*Ra* 值单位为 μm)

(1) 最终工序为刮研的加工方案多用于单件小批生产中配合表面要求高且不淬硬平面的加工。当批量较大时，可用宽刃细刨代替刮研。宽刃细刨特别适用于加工像导轨面这样的狭长平面，能显著提高生产率。

(2) 磨削适用于直线度及表面粗糙度要求高的淬硬工件和薄片工件，也适用于未淬硬钢件上面积较大的平面的精加工，但不宜加工塑性较大的有色金属。

(3) 车削主要用于回转体零件的端面的加工，以保证端面与回转轴线的垂直度要求。

(4) 拉削平面适用于大批量生产中的加工质量要求较高且面积较小的平面。

(5) 最终工序为研磨的方案适用于高精度、表面粗糙度较小的小型零件的精密平面，如量规等精密量具的表面。

4) 平面轮廓和曲面轮廓加工方法的选择

(1) 平面轮廓常用的加工方法有数控铣削、线切割及磨削等。对如图 3-38(a)所示的内平面轮廓，当曲率半径较小时，可采用数控线切割方法加工。若选择铣削方法，因铣刀直径受最小曲率半径的限制，直径太小，刚性不足，会产生较大的加工误差。对图 3-38(b)所示的外平面轮廓，可采用数控铣削方法加工，常用粗铣—精铣方案，也可采用数控线切割方法加工。对精度及表面粗糙度要求较高的轮廓表面，在数控铣削加工之后，再进行数控磨削加工。数控铣削加工适用于除淬火钢以外的各种金属，数控线切割加工可用于各种金属，数控磨削加工适用于除有色金属以外的各种金属。

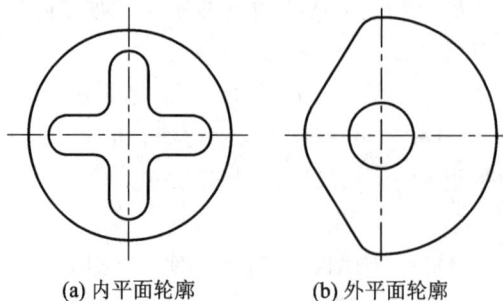

(a) 内平面轮廓   (b) 外平面轮廓

图 3-38 平面轮廓类零件

（2）立体曲面轮廓的加工方法主要是数控铣削，多用球头铣刀，以"行切法"加工，如图 3-39 所示。根据曲面形状、刀具形状以及精度要求等通常采用二轴半联动或三轴联动。对精度和表面粗糙度要求高的曲面，当用三轴联动的"行切法"加工不能满足要求时，可用模具铣刀，选择四坐标或五坐标联动加工。

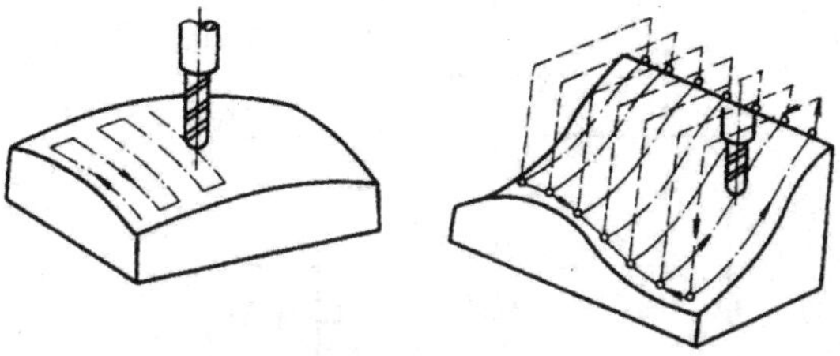

图 3-39　曲面的行切法加工

表面加工方法的选择，除了考虑加工质量、零件的结构形状和尺寸、零件的材料和硬度以及生产类型外，还要考虑到加工的经济性。

各种表面加工方法所能达到的精度和表面粗糙度都有一个相当大的范围。当精度达到一定程度后，要继续提高精度，成本会急剧上升。例如外圆车削，将精度从 IT7 级提高到 IT6 级，需用价格较高的金刚石车刀，背吃刀量和进给量很小，增加了刀具费用，延长了加工时间，大大地增加了加工成本。对于同一加工表面，采用的加工方法不同，加工成本也不一样。例如，公差为 IT7 级和表面粗糙度 R_a 值为 $0.4\ \mu\mathrm{m}$ 的外圆表面，采用精车就不如采用磨削经济。

任何一种加工方法获得的精度只在一定范围内才是经济的，这种一定范围内的加工精度即为该种加工方法的经济精度。它是指在正常加工条件下（采用符合质量标准的设备、工艺装备和标准等级的工人，不延长加工时间）所能达到的加工精度。相应的表面粗糙度称为经济粗糙度。在选择加工方法时，应根据工件的精度要求选择与经济精度相适应的加工方法。常用加工方法的经济精度及表面粗糙度可查阅有关工艺手册。

5. 选择零件装夹方式和夹具

在数控机床上加工零件时，为保证加工精度，必须先使工件在机床上占据一个正确的位置，即定位，然后将其夹紧。这种定位与夹紧的过程称为工件的装夹。用于装夹工件的工艺装备称为机床夹具。

在数控机床上工件的装夹与普通机床相同。但因数控机床是高度自动化加工机床，为了能保证在长时间无人看管的情况下自动加工出符合精度要求的工件，充分发挥数控机床的特点，装夹工件时应考虑以下几个因素：

（1）尽量采用组合夹具，必要时才设计专用夹具。

（2）工件的定位基准应与设计基准保持一致，防止过定位；箱体工件最好选择一面两销作为定位基准，定位基准在数控机床上要细心找正。为了找正方便，有的机床，例如卧式加工中心工作台侧面，会安装专用定位板。

（3）因为在数控机床上通常一次装夹完成全部工序，因此应防止工件夹紧引起的变形造成工件加工不良影响。夹紧力应靠近主要支承点，力求靠近切削部位。

（4）若需要设计专用夹具，夹具结构应有足够的刚度和强度。

对数控车床而言，在装夹前确定工件的伸出长度时（见图 3 - 40），应考虑工件的加工长度、切断车刀的宽度、刀架与卡盘之间必要的空间距离等因素。

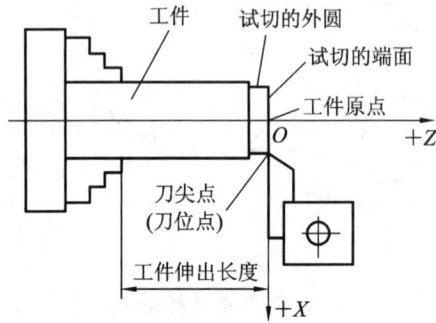

图 3 - 40　数控车床零件的装夹

对数控铣床、加工中心而言，在工件夹紧时要用千分表（或百分表）。如图 3 - 41 所示，将工件的一些主要平面调整成分别与 X、Y、Z 轴相平行，这样才能使误差在规定的精度范围内。

(a) 压板装夹与找正示意图　　　　(b) 找正时百分表移动方向

图 3 - 41　数控铣床（或加工中心）上压板装夹与找正示意图

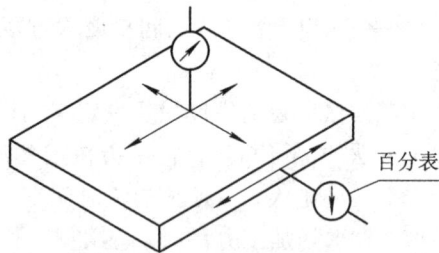

6. 选择刀具

刀具的选择是数控加工工艺中重要的内容之一，不仅影响机床工作的效率，而且影响加工质量。与传统方法相比，数控加工对刀具的要求更高，不仅要求精度高，强度大，刚性好，耐用工高，而且要求尺寸稳定，安装调整方便。这就需要采用新型优质材料制造刀具，并合理选择刀具结构和几何参数。

1）刀具的材料

（1）常用的刀具材料。

常用的数控刀具材料有高速钢、硬质合金、涂层硬质合金、陶瓷、立方氮化硼、金刚石等。其中，高速钢、硬质合金和涂层硬质合金在数控加工刀具中应用最广。

（2）刀具材料性能比较。

以上各刀具材料的硬度和韧性对比如图 3 - 42 所示。

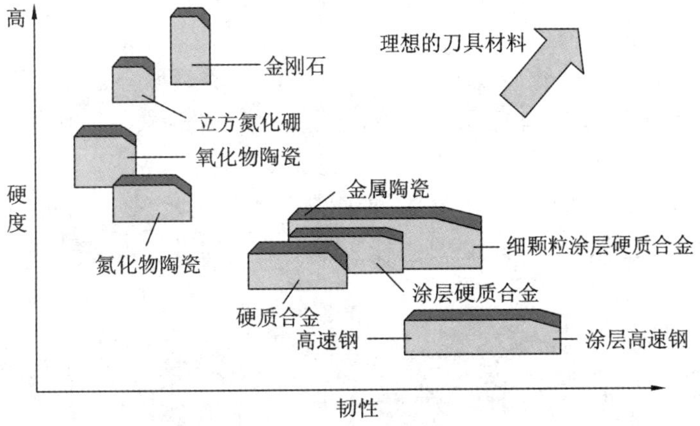

图 3-42 不同刀具材料的硬度与韧性对比

2） 刀具的种类

（1） 数控车削加工刀具的种类。

① 根据加工用途分，数控车床用刀包括外圆车刀、内孔车刀、螺纹车刀和切槽刀等种类。

② 根据刀尖形状分，数控车床用刀包括尖形车刀、圆弧形车刀和成形车刀，如图 3-43 所示。

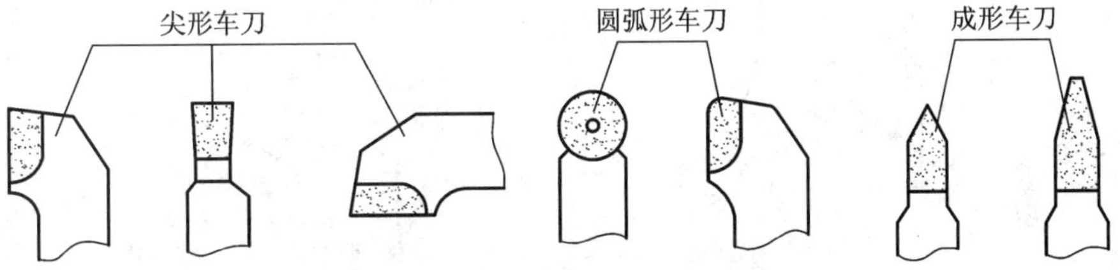

图 3-43 按刀尖形状分类的数控车刀

· 尖形车刀。以直线形切削刃为特征的车刀一般称为尖形车刀。这类车刀的刀尖（刀位点）由直线形的主副切削刃相交而成，常用的有端面车刀、切断刀、90°内外圆车刀等。尖形车刀主要用于车削内外轮廓、直线沟槽等直线型表面。

· 圆弧形车刀。构成圆弧形车刀的主切削刃形状为一段圆度误差或线轮廓度误差很小的圆弧。车刀圆弧刃上的每一点都是刀具的切削点，因此车刀的刀位点不在圆弧刃上，而在该圆弧刃的圆心上。圆弧形车刀主要用于加工有光滑连接的成形表面及精度、表面质量要求高的表面，如精度要求高的内外圆弧面及尺寸精度要求高的内外圆锥面等。由尖形车刀自然或经修磨而成的圆弧刃车刀也属于这一类。

· 成形车刀。成形车刀俗称样板车刀，其加工零件的轮廓形状完全由车刀的切削刃形状和尺寸决定。常用的有小半径圆弧车刀、非矩形车槽刀、螺纹车刀等。

③ 根据车刀结构分，数控车床用刀包括整体式车刀、焊接式车刀和机械夹固式车刀三类。

· 整体式车刀。整体式车刀（如图 3-44(a)所示）主要指整体式高速钢车刀，通常用于小型车刀、螺纹车刀和形状复杂的成形车刀，具有抗弯强度高、冲击韧度好，制造简单、刃磨方便、刃口锋利等优点。

·焊接式车刀。焊接式车刀（如图 3 - 44(b)所示）是将硬质合金刀片用焊接的方法固定在刀体上，经刃磨而成。这种车刀结构简单，制造方便，刚性较好，但抗弯强度低，冲击韧度差，切削刃不如高速钢车刀锋利，不易制作复杂刀具。

·机械夹固式车刀。机械夹固式车刀（如图 3 - 44(c)所示）是将标准的硬质合金可换刀片通过机械夹固方式安装在刀杆上的一种车刀，是当前数控车床上使用最广泛的一种车刀。

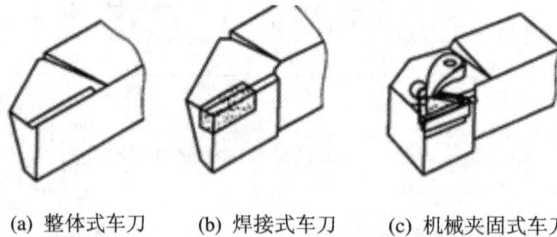

(a) 整体式车刀　　　(b) 焊接式车刀　　　(c) 机械夹固式车刀

图 3 - 44　按刀具结构分类的数控车刀

机械夹固式车刀又可分为可重磨式和不重磨式两类，如图 3 - 45 所示。

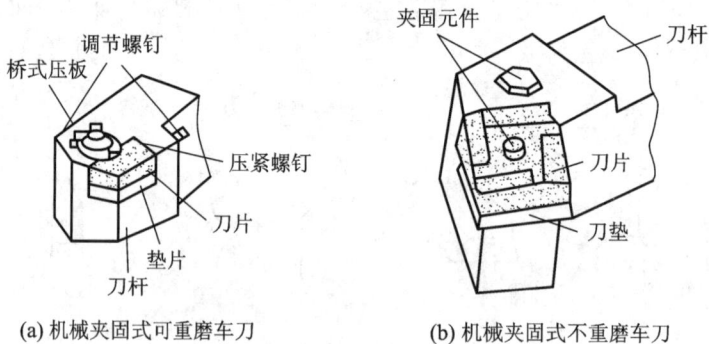

(a) 机械夹固式可重磨车刀　　　　　(b) 机械夹固式不重磨车刀

图 3 - 45　机械夹固式车刀

机械夹固式可重磨车刀将普通硬质合金刀片用机械夹固的方法安装在刀杆上。刀片用钝后可以修磨，修磨后，通过调整螺钉把刃口调整到适当位置，压紧后便可继续使用。

机械夹固式不可重磨（可转位）车刀的刀片为多边形，有多条切削刃。当某条切削刃磨损钝化后，只需松开夹固元件，将刀片转一个位置便可继续使用。其最大优点是车刀几何角度完全由刀片保证，切削性能稳定，刀杆和刀片已标准化，加工质量好。

图 3 - 46 所示为机夹可转位刀片的形状。机夹可转位刀片的具体形状已标准化，且每一种形状均有一个相应的表示代码。在选择刀片形状时要特别注意，有些刀片虽然形状和刀尖角度相等，但由于同时参加切削的切削刃数不同，因此其型号也不相同，如图中的 T 型和 V 型刀片。另有一些刀片，虽然刀片形状相似，但其刀尖角度不同，其型号也不相同，如图 3 - 46 中的 D 型和 C 型刀片。

硬质合金可转位刀片的国家标准与 ISO 国际标准相同，共用 10 个号位的内容来表示品种规格、尺寸系列、制造公差以及测量方法等主要参数的特征。按照规定，任何一个型号的刀片都必须用前 7 个号位，后 3 个号位在必要时才使用。其中第十号位前要加一短横

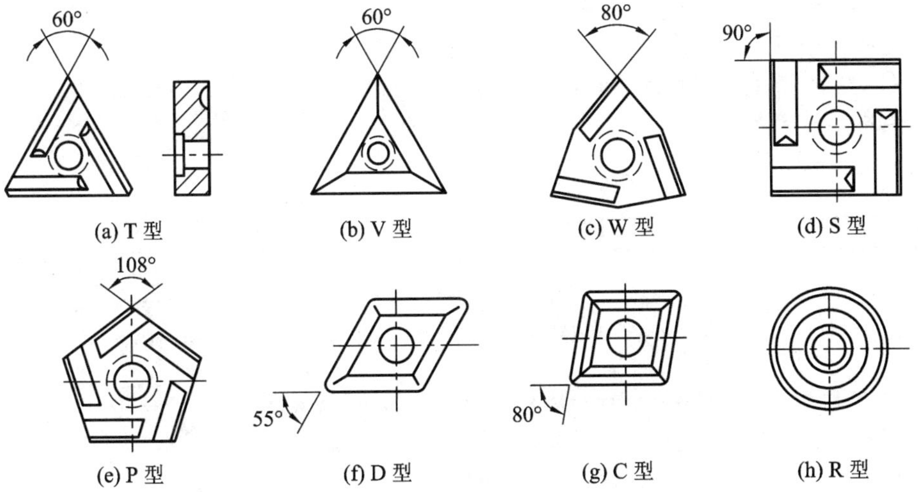

图 3－46　常用机夹可转位刀片的形状

线“－”与前面号位隔开；第八、九两个号位如只使用其中一位，则写在第八号位上，中间不需要空格。

可转位刀片型号表示方法如图 3－47 所示。十个号位表示的内容如表 3－6 所示。刀片型号的具体含义请查阅相关数控刀具手册。

C	N	M	G	12	04	04	E	N	－	TF
1	2	3	4	5	6	7	8	9		10

图 3－47　机夹可转位刀片型号表示方法

表 3－6　可转位刀片 10 个号位表示的内容

位号	表 示 内 容	代表符号	备　注
1	刀片形状	一个英文字母	具体含义应查有关标准
2	刀片主切削刃法向后角	一个英文字母	
3	刀片尺寸精度	一个英文字母	
4	刀片固定方式及有无断屑槽形	一个英文字母	
5	刀片主切削刃长度	二位数	
6	刀片厚度，主切削刃到刀片定位底面的距离	二位数	
7	刀尖圆角半径或刀尖转角形状	二位数或一个英文字母	
8	切削刃形状	一个英文字母	
9	刀片切削方向	一个英文字母	
10	制造商选择代号(断屑槽形及槽宽)	英文字母或数字	

例如，TBHGl20408EL－CF 的含义为：T 表示三角形刀片，B 表示刀具法向主后角为 5°，H 表示刀片厚度公差为±0.013 mm，G 表示圆柱孔夹紧，12 表示切削刃长 12 mm，

04 表示刀片厚度为 4.76 mm，08 表示刀尖圆弧半径为 0.8mm，E 表示切削刃倒圆，L 表示切削方向向左，CF 为制造商代号。

如图 3-48 所示为刀片与刀杆的固定方式，通常有压板式压紧、复合式压紧、杠杆式压紧和螺钉式压紧等几种。

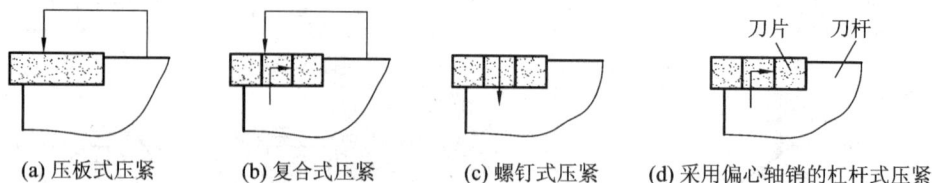

(a) 压板式压紧　　(b) 复合式压紧　　(c) 螺钉式压紧　　(d) 采用偏心轴销的杠杆式压紧

图 3-48　刀片与刀杆的固定方式

压板式压紧(如图 3-48(a)所示)和复合式压紧(如图 3-48(b)所示)夹紧可靠，能承受较大的切削力和冲击负载。

螺钉式压紧(如图 3-48(c)所示)和采用偏心轴销的杠杆式压紧(如图 3-48(d)所示)配件少，结构简单，切屑流动性能好，适合于轻载加工。

(2) 数控铣削加工刀具的种类。

数控铣床(或加工中心)的刀具种类很多，根据刀具的加工用途，可分为轮廓类加工刀具和孔类加工刀具等几种类型。

① 轮廓类加工刀具。

· 面铣刀。如图 3-49 所示，面铣刀的圆周表面和端面上都有切削刃，端部切削刃为主切削刃。面铣刀多制成套式镶齿结构，刀齿为高速钢或硬质合金，刀体为 40Cr。

图 3-49　面铣刀

刀片和刀齿与刀体的安装方式有整体焊接式、机夹焊接式和可转位式三种，其中可转位式是当前最常用的一种夹紧方式。采用可转位式夹紧方式时，当刀片的一个切削刃用钝后，可直接在机床上将刀片转位或更换新刀片，从而提高了加工效率和产品质量。

根据面铣刀刀具型号的不同，面铣刀直径可取 $d=40\sim400$ mm，螺旋角 $\beta=10°$，刀齿数取 $z=4\sim20$。

· 立铣刀。立铣刀(见图 3-50)是数控机床上用得最多的一种铣刀。立铣刀的圆柱表面和端面上都有切削刃，圆柱表面的切削刃为主切削刃，端面上的切削刃为副切削刃。它们可同时进行切削，也可单独进行切削。主切削刃一般为螺旋齿，可以增加切削平稳性，提高加工精度。由于普通立铣刀端面中心处无切削刃，所以立铣刀不能作轴向进给。端面刃主要用来加工与侧面相垂直的底平面。

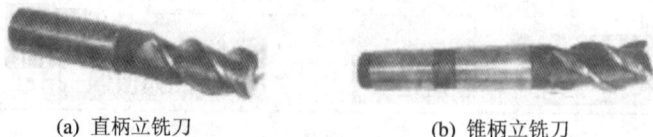

(a) 直柄立铣刀　　　　　　(b) 锥柄立铣刀

图 3-50　立铣刀

标准立铣刀的螺旋角 β 为 40°～45°（粗齿）和 30°～35°（细齿），套式结构立铣刀的 β 为 15°～25°。

粗齿立铣刀齿数 $z=3\sim4$，细齿立铣刀齿数 $z=5\sim8$，套式结构 $z=10\sim20$；容屑槽圆弧半径 $r=2\sim5$ mm。当立铣刀直径较大时，还可制成不等齿距的结构，以增强抗振作用，使切削过程平稳。

立铣刀的刀柄有直柄和锥柄之分。直径较小的立铣刀一般做成直柄形式。对于直径较大的立铣刀，一般做成 7∶24 的锥柄形式。还有一些大直径（$\phi25\sim\phi80$ mm）的立铣刀（如图 3-50(b)所示），除采用锥柄形式外，还可采用内螺纹孔来拉紧刀具。

• 键槽铣刀。键槽铣刀（如图 3-51 所示）一般只有两个刀齿，圆柱面和端面都有切削刃，端面刃延伸至中心，既像立铣刀，又像钻头。加工时先轴向进给达到槽深，然后沿键槽方向铣出键槽全长。

按国家标准规定，直柄键槽铣刀直径 $d=2\sim22$ mm，锥柄键槽铣刀直径 $d=14\sim50$ mm。键槽铣刀直径的精度要求较高，其偏差有 e8 和 d8 两种。键槽铣刀重磨时，只需刃磨端面切削刃，因此重磨后铣刀直径不变。

• 模具铣刀。模具铣刀由立铣刀发展而成，可分为圆锥形立铣刀（圆锥半角 $\alpha/2=3°$、5°、7°、10°）、圆柱形球头立铣刀和圆锥形球头立铣刀三种，其柄部有直柄、削平型直柄和莫氏锥柄三种。模具铣刀中，圆柱形球头立铣刀（见图 3-52）在数控机床上应用较为广泛。

图 3-51　键槽铣刀　　　　　　　　　图 3-52　球头铣刀

• 鼓形铣刀和成形铣刀。鼓形铣刀的切削刃分布在半径为 R 的圆弧面上，端面无切削刃。该刀具主要用于斜角平面和变斜角平面的加工。这种刀具的缺点是刃磨困难，切削条件差，而且不适于加工有底的轮廓表面。

成形铣刀是为特定的工件或加工内容专门设计制造的，如角度面、凹槽、特形孔或台阶等。

② 孔类加工刀具。

孔类加工刀具主要有钻头、铰刀、镗刀等。

• 钻头。加工中心上的常用钻头（见图 3-53）有中心钻、标准麻花钻、扩孔钻、深孔钻和锪孔钻等。麻花钻由工作部分和柄部组成。工作部分包括切削部分和导向部分，而柄部有莫氏锥柄和圆柱柄两种。刀具材料常使用高速钢和硬质合金。

(a) 中心钻　　　　　　　(b) 标准麻花钻　　　　　　(c) 标准扩孔钻

图 3-53　加工中心用钻头

中心钻(如图 3-53(a)所示)主要用于孔的定位,由于切削部分的直径较小,所以中心钻钻孔时应选取较高的转速。

标准麻花钻(如图 3-53(b)所示)的切削部分由两个主切削刃、两个副切削刃、一个横刃和两个螺旋槽组成。在加工中心上钻孔时,因无夹具钻模导向,受两切削刃上切削力不对称的影响,容易引起钻孔偏斜,故要求钻头的两切削刃必须有较高的刃磨精度(两刃长度一致,顶角 2φ 对称于钻头中心线或先用中心钻定中心,再用钻头钻孔)。

标准扩孔钻(如图 3-53(c)所示)一般有 3～4 条主切削刃,切削部分的材料为高速钢或硬质合金,结构形式有直柄式、锥柄式和套式等。在小批量生产时,常用麻花钻改制。

深孔是指孔深与孔直径之比大于 5 而小于 10 的孔。加工深孔时,加工过程散热差,排屑困难,钻杆刚性差,易使刀具损坏并引起孔的轴线偏斜,从而影响加工精度和生产率,故应选用深孔钻加工。

锪钻主要用于加工锥形沉孔或平底沉孔。锪孔加工的主要问题是所锪端面或锥面产生振痕。因此,在锪孔过程中要特别注意刀具参数和切削用量的正确选用。

· 铰刀。加工中心大多采用通用标准的铰刀进行铰孔。此外,还使用机夹硬质合金刀片单刃铰刀和浮动铰刀等。铰孔的加工精度可达 IT6～IT9 级,表面粗糙度 Ra 可达 0.8～1.6 μm。

标准铰刀(见图 3-54)有 4～12 齿,由工作部分、颈部和柄部三部分组成。铰刀工作部分包括切削部分与校准部分。切削部分为锥形,担负主要的切削工作,其主偏角为 5°～15°,前角一般为 0°,后角一般为 5°～8°。校准部分的作用是校正孔径、修光孔壁和导向,包括圆柱部分和倒锥部分。圆柱部分可保证铰刀直径,且便于测量;倒锥部分可减少铰刀与孔壁的摩擦,减小孔径扩大量。整体式铰刀的柄部有直柄和锥柄之分,直径较小的铰刀一般做成直柄形式,而大直径铰刀则常做成锥柄形式。

· 镗孔刀具。镗孔所用刀具为镗刀。镗刀种类很多,按加工精度可分为粗镗刀和精镗刀。此外,镗刀按切削刃数量可分为单刃镗刀和双刃镗刀。

粗镗刀(见图 3-55)结构简单,用螺钉将镗刀刀头装夹在镗杆上。刀杆顶部和侧部有两只锁紧螺钉,分别起调整尺寸和锁紧作用。镗孔时,所镗孔径的大小要靠调整刀具的悬伸长度来保证,调整麻烦,效率低,大多用于单件小批生产。

图 3-54　机用铰刀　　　　　　　　图 3-55　单刃粗镗刀

精镗刀目前较多地选用可调精镗刀(见图 3-56)。这种镗刀的径向尺寸可以在一定范围内进行调节,调节方便,且精度高。调整尺寸时,先松开锁紧螺钉,然后转动带刻度盘的调整螺母,等调至所需尺寸,再拧紧锁紧螺钉。

镗刀刀头有粗镗刀(见图 3-57)和精镗刀刀头(见图 3-58)两种。粗镗刀刀头与普通焊接车刀相类似;精镗刀刀头上带刻度盘,每格刻线表示刀头的调整距离为 0.01 mm(半径值)。

图 3-56　可调精镗刀　　　　图 3-57　粗镗刀刀头　　　　图 3-58　精镗刀刀头

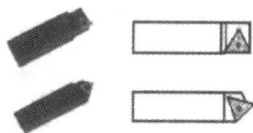

• 螺纹孔加工刀具。加工中心大多采用攻螺纹的加工方法来加工内螺纹。此外，还采用螺纹铣削刀具来铣加工螺纹孔。

丝锥（见图 3-59）由工作部分和柄部组成。工作部分包括切削部分和校准部分。切削部分的前角为 $8°\sim10°$，后角铲磨成 $6°\sim8°$。前端磨出切削锥角，使切削负荷分布在几个刀齿上，切削省力。校正部分的大径、中径、小径均有 $(0.05\sim0.12)/100$ 的倒锥，以减少与螺孔的摩擦，减小所攻螺纹的扩张量。

图 3-59　机用丝锥

3）刀柄系统

数控铣床、加工中心用刀柄系统由三部分组成，即刀柄、拉钉和夹头（或中间模块）。

（1）刀柄。

切削刀具通过刀柄与数控铣床主轴联接，其强度、刚性、耐磨性、制造精度以及夹紧力等对加工有直接的影响。数控铣床刀柄一般采用 7∶24 的锥面与主轴锥孔配合定位，刀柄及其尾部供主轴内拉紧机构用的拉钉已实现标准化，其使用的标准有国际标准（ISO）和中国、美国、德国、日本等国的标准。因此，数控铣床刀柄系统应根据所选用的数控铣床的要求进行配备。

加工中心刀柄可分为整体式与模块式两类。根据刀柄柄部形式及所采用国家标准的不同，我国使用的刀柄常分成 BT（日本 MAS403-75 标准）、JT（GB/T 10944-1989 与 ISO 7388-1983 标准，带机械手夹持槽）、ST（ISO 或 GB，不带机械手夹持槽）和 CAT（美国 ANSI 标准）等几种系列，这几种系列的刀柄除局部槽的形状不同外，其余结构基本相同。根据锥柄大端直径的不同，与其相对应的刀柄又分成 40、45、50（个别的还有 30 和 35）等几种不同的锥度号。40、45、50 是指刀柄的型号，并不是指刀柄实际的大端直径，如 BT/JT/ST50 和 BT/JT/ST40 分别代表锥柄大端直径为 69.85 mm 和 44.45 mm 的 7∶24 锥柄。加工中心常用刀柄的类型及其使用场合见表 3-7。

表 3-7　加工中心常用刀柄的类型用其使用场合

刀柄类型	刀柄实物图	夹头或中间模块	夹持刀具	备注及型号举例
削平型工具刀柄		无	直柄立铣刀、球头铣刀、削平型浅孔钻等	JT40-XP20-70
弹簧夹头刀柄		 ER 弹簧夹头	直柄立铣刀、球头铣刀、中心钻等	BT30-ER20-60

刀柄类型	刀柄实物图	夹头或中间模块	夹持刀具	备注及型号举例
强力夹头刀柄		KM 弹簧夹头	直柄立铣刀、球头铣刀、中心钻等	BT40 - C22 - 95
面铣刀刀柄		无	各种面铣刀	BT40 - XM32 - 75
三面刃铣刀刀柄		无	三面刃铣刀	BT40 - XS32 - 90
侧固式刀柄		粗、精镗及丝锥夹头等	丝锥及粗、精镗刀	21A. BT40.32 - 58
莫氏锥度刀柄		莫氏变径套	锥柄钻头、铰刀	有偏尾 ST40 - M1 - 45
		莫氏变径套	锥柄立铣刀和锥柄带内螺纹立铣刀等	无偏尾 ST40 - MW2 - 50
钻夹头刀柄		钻夹头	直柄钻头、铰刀	ST50 - Z16 - 45
丝锥夹头刀柄		无	机用丝锥	ST50 - TPG875
整体式刀柄		粗、精镗刀头	整体式粗、精镗刀	BT40 - BCA30 - 160

（2）拉钉。

加工中心拉钉（见图 3-60）的尺寸也已标准化，ISO 或 GB 规定了 A 型和 B 型两种形式的拉钉，其中 A 型拉钉用于不带钢球的拉紧装置，而 B 型拉钉用于带钢球的拉紧装置。刀柄及拉钉的具体尺寸可查阅有关标准的规定。

（3）弹簧夹头及中间模块。

图 3-60　拉钉

弹簧夹头有两种，即 ER 弹簧夹头（如图 3-61(a)所示）和 KM 弹簧夹头（如图 3-61(b)所示）。其中 ER 弹簧夹头的夹紧力较小，适用于切削力较小的场合；KM 弹簧夹头的夹紧力较大，适用于强力铣削。

(a) ER 弹簧夹头　　　　　　(b) KM 弹簧夹头

图 3-61　弹簧夹头

中间模块（见图 3-62）是刀柄和刀具之间的中间连接装置。中间模块的使用提高了刀柄的通用性能，例如，镗刀、丝锥与刀柄的连接就经常使用中间模块。

(a) 精镗刀中间模块　　　　(b) 攻螺纹夹套　　　　(c) 钻夹头接柄

图 3-62　中间模块

7. 选择工件坐标原点

为确定工件原点，一般采用工件试切或由刀具与工件某些表面相接触等方法。

下面分别以数控车床、数控铣床（或加工中心）为例进行说明。

1）数控车床工件原点的确定

在手动状态下，首先用外圆车刀试切右端面，记下此时的机床坐标值 Z，通过操作面板，用 C54 等指令设置偏移量（机床坐标值 Z），就可确定工件原点（见图 3-40）。

2）数控铣床（或加工中心）工件原点的确定

（1）机械法。

如图 3-63 所示零件的凹型型腔，工件外表面已在其他机床上进行了精加工，现在选用键槽铣刀加工此零件。在工件装夹并找正后，启动主轴正转，采用手动方式使铣刀侧刃分别与工件在位置 1、2 接触，并分别记下对应位置的机床坐标值 Y；继续手动使铣刀侧刃分别在 3、4 位置与工件接触，并分别记下对应位置的机床坐标值 X；刀具沿 Z 轴上升后，把刀具手动移动到机床坐标值 $(X_3 + X_4)/2$ 及 $(Y_1 + Y_2)/2$ 的位置，然后使刀具沿 Z 轴下降，直至铣刀与工件在上表面接触，此时刀具所在的位置即为工件原点，可以通过 G92 等工件坐标系设定指令进行工件原点的设定（**注意**：刀具靠近工件表面时应选用较低的倍率）。

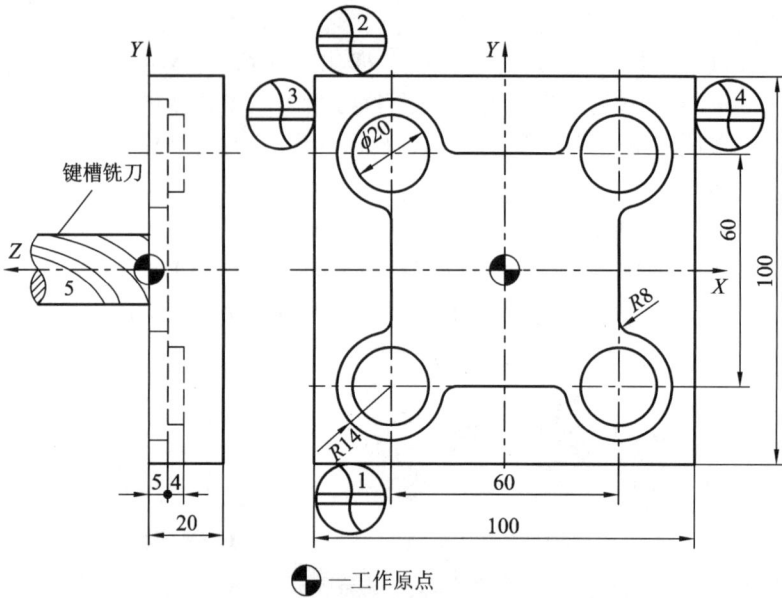

图 3-63　用机械法在数控铣床(或加工中心)上确定工件原点

（2）电子法。

用机械法确定工作原点时，刀具与工件的接触很难控制，有时一接触就发现刀具已切入工件。虽然切入量较少，但在加工精度要求较高的场合，就会出现误差。为此，可采用电子法，如电子定位器，如图 3-64 所示。电子定位器的测头与工件接触时有电流通过，使指示灯发亮，从而准确确定坐标位置。常用的电子定位器头部是一个球头。利用 1、2 两个接触位置可以确定工件坐标系的 Y 向位置，利用 3、4 两个接触位置可以确定工件坐标系的 X 向位置，利用 5 的接触位置可以确定工件坐标系的 Z 向位置。利用电子定位器确定工件原点，具有操作迅速、精度较高等优点，在条件具备的情况下应优先选用。

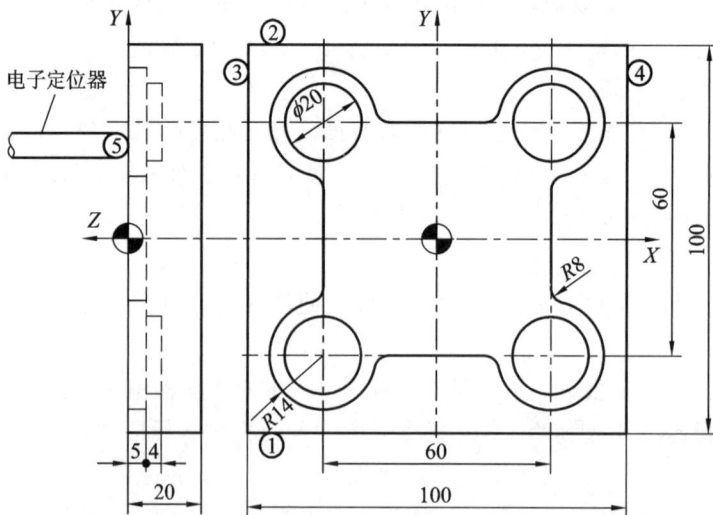

图 3-64　用电子法在数控铣床(或加工中心)上确定工件原点

8. 确定机床的对刀点、换刀点和起刀点

在加工时，工件可以在机床加工尺寸范围内任意安装。要正确执行加工程序，必须确定工件在机床坐标系中的确切位置。对刀点是工件在机床上定位装夹后，设置在工件坐标系中用于确定工件坐标系与机床坐标系空间位置关系的参考点。对刀时应使对刀点与刀位点重合。所谓刀位点，是指确定刀具位置的基准点。平头立铣刀的刀位点一般为端面中心，球头铣刀为球心，车刀为刀尖，钻头为钻尖。

选择对刀点的原则如下：

(1) 方便数学处理和简化程序编制；

(2) 在机床上容易找正；

(3) 加工过程中便于检查；

(4) 引起的加工误差小。

对刀点的设置没有严格规定，可以设置在工件上，也可以设置在夹具上，但在工件坐标系中必须有确定的位置，如图 3 - 65 所示的 X_1 和 Y_1。对刀点既可以与工件原点重合，也可以不重合，主要取决于加工精度和对刀的方便性。当对刀点与工件原点重合时，$X_1 = 0$，$Y_1 = 0$。

当对刀精度要求较高时，对刀点应尽量选在零件的设计基准或工艺基准上，如零件上孔的中心点或两条相互垂直的轮廓边的交点。有时零件上没有合适的部位，也可以加工出工艺孔来对刀。

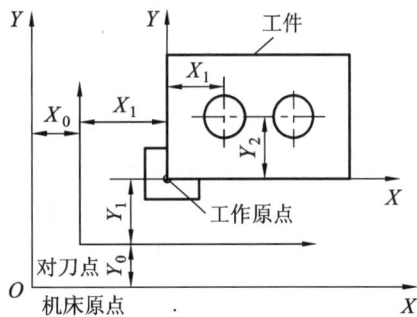

图 3 - 65　对刀点的确定

确定对刀点在机床坐标系中的位置的操作称为对刀。对刀是数控机床操作中非常关键的一项工作，其准确程度将直接影响零件加工的位置精度。生产中常用的对刀工具有百分表、中心规和寻边器等。对刀操作一定要仔细，对刀方法一定要与零件的加工精度相适应。

数控车床、加工中心等在加工时常需要换刀，故编程时要设置一个换刀点。为了防止换刀时刀具碰伤工件，换刀点往往设在零件的外部。数控车床起刀点一般选在靠近参考点附近，数控铣床或加工中心一般选在工件坐标系 $-X$（或 $+X$）与 $+Y$、$+Z$ 靠近工件切入点的附近。

9. 确定加工路线

加工路线是指数控机床在加工过程中，刀具相对于被加工零件的运动轨迹和方向，即刀具从起刀点（即刀具刀位点的初始位置，也称程序起点）开始运动起，直至返回该点并结束加工程序所经过的路径，包括切削加工的路径及刀具的引入、返回等非切削空行程。确定加工路线主要是确定粗加工及空行程的走刀路线，而精加工切削过程的走刀路线都是沿零件轮廓进行的。

确定加工路线时，应注意以下几点：

(1) 在保证加工精度的前提下，应尽量缩短加工路线。例如，对于平行坐标轴的矩阵孔，可采用单坐标轴方向的加工路线，如图 3 - 66 所示。

(2) 对多次重复的加工动作，可编写成子程序，由主程序调用。如图 3 - 67 所示，要加工一系列孔径、孔深和孔距都相同的孔，每一个孔的加工循环动作都一样：快速趋进—工进钻孔—快速退回，然后移动到另一待加工孔的位置后，重复同样的动作。因此，把加工循环动作编写成子程序，不仅简化编程，而且程序长度也缩短了。

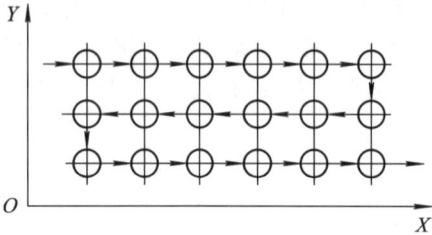

图 3-66　平行坐标轴矩阵孔加工路线　　　　　图 3-67　钻孔加工路线

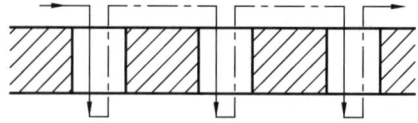

（3）在数控铣床上加工平面轮廓图形时，要安排好刀具的入和切出的加工路线，避免因交接处重复切削或法线方向切入（退刀）而在工件表面上产生痕迹。

图 3-68(a)是采用圆弧插补方式用立铣刀铣削整圆时的加工路线示意图，刀具从起始点沿圆周表面的切线方向进入，进行圆弧铣削加工。当整圆加工完毕开始退刀时，顺着圆周表面切线方向退刀，并退出一段距离，防止取消刀具半径补偿时，刀具和工件表面发生碰撞，造成工件报废。铣削内孔时，也应遵循切线方向切入和切出的原则。如图 3-68(b)所示是铣削内孔壁加工路线，起始点在圆孔的中心处，刀具应从切线方向切入加工，切出时，可多走一段圆弧再退到起始点，这样可以降低接刀处的刀痕，提高内孔精度。

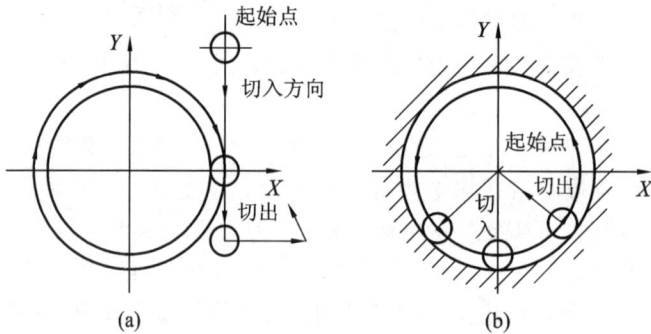

图 3-68　切入和切出方式

（4）确定轴向移动尺寸时，应考虑刀具的引入长度和超越长度。加工工件时，刀具的轴向工作循环一般包括快速前进、工作进给和快速退回等运动，工件进给距离应当是刀具的引入长度 δ_1、工件加工长度 L 和刀具的超越长度 δ_2 的和，如图 3-69 所示。常用刀具的引入长度和超越长度可参考表 3-8 和表 3-9。

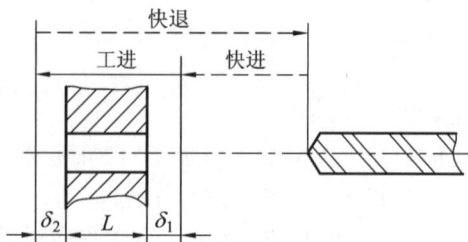

图 3-69　钻孔时工作进给距离

表 3 - 8　刀具的引入长度 δ_1　　　　　　　　　　mm

工序名称	钻孔	镗孔	铰孔	攻丝
加工表面	2～3	3～5	3～5	5～10
毛坯表面	5～8	5～8	5～8	5～10

表 3 - 6　刀具的超越长度 δ_2　　　　　　　　　　mm

工序名称	钻孔	镗孔	铰孔	扩孔
超越长度	$d/3+(3～8)$	5～10	10～15	10～15

在数控车床上加工螺纹时,因为开始加速时和加工结束减速时主轴转数和螺距之间的速度比不稳定,加工螺纹会发生乱扣现象,所以也要有引入长度 δ_1 和超越长度 δ_2,如图 3 - 70 所示,这样可以避免在进给机构加速或减速阶段进行螺纹切削。一般 δ_1 取 2～5 mm,螺纹精度要求较高时取大值;δ_2 一般可取 δ_1 的 1/4。若螺纹收尾处无退刀槽时,收尾处的形状按 45°退刀收尾。

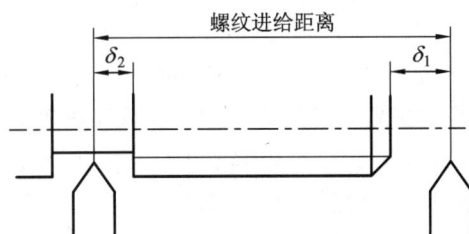

图 3 - 70　螺纹进给切削

(5) 镗孔加工时,若位置精度要求较高时,加工路线的定位方向应保持一致。例如图 3 - 71 中工件上有 4 个孔需要加工,可以采用两种方案。图 3 - 71(a)所示方案按照孔 1、孔 2、孔 3 和孔 4 加工路线完成。由于孔 4 的定位方向与孔 1、孔 2、孔 3 方向相反,因此 X 轴的反向间隙会使定位误差增加,影响孔距间的位置精度。图 3 - 71(b)方案是加工完孔 2 后,刀具向 X 轴反方向移动一段距离,越过孔 4 后,再向 X 轴正方向移至孔 4 进行加工,再移到孔 3 进行加工,因定位方向一致,所以孔间位置精度较高。

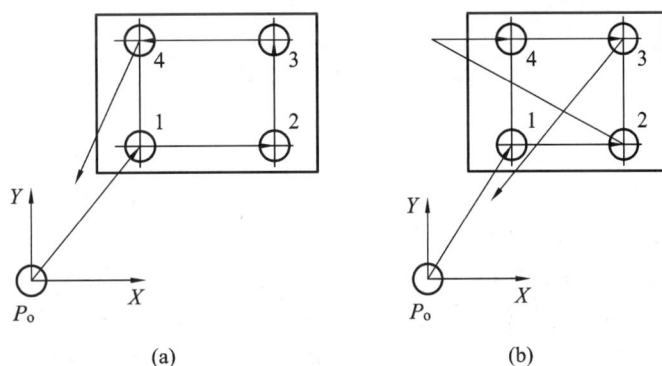

(a)　　　　　　　　　　　　　　　(b)

图 3 - 71　镗孔加工路线示意图

10. 选择切削用量

主轴转速(切削速度)、进给速度(进给量)、背吃刀量(或侧吃刀量)称为切削用量三要素。

合理选择切削用量对提高劳动生产率、延长刀具使用寿命、保证加工质量、增加经济效益有着十分重要的意义。

在加工程序的编制工作中,应把各种切削用量都编入加工工序卡内。因此在选择切削用量时,应使背吃刀量、主轴转度和进给速度三者都互相适应,以形成最佳切削参数。

1) 数控车床切削用量的选择

(1) 背吃刀量的确定。

在机床刚性和机床功率允许的条件下,应尽可能选取较大的背吃刀量,以减少进给次数,提高生产效率。有时为了减小零件的表面粗糙度值,或零件的精度要求较高时,应考虑适当留出精车余量。数控车床所留的精车余量一般比普通车削时所留余量少,常取 $0.1\sim0.5$ mm。

(2) 主轴转速的确定。

① 光车时的主轴转速。

光车时的主轴转速应根据零件上被加工部位的直径,并按零件和刀具的材料及加工性质等条件所允许的切削速度来确定。切削速度除了计算和查表选取外,还可根据实际操作经验确定。特别要注意许多经济型数控车床都采用交流变频调速电动机通过带传动驱动主轴,在低速时输出力矩比较小,在切削时容易引起闷车及打刀等现象,因而切削速度不能太低。切削速度确定后,再用下式计算主轴转速 S。

$$S = \frac{1000v}{\pi d} \qquad\qquad (3-1)$$

式中:S——主轴转速,r/min;

$\quad\quad v$——切削速度,m/min;

$\quad\quad d$——工件待加工表面直径,mm。

② 车螺纹时的主轴转速。

在车螺纹时,车床主轴转速过高会使螺纹破牙,所以对于普通数控车床,车螺纹时推荐的主轴转速为:

$$S \leqslant \frac{1200}{K} - 80 \qquad\qquad (3-2)$$

式中:K——螺纹导程,mm。

③ 进给速度的确定。

进给速度 F 主要是指单位时间内,刀具沿进给方向移动的距离(mm/min)。有些数控机床规定可以选用 mm/r 表示进给速度。

· 确定进给速度的原则如下:

—当工件的质量要求能够得到保证时,为提高生产效率,可选择较高的进给速度。

—在切断、加工深孔或用高速钢刀具加工或精车时,宜选择较低的进给速度。

—当加工精度要求较高时,进给速度应选更低一些。

—进给速度应与主轴转速和背吃刀量相适应。

· 进给速度的计算：若进给速度单位为 mm/min，则它与主轴转速 S 的关系为：

$$F = Sf \tag{3-3}$$

式中，f 为主轴转一周时刀具的进给量，粗车时一般取为 $0.3 \sim 0.8$ mm/r，精车时常取 $0.1 \sim 0.3$ mm/r，切断时常取 $0.05 \sim 0.2$ mm/r。

2）数控铣床切削用量的选择

（1）背吃刀量与侧吃刀量。

背吃刀量与侧吃刀量的选取主要由加工余量和对表面质量的要求决定：

① 在要求工件表面粗糙度值 Ra 为 $25 \sim 12.5$ μm 时，如果圆周铣削的加工余量小于 5 mm，端铣的加工余量小于 6 mm，粗铣一次进给就可以达到要求。但在余量较大、数控铣床刚性较差或功率较小时，可分两次进给完成。

② 在要求工件表面粗糙度值 Ra 为 $12.5 \sim 3.2$ μm 时，可分粗铣和半精铣两步进行。粗铣的背吃刀量与侧吃刀量选取同①。粗铣后留 $0.5 \sim 1$ mm 余量，在半精铣时切除。

③ 在要求工件表面粗糙度值 Ra 为 $3.2 \sim 0.8$ μm 时，可分粗铣、半精铣、精铣三步进行。半精铣时背吃刀量与侧吃刀量取 $1.5 \sim 2$ mm，精铣时圆周铣侧吃刀量取 $0.3 \sim 0.5$ mm，端铣背吃刀量取 $0.5 \sim 1$ mm。

（2）主轴转速的确定。

主轴转速与切削速度的关系为：

$$S = \frac{1000 v_c}{\pi d} \tag{3-4}$$

式中：v_c——铣削时的切削速度，m/min，可参考表 3-10 选取；

　　　d——铣刀的直径，mm。

表 3-10　铣削时的切削速度 v_c

工件材料	硬度 HBS	切削速度 v_c/(m/min)	
		高速钢铣刀	硬质合金铣刀
钢	<225	$18 \sim 42$	$66 \sim 150$
	$225 \sim 325$	$12 \sim 36$	$54 \sim 120$
	$325 \sim 425$	$6 \sim 21$	$36 \sim 75$
铸铁	<190	$21 \sim 36$	$66 \sim 150$
	$190 \sim 260$	$9 \sim 18$	$45 \sim 90$
	$260 \sim 320$	$4.5 \sim 10$	$21 \sim 30$

在编程时，要根据计算出的主轴转速进行编程。

具体选取切削速度时还必须注意：在粗加工时，进给速度取小值；在精加工时，进给速度取大值。加工中心的切削用量可参考数控铣床的切削用量并结合机床说明书进行选择。

（3）进给速度。

数控铣床进给速度的定义与数控车床的定义相同，它与主轴转速 S、铣刀齿数 z 及进给吃刀量 a_f（见图 3-72）的关系为：

$$F = a_f z S \tag{3-5}$$

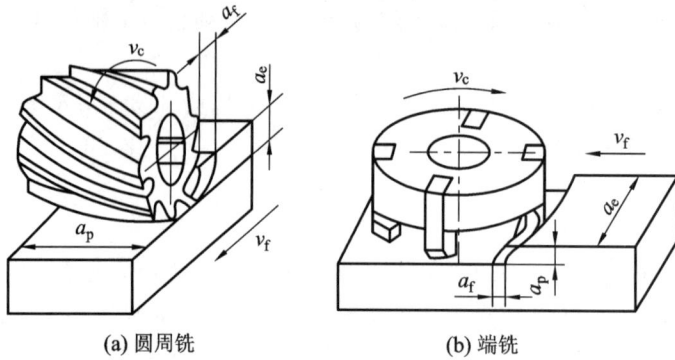

图 3-72　铣削切削用量

进给吃刀量 a_f 的选取主要取决于工件材料的力学性能、刀具材料、工件表面粗糙度等因素。工件材料的强度和硬度越高，a_f 越小，反之则越大。硬质合金铣刀的进给吃刀量高于同类高速钢铣刀。工件表面粗糙度值要求越小，a_f 就越小。进给吃刀量可参考表 3-11 选取。

表 3-11　铣刀进给吃刀量 a_f

工件材料	进给吃刀量 a_f/mm			
	粗　铣		精　铣	
	高速钢铣刀	硬质合金铣刀	高速钢铣刀	硬质合金铣刀
钢	0.10~0.15	0.10~0.25	0.02~0.05	0.10~0.15
铸铁	0.12~0.20	0.15~0.30		

注：工件刚性差或刀具强度低时，应取小值。

在确定工作进给速度时，要注意一些特殊情况。例如在高速进给的轮廓加工中，在拐角处易产生如图 3-73 所示的"超程"和"过切"现象，因此在接近拐角时应减速，过了拐角后再增速。

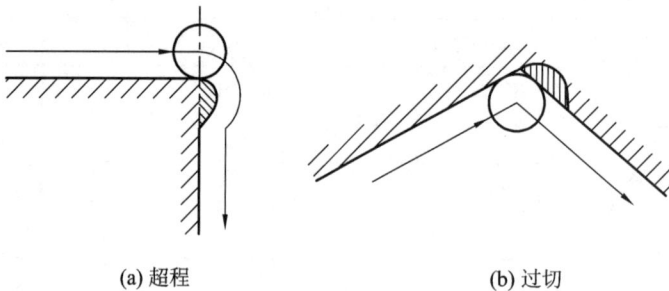

(a) 超程　　　　　　　　　(b) 过切

图 3-73　拐角处的"超程"和"过切"现象

3.6.4　数控加工工艺文件

数控加工工艺文件是数控加工与数控加工工艺内容的具体体现，工厂中常用的数控工艺文件包括数控加工编程任务书、数控加工工序卡片、数控加工刀具调整单、数控机床调整单、数控加工进给路线图、数控加工程序单等。

以上工艺文件中，数控加工工序卡片和数控加工刀具调整单中的数控刀具明细表最为重要，前者是说明加工顺序和加工要素的文件，后者是刀具使用的依据。目前，数控加工工艺文件尚无统一的国家标准，企业单位大都是根据本部门特点自行制定有关工艺文件。但为了加强技术文件管理，数控加工工艺文件也逐步在向标准化、规范化方向发展。

1. 数控加工编程任务书

数控加工编程任务书是编程人员和工艺人员协调工作和编制程序的重要依据，主要包括数控加工工序的技术要求、工序说明、编程前工件余量等内容，如表 3 - 12 所示。

表 3 - 12　数控加工编程任务书

（单位名称）	数控编程任务书	产品代号	零件名称	零件图号
		ST	灯罩模	ST$_2$
主要工艺说明及技术要求 数控铣精加工凸模六角形花纹，……				
设备　XK5032	工艺员	编程员		收到日期
编制	审核	批准		共__页　第__页

2. 数控加工工序卡片

数控加工工序卡片主要用于反映使用的辅具、刀具规格、切削用量、切削液、加工工步等内容，它是操作人员配合数控程序进行数控加工的主要指导性工艺资料。工序卡应按已确定的工步顺序填写。数控加工工序卡片格式如表 3 - 13 所示。

表 3 - 13　数控加工工序卡片

（单位名称）	数控加工工序卡片		产品代号	零件名称	零件图号	
			ST	灯罩模	ST$_2$	
工艺序号	程序编号	夹具名称	夹具编号	使用设备	车间	
10	ST15	平口虎钳		TK7650		
工步号	工步内容（加工面）		刀具号	刀具规格	主轴转速/(m/min)	进给速度/(mm/min)	背吃刀量/mm
1	加工凸台轮廓		T01	ϕ16 mm 立铣刀	500	150	10
2	去除余量		T02	ϕ25 mm 立铣刀	3500	100	10
3	中心钻进行孔定位		T03	B2.5 中心钻	2000	50	1.25
…	…		…	…	…	…	…
编制		审核		批准	共__页　第__页	

若在数控机床上只加工零件的一个工步时，也可不填写工序卡。在工序加工内容不十分复杂时，可把零件草图反映在工序卡上，并注明对刀点和编程原点。

3. 数控加工刀具调整单

数控刀具调整单主要包括数控刀具卡片(简称刀具卡)和数控刀具明细表(简称刀具表)两部分。

加工中心数控刀具卡片分别详细记录了每一把数控刀具的编号、结构、尾柄规格、组合件名称代号、刀片型号和材料等，它是组装刀具和调整刀具的依据。

数控刀具明细表是调刀人员调整刀具输入的主要依据。刀具明细表格式如表 3 - 14 所示。

表 3 - 14 数控刀具明细表

零件图号	零件名称	材料	数控刀具明细表			程序编号	车间	使用设备
ST - 4	灯罩凸模	45 钢						TH7650
刀号	刀位号	刀具名称	刀具图号	刀具		刀补地址		换刀方式	加工部位

刀号	刀位号	刀具名称	刀具图号	直径/mm		长度/mm	刀补地址		换刀方式	加工部位
				设定	补偿	设定	直径	长度	自动/手动	
T13005	T05	立铣刀	05	$\phi25$	$\phi24.6$	100	D05	H05	自动	
T13006	T06	立铣刀	06	$\phi16$	$\phi16$	60	D06	H06	自动	
T13007	T07	粗镗刀	07	$\phi49.8$		237		H07	自动	
T13008	T08	精镗刀	08	$\phi50.01$		250		H08	自动	
…	…	…	…	…	…	…	…	…		
编制		审核		批准			年 月 日	共 页		第 页

4. 机床调整单

机床调整单是机床操作人员在加工前调整机床的依据，主要包括机床控制面板开关调整单和数控加工零件安装、零点设定卡片两部分。

机床控制面板开关调整单上主要记录有机床控制面板上有关"开/关"的位置，如进给速度 F、调整旋钮位置或超调(倍率)旋钮位置、刀具半径补偿旋钮位置或刀具补偿拨码开关组数值表、垂直校验开关及冷却方式等内容。

数控加工零件安装和零点(工件坐标系原点)设定卡片(简称装夹图和零点设定卡)记录有数控加工零件的定位方法和夹紧方法，工件零点设定的位置和坐标方向，使用夹具的名称和编号等。安装图和零点设定卡片格式如表 3 - 15 所示。

表 3 - 15 工件安装和零点设定卡片

零件图号	JS0102 - 4	数控加工工件安装和零点设定卡片		工序号	
零件名称	行星架			装夹次数	
零点设定简图			3	梯形槽螺栓	
			2	压板	
			1	镗铣夹具板	GS53 - 61
编制	审核	批准	第 页		
			共 页	序号	夹具名称	夹具图号

5. 数控加工程序单

数控加工程序单是编程员根据工艺分析情况，经过数值计算，按照机床特点的指令代码编制的。它是记录数控加工工艺过程、工艺参数、位移数据清单、手动数据输入(Manual Data Input，MDI)、置备控制介质、实现数控加工的主要依据。

知识拓展

1. 顺铣与逆铣

1) 顺铣与逆铣的概念

图 3-74 所示为使用立铣刀进行切削的顺铣与逆铣(俯视图)。为便于记忆，我们把顺铣、逆铣归纳为：当切削工件外轮廓时，绕工件外轮廓顺时针走刀为顺铣，如图 3-75(a)所示；绕工件外轮廓逆时针走刀即为逆铣，如图 3-75(b)所示。当切削工件内轮廓时，绕工件内轮廓逆时针走刀即为顺铣，如图 3-76(a)所示；绕工件内轮廓顺时针走刀时即为逆铣，如图 3-76(b)所示。

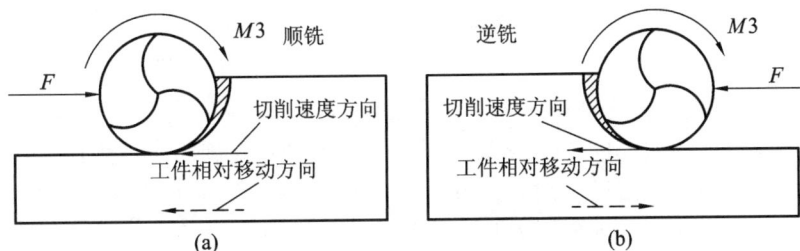

图 3-74　顺铣与逆铣

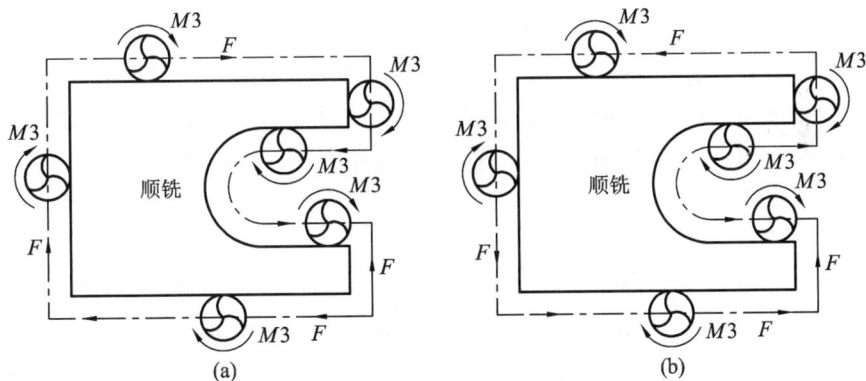

图 3-75　顺铣、逆铣与走刀的关系一

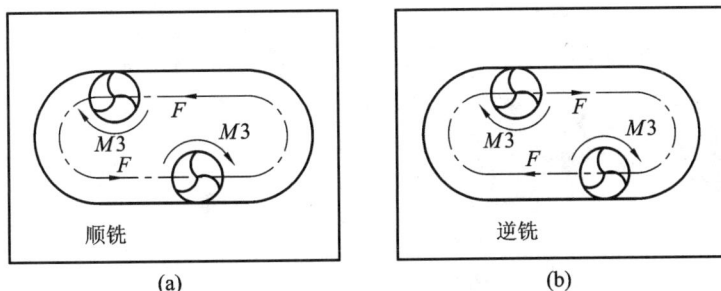

图 3-76　顺铣、逆铣与走刀的关系二

2）顺铣与逆铣对切削的影响

对于立式加工中心所采用的铣刀，装在主轴上时相当于悬臂梁结构，在切削加工时刀具会产弹性弯曲变形，如图 3-77 所示。

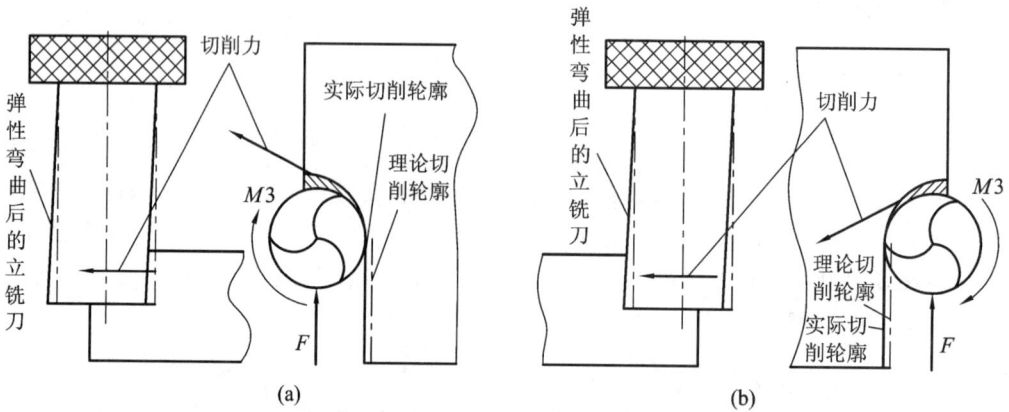

图 3-77　顺铣、逆铣对切削的影响

从图 3-77(a)可以看出，当用立铣刀顺铣时，刀具在切削时会产生让刀现象，即切削时出现"欠切"；而用立铣刀逆铣时，如图 3-77(b)所示，刀具在切削时会产生啃刀现象，即切削时出现"过切"。这种现象在刀具直径越小、刀杆伸出越长时越明显，所以在选择刀具时，从提高生产率、减小刀具弹性弯曲变形的影响这些方面考虑，应选大的直径，但需满足 $R_刀 < R_{轮廓\min}$；在装刀时刀杆尽量伸出短些。

在编程时，如果粗加工采用顺铣，则可以不留精加工余量（余量在切削时由让刀让出）；而粗加工采用逆铣，则必须留精加工余量，预防由于"过切"引起加工工件的报废。

为此，为编程及设置参数的方便，我们在后面的编程中，粗加工一律采用顺铣；而半精加工或精加工，由于切削余量较小，切削力使刀具产生的弹性弯曲变形很小，所以既可以采用顺铣，也可以采用逆铣。

2. 周铣与端铣

以立式加工中心为例，用分布在铣刀圆柱面上的刀齿进行的铣削称为周铣（即铣削垂直面），如图 3-78(a)所示；用分布在铣刀端面上的刀齿进行的铣削称为端铣，如图 3-78(b)所示。

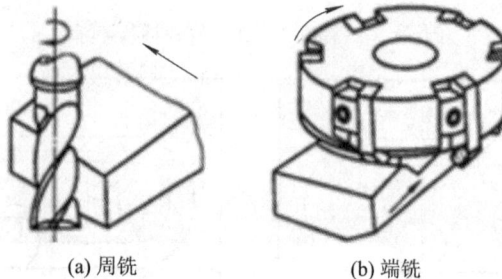

(a) 周铣　　　　(b) 端铣

图 3-78　周铣与端铣

用圆柱铣刀铣削时的铣削方式有顺铣和逆铣两种，用端铣刀铣削时的铣削方式有对称铣削和不对称铣削两种。

　　对称铣削是指铣削时铣刀中心位于工件铣削宽度中心的铣削方式,如图 3 - 79(a)所示。对称铣削适用于加工短而宽或厚的工件,不宜加工狭长或较薄的工件。不对称铣削是指铣削时铣刀中心偏离工件铣削宽度中心的铣削方式。不对称铣削时,按铣刀偏向工件的位置,在工件上可分为进刀部分与出刀部分。图 3 - 79 所示 *AB* 为进刀部分,*BC* 为出刀部分。按顺铣与逆铣的定义,显然进刀部分为逆铣,出刀部分为顺铣。不对称端铣削时,进刀部分大于出刀部分时,称为逆铣,如图 3 - 79(b)所示;反之称为顺铣,如图 3 - 79(c)所示。不对称端铣通常采用逆铣方式。

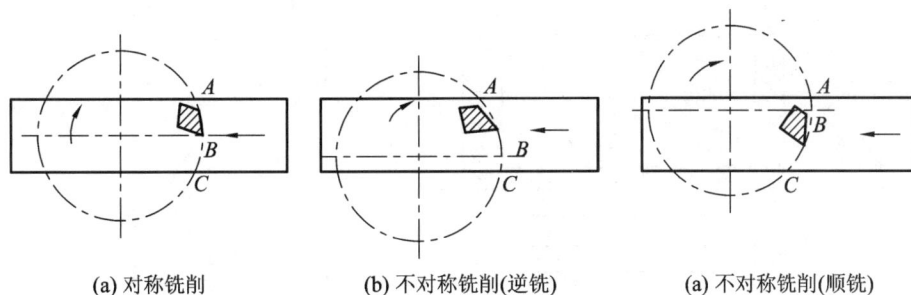

(a) 对称铣削　　　　　　(b) 不对称铣削(逆铣)　　　　　(a) 不对称铣削(顺铣)

图 3 - 79　端铣铣削方式

3. 进刀与退刀的走刀路线及 −*Z* 向进刀方法

1) 进刀与退刀的走刀路线

　　铣削平面零件的轮廓时,是用铣刀的侧刃进行切削的,如果在进刀切入工件时是沿非切线方向或沿 −*Z* 下刀的,那么就会产生整个轮廓切削不平滑的状况。在图 3 - 80 中,切入处没有产生让刀,而其他位置都产生了让刀现象。为保证切削轮廓的完整平滑,应采用进刀切向切入、退刀切向切出的走刀路径,也就是通常所说的走“8”字形轨迹,如图 3 - 81 所示。

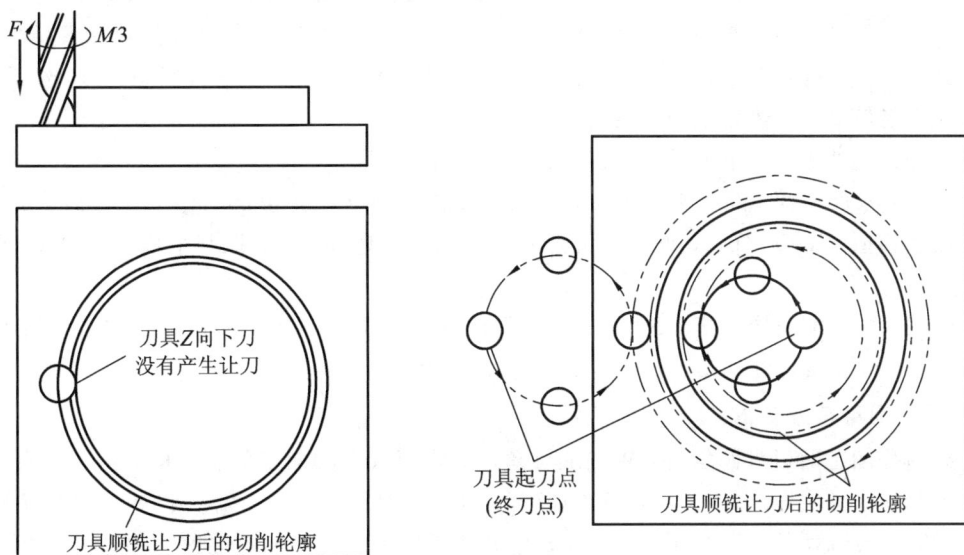

图 3 - 80　非切线方向或 −*Z* 进刀时的轨迹　　　　图 3 - 81　刀具的切向切入、切向切出

2）－Z 方向的进刀

在－Z 方向进刀一般采用直接进刀或斜向进刀的方法。直接进刀主要适用于键槽铣刀的加工；而在不用键槽铣刀直接用立铣刀的场合（如要加工某一个型腔，没有键槽铣刀，只有立铣刀时），就要用斜向进刀的方法。斜向进刀又分直线式与螺旋式两种，具体参见图 3－82。

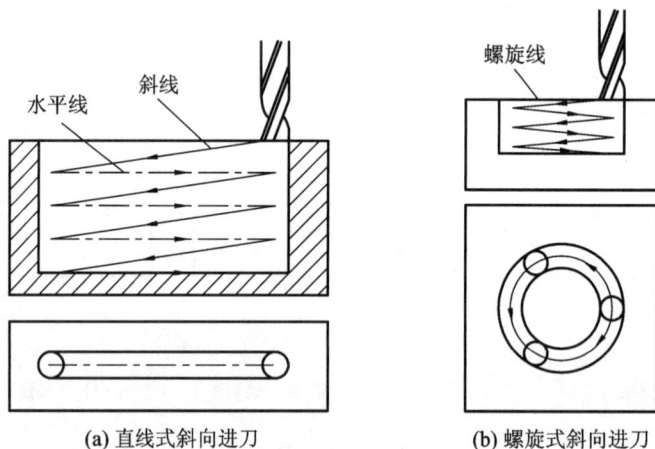

(a) 直线式斜向进刀　　　　　　(b) 螺旋式斜向进刀

图 3-82　斜向进刀方法

先导案例解决方案

1. 零件图工艺分析

图 3-1 所示零件表面由内外圆柱面、圆锥面、顺圆弧、逆圆弧及内螺纹等表面组成，其中多个直径尺寸与轴向尺寸有较高的尺寸精度、表面粗糙度和形位公差要求。零件图尺寸标注完整，符合数控加工尺寸标注要求，轮廓描述清楚完整，零件材料为 45 号钢，切削加工性能较好，无热处理和硬度要求。

通过上述分析，采取以下几点工艺措施：

（1）零件图样上带公差的尺寸，除内螺纹退刀槽位置尺寸 $25_{-0.084}^{~~0}$ 公差值较大，编程时可取平均值 24.958 外，其他尺寸因公差值较小，故编程时不必取其平均值，而取基本尺寸即可。

（2）左右端面均为多个尺寸的设计基准，相应工序加工前，应该先将左右端面车出来。

（3）内孔圆锥面加工完后，需掉头再加工内螺纹。

2. 确定装夹方案

内孔加工时以外圆定位，用三爪自动定心卡盘夹紧。加工外轮廓时，为了保证同轴度要求和便于装夹，以坯件左侧端面和轴线为定位基准，为此，需要设一心轴装置，如图 3-83 所示的双点画线部分。用三爪卡盘夹持心轴左端，心轴右端留有中心孔并用尾座顶尖顶紧，以提高工艺系统的刚性。

3. 确定加工顺序及走刀路线

加工顺序的确定按由内到外、由粗到精、由近到远的原则确定，在一次装夹中尽可能加工出较多的工件表面。结合本零件的结构特征，可先粗、精加工内孔各表面，然后粗、精加工外轮廓表面。由于该零件为单件小批量生产，走刀路线设计不必考虑最短进给路线或最短空行程路线，外轮廓表面车削走刀路线可沿零件轮廓顺序进行，如图 3-84 所示。

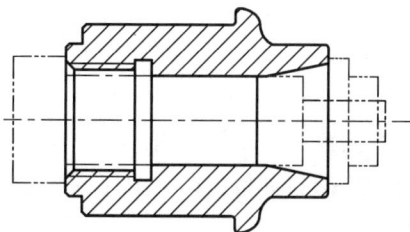

图 3-83　外轮廓车削心轴定位装夹方案　　　　图 3-84　外轮廓车削走刀路线

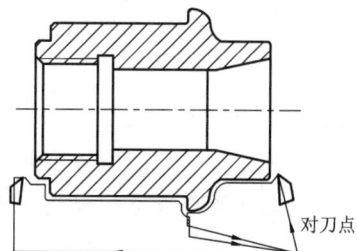

4. 刀具选择

1 号刀：车削端面，选用 45°硬质合金端面车刀。

2 号刀：选用 φ4 mm 中心钻钻中心孔，以利于钻削底孔时刀具找正。

3 号刀：φ31.5 mm 高速钢钻头，钻内孔底孔。

4 号刀：粗镗内孔选用内孔镗刀。

5 号刀：内孔精加工选用 φ32 mm 铰刀。

6 号刀：螺纹退刀槽加工选用 5 mm 内槽车刀。

7 号刀：内螺纹切削选用 60°内螺纹车刀。

8 号刀：选用 93°硬质合金右偏刀，副偏角选 35°，自右到左车削外圆表面。

9 号刀：选用 93°硬质合金左偏刀，副偏角选 35°，自左到右车削外圆表面。

将所选定的刀具参数填入如表 3-16 所示的数控加工刀具卡片中，以便于编程和操作管理。

表 3-16　数控加工刀具卡片

序号	刀具号	刀具规格名称	数量	加工表面	刀尖半径/mm	备注
1	T1	45°硬质合金端面车刀	1	车端面	0.5	
2	T2	φ4 mm 中心钻	1	钻 φ4 mm 中心孔		
3	T3	φ31.5 mm 高速钢钻头	1	钻内孔底孔		
4	T4	镗刀	1	镗孔及镗内孔锥面	0.4	
5	T5	φ32 mm 铰刀	1	铰孔		
6	T6	5 mm 内槽车刀	1	切 5 mm 宽螺纹退刀槽	0.4	
7	T7	60°内螺纹车刀	1	车内螺纹及螺纹孔倒角	0.3	
8	T8	93°右偏刀	1	自右至左车外表面	0.2	
9	T9	93°左偏刀	1	自左至右车外表面	0.2	
编制		审核		批准	共 1 页	第 1 页

5. 切削用量选择

根据被加工表面的质量要求、刀具材料和工件材料，参考切削用量手册或有关资料选取切削速度与每转进给量，然后根据式（3-1）和式（3-2）计算主轴转速与进给速度（计算过程略），计算结果填入如表3-17所示的工序卡中。

背吃刀量的选择因粗、精加工而有所不同。粗加工时，在工艺系统刚性和机床功率允许的情况下，尽可能取较大的背吃刀量，以减少进给次数；精加工时，为了保证零件表面粗糙度要求，背吃刀量一般取0.1～0.4 mm较为合适。

6. 数控加工工序卡片拟定

将前面分析的各项内容综合成如表3-17所示的数控加工工序卡片，此表是编制加工程序的主要依据和操作人员配合数控程序进行数控加工的指导性文件，主要内容包括工步顺序、工步内容、各工步所用的刀具及切削用量等。

表3-17　数控加工工序卡片

单位名称		产品名称或代号	零件名称	零件图号
		数控车工艺分析	锥孔螺母套	01
工序号	程序编号	夹具名称	使用设备	车间
001	SKC01	三爪卡盘、自制心轴	CJK6136D	数控加工车间

工步	工步内容	刀具号	刀具规格 /(mm×mm)	主轴转速 /(r/min)	进给速度 /(mm/min)	背吃刀量 /mm	备注
1	车端面	T1	25×25	320		1	手动
2	钻中心孔	T2	(φ4)	950		2	手动
3	钻孔	T3	(φ31.5)	200		15.75	手动
4	镗通孔至φ31.9 mm	T4	20×20	320	40	0.2	自动
5	铰孔至尺寸(φ32 mm)	T5	(φ32)	320		0.1	手动
6	粗镗内孔斜面	T4	20×20	320	40	0.8	自动
7	精镗内孔斜面保证(1：5)±6	T4	20×20	320	40	0.2	自动
8	粗车外圆至φ71 mm 光轴	T8	25×25	320		1	手动
9	掉头车另一端保证尺寸76	T1	25×25	320			自动
10	粗镗螺纹底孔至φ34 mm	T4	20×20	320	40	0.5	自动
11	精镗螺纹底孔至φ34.2 mm	T4	20×20	320	25	0.1	自动
12	切内孔退刀槽5 mm 宽	T6	16×16	320			手动
13	φ34.2 mm 孔边倒角2×45°	T7	16×16	320			手动
14	粗车内孔螺纹	T7	16×16	320		0.4	自动
15	粗车内孔螺纹至 M36×2-7H	T7	16×16	320		0.1	自动
16	自右至左车外表面	T8	25×25	320	30	0.2	自动
17	自左至右车外表面	T9	25×25	320	30	0.2	自动
编制		审核		批准		年　月　日　共1页	第1页

生产学习经验

【案例 3 - 1】 手表模型零件图如图 3-85 所示，零件材料为铝合金，试对其进行工艺分析和数控加工程序编制。

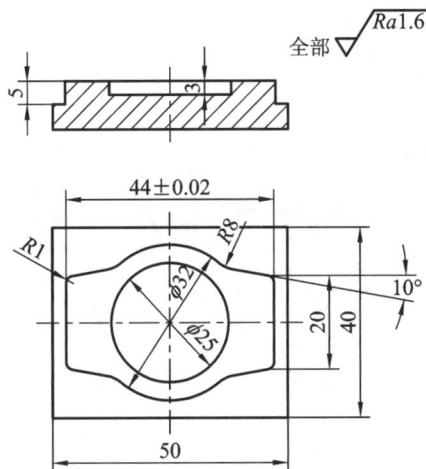

【案例 3-1】

图 3-85 手表模型零件图

【案例 3 - 2】 图 3-86 所示为贴标送料机构，其中移动平台部分为贴标产品的工作平台。贴标过程是指产品随工作平台从右向左运动并停顿一个固定时间长度，贴标完成后再随工作平台自左向右运动，由取料装置将产品取走。采用圆柱凸轮机构完成这个工作过程，按工艺要求设计的圆柱凸轮如图 3-87 所示。现要求完成对所设计的柱面凸轮零件柱面螺旋槽的数控加工，具体设计该零件的数控加工工艺。

【案例 3-2】

图 3-86 贴标送料机构

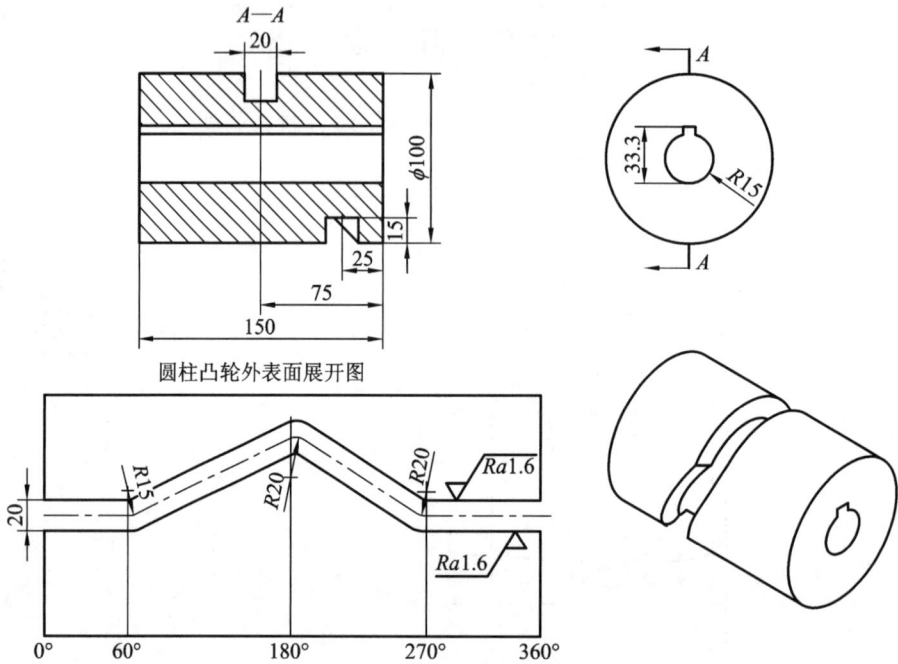

图 3-87　柱面凸轮零件柱面螺旋槽

本 章 小 结

　　本章学习重点是数控编程的概念、方法和步骤，数控机床坐标系和运动方向的规定，常用编程的指令格式和使用规范，数控加工工艺分析的主要步骤和工艺编制的主要内容。学习难点是数控机床坐标系和运动方向的规定，数控加工工艺编制的主要内容。

思 考 与 练 习

　　3-1　什么是数控编程？数控编程的方法分为哪几种？

　　3-2　什么是手工编程？手工编程有什么特点？

　　3-3　简述数控编程的一般步骤。

　　3-4　何谓机床坐标系？怎样确定机床坐标系？

　　3-5　什么叫机床原点、机床参考点？它们在数控车床、数控铣床中有什么区别与联系？

　　3-6　什么叫工件原点和工件坐标系？什么是绝对坐标系、相对坐标系？

　　3-7　国际上通用的数控穿孔带代码有哪些？有何区别？

　　3-8　什么是程序字？有哪些类型？

　　3-9　一个加工程序有哪几部分组成？

　　3-10　什么是功能指令？分类如何？

3-11　什么 G 功能？它的作用是什么？什么是 M 功能？它的作用是什么？

3-12　什么是模态指令？什么是非模态指令？

3-13　G00 和 G01 都是从一点移到另一点，它们有什么不同？各适用于什么场合？

3-14　在 XZ 平面内，使用 G02 与 G03、G41 与 G42 时有什么特别要注意的事项？

3-15　G90 X20 Y15 与 G91 X20 Y15 有什么区别？

3-16　M00、M01、M02、M30 都可以停止程序运行，它们有什么区别？

3-17　什么是数值计算？数值计算的内容是什么？

3-18　什么是基点？基点计算方法有哪些？

3-19　已知编程用轮廓尺寸如图 3-88 所示，请用平面几何计算法求出编程时所需的 X 值。

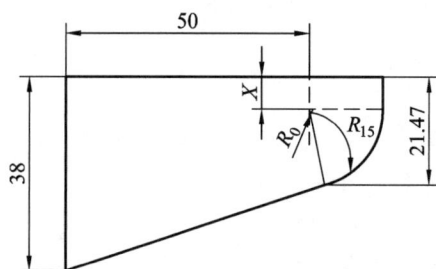

图 3-88　轮廓尺寸

3-20　车削如图 3-89 所示的手柄，计算出编程所需的数值。

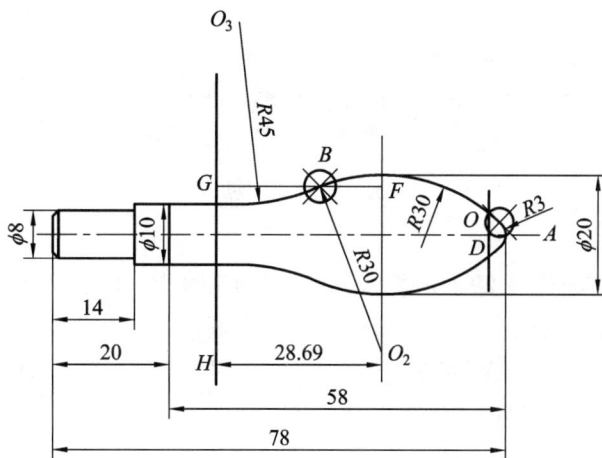

图 3-89　手柄

3-21　图 3-90 所示为数控铣削的零件图，请用 CAD 绘图分析法求出各基点坐标值。

3-22　什么是节点？什么是拟合处理？常用的拟合计算方法是什么？

3-23　数控加工的工艺特点有哪些？数控加工工艺性分析的内容是什么

3-24　如何制定数控加工工艺？

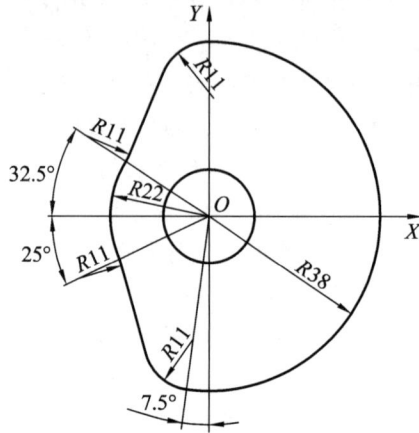

图 3-90　零件

3-25　为什么要进行工序的划分？在安排加工工序时应注意什么？

3-26　常用的数控刀具材料有哪些？

3-27　简述数控车削加工刀具的种类。

3-28　简述数控铣削加工刀具的种类。

3-29　工件坐标原点如何确定？

3-30　什么是对刀？什么是刀位点？选择对刀点的原则是什么？

3-31　在确定加工路线时应遵守哪些要求？

3-32　数控车床切削用量如何选择？

3-33　数控铣床切削用量如何选择？

3-34　数控加工工艺文件指的是什么？有何作用？

自　测　题

一、选择题（请将正确答案的序号填写在题中的括号内，每题 3 分，共 30 分）

1. 数控机床的旋转轴之一 B 轴是绕（　　）旋转的轴。

　　A. X 轴　　　　　　B. Y 轴　　　　　　C. Z 轴　　　　　　D. W 轴

2. 数控机床坐标轴确定的步骤为（　　）。

　　A. X→Y→Z　　　B. X→Z→Y　　　C. Z→X→Y　　　D. Y→X→Z

3. 根据 ISO 标准，数控机床在编程时采用（　　）规则。

　　A. 刀具相对静止，工件运动　　　　　B. 工件相对静止，刀具运动

　　C. 按实际运动情况确定　　　　　　　D. 按坐标系确定

4. 为确定工件在机床中的位置，要确定（　　）。

　　A. 机床坐标系　　　　　　　　　　　B. 工件坐标系

　　C. 局部坐标系　　　　　　　　　　　D. 笛卡尔坐标系

5. 只在本程序段有效，下一程序段需要时必须重写的代码称为（　　）。

    A. 模态代码　　　　　　　　　　　B. 续效代码

    C. 非模态代码　　　　　　　　　　D. 准备功能代码

6. 程序中的"字"由（　　）组成。

    A. 地址符和程序段　　　　　　　　B. 程序号和程序段

    C. 字母 N 和数字　　　　　　　　D. 地址符和数字

7. 主轴反转的命令是（　　）。

    A. G03　　　　B. M04　　　　C. M05　　　　D. M06

8. 数控机床上有一个机械原点，该点到机床坐标零点在进给坐标轴方向上的距离可以在机床出厂时设定。该点称（　　）。

    A. 工件零点　　　　　　　　　　　B. 机床零点

    C. 机床参考点　　　　　　　　　　D. 编程原点

9. 程序校验与首件试切的作用是（　　）。

    A. 检查机床是否正常　　　　　　　B. 提高加工质量；

    C. 检验程序是否正确及零件的加工精度是否满足图纸要求；

    D. 检验参数是否正确。

10. 利用一般计算工具，运用各种数学方法人工进行刀具轨迹的运算并进行指令编程的方式，称为（　　）。

    A. 机械编程　　　　　　　　　　　B. 手工编程

    C. CAD 编程　　　　　　　　　　D. CAM 编程

二、判断题（请将判断结果填入括号中，正确的填"√"，错误的填"×"，每题 2 分，共 20 分）

（　　）1. M00 指令表示结束加工程序。

（　　）2. G00 和 G01 的运行轨迹都一样，只是速度不一样。

（　　）3. 在程序中设定 G00 代码执行时的机床移动速度，可以缩短加工所需的辅助时间。

（　　）4. 在数控铣床上精铣外轮廓时，应使铣刀沿工件轮廓线的法线方向进刀。

（　　）5. 采用顺铣，必须要求铣床工作台进给丝杠螺母副有消除侧向间隙机构，或采取其它有效措施。

（　　）6. G90 G01 X0 Y0 与 G91 G01 X0 Y0 意义相同。

（　　）7. 子程序只能调用 1 次。

（　　）8. 刀具直径为 10 mm 的高速钢立铣刀铣钢件时，主轴转速为 820 r/min，切削速度为 56 m/min。

（　　）9. 表示零件结构、大小及技术要求的图样称为零件图。

（　　）10. 自动加工时，编程的主轴转速可以通过倍率开关调整。

三、名词解释（每题 4 分，共 20 分）

1. 模态指令　　　　2. 数控编程　　　　3. 相对坐标系

4. 准备 G 指令　　　5. 拟合处理

四、简答题(每题 6 分，共 30 分)

1. 刀具半径补偿的作用是什么？使用刀具半径补偿有哪几步？在什么移动指令下才能建立和取消刀具半径补偿功能？

2. 简述数控编程的一般步骤。

3. 如何制定数控加工工艺？

4. 什么是对刀？对刀点与刀位点又有什么不同？选择对刀点的原则是什么？

5. 工厂中常用的数控工艺文件包括哪些？为什么要制定数控加工工艺文件？

自测题答案

第4章

自动编程技术

本章知识点 ✍

(1) 自动编程的概念、分类、工作过程和特点；
(2) APT 语言自动编程系统的组成和工作原理；
(3) 图形交互编程系统的特点和编程工作流程；
(4) 典型 CAD/CAM 软件介绍；
(5) 数控加工程序检验与仿真方法。

先导案例 📖

利用典型 CAD/CAM 软件——MasterCAM，调取曲面综合加工零件（见图 4-1）的模型源文件，合理规划曲面综合加工刀具路径。

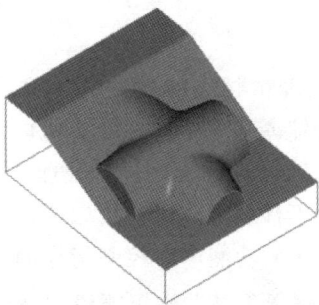

图 4-1　曲面综合加工零件图

4.1　自动编程的概念和分类

4.1.1　自动编程的概念

程序编制是数控加工的重要组成部分。简单平面零件可以根据图纸用手工直接编写数控加工程序。复杂平面零件，特别是三维以上零件加工程序的编制，需要大量复杂的计算工作，程序段的数量也非常多，不但繁琐、枯燥，而且在许多情况下用手工编程几乎是不可能的，因此发展了计算机自动编程方法。采用通用计算机代替手工编程称为计算机自动编程，简称自动编程。

4.1.2 自动编程的分类

自动编程主要包括语言编程、图形编程和实物编程三种方法。

1. 语言编程

语言编程是编程人员用接近日常工艺词汇的一套编程语言，把加工零件的有关信息，如零件的几何形状、工艺要求、切削参数及辅助信息等用数控语言编成零件加工源程序，然后把该程序输入到计算机中，由计算机自动处理，最后得到并输出数控机床加工所需的程序，其中最具有代表性的就是 APT 语言。

2. 图形编程

图形编程是指将零件的图形信息直接输入计算机，通过自动编程软件的处理，得到数控加工程序。图形编程是目前使用最广泛的自动编程方式。

3. 实物编程

实物编程是指由平面轮廓零件或实物模型通过测头测量直接得到数控加工所需的数据，计算机根据此数据编制加工程序。

除了上述的自动编程方法外，还有语音自动编程和会话式自动编程。语音自动编程可以通过语音识别器，将编程人员发出的加工指令声音转变成加工程序。

4.2 自动编程的基本过程、特点和发展情况

4.2.1 自动编程的基本过程

为了使计算机能够识别和处理由相应的数控语言编写的零件源程序，事先必须针对一定的加工对象，将编好的一套编译程序存放在计算机内，这个程序通常称为数控程序系统或数控软件。数控软件分两步对零件源程序进行处理：第一步是计算刀具中心相对于零件运动的轨迹。由于这部分处理不涉及具体 NC 机床的指令格式和辅助功能，因此具有通用性。第二步是针对具体 NC 机床的功能产生控制指令的后置处理程序，后置处理程序是不通用的。由此可见，经过数控程序系统处理后输出的程序才是控制 NC 机床的零件加工程序。整个 NC 自动编程的过程如图 4 - 2 所示。

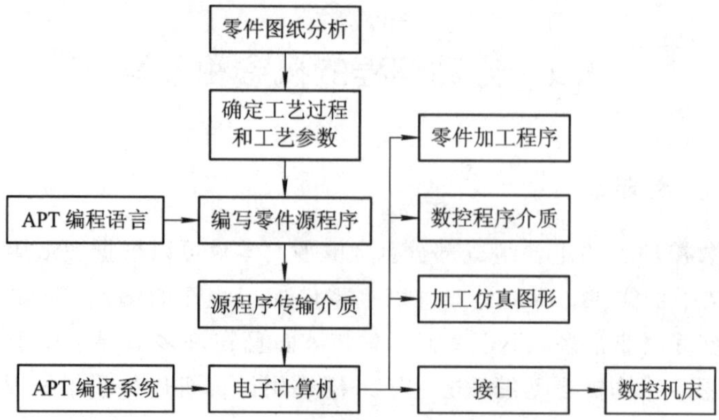

图 4 - 2 自动编程的基本过程

从图中可见，为实现自动编程，数控自动编程语言和数控程序系统是两个重要的组成部分。

4.2.2　自动编程的特点

自动编程具有编程速度快、周期短、质量高、使用方便等一系列优点。与手工编程相比，可提高编程效率数倍至数十倍。零件越复杂，其技术经济效果越显著，特别是能编制手工编程无法完成的程序。

4.2.3　自动编程的发展情况

现在国际上流行的数控自动编程语言有上百种，其中流传最广、影响最深、最具有代表性的是美国 MIT 研制的 APT 系统（Automatically Programmed Tools）。APT 是 1955 年推出的，1958 年 MIT 又推出了 APTⅡ，适用于曲线自动编程。1961 年推出了 APTⅢ，适用于 3～5 坐标立体曲面自动编程。20 世纪 70 年代又推出了 APTⅣ，适用于自由曲面自动编程。由于 APT 系统语言词汇丰富，定义的几何元素类型多，并配有多种后置处理程序，通用性好，因此在世界范围内获得了广泛应用。在 APT 的基础上，世界有些国家也各自发展了各具特色的数控语言系统，如德国的 EXAPT、日本的 FAPT 和 HAPT、法国的 IFAPT、意大利的 MODAPT 以及我国的 SKC、ZCX 等。我国机械工业部 1982 年发布的 NC 机床自动编程语言标准（JB 3112—1982）采用 APT 的词汇语法；1985 年国际标准化组织 ISO 发布的 NC 机床自动编程语言（ISO4342—1985）也以 APT 语言为基础。

4.3　APT 语言自动编程系统

4.3.1　APT 语言自动编程系统的组成

APT 语言自动编程系统的组成如图 4-3 所示，分为 APT 语言编写的零件源程序、通用计算机以及编译程序（系统软件）三个组成部分。零件源程序不同于我们在手工编程时用 NC 指令代码写出的加工程序，它不能直接控制数控机床，只是加工程序计算机预处理的输入程序。零件源程序经过计算机进行输入翻译、数值计算和后置处理后，成为 NC 加工程序。

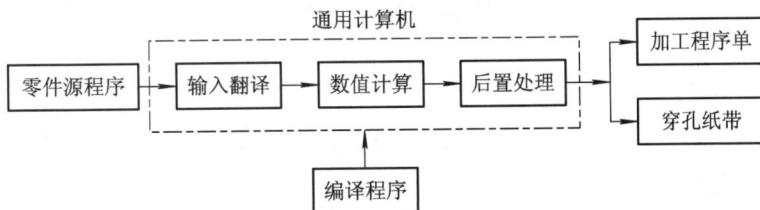

图 4-3　APT 语言自动编程系统信息处理过程

编译程序的作用是使计算机具有处理零件源程序和自动输出具体机床加工程序的能力。因为用数控语言编写的零件源程序，计算机是不能直接识别和处理的，必须根据具体的数控语言、计算机语言(高级语言或汇编语言)以及具体机床的指令,事先给计算机编好一套能处理零件源程序的编译程序(又称为数控编程软件),将这种数控编程软件存入计算机中,计算机才能对输入的零件源程序进行翻译、计算并执行根据具体数控机床的控制系统所编写的后置处理程序,最终形成加工程序。

4.3.2　计算机处理零件源程序三个阶段的内容

1. 翻译阶段

翻译阶段即语言处理阶段。它按源程序的顺序,一个符号接着一个符号地依次阅读并进行处理。如图 4-4 所示,首先分析语句的类型,当遇到几何定义语句时,则转入几何定义处理程序。根据几何特征关键字,判断是哪种类型的几何定义方式,然后再处理成标准的形式,并按其数值信息求出标准参数。例如,点的标准参数为 X、Y、Z 三个坐标值;对于直线 $AX+BY=C$,标准参数为 A、B、C;对于圆$(X-X_0)^2+(Y-Y_0)^2=R^2$,标准参数为 X_0、Y_0、R。

根据几何单元名字将其几何类型和标准参数存入单元信息表,供计算阶段使用。其他语句也要处理成信息表的形式。另外在翻译阶段,还要进行 2 进制与 10 进制的转换和语法检查等工作。

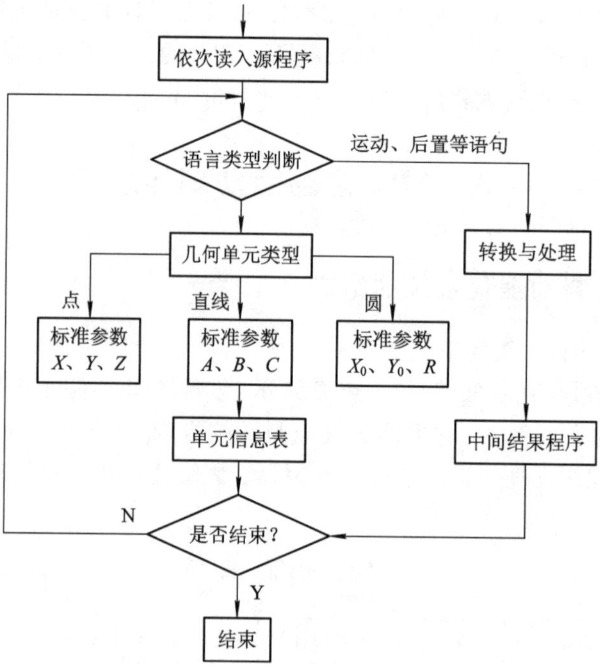

图 4-4　翻译阶段的信息处理过程

2. 数值计算阶段

如图 4-5 所示,数值计算阶段的工作类似于手工编程时的基点和节点坐标数据的计算,主要的任务是处理连续运动语句。根据导动面和检查面(图 4-6)等信息(如方向指示词、交点区分词等)计算基点坐标和节点坐标,从而求出刀具位置数据(Cutter Location Data,CLDATA)并以刀具位置文件的形式加以存储。其它的语句也要以规定的形式处理并存储。

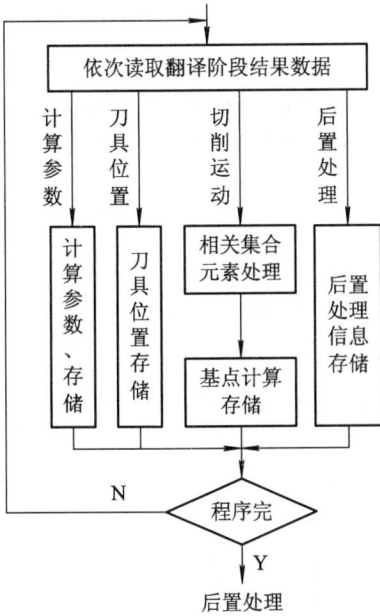

图 4-5　计算机阶段的信息处理

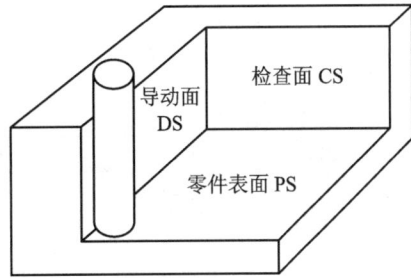

图 4-6　刀具空间位置的控制面

3. 后置处理阶段

后置处理的信息流程如图 4-7 所示。按照计算阶段的信息，通过后置处理即可生成符合具体数控机床要求的零件加工程序。该加工程序可以通过打印成加工程序单，也可通过穿孔机自动穿出数控纸带作为数控机床的输入，还可以通过计算机通信接口将后置处理的结果直接传送至 CNC 系统予以调用。经计算机处理的数据也可以通过屏幕进行图形显示或由绘图机绘出图形，用自动绘出的刀具运动轨迹图形，可以检查数据输入的正确性，以便加工程序编制人员分析错误的性质并予以修改。

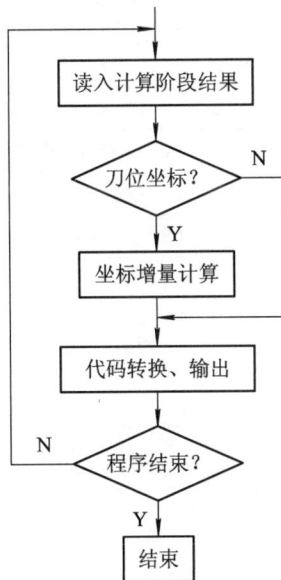

图 4-7　后置处理阶段的信息处理

4.3.3　APT 语言编程示例

例 4 - 1　铣削如图 4 - 8 所示的零件，铣刀直径为 10 mm，SPAR 为刀具的起点（位于坐标原点上），加工顺序按 $L_1 \rightarrow C_1 \rightarrow L_2 \rightarrow C_2 \rightarrow L_3 \rightarrow L_4 \rightarrow L_5$ 进行，刀具最后回到起始点。表 4 - 1 为加工该零件的 APT 语言程序。

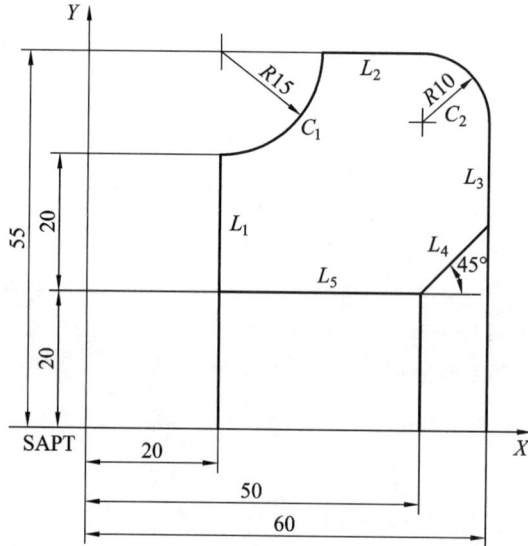

图 4 - 8　APT 语言例图

表 4 - 1　APT 语言程序示例

输　入　语　句	说　　明
PARTON EXAMPLE PROGRAM	源程序标题为 EXAMPLE PROGRAM
CUTTER/10	给出刀具直径 ϕ10 mm
OUTTOL/0.05	给出轮廓外容差 0.05 mm
SAPT＝POINT/0,0,0	定义刀具起始点位置 SAPT($X0$,$Y0$,$Z0$)
$L_{1＝\text{LINE}}$/20,20,0,20,40,0	定义直线 L_1（L_1 两点坐标值分别为 $X20$,$Y20$,$Z0$ 和 $X20$,$Y40$,$Z0$）
$L_{2＝\text{LINE}}$/35,55,0,50,55,0	定义直线 L_2（L_2 两点坐标值分别为 $X35$,$Y55$,$Z0$ 和 $X50$,$Y55$,$Z0$）
$L_{3＝\text{LINE}}$/60,30,0,60,45,0	定义直线 L_3（L_3 两点坐标值分别为 $X60$,$Y30$,$Z0$ 和 $X60$,$Y45$,$Z0$）
$L_{4＝\text{LINE}}$/50,20,0,60,30,0	定义直线 L_4（L_4 两点坐标值分别为 $X50$,$Y20$,$Z0$ 和 $X60$,$Y30$,$Z0$）
$L_{5＝\text{LINE}}$/20,20,0,50,20,0	定义直线 L_5（L_5 两点坐标值分别为 $X20$,$Y20$,$Z0$ 和 $X50$,$Y20$,$Z0$）
$C_{1＝\text{CIRCLE}}$/20,55,0,15	定义一个圆 C_1（C_1 圆心坐标为 $X20$,$Y55$,$Z0$；半径为 $R15$）
$C_{2＝\text{CIRCLE}}$/50,45,0,10	定义一个圆 C_2（C_2 圆心坐标为 $X50$,$Y45$,$Z0$；半径为 $R10$）
SPINDL/1800,CLW	规定主轴转速为 1800 r/min，顺时针方向旋转
COOLNT/ON	打开切削液
FEDRAT/120	规定刀具进给速度为 120 mm/min
FROM/SAPT	规定刀具起始点为 SAPT 点
GOTO,L_1	规定刀具从 SAPT 点开始以最短距离运动到与 L_1 相切时为止

输 入 语 句	说　　明
TLLFT	顺着切削运动方向看,刀具处在工件左边的位置
GOLFT/L_1, PAST, C_1	刀具到达 L_1 时,相对于前一运动向左并沿 L_1 运动,直到走过 C_1 为止
GORGT/C_1, PAST, L_2	表示刀具向右沿 C_1 运动,直到走过 L_2 时为止
GOLFT/L_2, TANTO, C_2	表示刀具向右沿 L_2 运动,直到与 C_2 楔切时为止
GOFWD/C_2, TANTO, L_3	表示刀具向右沿 C_2 运动,直到与 L_3 相切时为止
GOFWD/L_3, PAST, L_4	表示刀具向前沿 L_3 运动,直到走过 L_4 时为止
GOFWD/L_4, PAST, L_5	表示刀具向前沿 L_4 运动,直到走过 L_5 时为止
GORGT/L_5, PAST, L_1	表示刀具向右沿 L_5 运动,直到走过 L_1 时为止
GOTO/SAPT	刀具直接运动到起始点 SAPT
COOLNT/OFF	关闭切削液
SPINDL/OFF	主轴停
FINI	工作源程序结束

4.4　图形交互编程系统

4.4.1　图形交互编程系统的特点

APT 语言编程具有许多优点,如程序简练,走刀控制灵活。但它开发得比较早,受当时条件的限制,虽然经过多次改进,仍有许多不便之处,如采用语言定义零件几何形状不易描述复杂的几何图形,缺乏直观性;缺乏对零件形状、刀具运动轨迹的直观显示;难以和 CAD 数据库及 CAPP 系统有效地连接;不易做到高度的自动化和集成化。为此世界各国都在开发三维设计、分析、NC 加工一体化的自动编程系统。1978 年,法国达索公司开发了CATIA 计算机辅助设计与制造软件系统。随后很快出现了 EUCLID、UGⅡ、I-DEAS、Solid Works、INTERGRAPH、Pro/Engineering、MasterCAM、Cimatron CAD/CAM、PowerMILL及 CAXEME 等系统。

图形交互式自动编程建立在 CAD 和 CAM 的基础上。这种编程方法具有速度快、精度高、直观性好、使用方便和便于检查等优点。因此,图形交互式自动编程是复杂零件普遍采用的数控编程方法。

4.4.2　图形交互编程系统的编程步骤

图形交互编程系统编程的步骤包括零件图纸及加工工艺分析、几何造型、刀位轨迹计算及生成、后置处理和程序输出。其处理过程与语言式自动编程有所不同,以下对其主要处理过程作一简要介绍。

1. 几何造型

几何造型就是利用 CAD 软件的图形编辑功能交互自动地进行图形构建、编辑修改、曲线曲面造型等工作,将零件被加工部位的几何图形准确地绘制在计算机屏幕上,与此同时在计算机内自动形成零件图形数据库。这就相当于 APT 语言编程中，用几何定义语句定义零件几何图形的过程。其不同点就在于它不是用语言，而是用计算机交互绘图的方法，将零件的图形数据输入到计算机中。这些图形数据是下一步刀具轨迹计算的依据。在自动编程过程中，软件将根据加工要求提取这些数据，进行分析判断和必要的数学处理，以形成加工的刀具位置数据。

2. 刀具走刀路径的产生

在图形交互自动编程中，刀具轨迹的生成是面向屏幕上的图形交互进行的。首先调用刀具路径生成功能，然后根据屏幕提示用光标选择相应的图形目标，点取相应的坐标点，输入所需的各种参数。软件将自动从图形中提取编程所需的信息，进行分析判断，计算节点数据，并将其转换为刀具位置数据，存入指定的刀位文件中或直接进行后置处理并生成数控加工程序，同时在屏幕上模拟显示出零件图形和刀具运动轨迹。

3. 后置处理

后置处理的目的是形成各个机床所需的数控加工程序文件。由于各种机床使用的控制系统不同，其数控加工程序指令代码及格式也有所不同。为解决这个问题，软件通常为各种数控系统设置一个后置处理用的数控指令对照表文件。在进行后置处理前，编程人员应根据具体数控机床指令代码及程序的格式事先编辑好这个文件，然后后置处理软件利用这个文件，经过处理，输出符合数控加工格式要求的 NC 加工文件。

4.4.3 MasterCAM 软件

1. 软件简介

MasterCAM 是美国 CNC Software 公司推出的基于 PC 平台的、集设计和制造于一体的 CAD/CAM 软件。目前，MasterCAM 以优良的性价比、常规的硬件要求、灵活的操作方式、稳定的运行效果及易学易用的操作方法等特点，成为世界上应用最广泛、最优秀的软件之一，也是我国应用最广泛、最有代表性的 CAD/CAM 软件之一。它主要应用于机械、电子、汽车和航空等行业的模具制造。

目前，MasterCAM 软件的最新版本是 MasterCAM 2018。MasterCAM X 以上版本是一个真正的 Windows 应用程序，具有 Windows 的标准工作界面。

2. 应用举例

例 4-2 外形铣削，零件如图 4-9 所示，试编写所需代码。

1）创建 CAD 模型

用 MasterCAM 软件的绘图功能绘制零件外形轮廓，如图 4-9 所示。

2）保存模型

选择 **文件(F)** → **保存文件(S)** 命令，弹出另存为对话框，在 **N 文件名:** 输入框中输入"外形轮廓_CAD"，单击保存按钮，即可进行保存。

3）根据零件特点选择加工方法

（1）选择缺省铣床命令。

（2）选择 **外形铣削…** 命令。

4）生成刀具路径

这一步首先要选择刀具，然后设置加工参数，最后生成刀具路径。

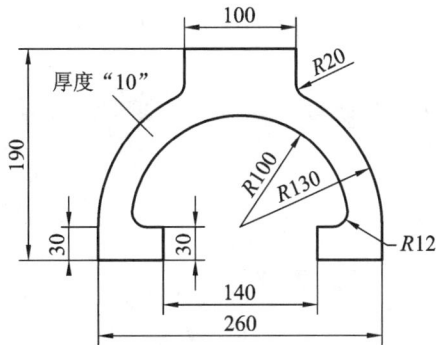

图 4 - 9　零件的外形轮廓

（1）打开串连对话框，系统提示选择串连外形，如图 4 - 10 所示。用鼠标捕获轮廓线（P_1 处），使串连方向为顺时针方向，单击串连选择对话框中的确定按钮✔，结束串连外形选择。

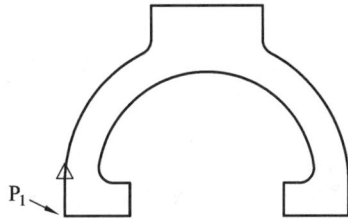

图 4 - 10　选择串连外形

（2）系统弹出外形铣削对话框，在刀具栏空白区内单击鼠标右键，在弹出的菜单中选择 刀具管理器……(MILL_MM) 命令，系统弹出刀具库对话框，选择 $\phi 12$ 平铣刀，单击加入按钮 ⬆，然后单击确定按钮✔，结束刀具选择。输入参数如图 4 - 11 所示。

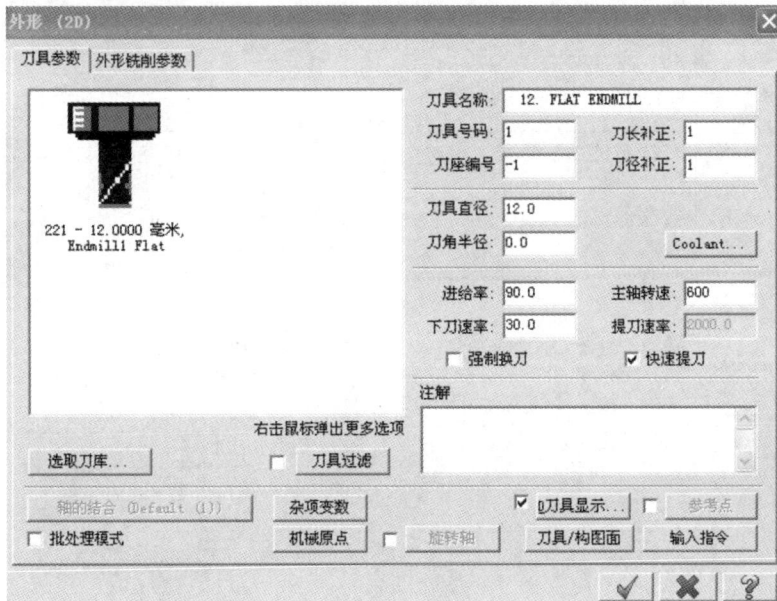

图 4 - 11　外形铣削刀具参数对话框

（3）设置外形铣削参数，单击**外形铣削参数**选项卡，系统将显示铣削参数对话框，相关参数设置如图 4 - 12 所示。

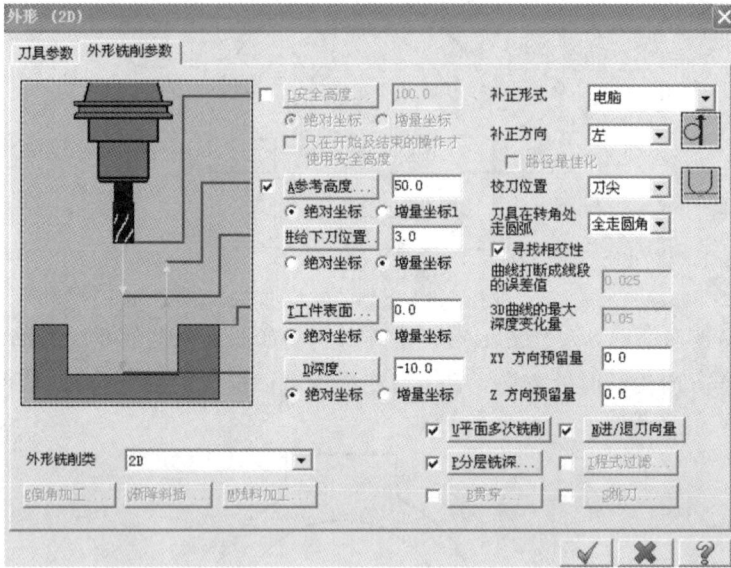

图 4 - 12　外形铣削参数对话框

（4）选择**U平面多次铣削**选项，粗切 1 次，间距为 5 mm；精修 1 次，间距 0.5 mm。

（5）选择**P分层铣深…**选项，最大粗切步进量为 2 mm，选择 ☑ **不提刀**和 ⊙ **按轮廓**选项。

（6）选择**N进/退刀向量**选项，设置如图 4 - 13 所示。

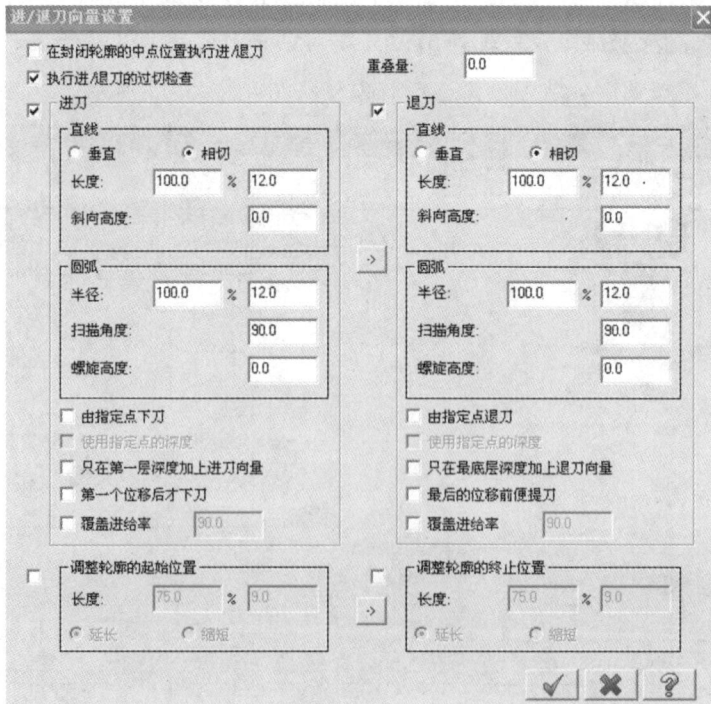

图 4 - 13　进/退刀向量设置对话框

（7）单击外形铣削参数对话框中的确定按钮✔，系统立即在图上生成刀具路径，如图 4-14 所示。

5）实体切削验证

（1）选择加工操作管理器中的◆ **材料设置** 命令，设置工件参数：X300、Y240、Z10，单击确定按钮✔。

（2）单击顶部工具栏中的等角视图按钮⬡，单击操作管理器中的实体加工模拟按钮▣，系统弹出实体加工模拟对话框，单击执行按钮▶，模拟加工结果如图 4-15 所示。单击确定按钮✔，结束模拟操作。

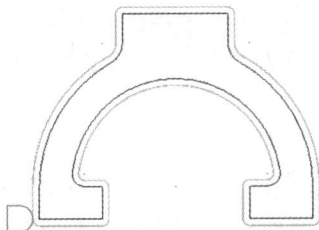

图 4-14 生成刀具路径　　　　图 4-15 实体切削验证

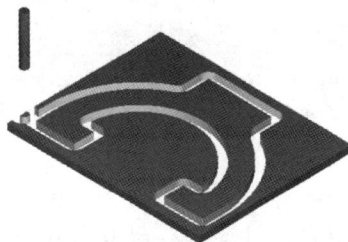

6）后置处理

（1）选择后处理器。在操作管理器中单击**G1**打开后处理对话框，选择输出 NC 文件，即可生成 NC 数控加工程序，如图 4-16 所示。

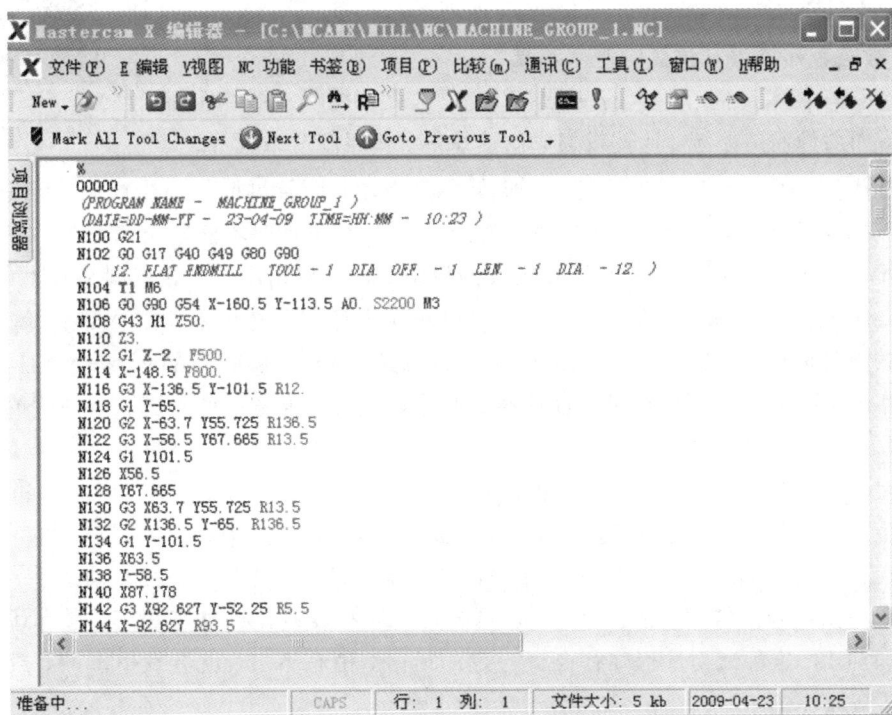

```
%
O0000
(PROGRAM NAME - MACHINE_GROUP_1 )
(DATE=DD-MM-YY - 23-04-09  TIME=HH:MM - 10:23 )
N100 G21
N102 G0 G17 G40 G49 G80 G90
( 12. FLAT ENDMILL  TOOL - 1 DIA. OFF. - 1 LEN. - 1 DIA. - 12. )
N104 T1 M6
N106 G0 G90 G54 X-160.5 Y-113.5 A0. S2200 M3
N108 G43 H1 Z50.
N110 Z3.
N112 G1 Z-2. F500.
N114 X-148.5 F800.
N116 G3 X-136.5 Y-101.5 R12.
N118 G1 Y-65.
N120 G2 X-63.7 Y55.725 R136.5
N122 G3 X-58.5 Y67.665 R13.5
N124 G1 Y101.5
N126 X56.5
N128 Y67.665
N130 G3 X63.7 Y55.725 R13.5
N132 G2 X136.5 Y-65. R136.5
N134 G1 Y-101.5
N136 X63.5
N138 Y-58.5
N140 X87.178
N142 G3 X92.627 Y-52.25 R5.5
N144 X-92.627 R93.5
```

图 4-16 后置生成数控加工程序

在 MasterCAM 软件中建好加工模型，并且设置完各项加工参数后，MasterCAM 首先生成的是刀具路径数据（NCI）文件。这是一种 ASCⅡ格式的数据文件，它包括一系列刀具路径的坐标及加工信息，如主轴转速、进给速度、冷却液控制等，后置处理模块则将刀具路径数据（NCI）文件转换为 CNC 控制器可以解读的 NC 代码。因为各个厂商生产的 CNC 控制器不同，MasterCAM 采取从某种后处理数据文件（.PST）中提取程序格式转化所需的标识代码的方式，以获得适应某种控制系统的数控程序，如日本的 FANUC 用 MOFAN.PST，美国的 DYNAPATH 用 MPDYPTH.PST；并且还允许用户根据所用机床的特殊性，去修改后处理数据文件中的特征代码，从而使得由此生成的数控程序更适合用户的机床，尽可能减少再去手工修改程序的工作。

一定要结合自己数控系统的实际情况，选择合适的后处理器生成代码。本例选择FANUC 的 MPFAN.PST 后置处理器（华中数控系统与 FANUC 系统基本相同）生成代码。

（2）存盘，名为"外形轮廓_加工.MCX"。

7）编辑（修改）代码

需要修改的地方有：将"％"修改为％123；将"O0000"段去掉；将含有"G28"的段去掉；括号里面的内容是注释，可以删掉，也可以保留。特别要注意检查程序中是否已经含 G54，如果没有，一定要加上。

8）传入机床加工

将修改后的代码传入数控机床，进行模拟加工后，确认没有错误，进行正式加工。

知识拓展

1. 数控程序检验与仿真的基本涵义

随着科学技术及生产技术的发展，产生了许多新的制造技术和制造系统，如柔性制造系统、计算机集成制造系统、智能制造系统等。这

外形铣销加工操作

些系统在生产工程中的应用，不仅可以降低生产成本，而且可以提高生产率。但是，从设计到系统的正式建立，需要大量的人力和物力，并且在设计时不能把设计系统的各部分与实际情况很好地结合起来，因此具有较大的风险。在这种情况下，虚拟制造技术（Virtual Manufacturing Technology）应用而生。它可以对从设计到制造的整个过程进行统一建模，在产品的设计阶段，实时并行模拟出产品制造的全过程及其对产品设计的影响。可以看出，计算机支持的模拟仿真技术是虚拟制造技术的前提，也是设计先进制造系统的一种手段。模拟仿真技术是一种建立真实系统的计算机模型技术，通过模型可以分析系统的行为而不需要建立它的实际系统。利用模拟仿真技术，在产品设计时就可以实时地、并行地模拟产品生产的全过程，用以预测产品的性能、产品的制造技术和产品的可制造性。

数控程序的编制过程和工艺过程与以上的设计相似，都具有经验性和动态性，在程序编制过程中出错是经常发生的。为此，必须认真检查和校核数控加工程序，通常还要进行首件试切加工。这种试切过程往往要冒一定的风险，稍有不慎，就会发生事故，或者损坏刀具，甚至撞坏机床。

现在可以利用计算机仿真模拟系统，从软件上实现零件的试切过程，将数控程序的执行过程在计算机屏幕上显示出来。在动态模拟时，刀具可以实时在屏幕上移动，刀具与工

件接触之处，工件的形状就会按刀具移动的轨迹发生相应的变化。由于加工过程中刀具的移动及工件形状的变化采用位移增量法，每隔 30 ms 左右就显示一次，因此对观察者来说，在屏幕上看到的是连续的、逼真的加工过程。利用这种视觉检验装置，就可以很容易发现刀具和工件之间的碰撞及其他错误的程序指令。

采用动态模拟有许多优点，它不仅考虑系统中的确定性事件，而且也可考虑系统中的随机事件。此外，动态仿真可以作为支持系统管理的一种有效工具，它将产品的设计、工艺和制造等各部分的信息集成于产品数据模型中，以满足并行工程的要求。采用动态模拟方法检验数控程序能减少程序调试时间，缩短数控程序从编制到投入使用的周期；能代替实际的试切过程，避免机床和刀具的损坏；减轻调试人员的劳动强度，保证零件的加工质量、减少制造费用。

2. 数控程序检验与仿真的基本方法

1）刀位轨迹仿真法

刀位轨迹仿真法是最早采用的图形仿真检验方法，一般在后置处理之前进行。通过读取刀位数据文件，可检查刀具位置计算是否正确，加工过程中是否发生过切，所选刀具、走刀路线、进退刀方式是否合理，刀位轨迹是否正确，刀具与约束面是否发生干涉与碰撞。这种仿真一般可以采用动画显示的方法，效果逼真。由于该法是在后置处理之前进行刀位轨迹仿真的，因此可以脱离具体的数控系统环境进行。刀位轨迹仿真法是目前比较成熟有效的仿真方法，应用比较普遍。前述 PowerMILL 软件中的刀位轨迹仿真就是这种方法。

2）虚拟加工法

虚拟加工法是应用虚拟现实技术实现加工过程的仿真技术。虚拟加工法主要解决加工过程中、实际加工环境、工艺系统间的干涉碰撞问题和运动关系。工艺系统是一个复杂的系统，由刀具、机床、工件和夹具组成。由于加工过程是一个动态的过程，刀具与工件、夹具、机床之间的相对位置是变化的，工件从毛坯开始经过若干道工序的加工，在形状和尺寸上均在不断变化，因此虚拟加工法是在各组成环节确定的工艺系统上进行动态仿真。

虚拟加工法与刀位轨迹仿真方法不同。最新的技术表明，虚拟加工法已经能够利用多媒体技术实现虚拟加工，不仅只解决刀具与工件之间的相对运动仿真，而且更重视对整个工艺系统的仿真。虚拟仿真法软件一般直接读取数控程序，模仿数控系统逐段翻译，并模拟执行，利用 OpenGL 等三维真实感图形显示技术模拟整个工艺系统的状态，并且还可以在一定程度上模拟加工过程中的声音等。

据有关资料介绍，一些专家学者正在研究开发考虑工艺系统刚度情况下的虚拟加工法，这种想法一旦成功，数控加工仿真技术将发生质的飞跃。

先导案例解决方案

1. 确定毛坯和对刀点

（1）在刀具路径管理器对话框中选择 **⛰ 属性** - Generic Mill 选项下的 **◈ 材料设置**（工件设置），打开工件设置对话框。

（2）选择工件形状为立方体，单击 **边界盒(B)** 按钮，弹出 边界盒选项 对话框（见图 4-17），单击确定按钮 ✔，工件设置如图 4-18 所示。

图 4-17　边界盒选项　　　　　　　图 4-18　工件设置选项卡

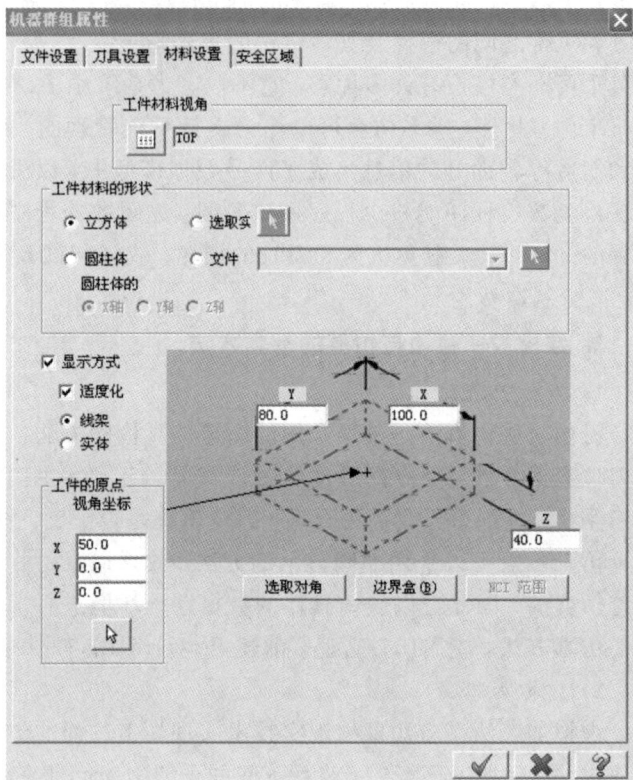

2. 规划刀具路径

1）平行铣削粗加工

（1）选择 刀具路径 → 曲面粗加工 → 粗加工平行铣削加工命令。

（2）弹出 选取工件的形状 对话框，如图 4-19 所示，选择 ⊙ 凸。

（3）在图形区中出现提示 选取加工曲面 ，提示选择图形，选择所有曲面后回车，弹出 刀具路径的曲面选取 对话框，单击确定按钮 ✔。

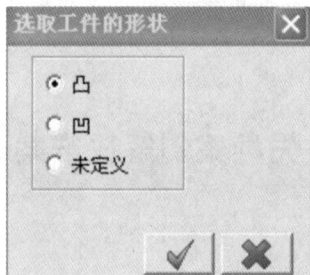

图 4-19　图形选择

（4）弹出 **曲面粗加工平行铣削** 对话框，选择 φ10 mm 的平底铣刀，刀具参数设置如图 4 – 20 所示。

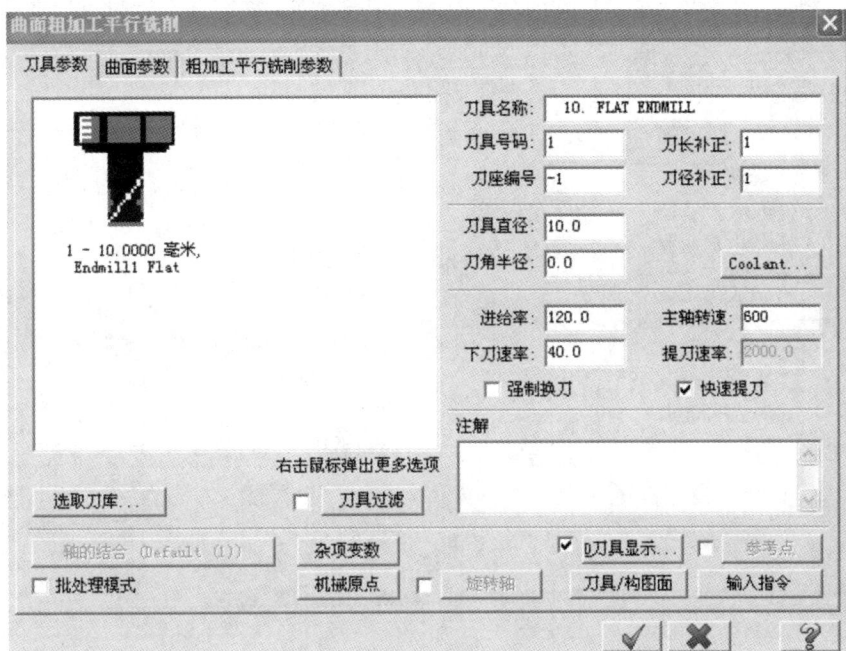

图 4 – 20　刀具参数选项卡

（5）曲面参数设置如图 4 – 21 所示。

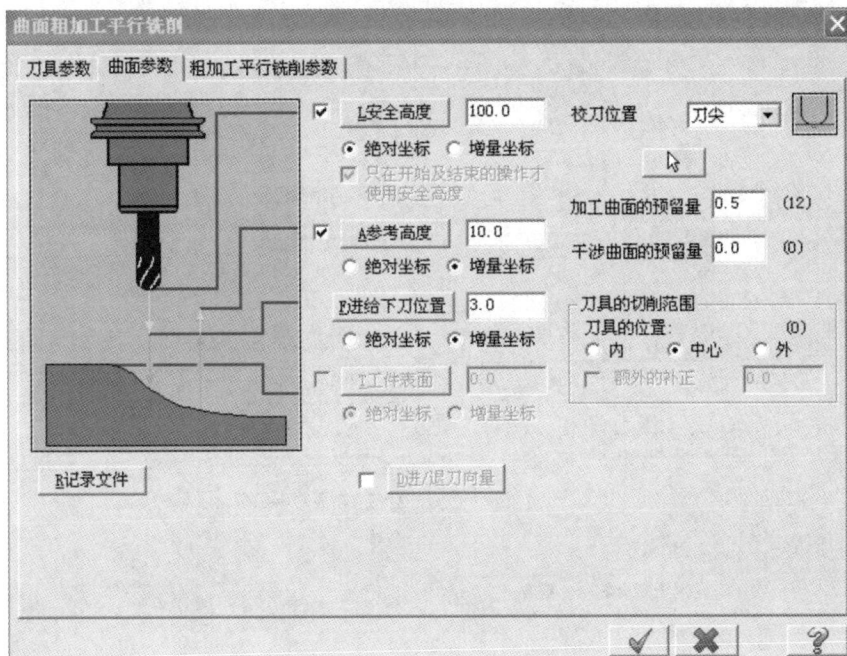

图 4 – 21　曲面参数选项卡

（6）粗加工平行铣削参数设置如图 4-22 所示。

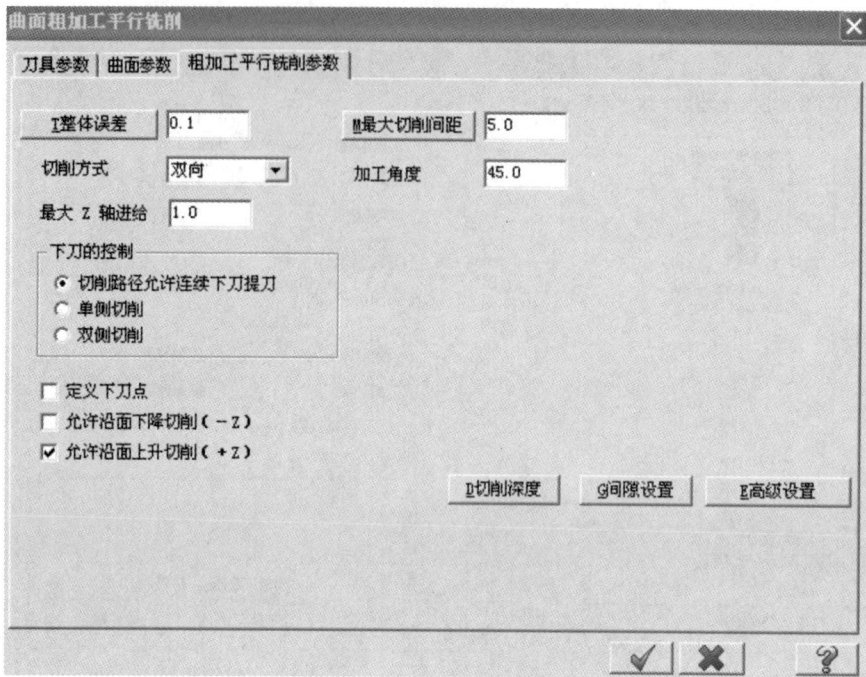

图 4-22　粗加工平行铣削参数选项卡

（7）单击 D切削深度，参数设置如图 4-23 所示。

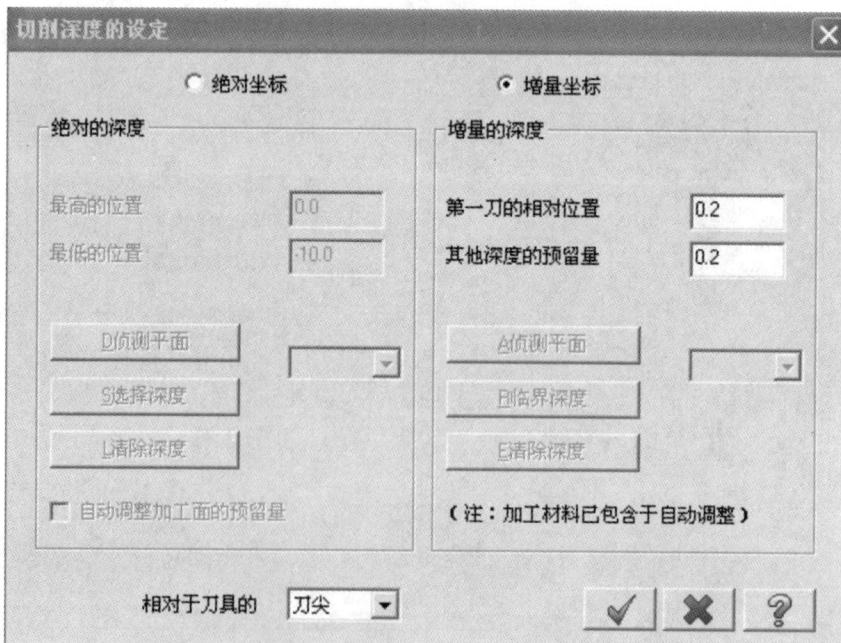

图 4-23　切削深度参数选项卡

（8）单击 曲面粗加工平行铣削 对话框中的确定按钮 ✔，系统返回绘图区并根据所设置的参数生成加工刀具路径，如图4-24所示。

（9）在操作管理器中单击 🐞 进行仿真加工，效果如图4-25所示。

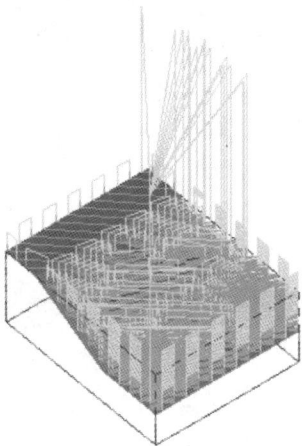

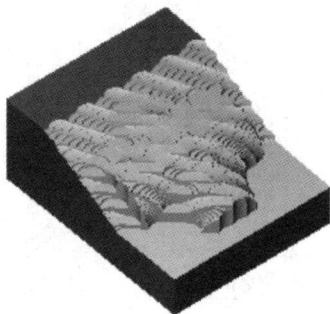

图4-24　刀具路径　　　　　　　　　　　　图4-25　仿真加工结果

2）平行铣削精加工

（1）按"ALT＋T"，关闭刀具路径显示。

（2）选择 刀具路径 → 曲面精加工 → ═ 精加工平行铣削 命令。

（3）在图形区中出现提示 选取加工曲面 ，提示选择图形，选择所有曲面后回车，弹出 刀具路径的曲面选取 对话框，单击确定按钮 ✔。

（4）打开 曲面精加工平行铣削 对话框，选取 φ10 mm 的球刀，刀具参数设置如图4-26所示。

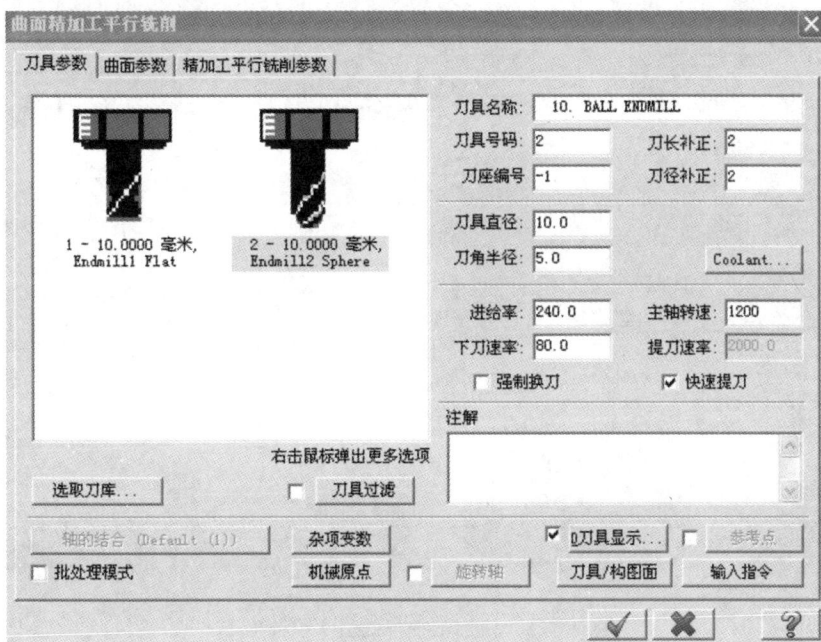

图4-26　刀具参数选项卡

（5）曲面参数设置如图 4 - 27 所示。

图 4 - 27　曲面参数选项卡

（6）精加工平行铣削参数设置如图 4 - 28 所示。

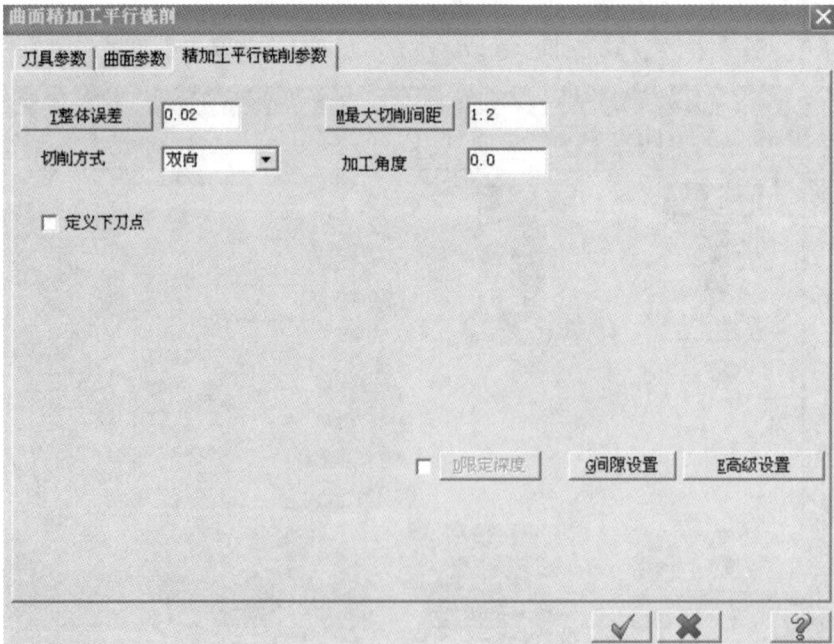

图 4 - 28　精加工平行铣削参数选项卡

（7）单击 **I整体误差**，在弹出的对话框中，选取过滤的比率为 2∶1，整体的误差为 0.02，则过滤误差和切削方向误差被自动修改。过滤误差用以除去在设定的误差内刀具相邻路径接近同一条线的点，并插入圆弧，以缩小加工程序长度。过滤误差值应至少设置为切削方向误差值的两倍，它们的比率可以由选取过滤比率值来确定。选中产生 XY 平面的圆弧，设置如图 4 – 29 所示。

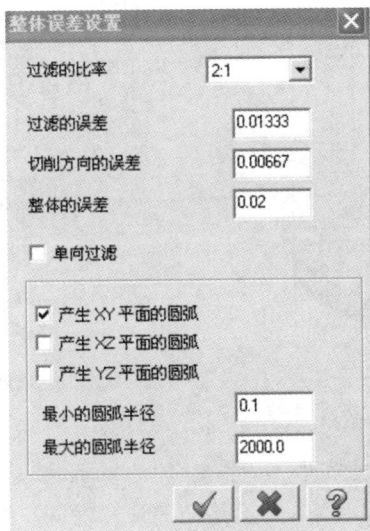

图 4 – 29　整体误差设置

（8）单击 **曲面精加工平行铣削** 对话框中的确定按钮 ✔️，系统返回绘图区并根据所设置的参数生成加工刀具路径，如图 4 – 30（a）所示，刀路模拟如图 4 – 30（b）所示。仿真模拟效果如图 4 – 31 所示。

可以看出，系统计算刀具路径的时间较长。在本例中，我们可以通过改变 **g间隙设置** 的参数来减少计算时间。

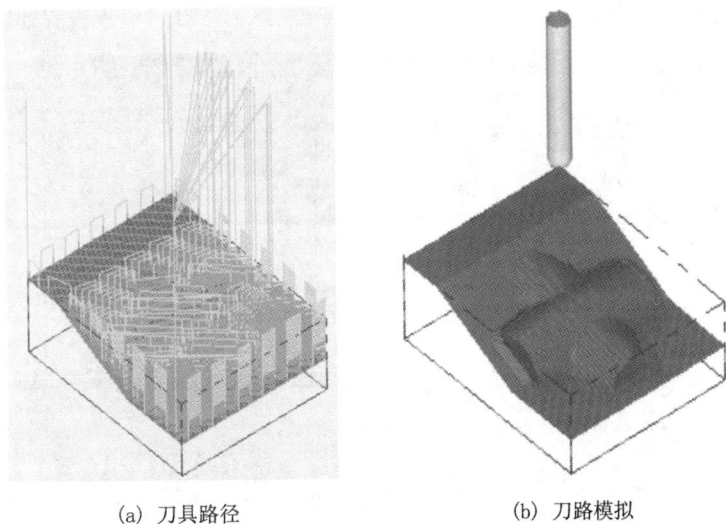

(a) 刀具路径　　　　　　　(b) 刀路模拟

图 4 – 30　刀具路径和刀路模拟

（9）在操作管理器中，单击 📁 2·曲面精加工平行铣削 中的 📁 参数，单击 精加工平行铣削参数，双击 G间隙设置，设置参数如图 4-32 所示。

图 4-31　仿真加工结果

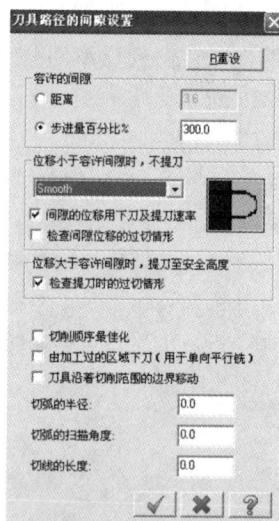

图 4-32　间隙设定

由于本例中两个切削之间在平面上运动，不需要检查过切，因此可以关闭 □ 检查间隙位移的过切情形，这样可以减少刀具路径的计算时间。设置运动方式为平滑，可使两个切削之间采用平滑刀具运动。

3）残料清角曲面精加工

（1）按"ALT＋T"，关闭刀具路径显示。

（2）选择 刀具路径→曲面精加工→ 精加工残料加工 命令。

（3）在图形区中出现提示 选取加工曲面 ，提示选择图形，选择所有曲面后回车，弹出 刀具路径的曲面选取 对话框，单击确定按钮 ✔。

（4）打开 曲面精加工残料清角 对话框，选取 $\phi5$ mm 的球刀，刀具参数设置如图 4-33 所示。

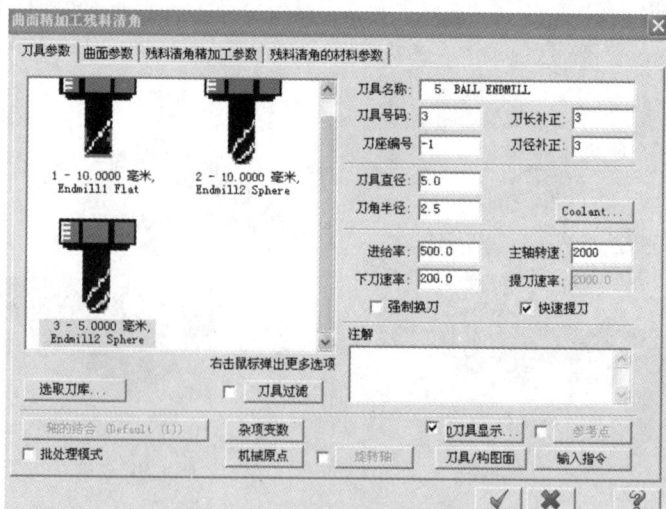

图 4-33　刀具参数设置选项卡

（5）曲面参数设置如图 4 - 34 所示。

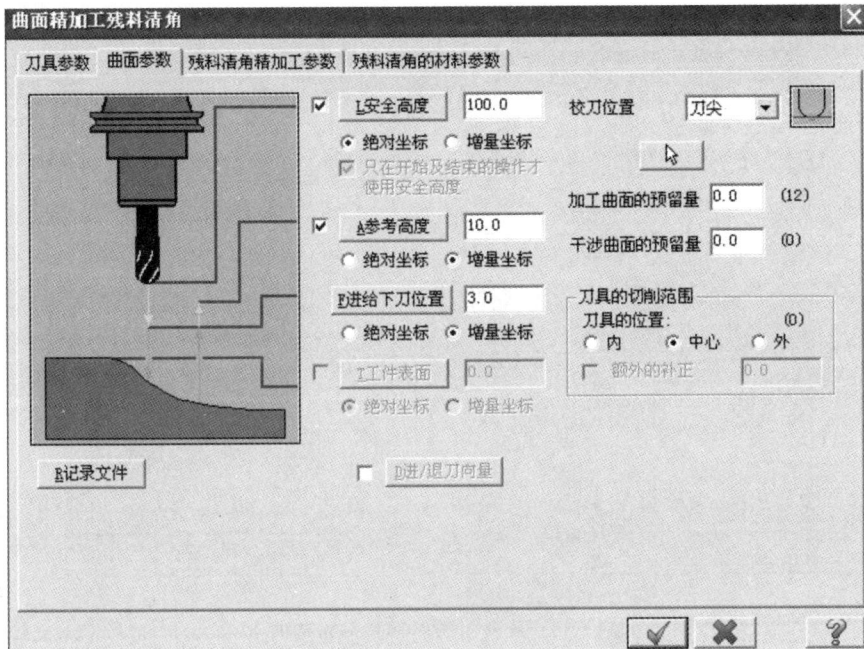

图 4 - 34　曲面参数选项卡

（6）残料清角精加工参数设置如图 4 - 35 所示。

图 4 - 35　残料清角精加工参数选项卡

（7）残料清角的材料参数设置如图 4 - 36 所示。

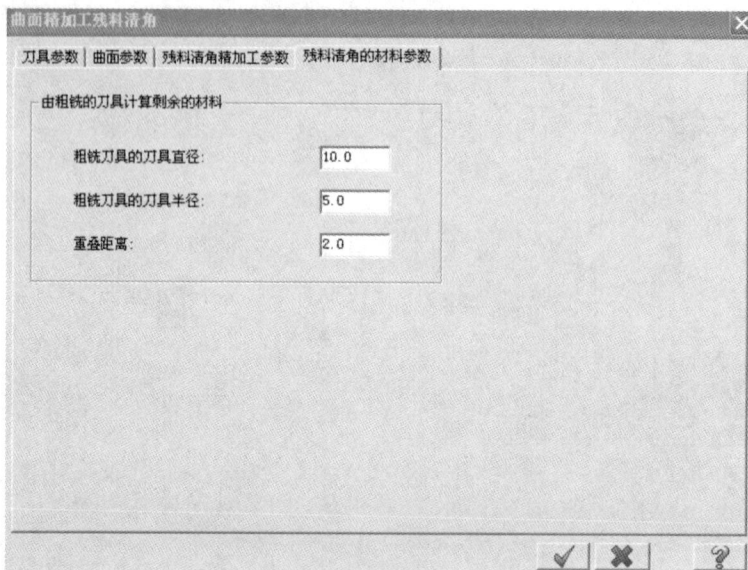

图 4 - 36　残料清角的材料参数选项卡

（8）单击 曲面精加工残料清角 对话框中的确定按钮 ✔，系统返回绘图区并根据所设置的参数生成加工刀具路径，刀路模拟如图 4 - 37 所示。

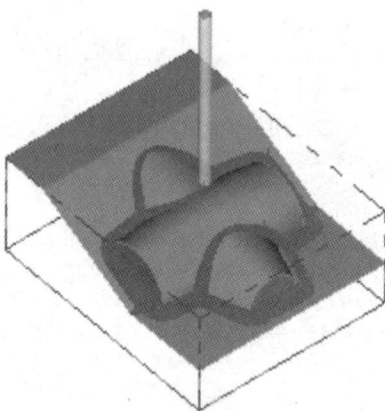

图 4 - 37　刀路模拟

4）交线清角曲面精加工

（1）按"ALT＋T"，关闭刀具路径显示。

（2）选择 刀具路径 → 曲面精加工 → 🖊 精加工交线清角加工 命令。

（3）在图形区中出现提示 选取加工曲面 ，提示选择图形，选择所有曲面后回车，弹出 刀具路径的曲面选取 对话框，单击确定按钮 ✔。

（4）打开 曲面精加工交线清角 对话框，选取 ϕ4 mm 的球刀，刀具参数设置如图 4 - 38 所示。

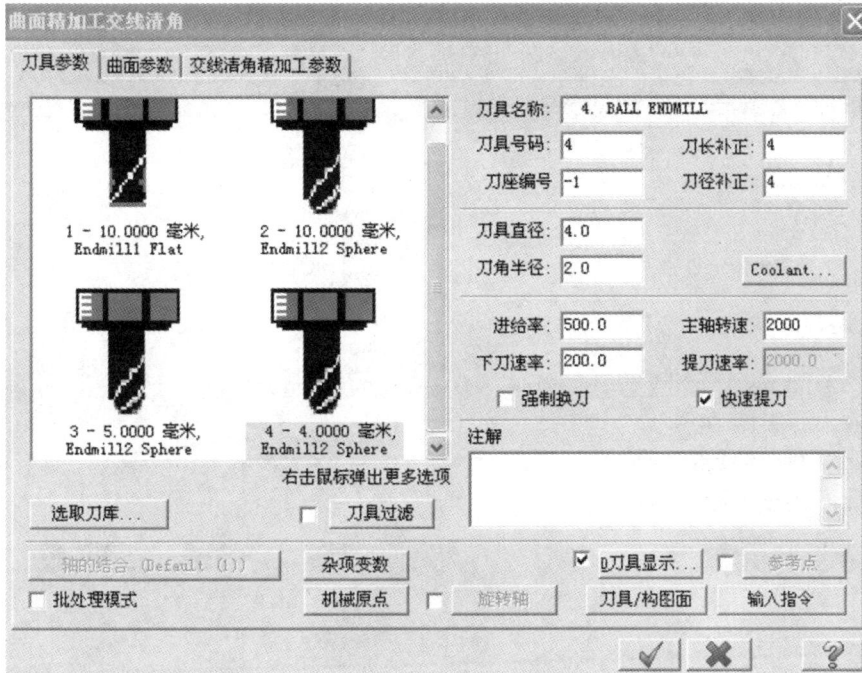

图 4 - 38　刀具参数选项卡

（5）曲面参数设置如图 4 - 39 所示。

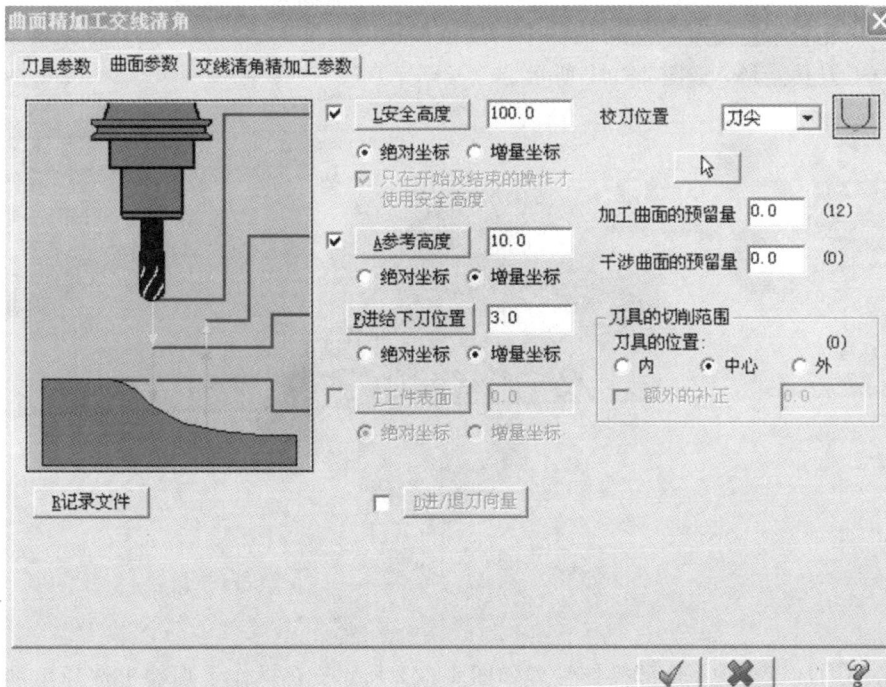

图 4 - 39　曲面参数选项卡

（6）交线清角精加工参数设置如图 4 - 40 所示

图 4 - 40 交线清角精加工参数选项卡

（7）单击 曲面精加工交线清角 对话框中的确定按钮 ，系统返回绘图区并根据所设置的参数生成加工刀具路径，如图 4 - 41 所示。

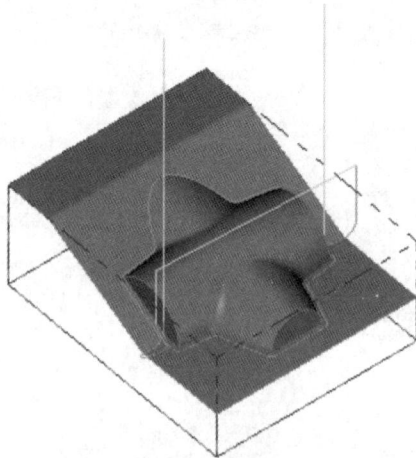

图 4 - 41 刀具路径

综合曲面加工完成，全部操作管理如图 4 - 42 所示。在操作管理器中选择全部操作按钮 ，单击 ，实体切削仿真效果如图 4 - 43 所示。

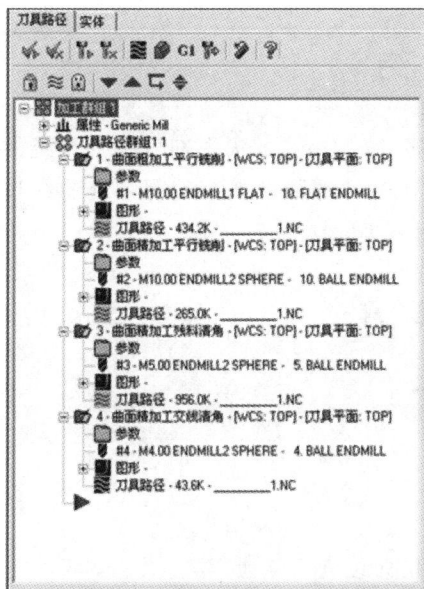

图 4-42　全部操作管理

图 4-43　仿真加工（全部操作）

曲面综合加工操作

3. 存盘

存盘，名为"曲面综合加工_加工. MCX"。

```
生产学习经验
```

【案例 4-1】　如图 4-44 所示，盘材料为 45# 调质钢，毛坯为 $\phi65 \times 40$ mm 圆棒料。要求：应用 MasterCAM 软件完成该零件的车削加工造型，生成刀具加工路径，并根据 FANUC-0i 系统的要求进行后置处理，生成 CAM 编程 NC 代码。

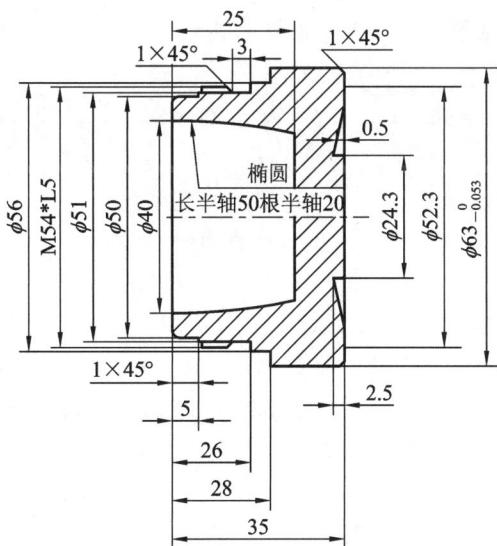

图 4-44　盘

【案例 4-1】

【视频 4-1-1】

【视频 4-1-2】

本 章 小 结

本章学习重点是自动编程的概念、分类、工作过程和特点，图形交互编程系统的特点和编程工作流程。学习难点是基于典型 CAD/CAM 软件的图形交互编程系统的编程工作流程，以及对数控加工程序检验与仿真方法的运用和理解。

思 考 与 练 习

4-1 什么是自动编程？自动编程的类型有哪些？

4-2 简述自动编程的基本工作过程。

4-3 自动编程的特点是什么？

4-4 简述自动编程的发展情况。

4-5 何谓语言编程？APT 语言自动编程系统的组成有哪些？

4-6 什么是零件源程序？计算机处理零件源程序三个阶段是什么？编译程序的程序是什么？

4-7 什么是后置处理程序？

4-8 何谓图形交互编程系统？它有何特点？图形交互编程系统的编程步骤是什么？

4-9 简述 CAD/CAM 的发展趋势。

4-10 数控程序的检验与仿真的目的与意义是什么？

4-11 何谓刀位轨迹仿真法、虚拟加工法？

自 测 题

一、选择题(请将正确答案的序号填写在题中的括号内，每题 2 分，共 30 分)

1. 在 APT 中，控制刀具扇面(底端面)的曲面是(   )。

    A. 零件面   B. 检查面   C. 导动面   D. 轮廓面

2. CAD/CAM 表示(   )。

    A. 计算机辅助工艺规程设计   B. 柔性制造系统

    C. 计算机集成制造系统   D. 计算机辅助设计与制造

3. 在 Mastercam X 中，下列(   )不是在状态栏进行设置的。

    A. 标注样式   B. 点的类型   C. 图素的图层   D. 图形视角

4. 在 Mastercam X 中，要定制鼠标右键快捷菜单，应该选择(   )菜单。

    A. View   B. Edit   C. Settings   D. Screen

5. 在 Mastercam X 中，要让视图向左移动，应在键盘上按(   )键。

    A. ↑   B. ↓   C. ←   D. →

6. 在 Mastercam X 中，用户可以直接捕捉(   )的中心点。

    A. 矩形   B. 椭圆   C. 正多边形   D. 圆弧

7. 对不封闭的轮廓进行挖槽加工时只能选择的挖槽方法是(   )。

A. Open　　　　　B. Standard　　　　　C. Facing　　　　　D. Island facing

8. 下列选项中，不属于三维曲面加工方法的是（　　）。

　　A. 5 轴曲线加工　　　　　　　　　B. 平行式精加工

　　C. 插削粗加工　　　　　　　　　　D. 外形铣削

9. 对三维曲面的粗加工一般使用哪种刀具（　　）。

　　A. 圆鼻刀　　　　　B. 平头刀　　　　　C. 球头刀　　　　　D. 钻头

10. 现在自动编程软件中常有如图 4-45 所示的换行切削进刀方式，主要原因是为了（　　）。

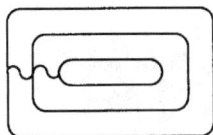

图 4-45　换行切削进刀方式

　　A. 保证刀具切向切入与切出　　　　B. 适应高速加工

　　C. 避免产生刀痕　　　　　　　　　D. 使吃刀量更均匀

11. 采用球头刀铣削加工曲面，减小残留高度的办法是（　　）。

　　A. 减小球头刀半径和加大行距　　　B. 减小球头刀半径和减小行距

　　C. 加大球头刀半径和减小行距　　　D. 加大小球头刀半径和加大行距

12. 计算机辅助制造的英文缩写是（　　）。

　　A. CAD　　　　　B. CAM　　　　　C. FMS　　　　　D. CAE

13. （　　）是属于计算机辅助制造（CAM）的间接应用。

　　A. 根据生产作业计划的生产进度信息控制物料的流动

　　B. 工况偏离作业计划时，及时给予协调与控制

　　C. 计算机辅助 NC 程序编制

　　D. 计算机过程控制系

14. APT Ⅱ 是在（　　）年完成的。

　　A. 1958　　　　　B. 1955　　　　　C. 1961　　　　　D. 1948

15. 不属于 CAD/CAM 一体化应用软件的是（　　）。

　　A. Pro/Engineer　　　　　　　　　B. UG

　　C. Catia　　　　　　　　　　　　　D. AutoCAD

二、判断题（请将判断结果填入括号中，正确的填"√"，错误的填"×"，每题 1 分，共 10 分）

　　（　　）1. 自动编程均采用图形交互方式编程。

　　（　　）2. 自动编程中，使用后置处理的目的是将刀具位置数据文件处理成机床可以接受的数控程序。

　　（　　）3. 由平面轮廓零件或实物模型通过测头测量直接得到数控加工所需的数据，计算机根据此数据编制加工程序，这种编程方式称实物编程。

　　（　　）4. APT 是 1955 年推出的。

　　（　　）5. APT 语言不仅是一种 NC 语言，也是生成刀具轨迹计算的计算机程序。

（　）6. APT 语言可用于 3～6 轴编程。

（　）7. 图形交互式自动编程方法具有速度快、精度高、直观性好、使用方便和便于检查等优点。

（　）8. MasterCAM 是美国 CNC Software 公司推出的基于 PC 平台的、集设计和制造于一体的 CAD/CAM 软件。

（　）9. 退刀高度不属于 MasterCAM 的刀具参数。

（　）10. APT 语言编写的零件源程序不同于我们在手工编程时用 NC 指令代码写出的加工程序，它不能直接控制数控机床，只是加工程序计算机预处理的输入程序。

三、名词解释（每题 4 分，共 20 分）

1. 自动编程　　　　　　2. 图形编程　　　　　　3. 刀位轨迹仿真法

4. 虚拟加工法　　　　　5. 语言编程

四、简答题（每题 6 分，共 30 分）

1. 简述自动编程的基本过程。

2. 与手工编程相比，自动编程有什么特点？

3. 图形交互编程系统的编程步骤是什么？

4. Mastercam X 版本的主要功能有哪些？

5. Mastercam X 的二维铣削加工分为哪几种？

五、自动编程题（共 10 分）

如图 4 - 46 所示，试编制零件的外形铣削、挖槽加工和钻孔加工的刀具路径，并进行刀具路径模拟、实体切削模拟和后置生成数控加工程序。

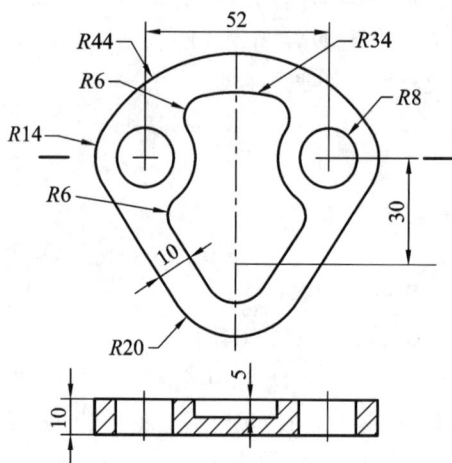

自测题答案

图 4 - 46

第5章

计算机数控系统

本章知识点 ✍

(1) CNC 系统的概念和组成；

(2) CNC 装置的工作流程、功能和特点；

(3) CNC 装置的硬件结构组成和类型；

(4) CNC 装置的软硬件界面关系、软件结构组成和类型；

(5) CNC 系统控制软件的结构特点；

(6) 刀具补偿原理、进给速度处理和加减速控制原理；

(7) 插补的概念、方法和原理；

(8) PLC 的组成、工作原理、分类以及在数控机床中的作用。

先导案例 📄

目前国内应用的数控系统有很多种，但国外引进的居多。市场占有率较大的有日本的 FANUC 系统、德国的 SIEMENS 系统，其次为法国的 NUM 系统、西班牙的 FAGOR 系统、日本的 MITSUBISHI、美国的 AUEN-BRADLEY 系统，国产数控系统的典型代表是华中数控系统。简述 FANUC 系统、SIEMENS 系统以及华中数控系统的系列类型有哪些。

5.1　概　　述

5.1.1　CNC 系统的概念和组成

根据 ISO 的定义："数控系统是一种控制系统，它自动阅读输入载体上事先给定的数字，并将其译码，从而使机床移动和加工零件"。

数控系统是数控机床的控制指挥中心，它是由程序、输入输出设备、计算机数控装置（CNC 装置）、可编程序控制器（PLC）、主轴驱动装置和进给伺服驱动装置等组成的系统。CNC 装置是数控系统的核心。机床的各个执行部件在数控系统的统一指挥下，有条不紊地按给定程序进行零件的切削加工。CNC 装置的核心是计算机，由计算机通过执行其存储器内的程序，实现部分或全部控制功能，如图 5-1 所示。

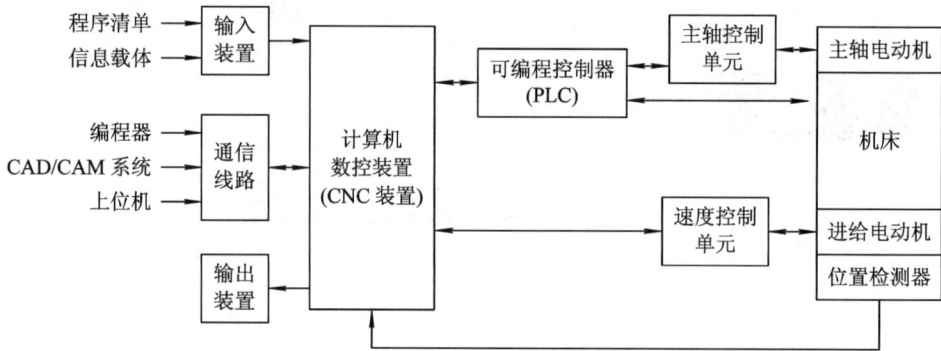

图 5-1　计算机数控系统的组成

CNC 装置由硬件和软件两大部分组成，如图 5-2 所示。硬件是软件活动的舞台，软件是整个装置的灵魂，整个 CNC 装置的活动均依靠软件来指挥。软件和硬件各有不同的特点，软件设计灵活，适应性强，但处理速度慢；硬件处理速度快，但成本高。因此，在 CNC 装置中，数控功能的实现可依据其控制特性来合理确定软硬件的比例，可使数控系统的性能和可靠性大大提高。

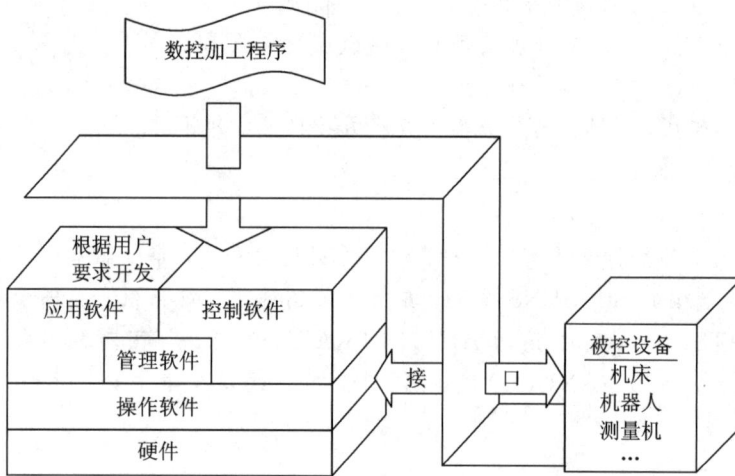

图 5-2　CNC 装置的系统平台

5.1.2　CNC 装置的工作流程

CNC 装置的工作流程即在硬件的支持下执行软件的过程。下面从输入、译码处理、数据处理、插补运算与位置控制、I/O 处理、显示和诊断等 7 个环节来说明 CNC 装置的工作流程。

1. 输入

输入 CNC 装置的有零件程序、控制参数、补偿数据等。常用的输入方式有键盘手动输入、通信接口 RS 232 输入、连接上一级计算机的 DNC 接口输入以及通过网络通信方式输入。CNC 装置在输入过程中还需完成程序校验和代码转换等工作，输入的全部信息存放在CNC 装置的内部存储器中。

2. 译码处理

译码处理程序将零件程序以程序段为单位进行处理，每个程序段含有零件的轮廓信息（起点、终点、直线、圆弧等）、加工速度信息（F 代码）以及辅助指令（M、S、T 代码）信息（如主轴启停、工件夹紧和松开、换刀、切削液开关等）。计算机通过译码程序识别这些代码符号，按照一定的规则翻译成计算机能够识别的（二进制）数据形式，并存放在指定的存储器内。

3. 数据处理

数据处理程序一般包括刀具半径补偿、速度计算以及辅助功能处理。

刀具半径补偿是指将零件轮廓轨迹转化为刀具中心轨迹。CNC 装置通过对刀具半径的自动补偿来控制刀具中心轨迹，实现零件轮廓的加工，从而大大减轻了编程人员的工作量。

速度计算是将编程所给的刀具移动速度进行计算处理。编程所给的刀具移动速度是在各坐标方向上的合成速度，因此必须将合成速度转化为沿机床各坐标轴运动的分速度，控制机床切削加工。

辅助功能处理的主要工作是识别标志，在程序执行时发出信号，使机床运动部件执行相应动作，如主轴启停、换刀、工件夹紧与松开、冷却液开关等。

4. 插补运算与位置控制

插补运算和位置控制是 CNC 系统的实时控制，一般在相应的中断服务程序中进行。插补程序在每个插补周期运行一次，它根据指令进给速度计算出一个微小的直线数据段。通常经过若干个插补周期加工完一个程序段，即从数据段的起点到终点，完成零件轮廓某一段曲线的加工。CNC 装置一边插补，一边加工，具有很强的实时性。

位置控制的主要任务是在每个采样周期内，将插补计算的理论位置与实际反馈位置相比较，根据其差值来控制进给电动机，进而控制机床工作台（或刀具）的位移，加工出所需要的零件。

当一个程序段开始插补加工时，管理程序即着手准备下一个程序段的读入、译码、数据处理，即由它调动各个功能子程序，并保证下一个程序段的数据准备。一旦本程序段加工完毕，即开始下一个程序段的插补加工。整个零件加工就在这种周而复始的过程中完成。

5. 输入/输出（I/O）处理

输入/输出处理主要是处理 CNC 装置和机床之间的来往信号输入、输出和控制。CNC 装置和机床之间必须通过光电隔离电路进行隔离，确保 CNC 装置稳定运行。

6. 显示

CNC 装置显示主要是为操作者提供方便，通常应具有零件程序显示、参数显示、机床状态显示、刀具加工轨迹动态模拟图形显示、报警显示等功能。

7. 诊断

CNC 装置利用内部自诊断程序可以进行故障诊断，主要有启动诊断和在线诊断。

启动诊断是指 CNC 装置每次从通电开始至进入正常的运行准备状态中，系统相应的内诊断程序通过扫描自动检查系统硬件、软件及有关外设等是否都正常。只有当检查到的各个项目都确认正确无误之后，整个系统才能进入正常运行的准备状态。否则，CNC 装置将通过网络、TFT、CRT 或用硬件(如发光二极管)报警方式显示故障的信息。此时，启动诊断过程不能结束，系统不能投入运行。只有排除故障之后，CNC 装置才能正常运行。

在线诊断是指在系统处于正常运行状态中，由系统相应的内装诊断程序，通过定时中断扫描检查 CNC 装置本身及外设。只要系统不停电，在线诊断就持续进行。

5.1.3　CNC 装置的功能和特点

1. CNC 装置的功能

数控系统有多种系列，性能各异，选购时应根据数控机床的类型、工艺性能、性价比、用途和加工精度综合考虑。CNC 装置的功能通常包括基本功能和选择功能。基本功能是数控系统必须具备的数控功能，选择功能是数控系统开发商根据用户实际要求提供的可选择的数控功能。

1) 基本功能

(1) 控制功能。

控制功能主要反映 CNC 装置能够控制和能同时(联动)控制的轴数。控制轴有移动轴和回转轴，有基本轴和附加轴。如数控车床至少需要两轴联动(X、Z)，数控铣床、加工中心等需要具有 3 根或 3 根以上的控制轴。控制轴数越多，特别是联动轴数越多，CNC 装置就越复杂，成本就越高，编程也越困难。

(2) 准备功能。

准备功能(G 功能)是指用来控制机床动作方式的功能，主要有基本移动、程序暂停、坐标平面选择、坐标设定、刀具补偿、固定循环、基准点返回、米英制转换、绝对值与相对值转换等指令。ISO 标准对 G 功能从 G00 到 G99 中的大部分指令进行了定义，部分可由数控系统制造商根据控制需要进行定义。G 代码有模态(续效)和非模态(一次性)两类。

(3) 插补功能。

插补功能是指 CNC 装置可以实现各种曲线轨迹插补运算的功能，如直线插补、圆弧插补和其他二次曲线的与多坐标高次曲线的插补。插补运算实时性很强，即 CNC 装置插补计算速度要能同时满足机床坐标轴对进给速度和分辨率的要求。它可用硬件或软件两种方式来实现，硬件插补方式比软件插补方式速度快，如日本 FANUC 公司就采用 DDA 硬件插补专用集成芯片。但目前由于微处理机的位数和频率的提高，大部分系统还是采用软件插补方式，并把插补功能划分为粗、精插补两步，以满足其实时性要求。软件每次插补一个小线段称为粗插补。根据粗插补结果，将小线段分成单个脉冲输出，称为精插补。

(4) 进给功能。

进给功能反映了刀具进给速度，一般用 F 直接指令各轴的进给速度。

① 切削进给速度。

切削进给速度的一般进给量为 1 mm/min～24 m/min。在选用系统时，该指标应和坐标轴移动的分辨率结合起来考虑，如 24 mm/min 的速度是在分辨率 1 μm 时达到的。FANUC - 15 系统分辨率为 1 μm 时，进给速度可达 100 m/min；分辨率为 0.1 μm 时，进给速度可达 24 m/min。

② 同步进给速度。

同步进给速度是指主轴每转时进给轴的进给量，单位为 mm/r。只有主轴上装有位置编码器(一般为脉冲编码器)的机床才有指令同步进给速度，如螺纹加工。

③ 快速进给速度。

快速进给速度一般为进给速度的最高速度，它通过参数设定，用 G00 指令执行快速。还可通过操作面板上的快速倍率开关分挡。

④ 进给倍率。

操作面板上设置了进给倍率开关，倍率可在 0%～200% 之间变化，每档间隔 10%。使用倍率开关不用修改程序就可以改变进给速度。

(5) 主轴功能。

主轴功能是指主轴转速的功能，用字母 S 和它后续的 2～4 位数字表示。主轴转速有恒转速(r/min)和表面恒线速(mm/min)两种运转方式。主轴的转向要用 M03(正向)、M04(反向)指定，停止用 M05 指定。机床操作面板上设有主轴倍率开关，用它可以改变主轴转速。

(6) 刀具功能。

刀具功能包括选择的刀具数量和种类、刀具的编码方式、自动换刀的方式，用字母 T 和后续 2～4 位数字来表示。

(7) 辅助功能。

辅助功能也称 M 功能，用字母 M 和它后续的 2 位数字表示，共分为 100 种。ISO 标准中统一定义了部分功能，用来规定主轴的启停和转向、切削液的开关、刀库的启停、刀具的更换、工件的夹紧与松开等。

(8) 字符显示功能。

CNC 装置可通过 CRT、TFT 显示器实现字符和图形显示，如显示程序、参数、各种补偿量、坐标位置、刀具运动轨迹和故障信息等。

(9) 自诊断功能。

CNC 装置有各种诊断程序，可以实时诊断系统故障。在故障出现后便能迅速查明故障的类型和部位并进行显示，便于维修人员及时排除故障，减少故障停机修复时间。

2) 选择功能

(1) 补偿功能。

CNC 装置可备有多种补偿功能，可以对加工过程中由于刀具磨损或更换以及机械传动的丝杠螺距误差和反向间隙所引起的加工误差予以补偿。CNC 装置的存储器中存放着刀具长度和半径的相应补偿量，加工时按补偿量计算出刀具的运动轨迹和坐标尺寸，从而加工出符合图样要求的零件。

(2) 固定循环功能。

固定循环功能是指 CNC 装置为常见的加工工艺所编制的、可以多次循环加工的功能。该固定循环使用前，要由用户选择合适的切削用量和重复次数等参数，然后按固定循环约定的功能进行加工。用户若需编制适用于自己的固定循环，可借助用户宏程序功能。

(3) 图形显示功能。

图形显示功能一般需要高分辨率的 CRT、TFT 显示器。某些 CNC 装置可配置 14 英寸的彩色 CRT 显示器或 11 英寸的 TFT 显示器，能显示人机对话编程菜单、零件图形、动态模拟刀具轨迹等。

（4）通信功能。

通信功能是指 CNC 装置与外界进行信息和数据交换的功能。通常 CNC 装置都有 RS 232 接口，可与上级计算机进行通信，传送零件加工程序；有的还备有 DNC 接口，以利于实现直接数控。更高档的 CNC 装置还能与制造自动化的协议 MAP 相连，进入工厂通信网络，以适应 FMS、FA、CIMS 的要求。

（5）人机对话编程功能。

人机对话编程功能不但有助于编制复杂零件的程序，而且可以使编程更加方便。如蓝图编程只要输入图样上表示几何尺寸的简单命令，就能自动生成加工程序；对话式编程可根据引导图和说明进行示教编程，并具有工序、刀具、切削条件等自动选择的智能功能。

2. CNC 装置的特点

（1）灵活性大。

与硬逻辑数控装置相比，灵活性是 CNC 装置的主要特点。只要改变软件，就可以改变和扩展其功能，补充新技术，这就延长了硬件结构的使用期限。

（2）通用性强。

在 CNC 装置中，硬件有多种通用的模块化结构，而且易于扩展，主要依靠软件变化来满足机床的各种不同要求。接口电路标准化给机床厂和用户带来了方便。这样用一种 CNC 装置就能满足多种数控机床的要求，对培训和学习也十分方便。

（3）可靠性高。

CNC 装置的零件程序在加工前一次送入存储器，并经过检查后方可被调用，这就避免了在加工过程中由纸带输入机的故障产生的停机现象。许多功能由软件实现，硬件结构大大简化，特别是采用大规模和超大规模通用和专用集成电路，使可靠性得到很大提高。

（4）可以实现丰富、复杂的功能。

CNC 装置利用计算机的高度计算能力，实现许多复杂的数控功能，如高次曲线插补，动静态图形显示，多种补偿功能，数字伺服控制功能等。

（5）使用维修方便。

CNC 装置的诊断程序使维修非常方便。CNC 装置有对话编程、蓝图编程、自动在线编程，使编程工作简单方便。而且编好的程序可以显示出来，如通过空运行即可将刀具轨迹显示出来，以检查程序是否正确。

（6）易于实现机电一体化。

由于半导体集成电路技术的发展及先进的表面安装技术的采用，使 CNC 装置硬件结构尺寸大为缩小，容易组成数控加工自动线，如 FMC、FMS、DNC 和 CIMS 等。

5.2 CNC 装置的硬件结构

5.2.1 CNC 装置的硬件结构组成

CNC 装置是数控系统的核心。它是一台专用计算机，其配置的操作系统可控制各执行部件（各运动轴）的位移量并使之协调运动，而不是一般进行文档处理和科学计算的计算机。

在 CNC 装置的专用计算机中，除了与普通计算机一样具有 CPU、存储器、总线、输入/输出接口外，还有专门适用于数控机床各执行部件运动位置控制的位置控制器，如图5-3 所示。此外，CNC 装置的存储器一般由 ROM、RAM(磁泡存储器)构成，而普通计算机则由内存和外存(硬盘)构成，且后者容量相对大许多。

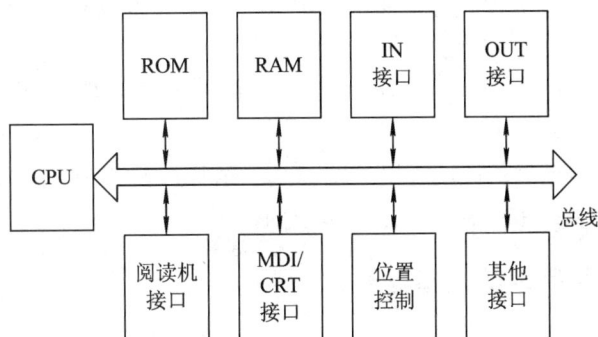

图 5-3　CNC 装置的硬件结构组成

在 CNC 装置中，一般都是将显示器(CRT)和机床操作面板做在一起，以便实现手动数据输入(MDI)；将 CPU、存储器、位置控制器、输出接口等做在一起，构成 CNC 装置。

5.2.2　CNC 装置的体系结构

目前，CNC 装置大都采用微处理器，按其硬件结构中 CPU 的多少，可分为单微处理器结构和多微处理器结构；按 CNC 装置中各印制电路板的插接方式，可以分为大板式结构和功能模块式结构；还有基于 PC 的开放式数控系统结构。

单微处理机装置内的所有信息的处理工作都由一个 CPU 负责，它集中控制和管理整个系统资源，通过分时处理的方式来实现各种数控功能，它的优点是投资小，结构简单，易于实现。但系统功能受 CPU 的字长、数据宽度、寻址能力和运算速度等因素限制。现在这种结构已被多微处理机系统的主从结构所取代。

多微处理机的 CNC 装置中有两个或两个以上的 CPU，也就是 CNC 装置中的某些功能模块自身也带有 CPU。按照这些 CPU 之间相互关系的不同，可将其分为如下结构：

1. 主从结构

主从结构是指装置中只有一个 CPU(通称主 CPU)，对整个装置的资源(装置内的存储器、总线)有控制权和使用权，而其他带有 CPU 的功能部件(通称为智能部件)则无权控制和使用装置资源，它只能接受主 CPU 的控制命令或数据，或向主 CPU 发出请求信息以获得所需的数据。只有一个 CPU 处于主导地位，其他 CPU 处于从属地位。

2. 多主结构

多主结构是指装置中有两个或两个以上带 CPU 的功能部件对装置资源有控制权和使用权。功能部件之间采用紧耦合(即均挂靠在装置总线上，集中在一个机箱内)，有集中的操纵系统，通过总线仲裁器(软件和硬件)来解决争用总线的一问题，通过公共存储器来交换装置内的信息。

3. 分布式结构

分布式结构是指装置中有两个或两个以上带有 CPU 的功能模块，每个功能模块都有自己独立的运行环境(总线、存储器、操作系统等),功能模块间采用松耦合,即在空间上可以较为分散,各模块之间采用通信方式交换信息。

早期的 CNC 装置都是单微处理机。到了 20 世纪 80 年代中期,开始出现多微处理机数控装置产品,其中绝大部分是主从结构类型。由于多主结构和分布式结构较复杂,操作系统设计较困难,而且主从结构装置能够满足数控加工的大多数要求,故多主结构和分布式结构在数控装置中应用相对较少。

此外,还有一种多通道结构,实质也是一种多微处理机 CNC 装置,如 A - B 8600、Siemens 810D/840D 等。

从硬件的体系结构看,单微处理机结构与主从结构极其相似,因为主从结构的从模块与单微处理机结构中相应模块在功能上是等价的。

5.2.3 单微处理器和多微处理器结构

1. 单微处理器结构

1) 单微处理器的特点

当控制功能不太复杂、实时性要求不太高时,多采用单微处理器结构,其特点是通过一个 CPU 控制系统总线访问主存储器。以下三种 CNC 装置都属于单 CPU 结构:

(1) 只有一个 CPU,采用集中控制、分时处理的方式完成各项控制任务。

(2) 虽然有两个或两个以上的 CPU,但各微处理器组成主从结构,其中只有一个 CPU 能够控制系统总线,占有总线资源;而其他 CPU 不能控制和使用系统总线,只能接受主 CPU 的控制,只能作为一个智能部件工作,处于从属地位。

(3) 数据存储、插补运算、输入/输出控制、显示和诊断等所有数控功能均由一个 CPU 来完成,CPU 不堪重负。因此,常采用增加协 CPU 的办法,由硬件分担精插补,增加带有 CPU 的 PLC 和 CRT 控制等智能部件,以减轻主 CPU 的负担,提高处理速度。

单 CPU 或主从 CPU 结构的 CNC 装置硬件结构如图 5-4 所示。

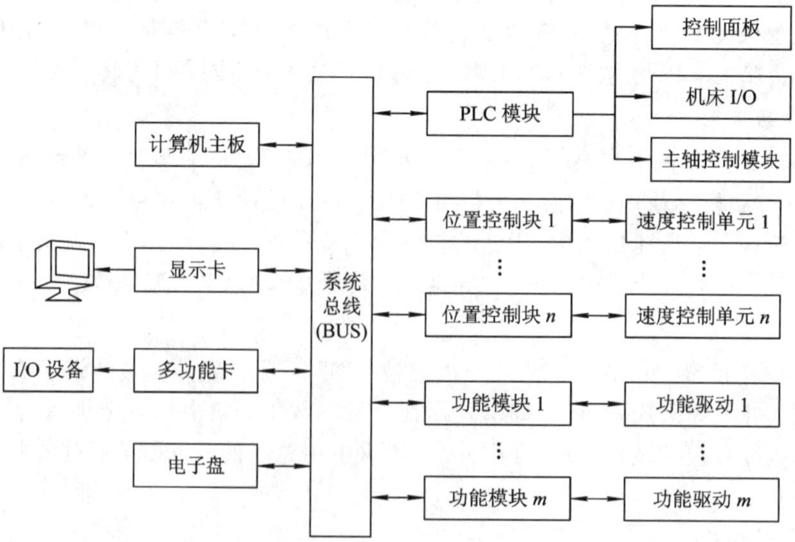

图 5-4 单 CPU 或主从 CPU 结构的 CNC 装置硬件结构

2) 单 CPU 结构的形式

单 CPU 结构的 CNC 装置一般采用以下两种结构形式：

（1）专用型。

专用型 CNC 装置的硬件是由生产厂家专门设计和制造的，因此不具有通用性。

（2）通用型。

通用型 CNC 装置指的是采用工业标准计算机（如工业 PC）构成的 CNC 装置。只要装入不同的控制软件，便可构成不同类型的 CNC 装置，无需专门设计硬件，因而通用性强，硬件故障维修方便。图 5-5 所示为以工业 PC 为技术平台的数控系统结构框图。

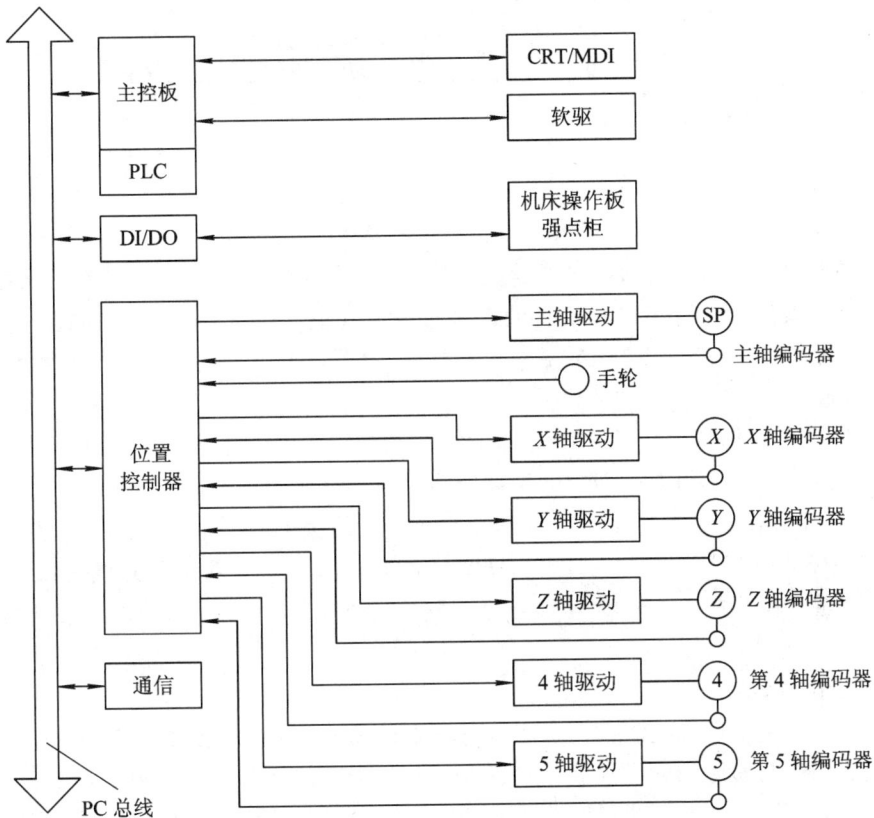

图 5-5　以工业 PC 为技术平台的数控系统结构框图

3) 单微处理器结构的组成

单微处理器 CNC 装置的组成如图 5-6 所示。微处理器（CPU）通过总线与存储器（RAM、EPROM）、位置控制器、可编程序控制器（PLC）及 I/O 接口、MDI/CRT 接口、通信接口等相连。

（1）CPU 和总线。

CPU 是 CNC 装置的核心，由运算器及控制器两大部分组成。运算器对数据进行算术运算和逻辑运算；控制器则是将存储器中的程序指令进行译码，并向 CNC 装置各部分顺序发出执行操作的控制信号，并且接收执行部件的反馈信息，从而决定下一步的命令操作。也就是说，CPU 主要担负与数控有关的数据处理和实时控制任务。数据处理包括译码、刀补、速度处理。实时控制包括插补运算和位置控制以及对各种辅助功能的控制。

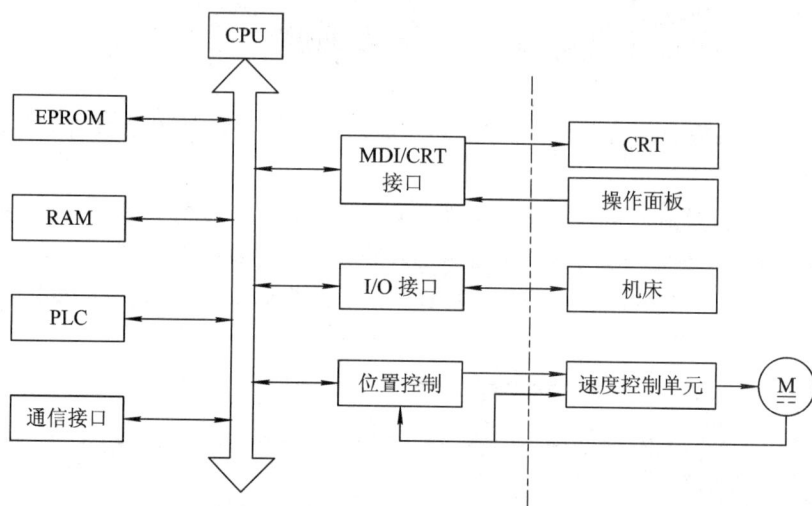

图 5 - 6　单微处理器 CNC 装置的组成框图

　　总线是 CPU 与各组成部件、接口等之间的信息公共传输线,由地址总线、数据总线和控制总线三总线组成。随着传输信息的高速度化和多任务性,总线结构和标准也在不断发展。

　　(2) 存储器。

　　CNC 装置的存储器包括只读存储器(ROM)和随机存取存储器(RAM)两类。

　　CNC 装置一般采用 EPROM。这种存储器的内容只能由 CNC 装置的生产厂家固化(写入),写入 EPROM 的信息即使断电也不会丢失,只能被 CPU 读出,不能写入新的内容。常用的 EPROM 有 2716、2732、2764、27128、27256 等。RAM 中的信息既可以被 CPU 读出,也可以写入新的内容,但断电后信息也随之消失,具有备用电池的 RAM 方可保存信息。

　　(3) 位置控制器。

　　位置控制器主要用来控制数控机床各进给坐标轴的位移量,需要时将插补运算所得的各坐标位移指令与实际检测的位置反馈信号进行比较,并结合补偿参数,适时地向各坐标伺服驱动控制单元发出位置进给指令,使伺服控制单元驱动伺服电动机运转。位置控制是一种同时具有位置控制和速度控制两种功能的反馈控制系统。CPU 发出的位置指令值与位置检测值的差值就是位置误差,它反映的实际位置总是滞后于指令位置。位置误差经处理后作为速度控制量控制进给电动机旋转,使实际位置总是跟随指令位置的变化而变化。

　　(4) 可编程序控制器(PLC)。

　　数控机床用 PLC 可分为"内装型"与"独立型"两种,用于数控机床的辅助功能和顺序控制。

　　(5) MDI/CRT 接口。

　　MDI 接口即手动数据输入接口,数据通过操作面板上的键盘输入。CRT 接口是在 CNC 软件的配合下,在显示器上实现字符和图形的显示。

　　显示器多为电子阴极射线管(CRT)。近年来开始出现夹板式液晶显示器(LCD),使用这种显示器可大大缩小 CNC 装置的体积。此外,还有 TFT 显示器。

（6）I/O 接口。

CNC 装置与机床之间的信号通过 I/O 接口来传送。输入接口是指接收机床操作面板上的各种开关、按钮以及机床上的各种行程开关和温度、压力、电压等检测信号。因此，它分为开关量输入和模拟量输入两类接收电路，并由接收电路将输入信号转换成 CNC 装置能够接收的电信号。

输出接口可将各种机床工作的状态信息传送到机床操作面板进行声光指示或将 CNC 装置发出的控制机床动作信号送到强电控制柜，以控制机床电气执行部件的动作。根据电气控制要求，接口电路还必须进行电平转换和功率放大。为防止噪声干扰引起误动作，常采用光电耦合器或继电器将 CNC 装置和机床之间的信号在电气上进行隔离。

（7）通信接口。

通信接口用来与外设进行信息传输，如上一级计算机、移动硬盘、可移动磁盘、录音机等。

2. 多微处理器结构

多 CPU 结构的 CNC 装置是将数控机床的总任务划分为多个子任务，每个子任务均由一个独立的 CPU 来控制。

1）多微处理器结构的特点

（1）性能价格比高。

多微处理器采用多 CPU 完成各自特定的功能，适应多轴控制、高精度、高进给速度、高效率的控制要求，同时由于单个低规格 CPU 的价格较为便宜，因此其性能价格比较高。

（2）模块化结构。

模块化结构使处理器具有良好的适应性与扩展性，结构紧凑，调试、维修方便。

（3）通信功能强。

具有很强的通信功能，便于实现 FMS、FA、CIMS。

2）多微处理器结构的形式

多微处理器的 CNC 装置一般采用两种结构形式，即紧耦合结构和松耦合结构。紧耦合结构由各微处理器构成处理部件，处理部件之间采取紧耦合方式，有集中的操作系统，共享资源。松耦合结构由各微处理器构成功能模块，功能模块之间采取松耦合方式，有多重操作系统，可以有效地实现并行处理。

3）多微处理器结构的组成

（1）组成。

多微处理器的 CNC 装置主要由 CNC 管理模块、CNC 插补模块、位置控制模块、存储器模块、PLC 模块、数据输入/输出及显示模块等。

① CNC 管理模块。

CNC 管理模块用来管理和组织整个 CNC 系统的工作，主要包括初始化、中断管理、总线裁决、系统出错识别和处理系统软件硬件诊断等功能。

② CNC 插补模块。

CNC 插补模块用于完成插补前的预处理，如对零件程序的译码、刀具半径的补偿、坐标位移量的计算及进给速度的处理等。此外还可进行插补计算，为各个坐标提供位置给定值。

③ 位置控制模块。

位置控制模块用于将位置给定值与检测所得实际值相比较，进行自动加减速、回基准点、伺服系统滞后量的监视和漂移补偿，最后得到速度控制值，用来驱动进给电动机。

④ 存储器模块。

存储器模块模块为程序和数据的主存储器，或为各功能模块间进行数据传送的共享存储器。

⑤ PLC 模块。

PLC 模块主要用于对零件程序中的开关功能和机床传送来的信号进行逻辑处理，以实现主轴的启停和正反转、换刀、冷却液的开/关、工件的夹紧和松开等。

⑥ 操作控制数据输入、输出和显示模块。

操作控制数据输入、输出和显示模块包括零件程序、参数、数据及各种操作命令的输入、输出、显示所需的各种接口电路。

(2) 功能模块的互连方式。

多 CPU 的 CNC 装置的典型结构有共享总线和共享存储器两类结构。

① 共享总线结构。

共享总线结构是以系统总线为中心组成多微处理器 CNC 装置，如图 5-7 所示。

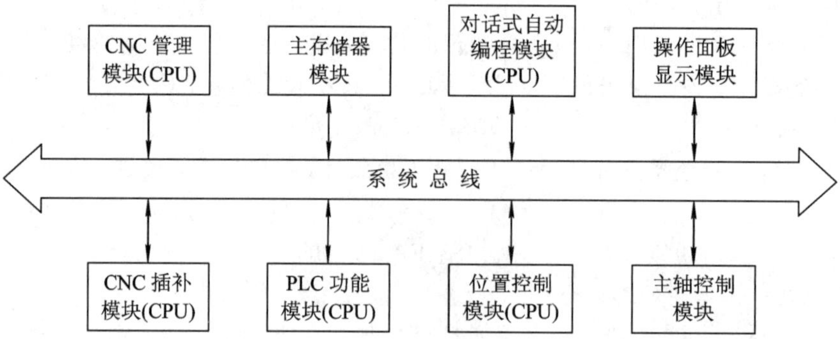

图 5-7　多微处理器共享总线结构框图

按照功能的不同可将系统划分为若干功能模块，带有 CPU 的模块称为主模块，不带 CPU 的称为从模块。所有的主、从模块都插在配有总线插座的机柜内。系统总线的作用是把各个模块有效地连接在一起，按照要求交换各种数据和控制信息，实现各种预定的功能。

这种结构中只有主模块有权控制使用系统总线。由于有多个主模块，系统通过总线仲裁电路来解决多个主模块同时请求使用总线的矛盾。

共享总线结构的优点是系统配置灵活，结构简单，容易实现，造价低。不足之处是会引起竞争，使信息传输率降低；总线一旦出现故障，会影响全局。

② 共享存储器结构。

共享存储器结构是以存储器为中心组成的多微处理器 CNC 装置，如图 5-8 所示。

它采用多端口存储器来实现各微处理器之间的互连和通信，每个端口都配有一套数据、地址、控制线，以供端口访问，并由专门的多端口控制逻辑电路解决访问的冲突问题。当微处理器数量增多时，往往会由于争用共享存储器而造成信息传输的阻塞，降低系统效率，因此这种结构功能扩展比较困难。

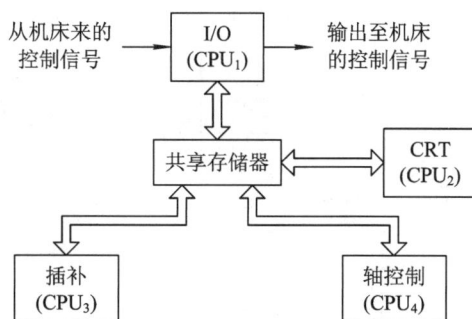

图 5-8　多微处理器共享存储器结构框图

5.2.4　大板式和功能模块式结构

1. 大板式结构

大板式结构 CNC 系统的 CNC 装置可由主电路板、ROM/RAM 板、PLC 板、附加轴控制板和电源单元等组成。主电路板是大印制电路板，其他电路是小印制电路板，它们插在大印制电路板上的插槽内，共同构成 CNC 装置，如图 5-9 所示。

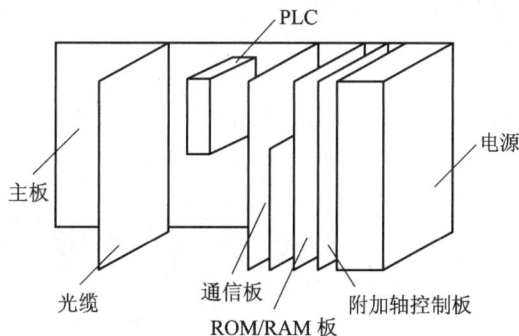

图 5-9　大板式结构示意图

FANUC CNC 6MB 就采用这种大板式结构，其框图如图 5-10 所示。

图中主电路板(大印制电路板)上有控制核心电路、位置控制电路、纸带阅读机接口、三个轴的位置反馈量输入接口、速度控制量输出接口、手摇脉冲发生器接口、I/O 控制板接口和六个小印制电路板的插槽。控制核心电路为微机基本系统，由 CPU、存储器、定时和中断控制电路组成。存储器包括 ROM 和 RAM，ROM(常用 EPROM)用于固化数控系统软件，RAM 存放可变数据，如堆栈数据和控制软件暂存数据。对数控加工程序和系统参数等可变数据存储区域应具有掉电保护功能，如磁泡存储器和带电池的 RAM，当主电源不供电时，也能保持其信息不丢失。六个插槽内分别可插入用于保存数控加工程序的磁泡存储器板、附加轴控制板、CRT 显示控制和 I/O 接口、扩展存储器(ROM)板、可编程序控制器 PLC 板、用于位置反馈的旋转变压器或感应同步器的控制板。

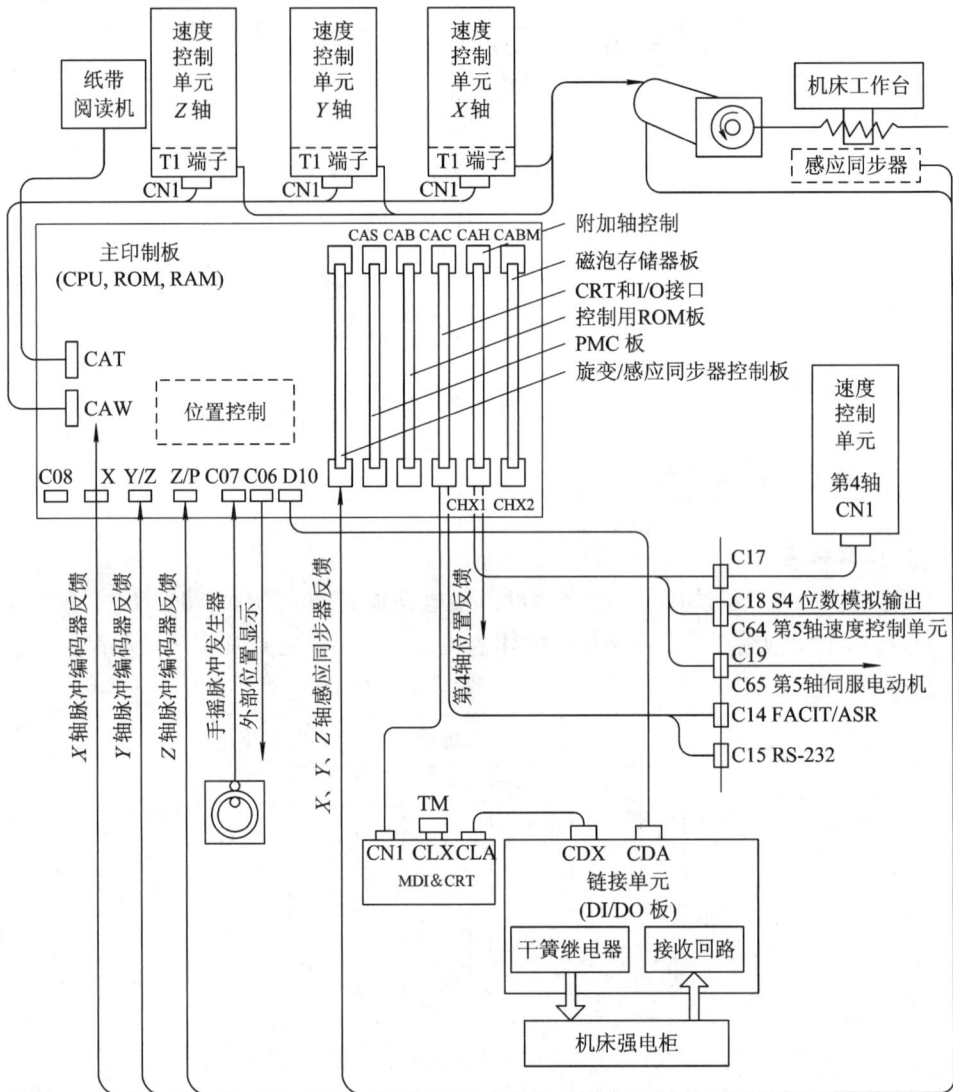

图 5-10　FANUC CNC 6MB 框图

2. 功能模块式结构

在采用功能模式结构的 CNC 装置中，将整个 CNC 装置按功能划分为硬件模块和软件模块化结构。硬件和软件的设计都采用模块化设计方法，即每一个功能模块被做成尺寸相同的印制电路板(称为功能模板)，相应功能模块的控制软件也模块化。这样形成了一个所谓的交钥匙 CNC 系统产品系列，用户只要按需要选用各种控制单元母板及所需功能模板，将各功能模板插入控制单元母板的槽内，就搭成了自己需要的 CNC 系统的控制装置。常见的功能模板有 CNC 控制板、位置控制板、PLC 板、图形板和通信板等。例如，一种功能模块式结构的全功能型车床数控系统框图如图 5-11 所示，系统由 CPU 板、扩展存储器板、显示控制板、手轮接口板、键盘和录音机板、输入/输出接口板、强电输入板、伺服接口板和三块轴反馈板共 11 块板组成，连接各模块的总线可按需选用各种工业标准总线，如工业 PC 总线、STD 总线等。FANUC 系统 15 系列就采用了功能模块化式结构。

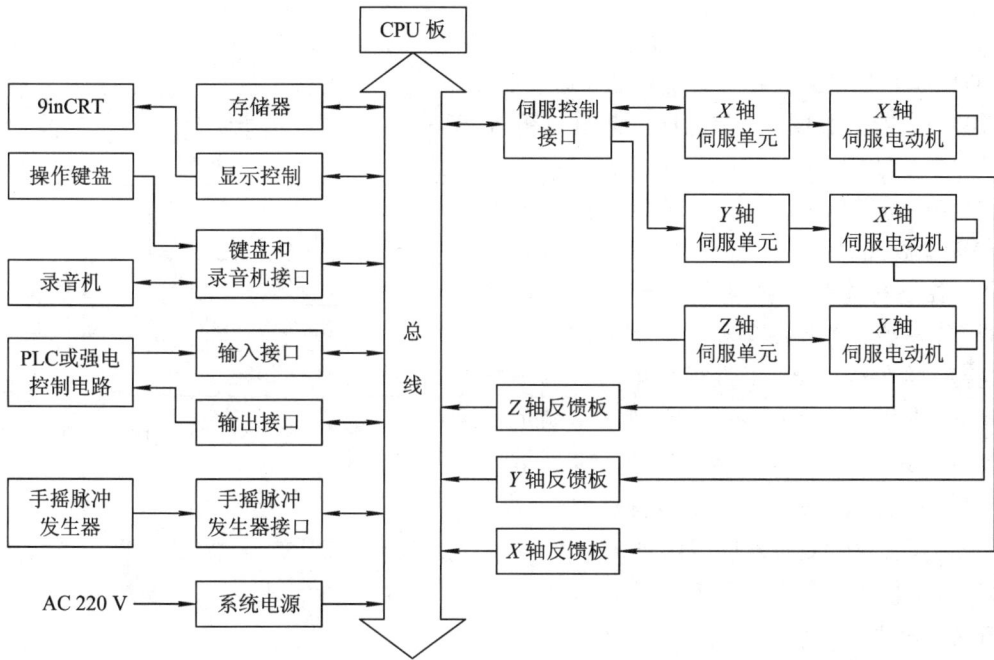

图 5-11　一种功能模块式全功能型车床数控系统框图

5.2.5　开放式数控系统结构

专用结构数控系统由于专门针对 CNC 设计,因此结构合理并可获得高的性能价格比。但由于厂家为了保护各自的权益,CNC 系统具有不同的编程语言、非标准的人机接口、多种实时操作系统、非标准的硬件接口等,这些缺陷造成了 CNC 系统使用和维护的不便,也限制了数控系统的集成和进一步发展。对此,为适应柔性化、集成化、网络化和数字化制造环境,发达国家相继提出数控系统要向标准化、规范化方向发展,并提出开放式数控系统研发计划。1987 年,美国提出了 NGC(Next Generation Work-station/Machine Controller)计划及以后的 OMAC(Open Modular Architecture Controller)计划,20 世纪 90 年代欧洲提出了 OSACA(Open System Architecture for Control within Automation System)计划,1995 年日本提出了 OSEC(Open System Environment for Controller)计划,下面详细介绍。

1. 美国的 NGC 和 OMAC 计划及其结构

NGC 是一个实时加工控制器和工作站控制器,要求适用于各类机床的 CNC 控制和周边装置的过程控制,包括切削加工(钻、铣、磨等)、非切削加工(电加工、等离子弧、激光等)、测量及装配、复合加工等。

NGC 与传统 CNC 的显著差别在于"开放式结构",其首要目标是开发"开放式系统体系结构标准规范 SOSAS(Specification for an Open System Architecture Standard)"来管理工作站和机床控制器的设计和结构组织。SOSAS 定义了 NGC 系统、子系统和模块的功能以及相互间的关系。

NGC 计划已于 1994 年完成了规划研究，并已转入工业开发。美国通用、福特和克莱斯勒三大汽车公司在 NGC 的指导下，联合提出了 OMAC 开发计划，并对系统框架、运动控制、人机接口、传感器接口、信息库管理和任调度提出了完整的结构规范。美国 DELTA TAU 公司利用 OMAC 协议，采用 PC＋PMAC 控制卡组成 PMAC 开放式 CNC 系统。PMAC 卡上具有完整的 NC 控制功能和方便的调用接口，与 PC 采用双端口、总线、串行接口和中断等方式进行信息交换，只需在通用 PC 上进行简单的人机操作界面开发，即可形成各种用途的控制器，满足不同用户的需求。NGC 系统结构如图 5 - 12 所示。

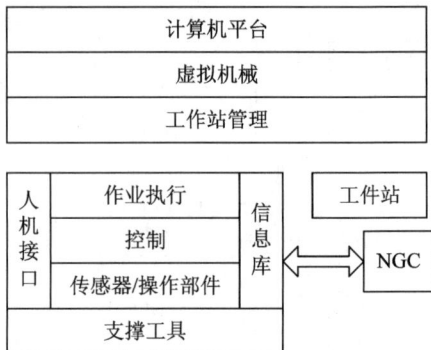

图 5 - 12　NGC 系统体系结构

2. 欧共体的 OSACA 计划及其结构

OSACA 计划是针对欧盟的机床，其目标是使 CNC 系统开放，允许机床厂对系统作补充、扩展、修改、裁剪来适应不同需要，实现 CNC 的批量生产，增强数控系统和数控机床的市场竞争力。

OSACA 提出由一系列逻辑上相互独立的控制模块组成开放式数控系统，其模块间及与系统平台间具有友好的接口协议，使不同制造商开发的应用模块均可在该平台上运行。

OSACA 平台的软硬件包括操作系统、通信系统、数据库系统、系统设定和图形服务器等。平台通过 API(Application Program Interface，应用程序界面)与具体应用模块 AO (Architecture Object)发生关系。AO 按其控制功能可分为人机控制 MMC(Man Machine Control)、运动控制 MC(Motion Control)、逻辑控制 LC(Logic Control)、轴控制 AC(Axis Control)和过程控制 PC(Process Control)。

OSACA 的通信接口分为 ASS(Application Services System，应用服务系统)、MTS (Message Transport System，信息传输系统)和 COC(Communication Object Classes，通信对象类)三种协议形式，分别用于不同信息的交换，以满足实时检测和控制的要求。

目前，SIEMENS、FAGOR、NUM、Index 等公司已有数控产品与 OSACA 部分兼容。OSACA 系统平台结构如图 5 - 13 所示。

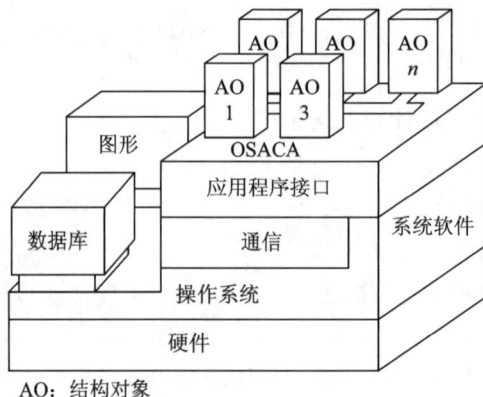

AO：结构对象

图 5 - 13　OSACA 系统平台结构

3. 日本的 OSEC 计划及其结构

OSEC 采用应用、控制和驱动三层功能结构，可实现零件造型、工艺规划（加工顺序、刀具轨迹、切削条件等）、机床控制处理（程序解释、操作模块控制、智能处理等）、刀具轨迹控制、顺序控制、轴控制等。

OSEC 采用新的接口协议，它从 CAD 和生产管理开始，分为 CAM 和生产监控，综合成为任务调度，然后利用各种库进行解释，形成轴控制及 PLC 所需信息和数据，对机床的伺服和执行机构进行控制，可实现 I/O 口控制、信号处理控制、电动机控制以及电动机联动控制。OSEC 开放系统的体系结构如图 5-14 所示。

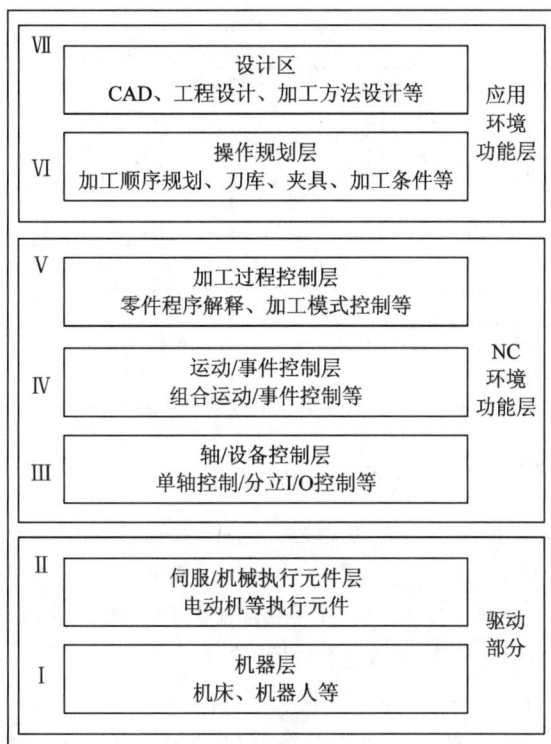

图 5-14　OSEC 开放系统体系结构

5.3　CNC 装置的软件结构

CNC 数控装置的软件是为完成 CNC 系统的各项功能而专门设计和编制的，是数控加工的一种专用软件，又称为系统软件（系统程序），其管理作用类似于计算机操作系统的功能。不同的 CNC 装置功能和控制方案也不同，因而各系统软件在结构上和规模上差别较大，各厂家的软件互不兼容。现代数控机床的功能大都采用软件来实现，所以，系统软件的设计及功能是 CNC 系统的关键。

5.3.1　CNC 装置软件、硬件的界面

软件结构取决于 CNC 装置中软件和硬件的分工，也取决于软件本身的工作性质。硬

件为软件运行提供了支持环境。软件和硬件在逻辑上是等价的，由硬件能完成的工作原则上也可以由软件完成。硬件处理速度快，但造价高；软件设计灵活，适应性强，但处理速度慢。因此 CNC 装置中，软硬件的分工是由性能/价格比决定的。

在现代 CNC 装置中，软件和硬件的界面关系是不固定的。早期的 NC 装置中，数控系统的全部功能都由硬件来实现，随着计算机技术的发展，计算机参与了数控系统的工作，构成了计算机数控(CNC)系统，由软件完成数控工作。随着产品的不同、功能要求的不同，软件和硬件的界面是不一样的。图 5-15 为三种典型 CNC 装置的软硬件界面关系。

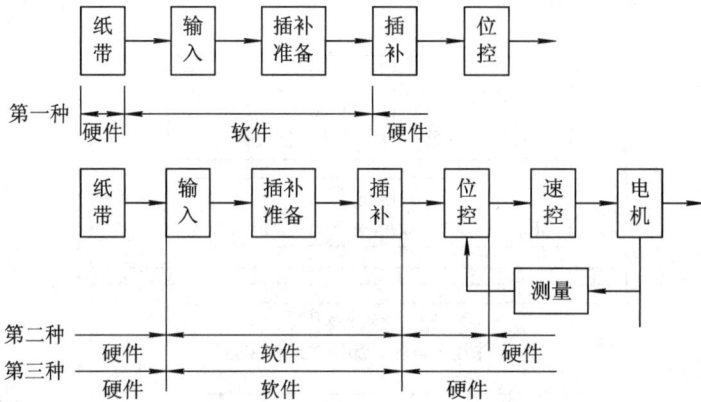

图 5-15　三种典型的软硬件界面关系

5.3.2　系统软件的组成及结构类型

CNC 系统是一个专用的实时多任务系统。CNC 装置通常作为一个独立的过程控制单元用于工业自动化生产中。因此，它的系统软件包括管理和控制两大部分。系统的管理部分包括输入、I/O 处理、通信、显示、诊断以及加工程序的编制管理等程序，控制部分包括译码、刀具补偿、速度处理、插补和位置控制等软件。

数控的基本功能由上面这些功能子程序实现。这是任何一个计算机数控系统所必须具备的，功能增加，子程序就增加。不同的系统软件结构中对这些子程序的安排方式不同，管理方式亦不同。在单微处理机数控系统中，常采用前后台型的软件结构和中断型的软件结构。在多微处理机数控系统中，将微处理机作为一个功能单元，利用上面的思想构成相应的软件结构类型。在多 CPU 数控装置中，各个 CPU 分别承担一定的任务，它们之间的通信依靠共享总线和共享存储器进行协调。在子系统较多时，也可采用相互通信的方法。

5.3.3　CNC 系统控制软件的结构特点和中断结构模式

无论何种类型的结构，CNC 装置的软件结构都具有多任务并行处理和多重实时中断处理的特点。

1. 多任务并行处理

1) CNC 装置的多任务性

数控加工时，CNC 装置要完成许多任务。在多数情况下，管理和控制的某些工作必须同时进行。例如，为使操作人员能及时地了解 CNC 装置的工作状态，管理软件中的显示模块必须与控制软件同时运行。当在插补加工运行时，管理软件中的零件程序输入模块必须与控制软件同时运行。而当控制软件运行时，其本身的一些处理模块也必须同时运行。例如，为了保证加工过程的连续性，即刀具在各程序之间不停刀，译码、刀具补偿和速度处理模块必须与插补模块同时运行，而插补程序又必须与位置控制程序同时进行。

图 5-16 给出了 CNC 装置的软件任务分解图，反映了它的多任务性。图 5-17 表示了软件任务的并行处理关系，其中双向箭头表示两个模块之间有并行处理关系。

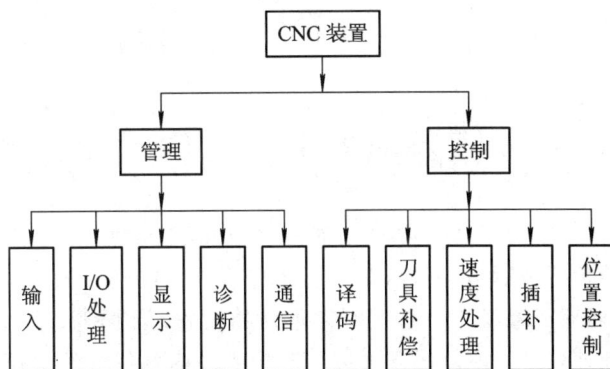

图 5-16　CNC 装置软件任务分解

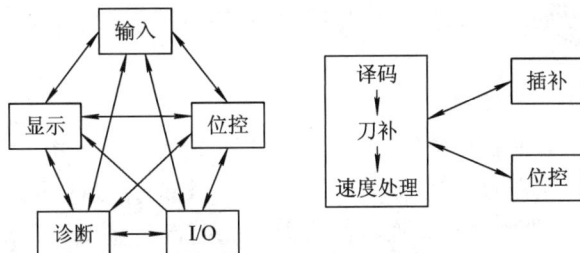

图 5-17　软件任务的并行处理

2）并行处理

并行处理是指计算机在同一时刻或同一时间间隔内完成两种或两种以上性质相同或不相同的工作。并行处理的优点能提高运行速度。

并行处理分为"资源重复"并行处理方法、"时间重叠"并行处理方法和"资源共享"并行处理方法。

资源共享是根据"分时共享"的原则，使多个用户按一时间顺序使用同一套设备。

时间重叠是根据流水线处理技术，使多个处理过程在时间上相互错开，轮流使用同一套设备的几个部分。

目前 CNC 装置的硬件结构中，已广泛使用"资源重复"的并行处理技术，如采用多 CPU 的体系结构来提高系统的速度。而在 CNC 装置的软件结构中，主要采用"资源分时共享"和"资源重叠的流水处理"方法。

（1）资源分时共享并行处理。

在单 CPU 的 CNC 装置中，主要采用 CPU 分时共享的原则来解决多任务的同时运行。

各任务何时占用 CPU 及各任务占用 CPU 时间的长短，则要解决的是两个时间分配问题。在 CNC 装置中，各任务占用 CPU 用循环轮流和中断优先相结合的办法来解决。图 5-18 是一个典型的 CNC 装置各任务分享 CPU 的时间分配图。

图 5-18　CNC 装置分享 CPU 的时间分配

系统在完成初始化任务后自动进入时间分配循环中，在环中依次轮流处理各任务，如显示、I/O 处理等。而对于系统中一些实时性很强的任务，如插补、位控等，则按中断优先级进行排队并作为环外任务，环外任务可以随时中断环内各任务的执行。

每个任务允许占有 CPU 的时间受到一定的限制，对于某些占有 CPU 时间较多的任务，如插补准备（包括译码、刀具半径补偿和速度处理等），可以在其中的某些地方设置断点。当程序运行到断点处时，自动让出 CPU，等到下一个运行时间里自动跳到断点处继续执行。

（2）资源重复流水并行处理。

当 CNC 装置在自动加工工作方式时，其数据的转换过程将由零件程序输入、插补准备、插补、位置控制四个子过程组成。如果每个子过程的处理时间分别为 Δt_1、Δt_2、Δt_3、Δt_4，那么一个零件程序段的数据转换时间将是 $t = \Delta t_1 + \Delta t_2 + \Delta t_3 + \Delta t_4$。如果以顺序方式处理每个零件程序段，则第一个零件程序段处理完以后再处理第二个程序段，依此类推。图 5-19(a) 显示了这种顺序处理时的时间空间关系。从图中可以看出，两个程序段的输出之间有一个时间为 t 的间隔。这种时间间隔反映在电机上就是电机的时转时停，反映在刀具上就是刀具的时走时停，这种情况在加工工艺上是不允许的。

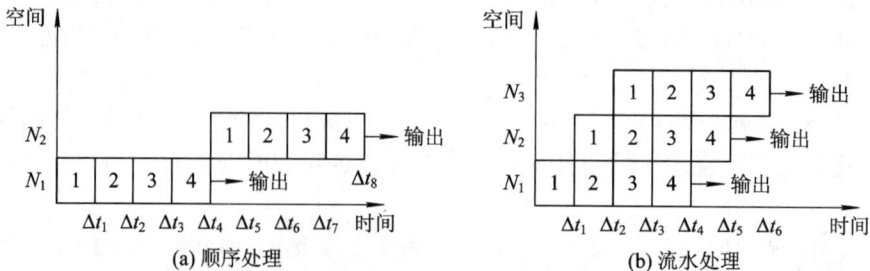

图 5-19　资源重叠流水并处理

消除这种间隔的方法是用流水并行处理技术。采用流水并行处理后的时间空间关系如图 5-19(b) 所示。流水并行处理的关键是时间重叠，即在一段时间间隔内不是处理一个子过程，而是处理两个或更多的子过程。从图 5-19(b) 中可看出，经过流水并行处理后，从

时间 t_4 开始,每个程序段的输出之间不再有间隔,从而保证了电机和刀具运动的连续性。

流水并行处理要求每个子过程的运算时间相等,而实际上 CNC 装置中每个子过程所需的处理时间都是不同的,解决的办法是取最长的子过程处理时间为流水并行处理的时间间隔。这样在处理时间较短的子过程时,处理完后就进入等待状态。

在单 CPU 的 CNC 装置中,流水并行处理的时间重叠只有宏观的意义,即在一段时间内,CPU 处理多个子过程,但从微观上看,各子过程是分时占用 CPU 的时间的。

2. 多重实时中断处理

CNC 系统软件结构的另一个特点是多重实时中断处理。CNC 系统程序以零件加工为对象,每个程序有许多子程序(子过程),它们按预定的顺序反复执行,各步骤间关系十分密切,有许多子程序实时性很强,这就决定了中断成为整个系统不可少的重要组成部分。CNC 系统的中断管理主要靠硬件完成,而系统的中断结构决定了软件结构。

CNC 系统的中断有四种类型。

(1)外部中断。

外部中断主要有纸带光电阅读机中断,外部监控中断(如紧急停、量仪到位等)和键盘、操作面板输入中断。前两种中断的实时性要求很高,因此将它们放在较高的优先级上,而键盘和操作面板输入中断则放在较低的中断优先级上。在有些系统中,甚至用查询的方式来处理它。

(2)内部定时中断。

内部定时中断主要有插补周期定时中断和位置采样定时中断两种。在有些系统中,这两种定时中断合二为一。但在处理时,总是先处理位置控制,然后处理插补运算。

(3)硬件故障中断。

硬件故障中断是指各种硬件故障检测装置发出的中断,如存储器出错、定时器出错、插补运算超时等。

(4)程序性中断。

程序性中断是指程序中出现的异常情况的报警中断,如各种溢出和除零等。

3. CNC 系统中断的结构模式

1) 前后台软件结构中的中断模式

在前后台软件结构中,前台程序是一个中断服务程序,用于完成全部的实时功能。后台(背景)程序是一个循环运行程序,管理软件和插补准备在这里完成。后台程序运行时,实时中断程序不断插入,与后台程序相配合共同完成零件加工任务。图 5 - 20 是前、后台软件结构中,实时中断程序与背景程序的关系图。

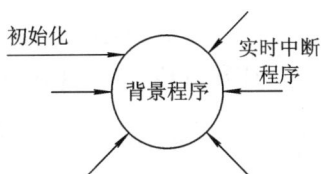

图 5 - 20　前、后台型软件结构

2）中断型软件结构中的中断模式

中断型软件结构的特点是除了初始化程序之外，整个系统软件的各种任务模块分别安排在不同级别的中断服务程序中，整个软件就是一个大的中断系统。其管理的功能主要通过各级中断服务程序之间的相互通讯来解决。表5-1所示为某CNC系统各级中断的主要功能。该中断优先级共7级，其中0级为最低优先级，实际上是初始化程序；1级为主控程序，当没有其他中断时，该程序循环执行；7级为最高级。除了第4级为硬件中断（完成报警功能）之外，其余均为软件中断。

表5-1　各级中断的主要功能

优先级	主要功能	中断源	优先级	主要功能	中断源
0	初始化	开机进入	4	报警	硬件
1	CRT显示 ROM奇偶校验	硬件，主控程序	5	插补运算	8 ms
2	各种工作方式，插补准备	16 ms	6	软件定时	2 ms
3	键盘、I/O 及 M、S、T 处理	16 ms	7	纸带阅读机	硬件随机

（1）0级中断程序。

0级中断程序是初始化程序，是为整个系统的正常工作做准备的。主要完成：① 清除RAM工作区；② 设置有关参数和偏移数据；③ 初始化有关电路芯片。

（2）1级中断程序。

1级中断程序是主控程序，即背景程序。当没有其他中断时，1级程序始终循环运行。主要完成：① CRT显示控制；② ROM奇偶校验。

（3）2级中断服务程序。

2级中断服务程序主要工作是对系统所处的各种工作方式进行处理，包括：① 自动方式；② MDI方式；③ 点动增量方式；④ 手动连续进给或手轮方式；⑤ 示教方式；⑥ 编辑方式。

（4）3级中断服务程序。

3级中断服务程序主要完成：① I/O映像处理，用于PLC开关量信号的控制；② 键盘扫描和处理；③ M、S、T处理，将辅助功能，如主轴正、反转（M03、M04），切削液的开、关（M08、M09），主轴转速（S指令），换刀（M06及T指令）等控制信号输出，以控制机床动作。

（5）4级中断程序。

当数控系统硬件出现故障时，由系统诊断程序进行检测，并将出错信息以指示灯或CRT显示出来。

（6）5级中断服务程序。

5级中断服务程序主要完成：① 插补运算；② 坐标位置修正；③ 间隙补偿；④ 加减速控制。

（7）6级中断服务程序。

6级中断服务程序是一种软件定时方法。通过这种定时，可以实现2级和3级的16 ms定时中断，并使其相隔8 ms。当2级或3级中断还没有返回时，不再发出中断请求信号。

（8）7级中断服务程序。

当纸带通过光电阅读机输入时,光电阅读机每读到纸带上一排孔的信息,立即向数控系统发出一个中断请求信号,要求处理所读到的一个字符。

以上是一个典型的单微处理器数控系统的软件结构,该系统的位置控制由硬件处理。当位置控制用软件来处理时,则位置控制程序应安排在插补程序同一级或更高级的中断服务程序中。

在多微处理器系统中,软件将以上控制任务分配到各个处理器,流水作业并行处理。处理器之间的协调仍可用中断的方式,只是有的中断源变为由其他处理器申请的外部中断。

5.3.4　刀具补偿原理

CNC 系统通过控制刀架的参考点实现加工轨迹,但在实际加工中,是使用刀尖或刀刃完成切削任务的。这样就需要在刀架参考点与刀具切削点之间进行位置偏置,从而使数控系统的控制对象由刀架参考点变换到刀尖或刀刃,这种变换过程就称之为刀具补偿。

刀具补偿一般分为刀具长度补偿和刀具半径补偿。对于不同类型的数控机床和刀具,需要刀具补偿的类型也不一样,如图 5-21 所示。一般来说,对于铣刀而言,主要是刀具半径补偿;对于钻头而言,只有刀具长度补偿;但对于车刀而言,需要两坐标长度补偿和刀具半径补偿。刀具补偿的有关参数,如刀具半径、刀具长度、刀具中心的偏移量等首先要经过测量,然后将测量结果存入 CNC 系统参数项中的刀具补偿表中。编程员在进行编制零件的加工程序时,可根据需要调用不同的刀具号和补偿号,来满足不同的刀具补偿要求。

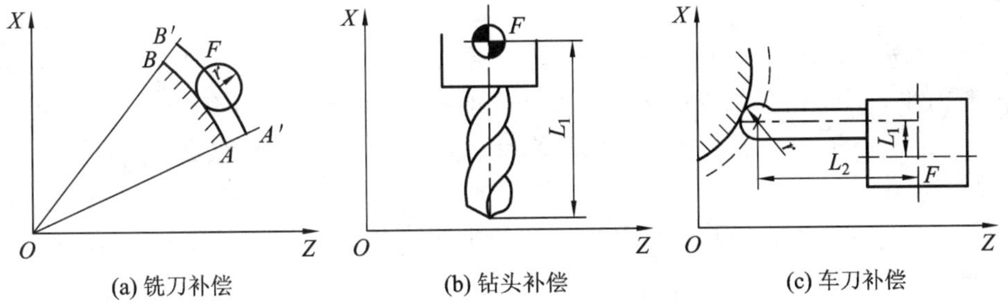

(a) 铣刀补偿　　　(b) 钻头补偿　　　(c) 车刀补偿

图 5-21　不同刀具的补偿类型

1. 刀具长度补偿

刀具长度补偿一般应用在数控车床、数控钻床、加工中心等数控机床中。图 5-22 所示为某数控车床刀具结构图,图中 P 为理论刀尖,S 为刀头圆弧圆心,R_s 为刀头半径,F 为刀架参考点。

在刀具补偿中,实质是实现刀尖圆弧中心轨迹与刀架参考点之间的转换,即图中的 F 与 S 之间的转换。但在实际应用中,由于不能直接测量 F 与 S 两点之间的距离,因此只能测得理论刀尖 P 与刀架参考点 F 之间的距离。

为计算刀具补偿,现假设刀头半径 $R_s=0$,这样可采用刀具长度测量装置测出理论刀尖点 P 的相对参考点 X_{PF} 和 Z_{PF},并存入刀具参数中,得到

$$X_{PF} = X_P - X \tag{5-1a}$$
$$Z_{PF} = Z_P - Z \tag{5-1b}$$

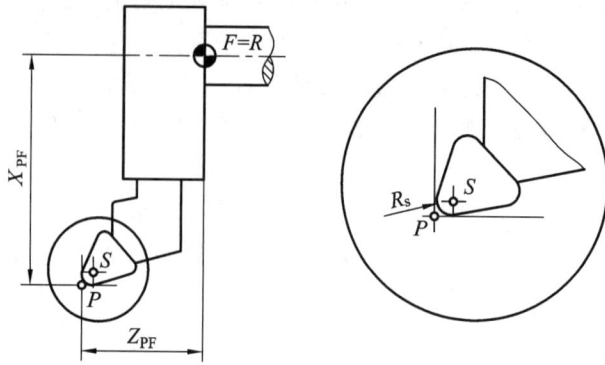

图 5-22 数控车床刀具结构参数

式中，X_P、Z_P为理论刀尖P点的坐标；X、Z为刀架参考点F的坐标。

由此很容易写出刀具长度补偿的计算公式为

$$X = X_P - X_{PF} \tag{5-2a}$$
$$Z = Z_P - Z_{PF} \tag{5-2b}$$

式中，理论刀尖P的坐标(X_P, Z_P)实际上就是加工零件轨迹点的坐标，该坐标在数控加工程序中获得。经过这样的补偿后，能通过控制刀架参考点F来实现零件轮廓轨迹。

对于$R_s \neq 0$的情况，一方面通常使用的车刀，R_s很小，生产中可以不予考虑，尤其在调试程序及对刀过程中已经包括进去。这种情况，可以不考虑刀具长度补偿问题。另一方面，在加工中使用具有一定R_s的圆弧刀具时，可以采用与数控铣床类似的刀具半径补偿的方法来解决。

对于数控钻床，钻床的刀具是钻头，其补偿只有一个坐标方向需要补偿，所以其长度补偿比较简单，只要在Z轴方向进行长度补偿即可，根据式(5-2)有

$$X = X_P \tag{5-3a}$$
$$Z = Z_P - Z_{PF} \tag{5-3b}$$

式中，X_P、Z_P为数控加工程序中编制的钻孔的坐标值；Z_{PF}为钻头长度；X、Z为补偿后钻头坐标值。

2. 刀具半径补偿

在数控机床上使用圆弧刀具或铣刀加工零件时，加工程序的编制可以有两种方法，一种是按零件轮廓编程，另一种是按刀具中心(圆心)轨迹编程。按刀具中心轨迹编程需要求出零件轮廓的等距线，这需要大量的数学计算，工作量较大。对于特殊曲面，这种工作更是不可想象的困难。在实际加工中，刀具的磨损和更换是不可避免的，如果按刀具中心轨迹编程，那么每次都要重新编制加工程序。为了避免麻烦和从根本上解决问题，就需要数控系统具备刀具半径补偿功能。所谓的刀具半径补偿，是指在使用具有一定刀具半径的刀具加工零件的过程中，要使刀具中心偏移零件轮廓一个刀具半径值。目前的数控系统一般都具备刀具半径自动补偿功能。特别是数控铣床，加工中心，刀具半径补偿功能是必备的基本功能。一些档次较高的数控车床也具备刀具半径补偿功能。

刀具半径补偿的补偿值一般由数控机床调整人员，根据加工需要，选择或刃磨好所需刀具，测量出每一把刀具的半径值，并通过数控机床的操作面板，在 MDI 方式下，把半径

值送入刀具参数中。编程人员在编程时，调用对应的参数即可获得刀具补偿。编程中使用规定的指令来调用补偿值。根据 ISO 标准，当刀具中心轨迹在程序加工前进方向的右侧时，称右刀具半径补偿，用 G42 表示；反之称为左刀具半径补偿，用 G41 表示。

数控系统执行用户程序时，在执行到含有 G41 或 G42 指令的程序段时，就会启动自动补偿程序对加工过程进行补偿。在刀具半径补偿过程中，一般分为如下三个步骤：

1）刀具半径补偿的建立

刀具由起刀点接近工件，因为建立了刀具补偿，所以本段程序执行后，刀具中心轨迹的终点不在下一段程序轮廓的起点，而是在法线方向上偏移一个刀具半径的距离。偏移的左右方向决定于 G41 或 G42，如图 5 - 23 所示。

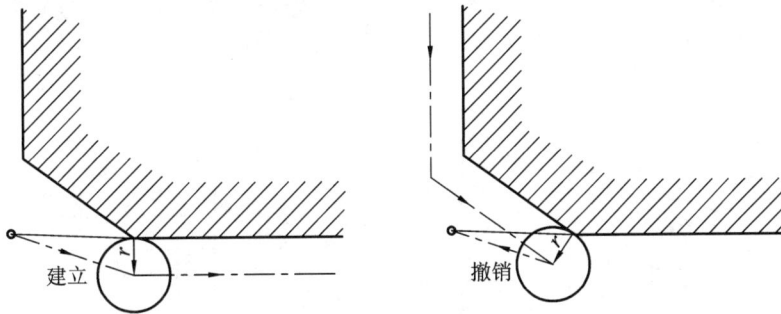

图 5 - 23　刀具半径补偿的建立与撤销

2）刀具半径补偿的进行

刀具半径补偿一旦建立后，刀具半径补偿的状态就一直保持到刀具半径补偿撤销。在刀具半径补偿进行期间，刀具中心轨迹始终偏离编程轨迹一个指定的刀具半径距离。

3）刀具半径补偿的撤销

当零件的轮廓加工完成后，刀具离开工件，回到起刀点。在回到起刀点的过程中，CNC 系统会根据用户程序中的 G40（撤消刀具半径补偿）指令取消刀具半径补偿，使刀具中心回到起刀点。

刀具半径补偿有 B 功能刀具半径补偿和 C 功能刀具半径补偿。目前，应用广泛的是 C 功能刀具半径补偿。

（1）B 功能刀具半径补偿。

B 功能刀具半径补偿为基本的刀具半径补偿，它仅根据本程序段程序的轮廓尺寸进行刀具半径补偿，计算刀具中心的运动轨迹。而程序段之间的连接处理则需要编程人员在编程时进行处理，即在零件的外拐角处必须人为地编制出附加圆弧加工程序段，才能实现尖角过渡，这种方法会使刀具在拐角处停顿，工艺性差。

（2）C 功能刀具半径补偿。

B 功能刀具半径补偿在实现过程中，一般采用读一段、计算一段、再走一段的数据流控制方式，根本无法考虑到两个轮廓之间刀具中心轨迹的转接问题，而这些都要由编程员来解决。要彻底解决上述问题，只有在 CNC 系统中开发一种新的刀具半径补偿功能。C 功能刀具半径补偿功能就是适应这种需求应运而生的。

图 5 - 24 所示是三种数控系统的工作流程的比较。图 5 - 24(a)是普通 NC 系统的工作

方式，编程轨迹作为输入数据送到工作寄存区 AS 后，由运算器进行刀具半径补偿运算，再将运算结果送到输出寄存区 OS，直接作为伺服系统的控制信号。图 5 - 24(b)是改进后的普通 NC 系统的工作方式，与图 5 - 24(a)相比，增加了一组数据输入缓冲寄存区 BS，节省了数据读入时间。AS 中存放着正在加工的程序段信息，而 BS 已经存放了下一段所要加工的程序段信息。图 5 - 24(c)是 CNC 系统采用的 C 功能刀具半径补偿方法的原理框图。与前两种方法不同的是 CNC 系统内部设置了一个刀具半径补偿缓冲区 CS，零件程序的输入参数在 BS、CS 和 AS 区内的存放格式是完全一样的。当某一程序段在 BS、CS 和 AS 区中被传送时，它的具体参数是不变的，这主要是为了输出显示的需要。实际上 BS、CS 和 AS 各自包括一个计算区域，编程轨迹的计算及刀具半径补偿修正计算都是在这些计算区域中进行的。但固定不变的程序输入参数在 BS、CS 和 AS 间传送时，对应的计算区域的内容也就跟随一起传送。因此，也可认为这些对应计算区域的内容是 BS、CS 和 AS 区域的一部分。

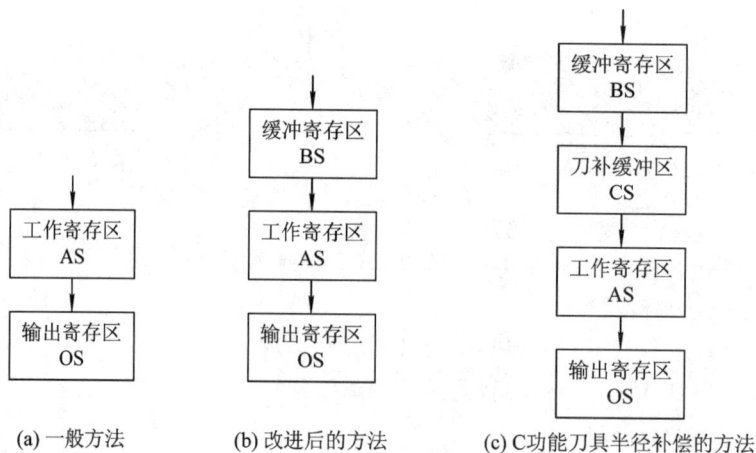

(a) 一般方法　　(b) 改进后的方法　　(c) C功能刀具半径补偿的方法

图 5 - 24　三种数控系统的工作流程

这样当系统启动后，第一段程序先被读入 BS；在 BS 中算得的第一段编程轨迹被送到 CS 暂存后，又将第二段的编程轨迹读入 BS，算出第二段编程轨迹；对第一、第二两段编程轨迹的连接方式进行判别，根据判别结果对 CS 中的第一段编程轨迹作相应的修正；修正结束后，顺序地将修正后的第一段编程轨迹由 CS 送到 AS，第二段编程轨迹由 BS 送到 CS；由 CPU 将 AS 中的内容送到 OS 进行插补运算，运算结果送伺服装置执行；当修正了的第一段编程轨迹开始执行后，利用插补间隙，CPU 又命令第三段程序读入 BS；根据 BS、CS 中的第三、第二段编程轨迹的连接方式，对 CS 中的第二段编程轨迹进行修正，依此进行。可见在刀具半径补偿工作状态时，CNC 系统内部总是同时存有三个程序段的信息。

一般的 CNC 系统中能控制加工的轨迹只有直线和圆弧，前后两段编程轨迹间共有四种连接形式，即直线与直线连接、直线与圆弧连接、圆弧与直线连接、圆弧与圆弧连接。根据两段程序轨迹交接处在工件侧的角度 α 的不同，直线过渡的刀具半径补偿分为以下三类转接过渡方式：

① $180° \leqslant \alpha < 360°$，缩短型；

② $90° \leqslant \alpha < 180°$，伸长型；

③ $0° \leqslant \alpha < 90°$，插入型。

α 角称为转接角,其变化范围为 $0° \leqslant \alpha < 360°$。$\alpha$ 角规定为两个相邻轮廓(直线或圆弧)段交点处在工件侧的夹角,如图 5 - 25 所示。

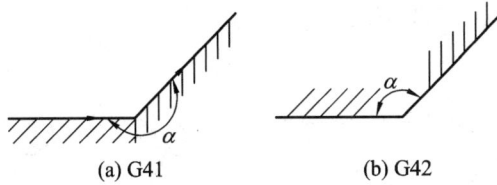

(a) G41　　　　　　　(b) G42

图 5 - 25　转接角定义示意图

图中所示为直线与直线连接的情况,而对于轮廓段为圆弧时,只要用其在交点处的切线作为角度定义的对应直线即可。

如上所述,刀具半径补偿在运行过程中,分三个步骤进行,即刀具半径补偿的建立、刀具半径补偿的进行、刀具半径补偿的撤销。

在这三个步骤中,C 功能刀具半径补偿的情况也各不相同。

· 刀具半径补偿的建立。

如图 5 - 26 所示,分别为缩短型(如图 5 - 26(a)所示)、伸长型(如图 5 - 26(b)所示)和插入型(如图 5 - 26(c)所示)三种情况。第一个运动轨迹为圆弧时不允许进行刀具半径补偿操作。

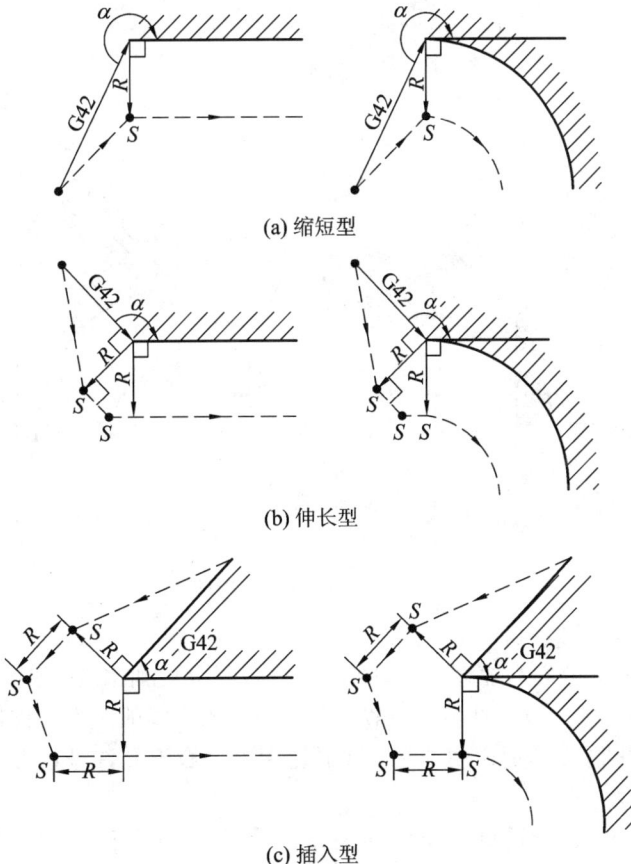

(a) 缩短型

(b) 伸长型

(c) 插入型

图 5 - 26　刀具半径补偿的建立

• 刀具半径补偿的进行。

如图 5-27 所示，分别为缩短型（如图 5-27(a)所示）、伸长型（如图 5-27(b)所示）和插入型（如图 5-27(c)所示）三种情况。

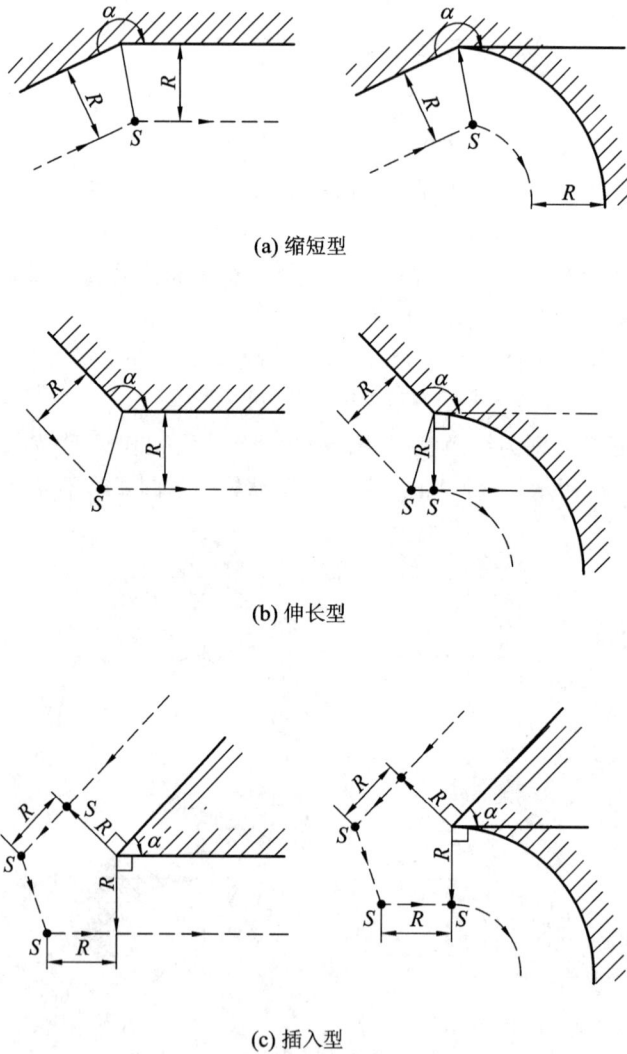

(a) 缩短型

(b) 伸长型

(c) 插入型

图 5-27　刀具半径补偿的进行

• 刀具半径补偿的撤销。

如图 5-28 所示，分别为缩短型（如图 5-28(a)所示）、伸长型（如图 5-28(b)所示）和插入型（如图 5-28(c)所示）三种情况。第二个运动轨迹为圆弧时不允许进行刀具半径补偿的撤销操作。在这里需要特别说明的是，圆弧轮廓上一般不允许进行刀具半径补偿的建立与撤销。

C 功能刀具半径补偿的计算比较复杂，一般可采用联立方程的方法或用平面几何方法进行计算。

(a) 缩短型

(b) 伸长型

(c) 插入型

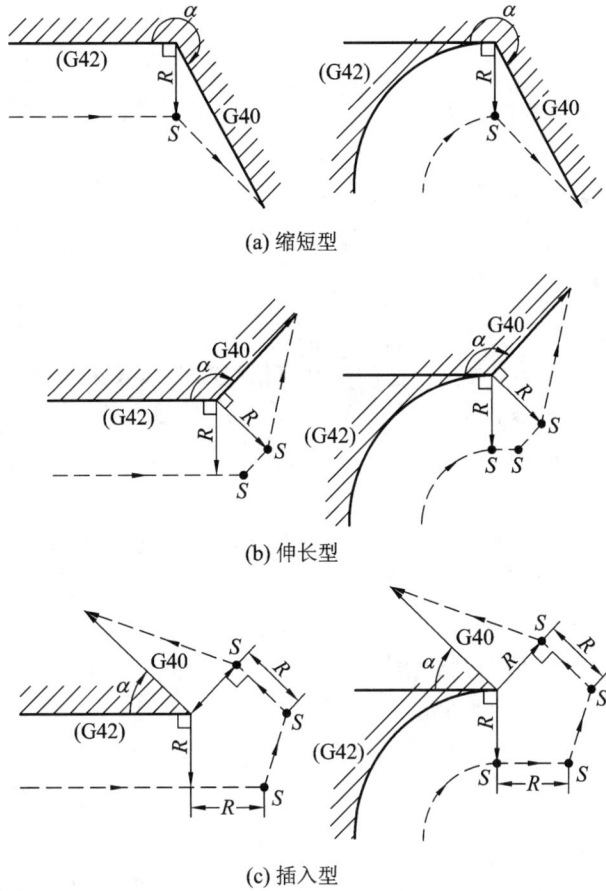

图 5-28　刀具半径补偿的撤销

5.3.5　进给速度处理和加减速控制

1. 进给速度的计算

进给速度的计算因系统不同，方法有很大差别。在开环系统中，坐标轴的运动速度是通过控制向步进电机输出脉冲的频率来实现的，速度计算的方法根据程编的 F 值来确定该频率值。

在半闭环和闭环系统中采用数据采样方法进行插补加工，速度计算根据程编的 F 值，将轮廓曲线分割为采样周期的轮廓步长。

1）开环系统进给速度的计算

在开环系统中，每输出一个脉冲，步进电动机转过一定的角度，驱动坐标轴进给一个脉冲对应的距离（称为脉冲当量）。插补程序根据零件的轮廓尺寸和程编进给速度的要求，向各个坐标轴分配脉冲。脉冲的频率决定进给速度。进给速度 F（单位为 mm/min）与进给脉冲频率 f 的关系为

$$F = \delta f \times 60 \qquad\qquad (5-4)$$

式中：δ——脉冲当量，单位为 mm。

即

$$f = \frac{F}{60\delta} \qquad (5-5)$$

两轴联动时，各坐标轴速度为

$$v_x = 60 f_x \delta, \quad v_y = 60 f_y \delta$$

式中：v_x、v_y——X轴、Y轴方向的进给速度；

$\quad f_x$、f_y——X轴、Y轴方向的进给脉冲频率。

合成速度（即进给速度）v 为

$$v = \sqrt{v_x^2 + v_y^2} = F \qquad (5-6)$$

进给速度要求稳定，故要选择合适的插补算法（原理）以及采取稳速措施。

2）半闭环和闭环系统速度的计算

在半闭环和闭环系统中，速度计算的任务是确定一个采样周期的轮廓步长和各坐标轴的进给步长。

直线插补时，首先要求出刀补后一个直线段（程序段）在 X 和 Y 轴上的投影 L_x 和 L_y，见图 5-29。

$$L_x = x_e' - x_0', \quad L_y = y_e' - y_0'$$

式中：x_e'、y_e'——刀补后直线段的终点坐标值；

$\quad x_0'$、y_0'——刀补后直线段的起点坐标值。

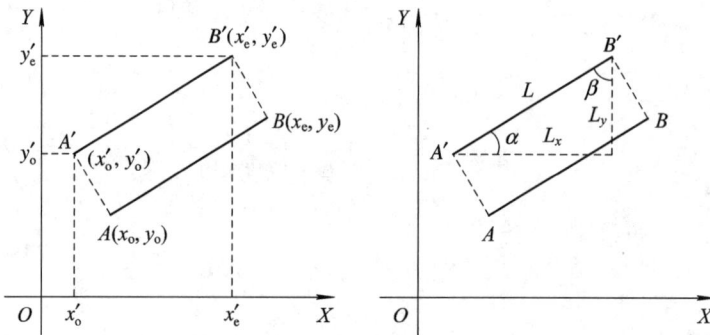

图 5-29　速度处理

接着计算直线段的方向余弦，公式为

$$\cos\alpha = \frac{L_x}{L}, \quad \cos\beta = \frac{L_y}{L}$$

一个插补周期的步长为

$$\Delta L = \frac{1}{60} F \Delta t$$

式中：F——程编给出的合成速度，单位为 mm/min；

$\quad \Delta t$——插补周期，单位为 ms；

$\quad \Delta L$——每个插补周期小直线段的长度，单位为 μm。

各坐标轴在一个采样周期中的运动步长为

$$\Delta x = \Delta L\cos\alpha = \frac{F\cos\alpha\Delta t}{60}\ \mu m$$

$$\Delta y = \Delta L\sin\alpha = \frac{F\sin\alpha\Delta t}{60}\ \mu m = \Delta L\cos\beta = \frac{F\cos\beta\Delta t}{60}\ \mu m \tag{5-7}$$

圆弧插补时，由于采用的插补原理及插补算法不同，将算法步骤是分配在速度计算中还是插补计算中也各不相同。图 5-30 中，坐标轴在一个采样周期内的步长为

$$\Delta x_i = \frac{F\cos\alpha_i\Delta t}{60} = \frac{F\Delta t J_{i-1}}{60R} = \lambda_d J_{i-1}$$

$$\Delta y_i = \frac{F\sin\alpha_i\Delta t}{60} = \frac{F\Delta t I_{i-1}}{60R} = \lambda_d I_{i-1} \tag{5-8}$$

式中：R——圆弧半径，单位为 mm；

I_{i-1}、J_{i-1}——圆心相对第 $i-1$ 点的坐标；

α_i——第 i 点和第 $i-1$ 点连线与 x 轴的夹角（即圆弧上某点切线方向，亦即进给速度方向与 X 轴的夹角）。

速度计算的任务是计算 $\lambda_d = \dfrac{F\Delta t}{60R}$ 的值。λ_d 还可表示为 $\lambda_d = \dfrac{1}{60} \cdot \text{FRN} \cdot \Delta t$，式中 $\text{FRN} = \dfrac{F}{R}$，是用进给速率数表示的速度代码。直线插补时，$\text{FRN} = \dfrac{F}{L}$。

λ_d 称为步长分配系数（也叫速度系数），它与圆弧上一点的 I、J 值的乘积，可以确定下一插补周期的进给步长。

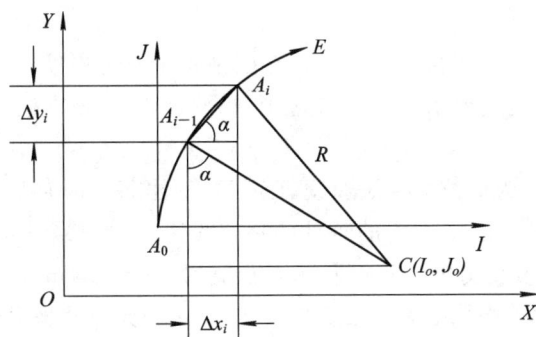

图 5-30　速度计算图

2. 进给速度的控制

进给速度与加工精度、表面粗糙度和生产率有密切关系，要求进给速度稳定，有一定的调速范围。在 CNC 装置中，可用软件或软件接口硬件配合实现进给速度控制。常用的方法有计时法、时钟中断法及 $v/\Delta L$ 积分法等。

1）程序计时法

采用程序计时法控制速度时，要计算每次插补运算占用的时间。由各种进给速度要求的进给脉冲间隔时间减去插补运算时间，得到每次插补运算后的等待时间，用空运转循环对这段等待时间计时。

程序计时法多用于点位直线控制系统，相当于插补计算的位置计算。该系统采用脉冲增量法，不同的空运转时间对应不同的进给速度。空运转等待时间越短，发出的进给脉冲

频率越高，速度就越快。

点位直线运动的速度分为升速段、恒速段、降速段等几个阶段。速度控制过程可用图 5 - 31 所示的框图描述。速度准备框的内容包括按照指定的速度预先算出降速距离，并置于相应单元。此外，还需置入速度控制字和速度标志 FK（当前速度控制值）、FK_0（存恒速值）、FK_1（存低速值）。位置计算是指算出移动过程中的当前位置，以便确定位移是否到达降速点和低速点，并给出相应标志 GD。GD＝10 时是到达降速点，GD＝01 时是到达低速点。速度控制子程序的主要功能是给出"当前速度值"，以实现升速、降速、恒速和低速控制。在升速阶段，控制速度逐步上升，并判断是否到达预定恒速，如到时应设恒速标志，下一次转入恒速处理。在恒速段，保持速度为给定的恒速值。在降速段，控制速度逐步下降，直到降到低速设置标志，下次调用转入低速控制。低速段也是恒速。升速和降速可用改变速度控制单元（CFR）的内容实现。该控制字控制空循环次数。控制字一个单位的变化对应空循环的次数应由计算得出。到达预订降速距离（GD＝10）时，应根据 FK 的内容作相应处理；到达低速点时，应根据 FK 内容作相应处理。

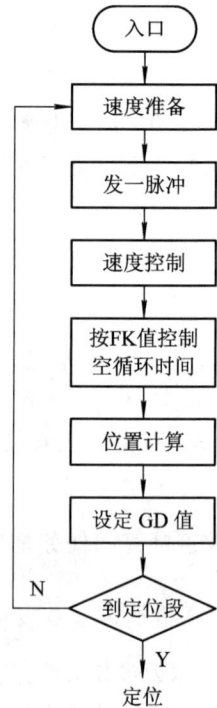

2）时钟中断法

时钟中断法只要求一种时钟频率，用软件控制每个时钟周期内的插补次数，以达到进给速度控制的目的，其速度要求用每分钟毫米数直接给定。该方法适合用于脉冲增量插补原理。

设 F 是以 mm/min 为单位的给定速度。为了换算出每个时钟周期应插补的次数（即发出的进给脉冲数），要选定一个适当的时钟频率，选择的原则是满足最高插补进给速度要求，并考虑到计算机换算的方便，取一个特殊 F 值（如 $F＝256$ mm/min）对应的频率。该频率对给定的速度每个时钟周期插补一次。当以 0.01 mm 为脉冲当量时，有

$$F = 256 \text{ mm/min} = 256 \times \frac{100}{60} = 426.66(0.01 \text{ mm})/s \tag{5-9}$$

故取时钟频率为 427 Hz。这样对 $F＝256$ mm/min 的进给速度，恰好每次时钟中断时做一次插补运算。

采用该方法时，要对给定速度进行换算。因为 $256＝2^8$，用二进制表示为 100000000，所以将 16 位字长分为左右两个半字（各 8 位），并分别称为 $F_整$ 和 $F_余$ 时，对速度 $F＝256$ mm/min 就有 $F_整＝1$；$F_余＝0$。对任意一个用 mm/min 为单位给定的 F 值做 $F/256$ 运算后，即可得到相应的 $F_整$ 和 $F_余$。例如，$F＝600$ mm/min 经转换后在计算机中得到图 5 - 32 的结果。

根据给定速度换算的结果 $F_整$ 和 $F_余$ 进行给定速度的控制。以图 5 - 32 为例，第一个时钟中断来到时，$F_整$ 即是本次时钟周期中应插补的次数，插补 427 次（即用 427 Hz 频率插补），得到 512 mm/min 的速度。

图 5 - 31　速度控制

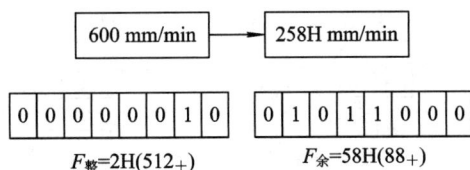

图 5 - 32　$F = 600$ mm/min 经换算后的形式

同时 $F_余$ 没有丢掉，否则将使实际速度减小（512 mm/min＜600 mm/min）。$F_余$ 在本次时钟周期保留，并在下次时钟中断到来时，做累加运算。若有溢出时，应多做一次插补运算，并保留累加运算的余数，经 427 次插补（即用 427 Hz 频率插补）得到 88 mm/min 的速度。进给速度为 $F_整$ 和 $F_余$ 两个速度合在一起，即 512＋88＝600 mm/min。

3）$v/\Delta L$ 积分器方法

DDA 插补方法中，速度 F 代码是用进给速度数（FRN）给定的。将 FRN 作为与坐标积分器串联的速度积分器的被积函数，使用经计算得到的累加频率，可产生适当的速度积分器溢出频率。将它作为坐标积分器的累加频率，就能使 DDA 插补器输出的合成速度保持恒定。

在 CNC 系统中采用这种速度控制原理更加方便。速度只需用直观的 mm/min 数给出，一些参数的选择和计算均由计算机完成。在软件协助下，升降速问题也可同时得到解决。下面介绍用扩展 DDA 二级插补的第二级插补设置 $v/\Delta L$ 积分器时进行速度控制的原理。

扩展 DDA 插补方式是将输出线段送到接口，由接口再进行 DDA 直线插补（即"细插补"）。因为使用线性积分器，合成进给速度除受指定速度的直接制约外，还与一级输出线段长度 ΔL 的积分器的工作频率有关，即

$$v = 60\delta \frac{\Delta L}{N} f_g \qquad (5-10)$$

而其 X 轴的输出频率为

$$f_x = \frac{x}{N} \cdot f_g \qquad (5-11)$$

式中：δ——脉冲当量；

　　　ΔL——第一级插补器输出的线段长；

　　　N——积分器的容量；

　　　f_g——积分器的累加脉冲频率；

　　　f_x——X 坐标的输出脉冲频率。

在插补器接口中（即第二级插补器）设置一个 v 积分器和一个 $1/\Delta L$ 积分器，串联后构成 $v/\Delta L$ 积分器（见图 5-33），其输出作为坐标积分器的积分命令，这样就可以达到合成速度恒定的控制要求。图中 ±1 控制部分在每次升降速时钟 t_n 来到时，对 v 积分器的被积函数做一次"加 1（或"减 1"）运算，以达到升（或降）速的目的。在升降速过程中，因为 v 积分器中的被积函数是按线性规律变化的，故其溢出脉冲频率也按线规律变化，使 $1/\Delta L$ 积分器和各坐标积分器的溢出频率也线性上升或下降，但各坐标积分器溢出频率的比值仍与恒速时一样，因此没有运动误差。

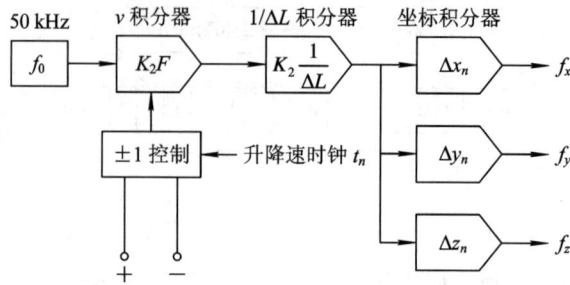

图 5-33　带 $v/\Delta L$ 积分器的 DDA 直线插补器

若积分器均为八位，被积函数分别为是 K_1F、$K_2\dfrac{1}{\Delta L}$、Δx_n、$\Delta y_n(\Delta z_n)$，则

$$K_1 = \frac{1}{at_n}, \quad K_1F = \frac{F}{at_n} \tag{5-12}$$

式中：a——伺服系统加速度；

　　t_n——升降速时钟周期，单位为 ms。

由 DDA 插补速度公式，以 X 坐标轴为例，可得

$$F_x = \delta \cdot 60 \cdot f_x \tag{5-13}$$

$$f_x = \frac{f_g K_1 F_x K_2 \dfrac{1}{\Delta L_x} \cdot \Delta x_n}{2^{24}} \tag{5-14}$$

式中：δ——脉冲当量；

　　2^{24}——积分器总容量；

　　ΔL_x——插补线段在 X 轴坐标上的投影，其值与 Δx_n 相等；

　　K_1、K_2——系数，其他坐标类同。

由式(5-13)可得式(5-14)

$$K_1 K_2 = \frac{2^{24}}{f_g \delta \times 60}$$

故

$$K_2 = \frac{2^{24} a t_n}{60 f_g \delta}$$

$$K_2 \frac{1}{\Delta L} = \frac{2^{24}}{60 f_g \delta} \cdot \frac{a t_n}{\Delta L}$$

ΔL 为输出线段长度，即

$$\Delta L = \sqrt{\Delta x^2 + \Delta y^2 + \Delta z^2} \tag{5-15}$$

在速度控制中，应先算出 v 和 $1/\Delta L$ 积分器的被积函数。在升降速时，可根据速度变化量 ΔF 计算升降速的次数 ΔN_i，即按升降速时钟频率对 v 积分器的被积函数加或减"1"的次数，达到

$$\Delta N_i = \frac{\Delta F}{at_n} \tag{5-16}$$

规定的速度值时，停止加或减速。

3. 采用数据采样插补法的 CNC 装置加减速控制

在 CNC 装置中，为了保证机床在启动或停止时不产生冲击、失步、超程或振荡，必须对进给电机进行加减速控制。加减速控制多数采用软件来实现，这样给系统带来很大的灵活性。加减速控制可以在插补前进行，也可以在插补后进行，在插补前进行的加减速控制称为前加减速控制，在插补后进行的加减速控制称为后加减速控制。

前加减速控制是对合成速度——程编指令速度 F——进行控制，所以它的优点是不影响实际插补输出的位置精度。前加减速控制的缺点是需要预测减速点，这个减速点要根据实际刀具位置与程序段终点之间的距离来确定，而这种预测工作需要完成的计算量较大。

后加减速控制是对各运动轴分别进行加减速控制，不需要预测减速点，在插补输出为零时开始减速，并通过一定的时间延迟逐渐靠近程序终点。后加减速的缺点是，由于它对各运动坐标轴分别进行控制，实际各坐标轴的合成位置就可能不准确。但这种影响仅在加减速过程中才会有，当系统进入匀速状态时，这种影响就不存在了。

1）前加减速控制

进行加减速控制时，首先要计算出稳定速度和瞬时速度。所谓稳定速度.就是系统处于稳定进给状态时，每插补一次（一个插补周期）的进给量。在数据采样系统中，零件程序段中的速度命令 F 值（mm/min）需要转换成每个插补周期的进给量。另外，为了调速方便，系统设置了快速和切削进给两种倍率开关。稳定速度的计算公式为

$$v_g = \frac{TKF}{60 \times 1000} \tag{5-17}$$

式中：v_g——稳定速度，单位为 mm/min；

　　　T——插补周期，单位为 ms；

　　　F——程编指令速度，单位为 mm/min；

　　　K——速度系数，包括快速倍率、切削进给倍率等。

稳定速度计算完之后，进行速度限制检查。如果稳定速度超过由参数设定的最高速度，则取限制的最高速度为稳定速度。

所谓瞬时速度，即系统在每个插补周期的进给量。当系统处于稳定进给状态时，瞬时速度 $v_i = v_g$，当系统处于加速（或减速）状态时，$v_i < v_g$（或 $v_i > v_g$）。

（1）线性加减速处理。

当机床启动、停止或在切削加工中改变进给速度时，系统自动进行加减速处理，常用的有指数加减速、线性加减速和钟形加减速等。现以线性加减速说明其计算方法。

加减速率分为快速进给和切削进给速度两种，它们必须由机床参数预先设定好。设进给速度为 F（mm/min），加速到 F 所需要的时间为 t（ms），则加/减速度 a 的计算公式为

$$a = 1.67 \times 10^{-2} \frac{F}{t} \quad \mu m/(ms)^2 \tag{5-18}$$

加速时，系统每插补一次都要进行稳定速度、瞬时速度和加减速处理。当计算的稳定速度 v_g' 大于原来的稳定速度 v_g 时，则要加速。每加速一次，瞬时速率为

$$v_{i+1} = v_i + aT \tag{5-19}$$

新的瞬时速度 v_{i+1} 参加插补计算，对各坐标轴进行分配。图 5-34 是加速处理框图。

减速时，系统每进行一次插补计算，都要进行终点判别，计算出离开终点的瞬时距离

S_i，并根据本程序的减速标志，检查是否已到达减速区域 S，若已到达，则开始减速。当稳定速度 v_g 和设定的加减速度 a 确定后，减速区域 S 的计算公式为

$$S = \frac{v_g^2}{2a} \tag{5-20}$$

若程序段要减速，$S_i \leqslant S$ 时设置减速状态标志，开始减速处理。每减速一次，瞬时速度为

$$v_{i+1} = v_i - aT \tag{5-21}$$

新的瞬时速度 v_{i+1} 参加插补运算，对各坐标轴进行分配。一直减速到新的稳定速度或减速到 0。若要提前一段距离开始减速，将提前量 ΔS 作为参数预先设置好，计算公式为

$$S = \frac{v_g^2}{2a} + \Delta S \tag{5-22}$$

图 5-35 为减速处理框图。

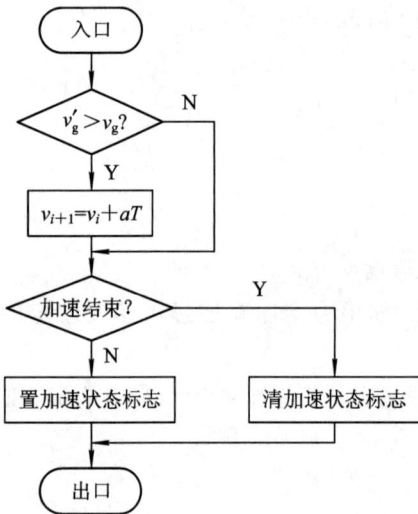

图 5-34　加速处理框图

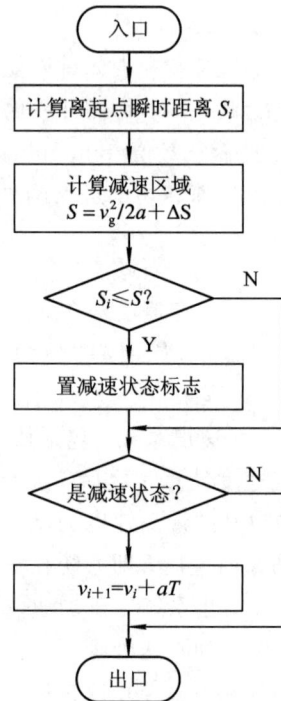

图 5-35　减速处理框图

（2）终点判别处理。

在每次插补运算结束后，系统都要根据要求给出各轴的插补进给量，来计算刀具中心离开本程序段起点的距离 S_i，然后进行终点判别。在即将到达终点时，设置相应的标志。若本程序段要减速，则还需要检查是否已到达减速区域并开始减速。

直线插补时 S_i 的计算应用公式为

$$x_i = x_{i-1} + \Delta x$$
$$y_i = y_{i-1} + \Delta y \tag{5-23}$$

计算出各坐标分量值，取其长轴（如 X 轴），则瞬时点 A 离终点 P 的距离 S_i 为

$$S_i = |x - x_i| \cdot \frac{1}{\cos\alpha} \tag{5-24}$$

式中：α——X 轴（长轴）与直线的夹角，见图 5-36 所示。

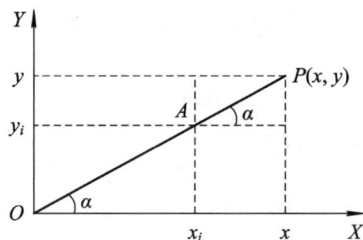

图 5-36　直线插补终点判别

圆弧插补时 S_i 的计算分圆弧所对应圆心角小于 π 和大于 π 两种情况。

小于 π 时，瞬时点离圆弧终点的直线距离越来越小，如图 5-37(a)所示。$A(x_i, y_i)$ 为顺圆插补时圆弧上某一瞬时点，$P(x, y)$ 为圆弧的终点；AM 为 A 点在 X 方向上离终点的距离，$|AM| = |x - x_i|$；MP 为 A 点在 Y 方向上离终点的距离，$|MP| = |y - y_i|$；$AP = S_i$。以 MP 为基准，则 A 点离终点的距离为

$$S_i = |MP| \frac{1}{\cos\alpha} = |y - y_i| \frac{1}{\cos\alpha} \tag{5-25}$$

大于 π 时，设 A 点为圆弧 $\overset{\frown}{AD}$ 的起点，B 点为离终点的弧长所对应的圆心角等于 π 时的分界点，C 点为插补到离终点的弧长所对应的圆心角小于 π 的某一瞬时点，如图 5-37(b)所示。显然，此时瞬时点离圆弧终点的距离 S_i 的变化规律是：当从圆弧起点 A 开始插补到 B 点时，S_i 越来越大，直到 S_i 等于直径；当插补越过分界点 B 后，S_i 越来越小，与图 5-37(a)的情况相同。为此，计算 S_i 时首先要判别 S_i 的变化趋势。若 S_i 变大，则不进行终点判别处理，直到越过分界点；若 S_i 变小，再进行终点判别处理。

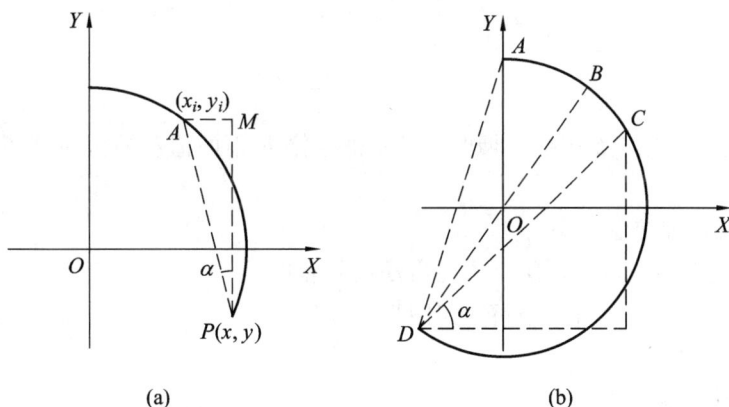

(a)　　　　　　　　　　　　　　　(b)

图 5-37　圆弧插补终点判别

2）后加减速控制

后加减速常用的有指数加减速和直线加减速两种。

（1）指数加减速控制算法。

指数加减速控制的目的是将启动或停止时的速度突变成随时间按指数规律上升或下降，如图 5-38 所示。指数加减速的速度与时间关系为

加速时

$$v(t) = v_\mathrm{c}(1 - \mathrm{e}^{-\frac{1}{T}})$$

匀速时

$$v(t) = v_\mathrm{c}$$

减速时

$$v(t) = v_\mathrm{c}\,\mathrm{e}^{-\frac{1}{T}} \tag{5-26}$$

式中：T——时间常数；

　　　v_c——稳定速度。

图 5-39 是指数加减控制算法的原理图。其中 Δt 表示采样周期，它在算法中的作用是对加减速运算进行控制，即每个采样周期进行一次加减运算。误差寄存器 E 的作用是对每个采样周期的输入速度 v_c 与输出速度（$v_\mathrm{c} - v$）进行累加。累加结果一方面保存在误差寄存器中，另一方面与 $1/T$ 相乘，乘积作为当前采样周期加减速控制的输出 v，同时 v 又反馈到输入端，准备下一个采样周期重复以上过程。

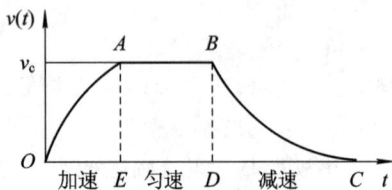

图 5-38　指数加减速　　　　　　　　　图 5-39　指数加减速控制原理

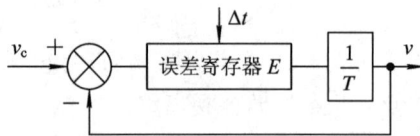

上述过程可以用迭代公式来实现，即

$$E_i = \sum_{k=0}^{i-1}(v_\mathrm{c} - v_k)\Delta t$$

$$v_i = E_i\,\frac{1}{T} \tag{5-27}$$

式中，E_i、v_i 分别为第 i 个采样周期时，误差寄存器 E 中的值和输出速度值，且迭代初值 v_0、E_0 为零。

（2）直线加减速控制算法。

直线加减速控制的目的是使机床在启动或停止时，速度沿一定斜率的直线上升或下降，如图 5-40 所示，速度变化曲线是 $OABC$。

图 5-40　直线加减速

直线加减速控制过程如下：

① 加速过程。

如果输入速度 v_c 与输出速度 v_{i-1} 之差大于一个常值 KL，即 $v_\mathrm{c} - v_{i-1}$，则使输出速度增加 KL 值，即

$$v_i = v_{i-1} + KL$$

式中：KL——加减速的速度阶跃因子。

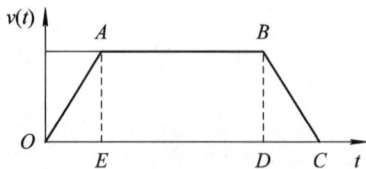

显然在加速过程中，输出速度沿斜率 $k' = \dfrac{KL}{\Delta t}$ 的直线上升，这里 Δt 为采样周期。

② 加速过渡过程。

如果输入速度 v_c 大于输出速度 v_i，但其差值小于 KL，则改变输出速度，使其与输入速度相等，即 $v_i = v_c$。经过这个过程后，系统进入稳定速度状态。

③ 匀速过程。

在匀速过程中，保持输出速度不变，即 $v_i = v_{i-1}$，但此时的输出 v_i 不一定等于 v_c。

④ 减速过渡过程。

如果输入速度 v_c 小于输出速度 v_{i-1}，但其差值小于 KL，则改变输出速度，使其减小到与输入速度相等，即 $v_i = v_c$。

⑤ 减速过程。

如果输入速度 v_c 小于输出速度 v_{i-1}，且差值大于 KL，即 $v_{i-1} - v_c > KL$ 时，改变输出速度，使其减小 KL 值，即 $v_i = v_{i-1} - KL$。

显然在减速过程中，输出速度沿斜率 $k' = -\dfrac{KL}{\Delta t}$ 的直线下降。

在直线加减速和指数加减速控制算法中，有一点非常重要，即输入到加减速控制器的总位移量等于该控制器输出的总位移量。对于图 5 - 40 而言，必须使区域 OEA 的面积等于区域 DBC 的面积。为了做到这一点，以上所介绍的两种加减速算法都用位置误差累加器来解决。在加速过程中，用位置误差累加器记住由于加速延迟失去的位置增量之和；在减速过程中，又将位置误差累加器中的位置增量按一定规律逐渐放出，保证达到规定位置。

5.3.6　数控插补原理

1. 插补的基本概念

在数控机床中，机床的移动部件（刀具或工件）是一步一步移动的，移动部件所能够移动的最小位移量叫机床的脉动当量。脉动当量是机床移动部件一步所移动的距离，也叫机床的最小分辨率。

由于刀具或工件一步一步地移动，移动轨迹必然是折线，而不是光滑的曲线。也就是说，刀具不能严格地按照所加工的曲线运动，而只能用折线近似地取代所需加工的零件廓形。

例如，被加工零件的廓形是直线 OE（见图 5 - 41）。在数控机床加工加工该零件廓形时，可以让刀具（以后讨论中都假定工件不动，刀具动）沿图中实折线 $O{\rightarrow}A'{\rightarrow}A{\rightarrow}B'{\rightarrow}B{\rightarrow}C{\rightarrow}C'{\rightarrow}D'{\rightarrow}D{\rightarrow}E'{\rightarrow}E$ 进给，也可以让刀具沿图中虚线 $O{\rightarrow}A''{\rightarrow}A{\rightarrow}B''{\rightarrow}B{\rightarrow}C''{\rightarrow}C{\rightarrow}D''{\rightarrow}D{\rightarrow}E''{\rightarrow}E$ 进给，或其他进给路线。刀具沿什么的折线进给，由机床的数据系统决定。绝大多数机器零件的轮廓都由直线和圆弧构成，因此数据系统必须满足机床加工直线和圆弧的基本要求。

一般从机器零件图样上均可知道直线的起点和终点、圆弧的起点和终点以及圆心的坐标和圆的半径。数控系统必须按进给速度所要求的刀具参数和进给方向的要求等，在轮廓的起点和终点之间计算出（插入）若干个中间点的坐标值。这种数据的密化工作称为插补。

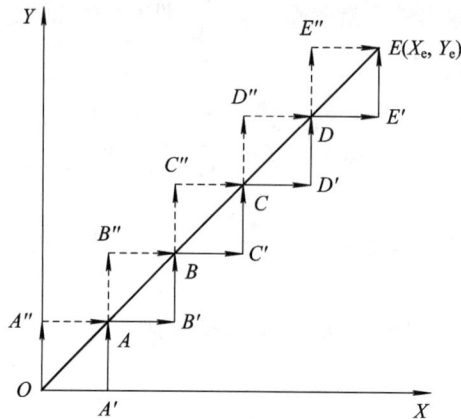

图 5-41 插补轨迹

在数控系统中，完成插补工作的装置叫插补器。早期的数控系统使用硬件插补器，它主要由数字电路构成，结构复杂，成本高。现在的数控系统多采用软件插补器，它主要由微处理器组成，通过编程就可以完成不同的插补任务。这种插补器结构简单，灵活易变。

2. 插补方法的分类

根据插补所采用的原理和计算方法的不同，可有许多插补方法，目前应用的插补方法分为基准脉冲插补法和数据采样插补法两大类。

1）基准脉冲插补法

基准脉冲插补法又称脉冲增量插补法或行程标量插补法。这种插补方法的特点是每次插补结束后，数控装置向每个运动坐标输出基准脉冲序列。每个脉冲代表机床移动部件的最小位移，脉冲序列的频率代表移动部件运动的速度，而脉冲的数量代表机床移动部件移动的位移量。基准脉冲插补方法较简单(只有加法和移位)，容易用硬件实现，而且硬件电路本身完成一些简单运算的速度很快。也可以用软件完成这类插补，但它仅适用于一些中等精度或中等速度要求的数控系统。脉冲增量插补方法有逐点比较法、数字积分法、数字脉冲乘法器法、比较积分法、最小偏差法、矢量判别法、单步追踪法、直接函数法等。

2）数据采样插补方法

数据采样插补方法又称为数据增量插补方法或时间标量插补方法。这类插补方法的特点是数控装置产生的不是单个脉冲，而是标准二进制字。插补运算分两步完成：第一步为粗插补，在给定起点和终点的曲线上插入若干个点，即用若干条微小直线段来逼近给定曲线，每一条微小直线段的长度 ΔL 都相等，且与给定进给速度有关。粗插补在每个插补周期 T 中计算一次，每个微小直线段的长度 ΔL 与进给速度 F 和插补周期 T 成正比例关系，即 $\Delta L = F \cdot T$。第二步为精插补，它是在粗插补算出的每一微小直线段的基础上再作"数据点的密化"工作。这一步相当于对直线的脉冲增量插补。

数据采样插补法采用的是时间分割的思想，根据编程的进给速度将轮廓曲线分割为采样周期的进给段(轮廓步长)，即用弦线或割线来逼近轮廓轨迹。这里的"逼近"是为了产生基本的插补曲线(直线、圆弧等)，而编程中的"逼近"是用基本的插补曲线代替其他曲线。

数据采样插补法适用于闭环、半闭环以直流和交流电机为驱动装置的位置采样控制系统。粗插补在每一个插补周期内计算出坐标的实际位置增量值，而精插补则在每一个采样闭环或半闭环反馈位置增量值及插补输出的指令位置增量值，然后算出各坐标轴相应的插补指令位置和实际反馈位置，并将二者相比较，求得跟随误差。根据所求得的跟随误差算出相应轴的进给速度，并输给驱动装置。一般将粗插补运算称为插补，用软件实现；而精插补可以用软件，也可以用硬件实现。

数据采样插补方法也很多，常用的有扩展数字积分法、直线函数法、双数字积分插补法、角度逼近圆弧插补法、二阶递归扩展数字积分法等。

3. 逐点比较法

逐点比较法的原理是，计算机在控制加工过程中，能逐点地计算和判别加工偏差，以控制坐标进给，并按规定图形加工出所需要的工件，其进给是步进式的。逐点比较法是以折线来逼近直线或圆弧曲线的，插补误差小于一个脉冲当量，因而只需将脉冲当量（即每走一步的距离）取得足够小就可达到加工精度的要求。逐点比较法既可做直线插补，又可做圆弧插补。

1）直线插补

（1）逐点比较法直线插补原理。

如图 5 - 42 所示，以第一象限的直线 OA 为例，终点 A 坐标为 (X_e, Y_e)，起点为加工原点。$m(X_m, Y_m)$ 为加工动点，若 m 在 OA 直线上，则有

$$\frac{X_m}{Y_m} = \frac{X_e}{Y_e}$$

取

$$F_m = Y_m X_e - X_m Y_e \qquad (5 - 28)$$

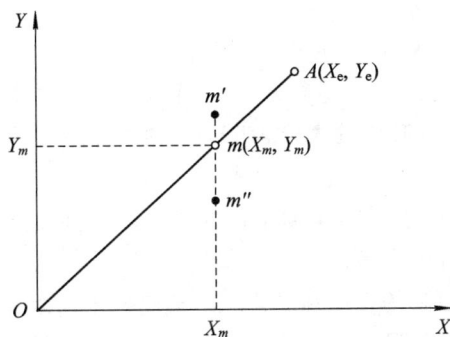

图 5 - 42　逐点比较法直线插补原理

作为直线插补的偏差判别式，则有：

若 $F_m = 0$，表明 m 点在 OA 直线上；

若 $F_m > 0$，表明 m 点在 OA 直线上方的 m' 处；

若 $F_m < 0$，表明 m 点在 OA 直线下方的 m'' 处。

对于第一象限，直线从起点（即坐标原点）出发，当 $F_m \geqslant 0$ 时，沿 $+X$ 轴方向走一步；当 $F_m < 0$ 时，沿 $+Y$ 方向走一步。当两方向所走的步数与终点坐标 (X_e, Y_e) 相等时，发出到达终点信号，停止插补。

设在某加工点处，有 $F_m \geqslant 0$ 时，应沿 $+X$ 方向进给一步，走一步后新的坐标值为

$$X_{m+1} = X_m + 1, \quad Y_{m+1} = Y_m \tag{5-29}$$

新的偏差为

$$F_{m+1} = Y_{m+1}X_e - X_{m+1}Y_e = F_m - Y_e$$

若 $F_m < 0$ 时，应向 $+Y$ 方向进给一步，走一步后新的坐标值为

$$X_{m+1} = X_m, \quad Y_{m+1} = Y_m + 1 \tag{5-30}$$

新的偏差为

$$F_{m+1} = F_m + X_e$$

式(5-28)和式(5-29)为简化后的偏差计算公式，只有加、减运算，只要将前一点的偏差值与等于常数的终点坐标值 X_e、Y_e 相加或相减，即可得到新的坐标点的偏差值。加工的起点是坐标原点，起点的偏差是已知的，即 $F_0 = 0$，因此随着加工点前进的过程中，新加工点的偏差 F_{m+1} 都可由前一点的偏差 F_m 和终点坐标相加或相减得到。

从上述过程可以看出，逐点比较法中每走一步都要完成四项内容：

① 偏差判别。判别偏差符号，确定加工点是在要求的图形外还是图形内。

② 坐标进给。根据偏差情况，确定控制 X 坐标（或 Y 坐标）进给一步，使加工点向规定图形靠拢，以缩小偏差。

③ 偏差计算。计算进给一步后加工点与要求图形的新偏差，作为下一步偏差判别的依据。

④ 终点判别。根据这一步的进给结果，判定是否到达终点。如果未到终点，继续插补；如果已到终点，停止插补。

(2) 终点判别。

终点判别的方法一般有两种：

① 根据 X、Y 两向坐标所要走的总步数 Σ 来判断，$\Sigma = (|X_e| - X_0) + (|Y_e| - Y_0) = |X_e| + |Y_e|$。每走一步 X 或 Y，均进行 $\Sigma - 1$ 计算，至 $\Sigma = 1$ 时为终点，停止插补。

② 比较 $|X_e|$ 和 $|Y_e|$，取其中的大值为 Σ，当沿该方向进给一步时，进行 $\Sigma - 1$ 计算，直至 $\Sigma = 1$ 时停止插补。

注意：终点判别的两种方法中，均用坐标的绝对值进行计算。

(3) 四个象限的直线插补计算。

前面所述的均为第一象限的直线插补方法。其他三个象限的直线插补计算方法，可以用相同原理获得。对于不同象限的直线插补，因为终点坐标 (X_e, Y_e) 和加工点坐标均取绝对值，所以它们的计算公式与计算程序和第一象限相同，归纳为表 5-2 和图 5-43。

表 5-2　直线插补公式（坐标值为绝对值）

象限	坐标进给		偏差计算	
	$F_m \geqslant 0$	$F_0 \leqslant 0$	$F_m \geqslant 0$	$F_m \leqslant 0$
Ⅰ	$+X$	$+Y$		
Ⅱ	$-X$	$+Y$	$F_{m+1} = F_m - Y_e$	$F_{m+1} = F_m + X_e$
Ⅲ	$-X$	$-Y$		
Ⅳ	$+X$	$-Y$		

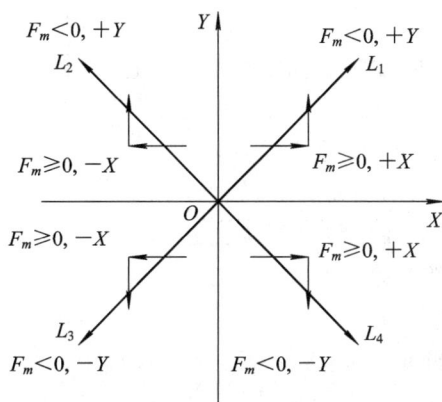

图 5-43 不同象限直线的逐点比较插补

2）圆弧插补

（1）逐点比较法圆弧插补原理。

在逐点比较法圆弧插补中，一般以圆心为原点，给出圆弧的起点 $A(X_0, Y_0)$、终点 $B(X_e, Y_e)$ 和圆弧半径 R。设弧 $\overparen{AB}$ 为所要加工的第一象限逆圆，令加工动点的坐标为 $m(X_m, Y_m)$，它与圆心的距离为 R_m，如图 5-44 所示，显然有

$$R_m^2 = X_m^2 + Y_m^2$$

圆弧插补的偏差计算公式为

$$F_m = R_m^2 - R^2 = X_m^2 + Y_m^2 - R^2$$

则有：

若 $F_m = 0$，表明加工点在圆弧上；

若 $F_m > 0$，表明加工点在圆弧外；

若 $F_m < 0$，表明加工点在圆弧内。

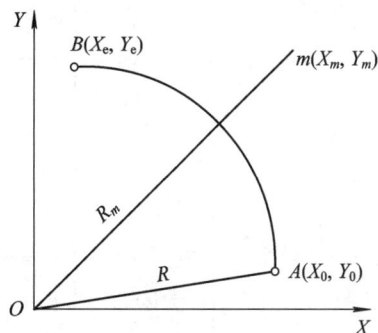

图 5-44 逐点比较法圆弧插补原理

当 $F_m \geqslant 0$ 时，为了逼进圆弧，应向 $-X$ 方向走一步，坐标值为

$$X_{m+1} = X_m - 1, \quad Y_{m+1} = Y_m$$

则有

$$F_{m+1} = X_{m+1}^2 + Y_{m+1}^2 - R^2 = (X_m - 1)^2 + Y_m^2 - R^2 = F_m - 2X_m + 1$$

当 $F_m < 0$ 时，为了逼近圆弧，应向 $+Y$ 方向走一步，坐标值为

$$X_{m+1} = X_m, \quad Y_{m+1} = Y_m + 1$$

则有

$$F_{m+1} = X_{m+1}^2 + Y_{m+1}^2 - R^2 = X_m^2 + (Y_m + 1)^2 - R^2 = F_m + 2Y_m + 1$$

与逐点比较法直线插补相同，圆弧插补每进一步，都要完成四项内容：偏差判别、坐标进给、偏差与坐标计算及终点判别。需要指出的是，逐点比较圆弧插补中，在计算偏差的同时，还要计算动点的坐标，以便为下一步加工点的偏差计算做好准备。这是直线插补所不需要的。

（2）终点判别。

若已到达终点，则停止插补；若未到达终点，则重复上述过程。终点判断常用的方法有如下两种：一种是用 X、Y 方向应走总步数之和 Σ 来判断，每进给一步，均进行 $\Sigma-1$ 计算，至 $\Sigma=0$ 时停止插补；另一种方法是用圆弧末端来选取，如末端离 $Y(X)$ 轴近，则选取 $X(Y)$ 的坐标值作为 Σ，只要在该坐标方向进给一步，则进行 $\Sigma-1$ 计算，判断 Σ 是否为零。若 $\Sigma=0$，则停止插补；若 $\Sigma\neq0$，则继续插补。

例如，第一象限逆时针走向的圆弧 $\overset{\frown}{AB}$，起点为 $A(5,0)$，终点为 $B(0,5)$，如图 5-45 所示，其插补运算见表 5-3。

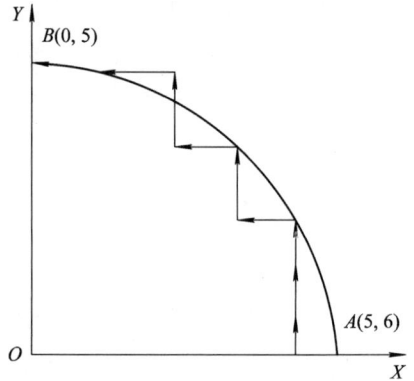

图 5-45　圆弧插补轨迹

表 5-3　圆弧插补运算过程

偏差判别	坐标进给	计 算	终点判别
$F_0=0$	$-X$	$F_1=0-2\times5+1=-9$，$X_1=5-1=4$，$Y_1=0$	$\Sigma=10-1=9$
$F_1=-9<0$	$+Y$	$F_2=-9+2\times0+1=-8$，$X_2=4$，$Y_2=0+1=1$	$\Sigma=9-1=8$
$F_2=-8<0$	$+Y$	$F_3=-8+2\times1+1=-5$，$X_3=4$，$Y_3=1+1=2$	$\Sigma=8-1=7$
$F_3=-5<0$	$+Y$	$F_4=-5+2\times2+1=0$，$X_4=4$，$Y_4=2+1=3$	$\Sigma=7-1=6$
$F_4=0$	$-X$	$F_5=0-2\times4+1=-7$，$X_5=4-1=3$，$Y_5=3$	$\Sigma=6-1=5$
$F_5=-7<0$	$+Y$	$F_6=-7+2\times3+1=0$，$X_6=3$，$Y_6=3+1=4$	$\Sigma=5-1=4$
$F_6=0$	$-X$	$F_7=0-2\times3+1=-5$，$X_7=3-1=2$，$Y_7=4$	$\Sigma=4-1=3$
$F_7=-5<0$	$+Y$	$F_8=-5+2\times4+1=4$，$X_8=2$，$Y_8=4+1=5$	$\Sigma=3-1=2$
$F_8=4>0$	$-X$	$F_9=4-2\times2+1=1$，$X_9=2-1=1$，$Y_9=5$	$\Sigma=2-1=1$
$F_9=1>0$	$-X$	$F_{10}=1-2\times1+1=0$，$X_{10}=1-1=0$，$Y_{10}=5$	$\Sigma=1-1=0$

（3）四个象限的圆弧插补计算。

如图 5-46 所示，用 SR1、SR2、SR3、SR4 分别表示第一、第二、第三、第四象限的顺圆弧，用 NR1、NR2、NR3、NR4 分别表示第一、第二、第三、第四象限的逆圆弧。

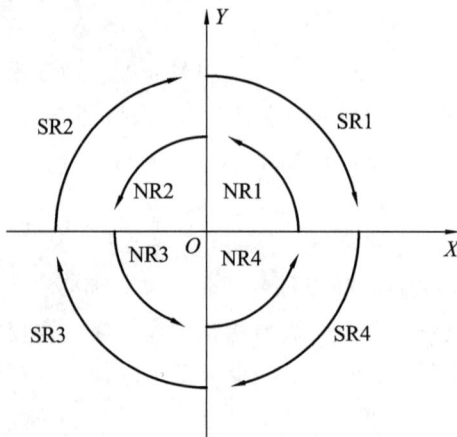

图 5-46　四个象限的动点趋向

　　圆弧所在的象限不同，顺序不同，则插补公式和进给方向也不同，共有八种情况。表 5-4 列出了八种圆弧插补的偏差计算公式和进给方向，其中 X_m、Y_m、X_{m+1}、Y_{m+1} 都是动点坐标的绝对值。

表 5-4　圆弧插补计算公式和进给方向

偏差符号 $F_m \geq 0$			
圆弧线型	进给方向	偏差计算	坐标计算
SR1，NR2	$-Y$	$F_{m+1}=F_m-2Y_m+1$	$X_{m+1}=X_m$
SR3，NR4	$+Y$		$Y_{m+1}=Y_m-1$
SR4，NR1	$-X$	$F_{m+1}=F_m-2x_m+1$	$X_{m+1}=X_m-1$
SR2，NR3	$+X$		$Y_{m+1}=Y_m$
偏差符号 $F_m \leq 0$			
圆弧线型	进给方向	偏差计算	坐标计算
SR1，NR4	$-X$	$F_{m+1}=F_m+2X_m+1$	$X_{m+1}=X_m+1$
SR3，NR2	$-X$		$Y_{m+1}=Y_m$
SR2，NR1	$+Y$	$F_{m+1}=F_m+2Y_m+1$	$X_{m+1}=X_m$
SR4，NR3	$-Y$		$Y_{m+1}=Y_m+1$

　　3）逐点比较法的软件实现方法

　　在 CNC 系统中，用软件实现逐点比较法插补是很方便的。第一象限直线插补流程如图 5-47 所示，第一象限逆圆插补流程如图 5-48 所示。

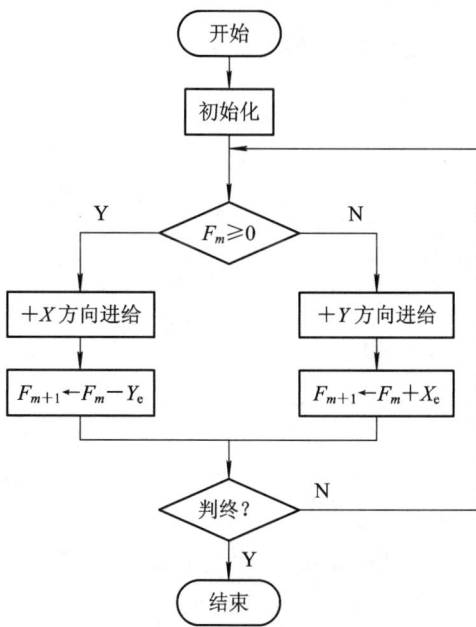

图 5-47　第一象限直线插补流程　　　　图 5-48　第一象限逆圆插补流程

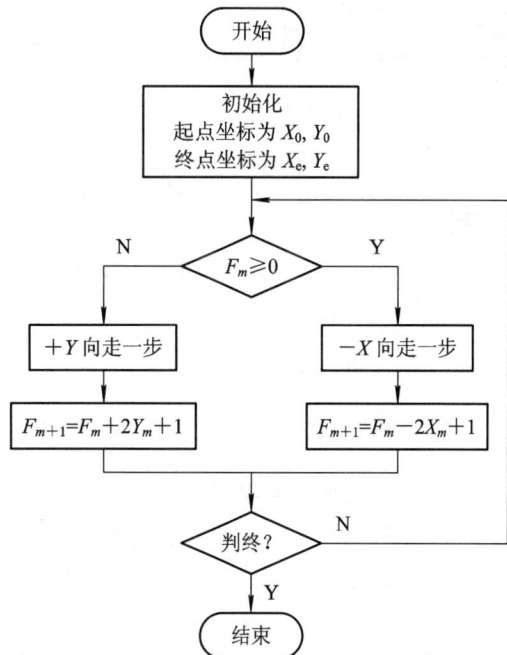

4. 数字积分法

数字积分法又称数字微分分析器（DDA，Digital Differential Analyzer），DDA 运算速度快，脉冲分配均匀，容易实现多坐标联动，故在数控系统中得到广泛应用。如图 5-49 所示，函数 $Y = f(x)$ 求积分的运算就是求此函数曲线所包围的面积。

$$F = \int_a^b Y \mathrm{d}t = \lim_{n \to \infty} \sum_{i=0}^{n-1} Y(t_{i+1} - t_i)$$

若把自变量的积分区间$[a, b]$等分成许多有限的小区间 Δt（其中 $\Delta t = t_{i+1} - t_i$），则求面积 F 可以转化成求有限个小区间面积之和，即

$$F = \sum_{i=0}^{n-1} \Delta F_i = \sum_{i=0}^{n-1} Y_i \Delta t$$

Δt 一般取最小单位"1"，也即一个脉冲当量，则有

$$F = \sum_{i=0}^{n-1} Y_i$$

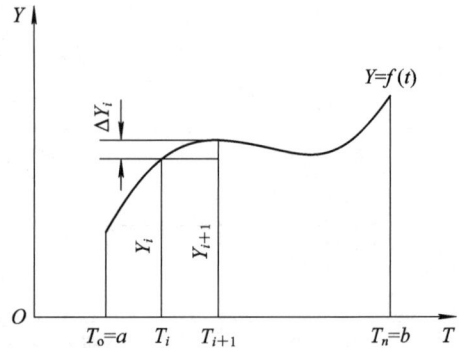

图 5-49　DDA 法的原理

这样，函数的积分运算变成了变量的求和运算。当所选取的积分间隔 Δt 足够小时，就可以用求和运算代替求积分运算，所引起的误差将不超过允许的值。

1）直线插补

若在平面中有一起点为坐标原点 O，终点为 $A(X_e, Y_e)$ 的直线，则该直线的方程为

$$Y = \frac{Y_e}{X_e} X$$

令

$$X = K X_e t, \quad Y = K Y_e t$$

式中：t——时间；

　　K——比例系数。

求微分可得

$$\mathrm{d}X = K X_e \mathrm{d}t, \quad \mathrm{d}Y = K Y_e \mathrm{d}t$$

则有

$$X = \int \mathrm{d}X = K \int X_e \mathrm{d}t, \quad Y = \int \mathrm{d}Y = K \int Y_e \mathrm{d}t$$

用累加的形式可近似表示为

$$X = \sum_{i=1}^{n} K X_e \Delta t, \quad Y = \sum_{i=1}^{n} K Y_e \Delta t \quad （其中 \Delta t = 1）$$

如果写成近似微分形式则为

$$\Delta X = K X_e \Delta t, \quad \Delta Y = K Y_e \Delta t$$

动点从原点 O 出发走向终点 A 的过程，可看做是 X 坐标轴和 Y 坐标轴每隔一个单位时间 Δt，分别以增量 $K X_e$ 及 $K Y_e$ 同时对两个累加器累加的过程。当累加值超过一个坐标单位（脉冲当量）时产生溢出，溢出脉冲驱动伺服系统进给一个脉冲当量，从而走出给定直线 OA。

从原点出发假设经过 m 次累加后到达终点(X_e, Y_e)，则有

$$X = \sum_{i=1}^{m} KX_{e} = KX_{e}M = X_{e}$$

$$Y = \sum_{i=1}^{m} KY_{e} = KY_{e}M = Y_{e}$$

可得

$$Km = 1$$

亦即

$$m = \frac{1}{K}$$

比例系数 K 的大小与累加器的容量有关。累加器的容量应大于各坐标轴的最大坐标值。一般二者的位数相同，以保证每次累加最多只溢出一个脉冲。当累加器有 n 位时，有

$$K = \frac{1}{2^n}$$

则可得

$$m = \frac{1}{K} = 2^n$$

可见，若累加器的位数为 n，则从直线起点到终点的整个插补过程中要进行 2^n 次累加。由于 $K = 1/2^n$（n 为寄存器的位数），对于存放于寄存器中的二进制数来说，KX_{e}（或 KY_{e}）与 X_{e}（或 Y_{e}）是相同的，可以看做前者小数点在最高位之前，而后者的小数点在最低位之后。因此，可以用 X_{e} 直接对 X 轴累加器进行累加，用 Y_{e} 直接对 Y 轴的累加器进行累加。

平面直线的插补运算框图如图 5-50 所示，每个坐标的积分器由累加器和被积函数寄存器组成。在被积函数寄存器中存放终点坐标值，每隔一个时间间隔 Δt，将被积函数的值向各自的累加器中累加。X 轴的累加器溢出的脉冲驱动 X 轴走步，Y 轴累加器溢出脉冲驱动 Y 轴走步。

例如当 $n=4$ 时，对第一象限的直线 OA 进行 DDA 插补，O、A 坐标分别为 $(0,0)$、$(10,6)$，插补计算过程见表 5-5，插补轨迹如图 5-51 所示。

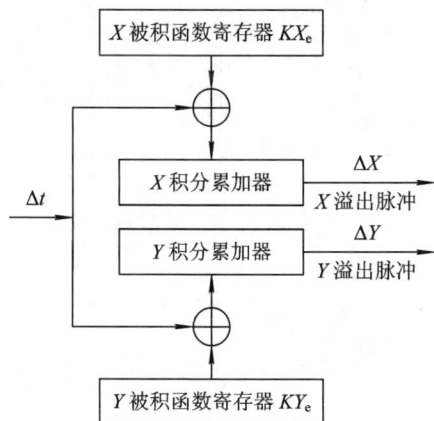

图 5-50　平面直线插补运算框图　　　　　图 5-51　数字积分法直线插补轨迹

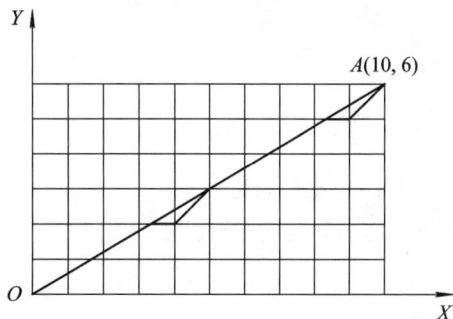

表 5-5 第一象限的直线 DDA 插补计算

X 坐 标			Y 坐 标		
X 被积函数寄存器	X 积分累加器	X 累加器溢出脉冲	Y 被积函数寄存器	Y 积分累加器	Y 累加器溢出脉冲
1010	0	0	0110	0	0
1010	1010	0	0110	0110	0
1010	10100	1	0110	1100	0
1010	1110	0	0110	10010	1
1010	11000	1	0110	1000	0
1010	10010	1	0110	1110	0
1010	1100	0	0110	10100	1
1010	10110	1	0110	1010	0
1010	10000	1	0110	10000	1
1010	1010	0	0110	0110	0
1010	10100	1	0110	1100	0
1010	1110	0	0110	10010	1
1010	11000	1	0110	1000	0
1010	10010	1	0110	1110	0
1010	1100	0	0110	10100	1
1010	10110	1	0110	1010	0
1010	1000	1	0110	10000	1

2）圆弧插补

如图 5-52 所示，以第一象限逆圆为例讨论数字积分法圆弧插补原理。

设刀具沿圆弧 $\overset{\frown}{AB}$ 移动，半径为 R，动点 P 的坐标为 (X_i, Y_i)；刀具切向速度为 V，沿坐标轴方向的速度分量为 V_x，V_y，则圆的方程为

$$X^2 + Y^2 = R^2$$

求导得

$$2X\frac{\mathrm{d}X}{\mathrm{d}t} + 2Y\frac{\mathrm{d}Y}{\mathrm{d}t} = 0$$

$$\frac{\mathrm{d}Y}{\mathrm{d}t}\bigg/\frac{\mathrm{d}X}{\mathrm{d}t} = \frac{X}{Y}$$

改写可得

$$\frac{\mathrm{d}X}{\mathrm{d}t} = -KY_i, \quad \frac{\mathrm{d}Y}{\mathrm{d}t} = -KX_i$$

式中：K——比例系数。

坐标方向的位移增量为

$$\Delta X = V_X \Delta t = \frac{\mathrm{d}X}{\mathrm{d}t}\Delta t = -KY_i\Delta t$$

$$\Delta Y = V_Y \Delta t = \frac{\mathrm{d}Y}{\mathrm{d}t}\Delta t = -KX_i\Delta t$$

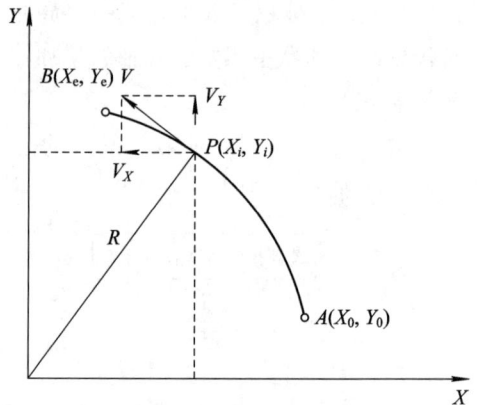

图 5-52 数字积分法圆插补

可得出第一象限逆圆加工时数字积分法插补表达式为

$$\begin{cases} X = \int_0^t (-KY_i)\Delta t = \sum_{i=1}^m (-KY_i)\Delta t = K\sum_{i=1}^m Y_i \\ Y = \int_0^t (-KX_i)\Delta t = \sum_{i=1}^m (-KX_i)\Delta t = K\sum_{i=1}^m X_i \end{cases}$$

由此可得到第一象限逆圆加工的 DDA 圆弧插补器，这里不再详述。

圆弧插补的终点判别方法为：利用两个终点减法计数器，把 X、Y 坐标所需输出的脉冲数 $|X_e - X_0|$ 和 $|Y_e - Y_0|$ 分别存入这两个计数器中。当某一坐标计数器为 0 时，该坐标到达终点，这时该坐标轴不再有进给脉冲发出。当两坐标轴都到达终点后，运算结束。

DDA 圆弧插补具有下面一些特点：

（1）X 轴被积函数寄存器累加得到的溢出脉冲作为 Y 轴的进给脉冲，而 Y 轴被积函数寄存器累加得到的溢出脉冲则作为 X 轴的进给脉冲。

（2）X、Y 轴坐标被积函数寄存器分别存放圆弧的起点坐标 X_0 和 Y_0。每发出一个进给脉冲后，必须将被积函数寄存器内的坐标值加以修正。

数字积分法圆弧插补计算过程对于不同象限、圆弧的不同走向都是相同的，只是溢出脉冲的进给方向为正或为负，以及被积函数 $J_{VX}(X_i)$，$J_{VY}(Y_i)$ 是进行"加 1"修正或"减 1"修正有所不同而已，具体情况见表 5-6。

表 5-6　顺、逆圆进给方向及修正符号

圆弧走向	顺　圆				逆　圆			
所在象限	1	2	3	4	1	2	3	4
被积函数 $J_{VY}(Y_i)$ 修正	减	加	减	加	加	减	加	减
被积函数 $J_{VX}(X_i)$ 修正	加	减	加	减	减	加	减	加
Y 轴进给方向	$-Y$	$+Y$	$+Y$	$-Y$	$+Y$	$-Y$	$-Y$	$+Y$
X 轴进给方向	$+X$	$+X$	$-X$	$-X$	$-X$	$-X$	$+X$	$+X$

5. 数据采样插补

随着数控技术的发展，以直流伺服特别是交流伺服为驱动元件的计算机闭环数字控制系统已成为数控的主流。采用这类伺服系统的数控系统，一般采用数据采样插补法。

数据采样插补法是指根据编程的进给速度，将轮廓曲线分割为插补采样周期的进给段，即轮廓步长。在每一插补周期中，插补程序被调用一次，为下一进给周期计算出各坐标轴应该行进的增长段（而不是单个脉冲）ΔX 或 ΔY 等，然后再计算出相应插补点（动点）位置的坐标值。数据采样插补的核心问题是计算出插补周期的瞬时进给量。

对于直线插补，用插补所形成的步长子线段逼近给定直线，与给定直线重合。在圆弧插补时，用切线、弦线和割线逼近圆弧，常用的是弦线或割线。

圆弧插补常用弦线逼近的方法，如图 5-53 所示。

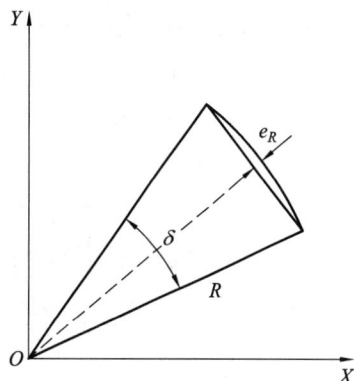

图 5-53　用弦线逼近圆弧

用弦线逼近圆弧时会产生逼近误差 e_R。设 δ 为在一个插补周期内逼近弦所对应的圆心角，R 为圆弧半径，则

$$e_R = R\left(1 - \cos\frac{\delta}{2}\right)$$

将 $\cos(\delta/2)$ 用幂级数展开，得

$$e_R = R\left(1 - \cos\frac{\delta}{2}\right) = R\left\{1 - \left[1 - \frac{(\delta/2)^2}{2!} + \frac{(\delta/2)^2}{4!} - \cdots\right]\right\} \approx \frac{\delta^2}{8}R^2 \quad (5-31)$$

进给步长为

$$l = TF$$

式中：l——插补周期；

F——进给速度，也即刀具移动速度。

当用进给步长 l 代替弦长时，有

$$\delta = \frac{l}{f} = \frac{TF}{R}$$

可得

$$e_R = \frac{(TF)^2}{8R} \quad (5-32)$$

可以看出，在圆弧插补时，插补周期 l 分别与精度 e_R、半径 R 和速度 F 有关。如果以弦线误差作为最大允许的半径误差，要得到尽可能大的速度，则插补周期要尽可能小；当 e_R 给定时，小半径比大半径的插补周期小。但插补周期的选择要受计算机运算速度的限制，插补周期应大于插补运算时间与完成其他实时任务所需时间之和。

时间分割插补法是典型的数据采样插补方法。下面介绍时间分割法直线插补原理和时间分割法圆弧插补原理。

时间分割法是指每隔时间 t(ms)进行一次插补计算，即先通过速度计算，按进给速度 F(mm/min)计算 t(ms)时间内的合成进给量 f，然后进行插补计算，并送出 t(ms)时间内各轴的进给量。合成进给量 f 为

$$f = \frac{F \times 1000 \times t}{60 \times 1000} \quad (\mu m/ms)$$

1）时间分割法直线插补法原理

如图 5-54 所示，设要求刀具在 XOY 平面内做直线运动，直线起点为坐标原点 O，终点为 $A(X_e, Y_e)$。当刀具从 O 移动到 A 点时，X 轴与 Y 轴移动的增量分别为 X_e 和 Y_e。设需加工直线与 X 轴的夹角为 α，Om 为已计算出的一次插补进给量 f，则有

$$\Delta X = f\cos\alpha$$

$$\Delta Y = \frac{Y_e}{X_e}\Delta X = \Delta X\tan\alpha$$

而

$$\cos\alpha = \frac{X_e}{\sqrt{X_e^2 + Y_e^2}} = \frac{1}{\sqrt{1 + \tan^2\alpha}}, \quad \tan\alpha = \frac{X_e}{Y_e}$$

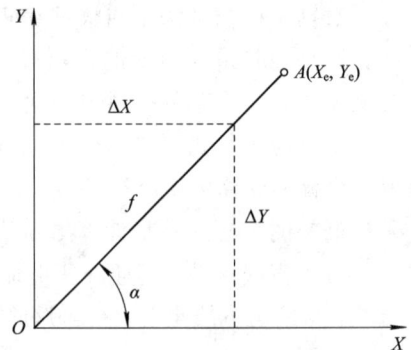

图 5-54 时间分割法直线插补

式中：ΔX——X 轴插补进给量；

　　　ΔY——Y 轴插补进给量。

2）时间分割法圆弧插补原理

时间分割法圆弧插补是用一段等长度的弦去逼近实际的圆弧，每一插补周期内插补一段弦，再由前一个插补点的坐标和圆弧半径，计算由前一插补点到后一插补点两坐标轴的进给量 ΔX、ΔY。

如图 5 - 55 所示的第一象限顺时针圆弧，设刀具由 A 点移动到 B 点，$A(X_i, Y_i)$ 为圆上某一点，$B(X_{i+1}, Y_{i=1})$ 为下一插补点。AP 为 A 点的切线，AB 为本次插补的合成进给量。$AB = f$，M 为 AB 之中点，则有

$$\angle\gamma_i = \angle MOY = \alpha_i + \frac{1}{2}\Delta\alpha_i$$

$$\cos\gamma_i = \cos\left(\alpha_i + \frac{1}{2}\Delta\alpha_i\right) = \frac{\overline{OD}}{\overline{OM}} = \frac{Y_i - \frac{1}{2}\Delta Y_i}{R - \delta} \qquad (5 - 33)$$

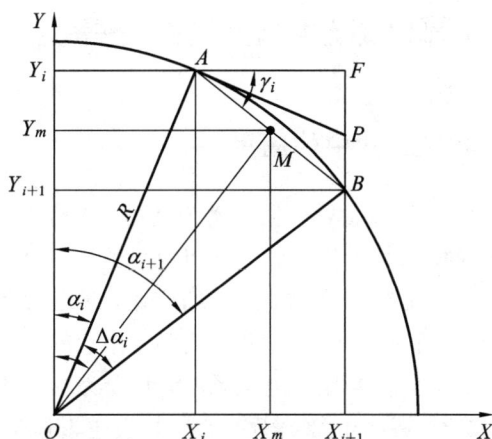

图 5 - 55　时间分割法圆弧插补

δ、ΔY_i 为未知数。$\delta = R - OM \leqslant$ 一个脉冲当量，且占 $\delta \ll R$，故可将 δ 舍去。同时圆弧插补中前后两次坐标增量值 ΔY_{i-1} 与 ΔY_i 相差很小，可用 ΔY_{i-1} 近似代替 ΔY_i，则式（5 - 32）可近似表示为

$$\cos\gamma_i = \frac{Y_i - \frac{1}{2}\Delta Y_{i-1}}{R}$$

$$\Delta X_i = f\cos\gamma_i = f\frac{Y_i - \frac{1}{2}\Delta Y_{i-1}}{R}$$

若要保证插补点在圆上，必须满足条件

$$X_{i+1}^2 + Y_{i+1}^2 = R^2$$

$$(X_i + \Delta X_i)^2 + (Y_i - \Delta Y_i)^2 = R^2$$

可得

$$Y_i = \Delta Y_i = \sqrt{R^2 - (X_i + \Delta X_i)^2}$$

时间分割插补法用弦线逼近圆弧,因此插补误差主要为半径的绝对误差。由于插补周期是固定的,该误差取决于进给速度和圆弧半径,见式(5-31)。为此,当加工圆弧半径确定后,为了使径向误差不超过允许值,必须对进给速度有一个限制。

由式(5-31)可得

$$l \leqslant \sqrt{8e_R R}$$

式中：e_R——最大径向误差;

　　　R——圆弧半径。

当要求 $e_R \leqslant 1 \ \mu\text{m}$ 时,插补周期为 $T = 8 \ \text{ms}$,则进给速度为

$$F \leqslant \sqrt{\frac{8e_R R}{T}} = \sqrt{450\ 000 R}$$

式中：F——进给速度,mm/min。

5.4　计算机数控中的可编程控制器(PLC)

5.4.1　PLC 的概念及其在工业中的应用

可编程控制器(简称 PLC)是以微处理器技术为基础,综合了计算机技术、自动化技术和通信技术的一种新型工业控制装置。PLC 以其可靠性高、耐恶劣环境能力强、使用极为方便这三大特点,在工业自动化领域得到了广泛的应用,现已成为实现工业自动化的强有力工具,适用于电力、纺织、机械、钢铁、造纸、食品、化学等各种工业部门。

可编程控制器是一种数字运算操作的电子系统,是专为在工业环境下应用而设计的控制装置。它采用可编程存储器,用于内部程序存储,执行逻辑运算、顺序控制、定时、计数和算术操作等面向用户的指令,并通过数字式或模拟式输入/输出方式控制各种类型的机器或生产过程。可编程控制器具有很强的逻辑运算能力,而且 PLC 的输入/输出接口适应了工业过程的需要,具有功率放大的功能,可直接带负载运行,这就是 PLC 在工业控制上优于普通微型计算机的地方。可编程控制器及其有关外部设备,都较易于与工业控制系统连成一个整体,易于扩充其功能。

可编程控制器不仅可代替继电器控制系统,使硬件软化,提高工作可靠性及系统的灵活性,还具有运算、计数、调节、通信、联网等功能,可以说是控制装置的一个飞跃。尤其在配合发展中的柔性制造单元(FMC)和柔性制造系统(FMS)方面,更显示出布线控制逻辑所不可比拟的优点。就目前的应用特点来看,它主要用于有大量开关量和有少量模拟量的控制系统中。小型可编程控制器主要用于单机自动化,而大型可编程控制器主要用于自动生产线中。如果按应用类型来划分,可编程控制器的应用可分为如下几个类型：

1) PLC 在开关量控制系统中的应用

PLC 在开关量控制系统中的应用是可编程控制器最基本的控制功能,可用来取代继电器控制装置,如机床电气控制；还可以用来取代顺序控制和程序控制,如高炉上料系统、电梯控制、电厂物料输送系统等。可见,它既可用于单机控制,又可用于多机群控及自动

化生产线的控制。

2) PLC 在模拟量控制系统中的应用

通过数/模(D/A)和模/数(A/D)转换模块,可编程控制器可以对模拟量进行采集和控制,如温度监控系统。现今各可编程控制器制造厂商相继推出了各种智能模块,如 PID 控制模块、位置控制模块、高速计数模块等。通过这些模块的使用,PLC 不仅可以完成传统的顺序控制的功能,而且可以实现过程控制,如 PLC 的 PID 调节控制,已经广泛用于锅炉、冷冻、反应堆、水处理器、酿酒等。位置控制模块的使用,使得可编程控制器能够用于机械加工的行程控制。

3) PLC 在分级分布式控制系统中的应用

在分布式控制系统中,PLC 作为单元控制器,在现场对输入/输出数据进行处理,实现实时控制。通过加入通信模块,PLC 与上级计算机之间、其他的 PLC 之间可以实现信息的交互,使整个系统协调工作。如在 FMS 生产线中就经常采用具有通信模块的 PLC 来实现各个单元的控制功能。

5.4.2　PLC 在数控机床中的应用

1. PLC 在数控机床中所起的作用

在机床的数控系统中,控制部分可分为数字控制和顺序控制两大部分。数字控制部分控制刀具轨迹,而顺序控制部分控制辅助机械动作。这种辅助机械动作控制通常称为强电控制,它以主轴转速 S、刀具选择 T 和辅助机能 M 为代码信息送入数控系统,经系统的识别、处理,转换成与辅助机械动作对应的控制信号,使执行环节作相应的开关动作。

长期以来,机床强电控制采用传统的继电器逻辑,体积庞大,可靠性差,功耗高,而且只能进行简单的逻辑运算。1970 年以后,世界各国相继采用可编程控制器来代替继电器逻辑。由于 PLC 的响应速度比继电器逻辑快,可靠性比继电器逻辑高得多,并且易于使用、编程、修改,成本也不高;而与计算机相比,虽然其数值计算能力差,但逻辑运算功能可处理大量的开关量且能直接输出到每个具体的执行部件(这点计算机不能做到,需增加各种接口才行),因此,PLC 很快就成为数控系统发展中的一个重要方面。

在讨论 PLC、数控系统和机床各机械部件、机床辅助装置、强电线路之间的关系时,常把数控机床分为 NC 侧和机床侧两大部分。NC 侧包括 CNC 系统的硬件和软件、与 CNC 系统连接的外部设备;机床侧则包括机床机械部分及其液压、气压、冷却、润滑、排屑等辅助装置、机床操作面板、继电器线路、机床强电线路等。PLC 处于 NC 与机床之间,对 NC 和机床的输入/输出信号进行处理。

PLC 完成各种辅助功能时,首先由 CNC 系统对包含在 CNC 程序中的各种辅助功能指令进行译码,将需要由 PLC 处理的数据传递给 PLC 的存储器,PLC 将这些数据与来自机床的状态信号结合,进行逻辑运算处理,生成控制指令,由 PLC 的输出装置经过功率放大,通过控制机床的执行元件实现各种辅助功能。

在机床电器控制中,PLC 顺序控制的任务随数控机床的类型、结构、辅助装置等的不同而有很大差别,主要可以归纳为如下几方面:

(1) 机床主轴的启停、正反转控制、主轴转速的控制、倍率的选择。

（2）机床冷却、润滑系统的接通和断开。

（3）机床刀库的启停和刀具的选择、更换。

（4）机床卡盘的夹紧、松开。

（5）机床自动门的打开、闭合。

（6）机床尾座和套筒的起停、前进、后退控制。

（7）机床排屑等辅助装置的控制。

2. 数控机床用 PLC 的分类

数控机床用 PLC 可以分为内装型（Built-in Type）PLC 和独立型（Stand-alone Type）PLC 两类。

1）内装型 PLC

内装型 PLC 从属于 CNC 装置，PLC 与 NC 间的信号传送在 CNC 装置内部即可实现。PLC 的输入/输出信号则通过 CNC 的输入/输出接口电路实现信号传送，如图 5-56 所示。

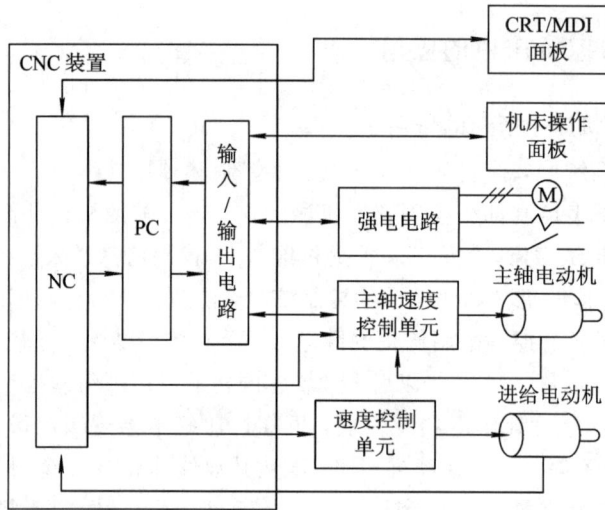

图 5-56　具有内装型 PLC 的 CNC 机床系统框图

内装型 PLC 有如下特点：

（1）内装型 PLC 实际上是 CNC 装置带有 PLC 的功能，一般作为一种基本的或可选择的功能提供给用户。它的性能指标如输入/输出点数、程序最大步数、每步执行时间、程序扫描周期、功能指令数目等是根据所从属的 CNC 系统的规格、性能、适用机床的类型等确定。内装型 PLC 的硬件和软件部分是与 CNC 系统其他功能一起统一设计制造的。因此，它的硬、软件整体结构紧凑，功能的针对性强，技术指标也较合理、实用，尤其适用于单机数控设备的应用场合。

（2）在系统的具体结构上，内装型 PLC 可与 CNC 共用 CPU，也可单独使用一个 CPU。PLC 单独使用一个 CPU 时，可以实现数字控制和顺序控制的并行处理，提高 CNG 系统的工作效率，也为机床辅助功能的扩充提供了方便。硬件控制电路可与 CNC 其他电路制作在同一块印刷电路板上，也可以单独制成一块附加板。所用的电源由 CNC 装置提供，不需另备电源。

（3）采用内装型 PLC 结构时，CNC 系统可以具有某些高级的控制功能，从而可更方便、灵活地控制机床，如梯形图编辑和传送功能、在 CNC 内部直接处理 PLC 窗口的大量信息等。

内装型 PLC 结构使 CNC 系统具有更高的性能价格比，因此，绝大多数全功能 CNC 系统都具有内装型 PLC 结构。

2）独立型 PLC

独立型 PLC 独立于 CNC 装置，具有完备的硬件和软件功能，能够独立完成规定控制任务的装置。采用独立型 PLC 的数控机床系统框图见图 5-57。

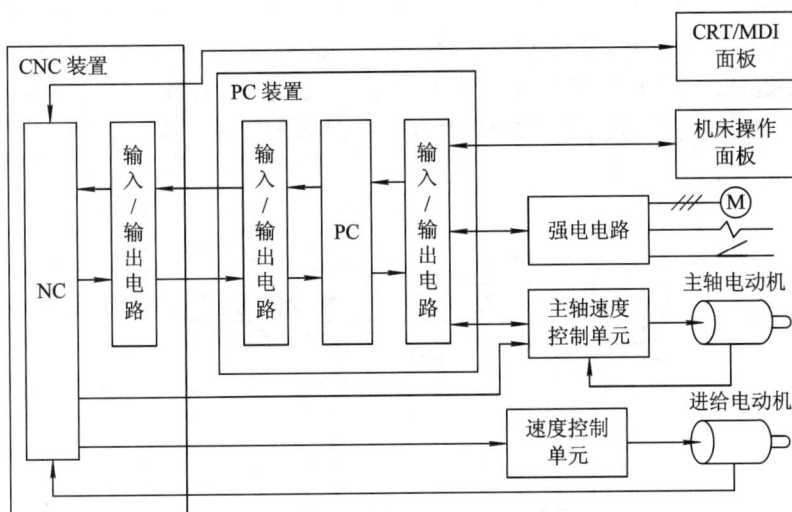

图 5-57　具有独立型 PLC 的 CNC 机床系统框图

独立型 PLC 有如下特点：

（1）独立型 PLC 有如图 5-57 所示的基本功能结构：CPU 及其控制电路、系统程序存储器、用户程序存储器、输入/输出接口电路和编程器等外部设备通信的接口及电源等。

（2）独立型 PLC 一般采用积木式模块化结构或笼式插板结构，各功能电路都做成独立的模块或印刷电路板，具有安装方便、功能易于扩展和变更等优点。

（3）独立型 PLC 的输入/输出点数可以通过 I/O 模块或插板的增减灵活配置。

在独立型 PLC 中，那些专为柔性制造系统（FMS）、工厂自动化而开发的独立型 PLC 具有强大的数据处理、通信和诊断功能，主要用作单元控制器，是现代自动化生产制造系统重要的控制装置。独立型 PLC 也用于单机控制。

3. PLC 在数控机床中的接口信号及其配置方式

在数控机床中，PLC 完成顺序控制的功能。顺序控制是指在数控机床运行过程中，以 CNC 和机床各行程开关、传感器、按钮、继电器等开关量信号状态为条件，并按照预先规定的逻辑顺序对诸如主轴的启停、换向，刀具的更换，工件的夹紧、松开，液压、冷却、润滑系统的运行等进行控制。

PLC 与 CNC 之间及 PLC 与机床之间信息的多少，主要根据数控机床的控制要求设置。

归纳起来，PLC 的接口信号主要有以下几类：

（1）PLC 给 CNC 的信号：主要有机床各坐标基准点信号及 M、S、T 功能的应答信号等。

（2）PLC 向机床传递的信号：主要是控制机床执行件的执行信号，如电磁铁、交/直流电机、接触器、继电器的动作信号及确保机床各运动部件的信号和故障指示。

（3）机床给 PLC 的信号：主要有机床操作面板上各开关、按钮的信号，其中包括机床的启动、停止，主轴正转、反转、停止，主轴倍率、进给率的选择，冷却液的开、关，手动换刀，各坐标的手动和卡盘的松开、夹紧等信号，以及上述各部件的限位开关等保护装置、主轴伺服保护状态监视信号和伺服系统运行准备等信号。

PLC 在 CNC 机床系统中有三种不同的配置方式。第一种是 PLC 在机床一侧，代替传统的继电器逻辑系统，这时 PLC 有$(m+n)$个输入/输出(I/O)点，见图 5-58(a)。第二种是 PLC 在 CNC 控制柜中，图 5-58(b)。这时它仅有 m 个输入/输出点，因此元器件数目较少，易于维修，成本也低。第三种是 PLC 在 CNC 控制柜中，而输入/输出接口放在机床一侧，中间用一根光缆相连，见图 5-58(c)。这种配置方式使 CNC 与机床接口的电缆线大大减少。

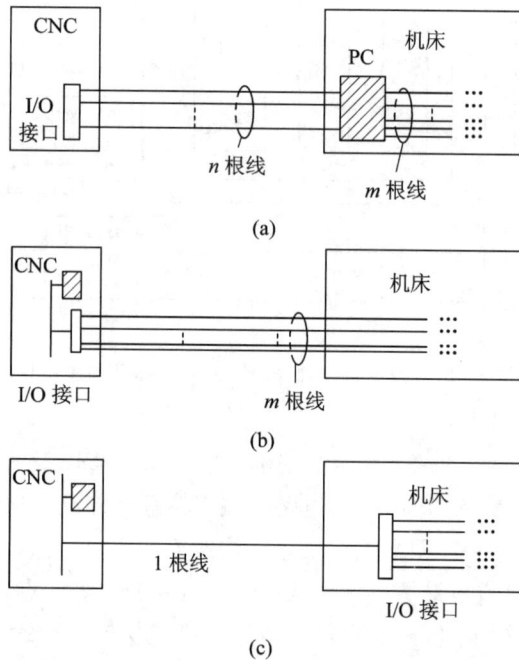

图 5-58　PLC 的三种配置方式

5.4.3　PLC 的组成、工作原理和分类

1. PLC 的组成

可编程控制器的系统组成与计算机基本相同，也是由硬件系统和软件系统两大部分组成的。硬件系统和软件系统是相辅相成的，它们共同构成 PLC 系统，缺一不可。

1）PLC 的硬件系统

可编程控制器硬件系统由中央处理器(CPU)、存储器、输入/输出模块和供电电源等构成。从硬件结构来说，可编程控制器实际上就是计算机，其 CPU 的工作原理也和计算机一样。PLC 的典型系统构成如图 5-59 所示，现结合图 5-59 具体介绍各部分的作用。

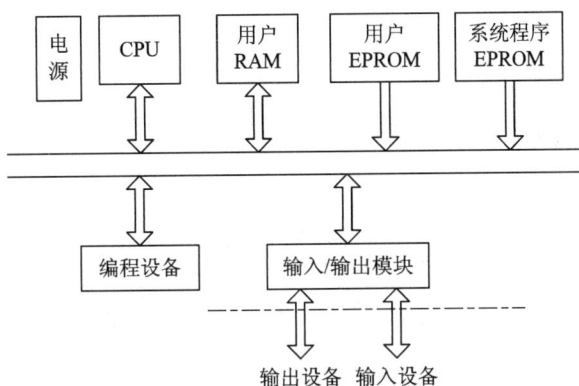

图 5-59　可编程控制器典型系统构成图

（1）中央处理器。

中央处理器是整个 PLC 的核心，起着总指挥的作用，主要完成以下功能：① 读入现场状态；② 控制存储和解读用户逻辑；③ 执行各种运算程序；④ 输出运算结果；⑤ 执行各种诊断程序；⑥ 响应各种外围设备（如编程器、打印机等）的请求。

目前，PLC 中所用的 CPU 多为单片机，如 AMD2900、Z80A、8051 等。为了进一步提高 PLC 的功能，近年来，在高档机中已采用 16 位甚至 32 位 CPU，还有的采用多 CPU 控制，如用一个 CPU 分管逻辑运算及专用的功能指令，用另一个 CPU 管理输入/输出模块，这样可加快 PLC 的工作速度并增加其功能。

（2）存储器。

PLC 内部存储器有两类：一类是 RAM（即随机存取存储器），可以随时由 CPU 对它进行读取、写入；另一类是 ROM（即只读存储器），CPU 只能从中读取而不能写入。RAM 主要用来存放各种暂存的数据、中间结果及用户正在调试的程序；ROM 主要存放监控程序及用户已调试好的程序，这些程序都事先固化在 ROM 芯片中，开机后便可运行其中程序。

（3）输入/输出模块。

输入/输出模块是可编程控制器与现场 I/O 设备或其他外部设备之间连接的接口。PLC 的对外功能就是通过各类 I/O 模块的外接线，实现对工业设备或生产过程的检测与控制。输入模块接收现场设备的控制条件信号，如限位开关、操作按钮、传感器信号等。这些信号被预先限定在某个电压或电流范围内，输入模块将这个信号转换成中央处理器能够接收和处理的数字信号。输出模块的作用是接收中央处理器处理过的数字信号，并把它转换成被控设备所能接受的电压或电流信号，以驱动诸如电机、继电器或电磁阀等设备。

输入/输出模块的种类很多，下面介绍几种常用的 I/O 模块：

① 开关量输入/输出模块。

一般采用光电耦合器或隔离脉冲变压器将来自现场的输入信号、驱动现场设备的输出信号与中央处理器完全隔离起来，以防止由于一般使用环境中的外来干扰引起误动作或故障。开关量输入模块按照使用的电源不同，可分为直流、交流、交直流输入模块，图 5-60 列出了直流输入模块的原理电路。开关量输出模块按照负载使用的电源（即用户电源）不同，可分为直流、交流、交直流输出模块；按照输出开关器件的种类不同，可分为晶体管输出方式、可控硅输出方式和继电器输出方式。图 5-61 列出了直流输出模块（晶体管输出方式)的原理电路。

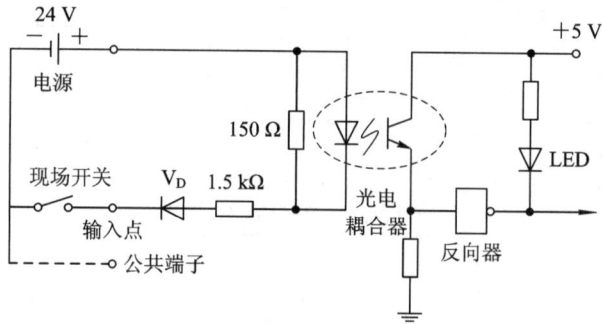

图 5-60 直流输入模块原理电路图

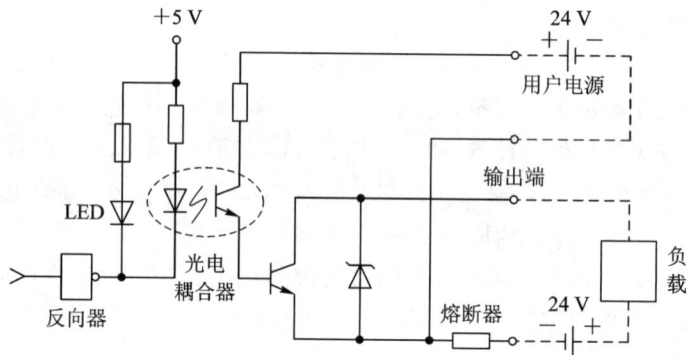

图 5-61 直流输出(晶体管输出方式)模块原理电路图

② 模拟量输入/输出模块。

在工业控制中,经常遇到一些连续变化的物理量,如电流、电压、温度、压力、流量、位移、速度等。若要将这些量送入 PLC,必须先将这些模拟量变成数字量,才能为 PLC 所接收。模拟量输入模块接收这些模拟量之后,把它转换成 8 位、10 位、12 位的二进制数字信号,送给 CPU 进行运算或处理,因此模拟量输入模块又叫 A/D 转换模块。在需要对电动阀门等一类执行机构进行连续控制时,必须先将 CPU 的二进制数字信号通过模拟量输出模块转换成电流输出信号或电压输出信号,才能满足这类执行机构的动作要求。因此,模拟量输出模块又叫 D/A 转换模块。

③ 其他功能模块。

PLC 除了具有通用的 I/O 模块以外,按照功能不同,还可能具有一些其他的 I/O 模块,用以实现各种不同功能的要求,如快速响应模块、高速计数器模块、通信接口模块、位置控制模块等。

(4)电源。

PLC 一般配有开关式稳压电源模块,用来对 PLC 的内部电路供电。

(5)其他外部设备。

PLC 还可能配有一些其他的外部设备,如编程器、打印机、EPROM 写入器等。编程器用作用户程序的编制、编辑、调试和监视,还可以通过它调用和显示 PLC 的一些内部状态和系统参数。

2）PLC 的软件系统

PLC 的软件系统是指 PLC 所使用的各种程序的集合，包括系统程序和用户程序。

（1）系统程序。

系统程序包括监控程序、编译程序及诊断程序等。

监控程序又称为管理程序，主要用于管理整个计算机。编译程序用来把程序语言翻译成机器语言。诊断程序用于诊断机器故障。系统程序一般由 PLC 生产厂家提供，并固化在 EPROM 中，不能由用户直接存取，对用户是不透明的。

（2）用户程序。

用户程序是用户根据自己的控制要求，用 PLC 的程序语言编制的应用程序，其编程的方式主要有梯形图、语句表和控制系统流程图。用户程序一般由用户用编程器键入到 PLC 的内存中，或通过 PLC 自带的通信接口由其他的计算机传入。

2. PLC 的工作原理

1）PLC 的工作方式

PLC 虽然与微机的组成相似，但它的工作方式却与微机有很大不同。PLC 采用循环扫描的工作方式，也就是说，当 PLC 运行时，对于用户程序中的众多操作，PLC 不能同时去执行，它只能按分时操作原理每一时刻执行一个操作。由于 CPU 的运算处理速度很高，使得外部出现的结果从宏观来看似乎是同时完成的。这种分时操作的过程就称为 CPU 对程序的扫描。

扫描从存放第一条用户程序的存储地址开始，在无中断或跳转控制的情况下，按存储地址号递增的方向顺序逐条扫描用户程序，也就是顺序逐条执行用户程序，直到程序结束。每扫描完一次程序就构成一个扫描周期，然后再从头开始扫描，并周而复始地进行扫描。

顺序扫描的工作方式简单直观。它简化了程序的设计，并为 PLC 的可靠运行提供了非常有力的保证。一方面，所扫描到的指令被执行后，其结果马上就可以被将要扫描到的指令所利用；另一方面，还可以通过 CPU 设置的定时器来监视每次扫描是否超过规定的时间，从而避免了由于 CPU 内部故障使程序执行进入死循环而造成故障的影响。

2）PLC 的执行过程

PLC 在每一个扫描周期中的工作过程是相同的。一个扫描周期大致可分为输入采样、程序执行、输出刷新三个阶段。

（1）输入采样阶段。

在输入采样阶段，PLC 以扫描方式按顺序将所有输入端的信号状态（开或关，"1"或"0"）读入到输入映像寄存器中寄存起来，称为对输入信号的采样。接着转入程序执行阶段。在程序执行期间，即使输入状态变化，输入映像寄存器的内容也不会改变。输入状态的变化只能在下一个扫描周期的输入采样阶段才被重新读入。

（2）程序执行阶段。

在程序执行阶段，PLC 对程序按顺序进行扫描。如果程序用梯形图表示，则总是按先上后下、先左后右的顺序进行扫描。每扫描到一条指令时，所需要的输入状态或其他变量的状态分别由输入映像寄存器和 PLC 的内部寄存器中读出，而将执行结果写入输出映像寄存器中。这就是说，输出映像寄存器中寄存的内容，会随程序执行的进程而变化。

（3）输出刷新阶段。

当程序执行完成后，进入到输出刷新阶段。此时，将输出映像寄存器中所有输出寄存器的状态转存到输出锁存电路,再去驱动用户输出设备(负载),这就是 PLC 的实际输出。

PLC 重复地执行上述三个阶段,每重复一次的时间就是一个扫描周期。扫描周期的长短主要取决于这几个因素:一是 CPU 执行指令的速度;二是每条指令占用的时间;三是指令条数的多少,即程序的长短。

总结上面分析的程序执行过程,可得出 PLC 对输入/输出的处理规则如图 5-62 所示。

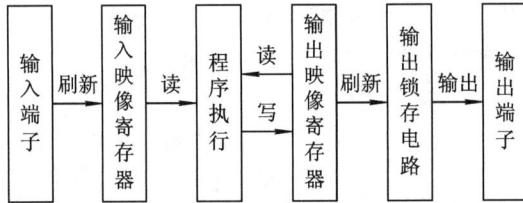

图 5-62　PLC 的输入/输出处理规则图

3. PLC 的编程方法

可编程控制器的编程语言与一般计算机相比,具有明显的特点。它既不同于高级语言,也不同于汇编语言。可编程控制器的主要用户是工程技术人员,应用场合是工业过程。所以,编程语言要满足易于编写和易于调试两方面的要求。现今的编程语言都有如下一些共同特点:图形式的指令结构;对变量、常数及取值范围有明确规定,而且使用方便简单;程序结构简化清晰;应用软件生成过程大大简化;程序调试手段完备。

PLC 常用的编程语言或编程方法主要有:

1) 梯形图

梯形图编程是在原电器控制系统中常用的接触器、继电器梯形图的基础上演变而来的,它与电气操作原理图相呼应。它的最大优点是形象、直观和实用,为广大电气技术人员所熟知,是 PLC 的主要编程语言。

梯形图与继电器控制电路在电路的结构形式、元件的符号及逻辑控制功能等方面是相同的,如图 5-63 所示。但它们又有很多不同之处,梯形图具有以下特点:

(1) 梯形图按自上而下、从左到右的顺序排列。每个继电器线圈为一个逻辑行,即一层阶梯。每一逻辑行起于左母线,然后是接点的各种连接,最后终于继电器线圈。整个图形呈阶梯形。

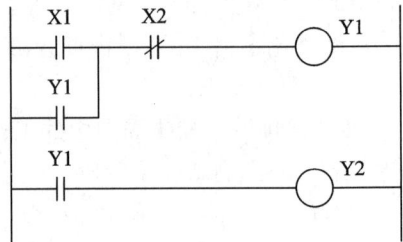

图 5-63　梯形图举例

(2) PLC 梯形图的触点和内部线圈并非实际存在,它只是为了编程而设计出来的概念,沿用了继电器的叫法,这些"元件"仅是 PLC 存储器中的一些单元而已。因而同一个定义的接点,可以在梯形图上任何必要的地方无限制地使用,可以用常开的形式或常闭的形式,不受使用次数的限制。但是,任何一个内部线圈或输出点、计时器或计数器,其线圈在梯形图上只能出现一次,除非作为锁存线圈的 SET 和 RST 成对的出现。

(3) 梯形图是 PLC 形象化的编程手段,梯形图两端的母线是没有任何电源可接的。梯形图中并没有真实的物理电流流动,而仅只是"概念"电流,是用户程序解算中满足执行条件的形象表示方法。"概念"电流只能从左到右流动,层次改变只能先上后下。

（4）输入继电器供 PLC 接收外部输入信号，而不能由内部其他继电器的接点驱动。另外，PLC 的内部继电器不能做输出控制用，其接点只能供 PLC 内部使用。也就是只能作内部逻辑处理器，而输出控制则通过上述的输出映像寄存器实现。

（5）当 PLC 处于运行状态时，PLC 就开始按照梯形图符号排列的先后顺序（从上到下、从左到右）逐一处理，也就是说，PLC 对梯形图是按扫描方式顺序执行程序的。

2）语句表

语句表类似于计算机汇编语言的形式，它是用指令的助记符来编程的，即用一个或几个容易记忆的字符来代表可编程控制器的某种操作功能。

限于篇幅，PLC 的其他编程方法以及编程语言指令的使用，请读者参阅相关的 PLC 书籍。

4. PLC 的规模

在实际的应用中，PLC 选型的一般原则是根据 PLC 输入/输出点数的多少或用户存储器的大小作为评价的标准。据此，可以将 PLC 分为小型、中型和大型三类，如表 5-7 所示。

表 5-7　PLC 的规模

评价指标 PLC 规模	输入/输出点数 （两者之和）	程序存储容量 （KB=千字节）
小型 PLC	128 点以下	2 KB 以下
中型 PLC	128~1024 点	2~8 KB
大型 PLC	1024 点以上	8 KB 以上

5.4.4　PLC 在数控机床上的应用实例

1. 顺序程序设计和调试

1）确定 PLC 的型号及硬件配置

（1）PLC 型号的选择。

在利用可编程控制器组成应用系统时，首先遇到的问题就是 PLC 的选型。用户在选用 PLC 时，所依照的一般原则顺序为：① 可靠性；② 性能；③ 维护；④ 能在恶劣环境下工作；⑤ 使用方便；⑥ 编程方便与否；⑦ 与现场设备的兼容性；⑧ 修改与扩充能力；⑨ 诊断能力；⑩ 价格；⑪ 特殊性能；⑫ 联网能力；⑬ 运算速度。

由于 PLC 用户将可靠性放在选择原则的首位，因此，所有的 PLC 生产厂家都在这方面做了大量的研究工作，以取得较高的可靠性。现在选择 PLC，反而不将可靠性放在首位了。

在进行 PLC 的选型时，需要考虑以下几个问题：

① 根据控制系统的要求，估算出所需要的 I/O 点数，再增加 20%~30% 的备用量，以便后续功能的扩充。这里讲的 I/O 点数，是指 PLC 能够输入/输出的开关量、模拟量总的个数。在进行系统设计时，要尽可能简化系统 I/O 点数，以降低系统造价，提高系统稳定性。

② 对以开关量为主的控制系统，不用考虑扫描速度，一般机型都能满足要求。对于有模拟量控制的系统，就要考虑扫描速度。

③ 要考虑负载容量的大小。如果 PLC 输出点的容量不够，要用中间继电器作为 PLC 输出点的转换。

④ 输入模块的种类，按电压分类有直流 5 V、12 V、24 V、48 V、60 V，交流 115 V、220 V。选择输入模块时，电压的选择应根据现场设备与模块之间的距离来考虑。一般 5 V、12 V、24 V 属低电平，其传输距离不宜太远，5 V 模块最远不得超过 10 m；距离较远的设备应选用较高电压的模块。

⑤ 选择输出模块时，PLC 的输出方式应根据负载要求进行选择，继电器输出的价格便宜，适用电压范围较宽，导通压降小。但它属有触点元件，动作速度较慢，寿命较短，因此适用于不频繁通断的负载。当驱动感性负载时，其最大通断频率不得超过 1 Hz。对于频繁通断的低功率因数的电感负载，应采用无触点开关元件，即选用晶体管输出（直流输出）或可控硅输出（交流输出）。输出模块的输出电流必须大于负载电流的额定值。输出模块同时接通点数的电流累计值必须小于公共端所允许通过的电流值。

⑥ 如果控制系统需要，应考虑模拟量输入/输出模块及其他智能模块的选用。在选用通信模块时，要考虑通信的接口类型、通信的速度、通信网络等。

⑦ 电源模块的选择，只需考虑输出电流。电源模块的额定输出电流必须大于 CPU 模块、I/O 模块、专用模块等消耗电流的总和。

（2）输入/输出点数和 PLC 容量的确定。

输入点是与机床侧被控对象有关的按钮、选择开关、行程开关、继电器和接触器触点等连接的输入信号接口，以及由机床侧直接连接到 NC 的输入信号接口，如减速信号、跳过信号等。输出点包括向机床侧继电器、指示灯输出信号的接口。设计者对被控对象的上述 I/O 信号要逐一确定，并分别计算出总的需要数量。

PLC 存储器容量的大小决定了存储用户程序的步数或语句条数的多少。输入/输出点数与程序存储容量之间有一定的联系。当输入/输出点数增加时，PLC 程序处理的信息量增大，程序加长，因而需加大程序存储器的容量。设计者要根据具体任务对程序规模作出估算，并据此确定合理的存储容量。

2. 制作信号接口技术文件

确定 PLC 的型号后，在进行实际的编程、安装和调试前，需要制作详细的信号接口技术文件，这不仅可以对我们以后的工作起到事半功倍的效果，而且详细的接口技术文件也为以后控制系统的维护、扩充提供了方便。信号接口技术文件的内容包括：

1）输入/输出信号电路原理图

输入/输出信号电路原理原理图应按"电气制图国家标准 GB 6988.1～6988.5－1986"绘制。图中与 PLC 编程有关的内容主要有：

（1）与输入信号有关的器件名称、位置，如操作面板按钮、工作台行程限位开关、刀架道、卡盘夹紧、电动机热继电器等。

（2）输出信号执行元件名称、位置，如操作面板指示灯、中间继电器线圈等。

（3）输入和输出信号插座和插脚编号，或连接端子编号及信号名称和 PLC 中的地址。

（4）输入/输出信号接线和工作电源。

2）地址表

信号地址表有四种：

（1）机床侧→PLC 地址表，又称输入信号地址表，根据选定的 PLC 型号规定，由设计者确定。

（2）PLC→机床侧地址表，又称输出信号地址表，由设计者根据选定的 PLC 规定来确定。所有输出信号名称由设计者定义，并用英文缩写字母表示。

输入和输出信号地址一经确定，信号所用连接器、插脚编号也随之确定。安装时，各信号线即按指定连接器和插脚连接。

（3）PLC→NC 地址表，为 PLC 侧向 NC 侧传送信号的接口地址表。在内装型 PLC 中，这些信号已由 CNC 厂家定义，名称和含义均已固定，用户不能增删和改变。

（4）NC→PLC 地址表，为 NC 侧向 PLC 侧传送信号的接口地址表。在内装型 PLC 中，这些信号已由 CNC 厂家定义，名称和含义均已固定，用户不能增删和改变。

3）PLC 数据表

PLC 数据表为顺序程序用数据表，由设计者根据已选定 PLC 的规定和实际使用情况而设定。

3. 编制 PLC 程序及调试

1）控制系统流程图的绘制

流程图是描述控制系统的控制过程、功能和特性的一种图形，在用顺序控制方式来编制 PLC 的梯形图程序时，我们将系统的工作过程分解成若干个清晰的连续的阶段，这些阶段称为"状态"或"步"。步与步之间由"转换"分隔，相邻的步具有不同的"动作"。当相邻两步之间的转换条件得到满足时，就实现了转换，表示上一步活动结束而下一步活动开始，不会产生步的活动的重叠。一个步可以是动作的开始、持续或结束。在控制系统流程图中，方框表示步，代表步的方框之间用有向连线连接，有向连线上的断线称为"转换"，转换旁边标注的是转换条件，步的活动状态按有向连线所指的方向先后顺序出现。当某一转换的前级步是活动的，并且相应的转换条件得到满足，则转换得到实现，该转换的前级步变为不活动的，后续步变为活动的。图 5-64 是一个简单的实例。控制过程的初始状态是 M100 接通，其他辅助继电器处于断开状态。当 X10 接通后，转换条件满足，M10 接通，Y10 接

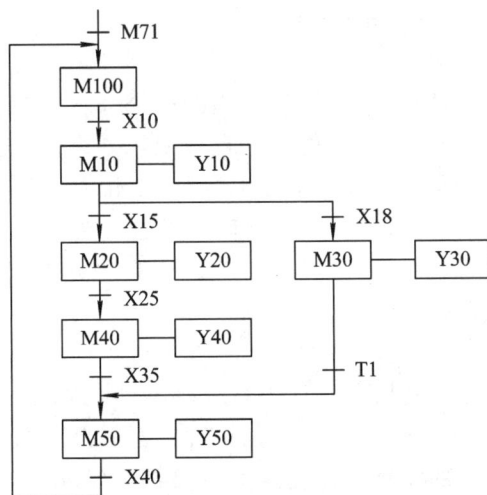

图 5-64　控制系统流程图举例

通，M100 断开，实现了步的活动状态的转移。在有分支的步与步之间，哪一路的转换条件满足，则活动步就按这条分支的顺序先后出现。如当 X15 接通时，左边的分支变为活动状态；而 X18 接通时，右边的分支变为活动状态。

控制系统流程图可以有效地帮助我们编制 PLC 的梯形图程序，收到事半功倍的效果。而且随着 PLC 的不断发展，现在一些新型的 PLC 产品已经具有了直接用控制系统流程图编程的功能。

2）梯形图程序设计

根据控制系统流程图，我们可以迅速编制出它的梯形图程序。在梯形图中，代表步的辅助继电器接通时，相应的步处于活动状态，断开时则变为不活动的。用置位(S)和复位(R)指令非常容易实现对这些辅助继电器的控制。

3）PLC 程序的调试

程序调试是 PLC 控制系统的最后一个设计步骤。在进行完总体设计以及具体的硬件系统设计和软件系统设计后，除了要分别对硬件系统和软件系统进行调试外，还必须对硬件系统和软件系统进行联合调试和试运行，直到整个控制系统能投入正常工作，才算系统设计的最后完成。

将 PLC 程序输入 PLC 中，PLC 上一般装有输入/输出 LED 指示灯，在调试和运行时，可利用 LED 的显示情况来检查 PLC 程序的正确性或故障情况。在 I/O 点 LED 指示灯旁标注上设备名称，检查正常停机时哪几个 I/O 点 LED 亮，正常运行时哪几个 I/O 点 LED 亮。对上述情况作出标注，有利于及时查处故障。

PLC 控制系统的调试工作一般分为三步：

（1）用开关或电压信号模拟开关量输入信号或作为模拟量输入信号，观察 I/O 点 LED 灯的显示是否符合要求。

（2）接入现场输入/输出信号，先调试接触器及电磁阀等电气元件，暂不接入电动机。动作符合要求后，才接入电动机运行。

（3）带负荷运转，进行试运行。

4. PLC 在数控机床自动换刀控制中的应用

1）概述

数控机床是机械加工中最常用的机械加工设备。图 5-64 所示的数控机床具有一个 8 把刀的转塔式刀架，该刀架可以在数控机床自动工作方式下，通过数控程序实现换刀，以适应零件的多工序连续加工。另外在数控机床手动工作方式下，通过机床操作面板的手动换刀按钮可手工操作换刀过程。该数控机床转塔通过刀架电机驱动旋转，换刀时，要先控制液压装置使转塔从刀架上松开，转塔旋转实现刀具的更换。转塔旋转到指定位置后，控制液压装置使转塔压紧在刀架上。

2）系统组成

数控机床的各辅助功能一般都由一个 PLC 统一控制实现，但由于篇幅所限，我们不可能对数控机床 PLC 的所有控制功能逐一进行分析。另外，为简化系统分析，该自动换刀装置与数控机床其他执行元件的联锁功能在这里我们不作分析。本系统需要 9 个输入点和 3 个输出点，表 5-8、表 5-9 分别是 PLC 的输入/输出地址分配表。该控制系统的流程图见图 5-65，根据该流程图可以很方便地编制出 PLC 的梯形图程序。

表 5-8 控制系统 PLC 的输入地址分配表

序 号	信 号 说 明	PLC 端口号
1	转塔松开确认	X0
2	转塔夹紧确认	X1
3	转塔旋转手动按钮	X2
4	刀具位置 1	X3
5	刀具位置 2	X4
6	刀具位置 3	X5
7	刀具位置奇偶校验	X6
8	机床手动工作状态	X7
9	机床自动工作状态	X8

表 5-9 控制系统 PLC 的输出地址分配表

序 号	信 号 说 明	PLC 端口号
1	转塔松开	Y0
2	转塔夹紧	Y1
3	转塔刀架旋转	Y2

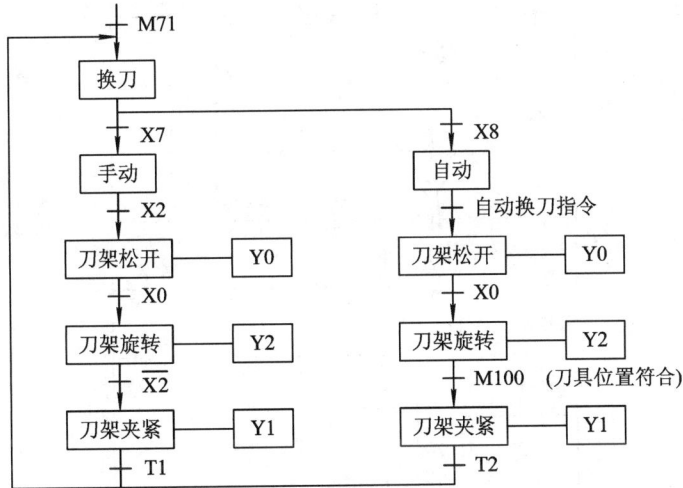

图 5-65 自动换刀控制系统流程图

该换刀控制系统在手动方式下，按动手动操作按钮执行换刀操作，先是 Y0 接通，转塔松开，当 X0 闭合后，Y2 接通，转塔旋转；当旋转到指定的刀具后，松开手动操作按钮，Y0、Y2 断开，Y1 接通，转塔夹紧，完成手动换刀操作。在自动工作方式下，其动作过程与手动方式一样，只是各个动作的转换条件不同，如换刀开始信号由数控程序的 M 功能去触发一个辅助继电器，作为换刀开始指令；通过刀架上的传感器检测刀具的位置，当刀具位置与程序指令符合时，M100 接通，转换条件满足，刀架夹紧，完成换刀操作。这里对刀具位置检索的梯形图程序作简略的介绍。表 5-10 示出了刀具位置与传感器输入信号状态的关系。另外，刀具的命令位置对应于辅助继电器 M110～M117，刀具的实际位置对应于辅助继电器 M120～M127。图 5-66 是刀具位置检索的梯形图程序，M100 接通就表明刀具的实际位置与命令位置相符，转塔旋转已到位，此时 Y2 断开，Y1 接通，换刀完毕。

表 5 - 10　传感器与刀具位置的对应关系

刀具位置	传感器状态			
	X3	X4	X5	X6
1	0	0	0	0
2	0	0	1	1
3	0	1	1	0
4	0	1	0	1
5	1	1	0	0
6	1	0	0	1
7	1	0	1	0
8	1	1	1	1

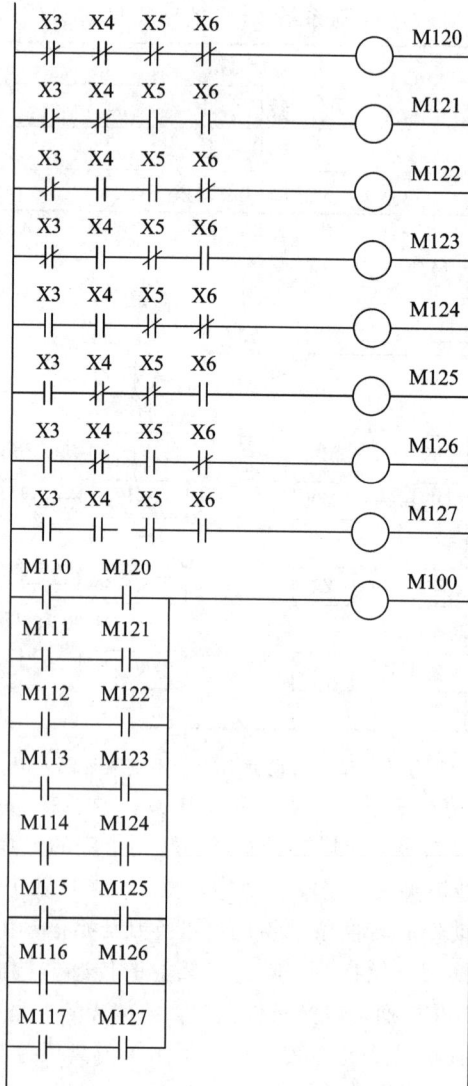

图 5 - 66　刀具位置检索的梯形图程序

知识拓展

1. SIEMENS 802D 数控系统

SIEMENS 802D 数控系统是西门子公司推出的一款经济型数控系统，包括面板控制单元(PCU)、键盘、机床控制面板(MCP)SIMODRIVE 模块式驱动系统、带编码器的 1FK7 伺服电机、I/O 模块 PP72/48、电子手轮等。其中具有免维护性能的面板控制单元(PCU)是整个系统的核心，具有 CNC、PLC、人机界面、通信等功能。802D 最多可控制 4 个数字进给轴和一个主轴，其中主轴既有数字接口，也可通过模拟接口控制。SIMODRIVE 模块式驱动系统由电源馈入模块、功率模块、611UE 插件构成，可根据机床的实际情况对各个轴分别进行配置。输入输出模块 PP72/48 提供 72 位数字输入和 48 位数字输出，一个系统中最多可配置两块 PP72/48。PCU、SIMODRIVE 611UE、PP72/48 均有 PROFIBUS 接口，可通过 PROFIBUS 电缆将它们连接起来，构成 PROFIBUS 总线系统，其中 PCU 为主设备、PP72/48、611UE 为从设备，主、从设备均有自己独立的 PROFIBUS 总线地址。SIEMENS 802D 使用的 PLC 编程工具是 STEP7 - Micro/WIN32。

2. SIEMENS 840D 数控系统

SIEMENS 840D 是西门子公司 20 世纪 90 年代推出的高性能数控系统。它保持西门子前两代系统 SINUMERIK 880 和 840C 的三 CPU 结构：人机通信 CPU(MMC - CPU)、数字控制 CPU(NC - CPU)和可编程逻辑控制器 CPU(PLC - CPU)。三部分在功能上既相互分工，又互为支持。

在物理结构上，NC - CPU 和 PLC - CPU 合为一体，合成在 NCU(Numerical Control Unit)中，但在逻辑功能上相互独立。

相对于前几代系统，SINUMERIK 840D 具有以下几个特点：

(1) 数字化驱动。

在 SIEMENS 840D 中，数控和驱动的接口信号是数字量，通过驱动总线接口，挂接各轴驱动模块。

(2) 轴控规模大。

SIEMENS 840D 最多可以配 31 个轴，其中可配 10 个主轴。

(3) 可以实现五轴联动。

SIEMENS 840D 可以实现 X、Y、Z、A、B 五轴的联动加工，任何三维空间曲面都能加工。

(4) 操作系统视窗化。

SIEMENS 840D 采用 Windows 95 作为操作平台，使操作简单、灵活，易掌握。

(5) 软件内容丰富功能强大。

SIEMENS 840D 可以实现加工(Machine)、参数设置(Parameter)、服务(Services)、诊断(Diagnosis)及安装启动(Start-up)等几大软件功能。

(6) 具有远程诊断功能。

SIEMENS 840D 具有远程诊断功能，如现场用 PC 适配器、MODEM 卡，通过电话线实现 SINUMERIK 840D 与异域 PC 机通信，完成修改 PLC 程序和监控机床状态等远程诊断功能。

（7）保护功能健全。

SIEMENS 840D 系统软件分为西门子服务级、机床制造厂家级、最终用户级等 7 个软件保护等级，使系统更加安全可靠。

（8）硬件高度集成化。

SIEMENS 840D 数控系统采用了大量超大规模集成电路，提高了硬件系统的可靠性。

（9）模块化设计。

SIEMENS 840D 的软硬件系统根据功能和作用划分为不同的功能模块，使系统连接更加简单。

先导案例解决方案

1. FANUC 系统

FANUC 系统早期有 3 系列、6 系列系统，现有 0 系列、10/11/12 系列、15、16、18、21 系统等，应用最广泛的是 FANUC 0 系统。

OD 系列：0TD 用于车床，0MD 用于铣床及小型加工中心，0GCD 用于圆柱磨床，0PD 用于冲床。

0C 系列：0TC 用于通用车床、自动车床，0MC 用于铣床、钻床、加工中心，0GCC 用于内、外圆磨床，0GSC 用于平面磨床，0PC 用于回转头冲床，0TTC 用于双刀架、四轴车床。

Power mate 0：用于 2 轴小型车床。

0i 系列：0iMA 用于加工中心及铣床，可控制四个轴；0iTA 用于车床，可控制四个轴；16i 最大 8 轴，6 轴联动；18i 最大 6 轴，4 轴联动；160/18MC 用于加工中心、铣床、平面磨床；160/18TC 用于车床、磨床；160/18DMC 用于加工中心、铣床、平面磨床的开放式 CNC 系统；160/180TC 用于车床、圆柱磨床的开放式 CNC 系统。

2. SIEMENS 系统

SIEMENS 系统系列产品中，具代表性的系统主要有 SIEMENS 6 系列、3 系列、8 系列、810/820 系列、850/880 系列、840 系列和 802 系列系统。其中 810 与 840 系列系统又可分为早期的 810M/T/G、840C 系统与后期的 810D、840D、840Di 系统等不同的结构形式；802 系统根据配套的驱动器，可以分为 802S、802C、802D 等不同型号。

目前，基于工业 PC 型计算机的现代控制系统正越来越多地应用于数控机床中。配以 Windows XP 操作系统的控制系统具有开放和灵活的软硬件平台，在用户熟悉的 PC 计算机领域中，方便用户的使用和二次开发。例如 SIEMENS 840Di 数控系统就是一个基于 PC 计算机的、全 PC 集成的控制系统。SIEMENS 840Di 数控系统的显著特点是 CNC 控制功能与 MDI 功能一起都在 PC 处理器上运行。也就是说，可以省去传统控制系统中所需的 NC 处理单元。这种控制系统包含大量标准化印制电路板和电器部件，如带接口卡的工业 PC 机、PROFIBUS-DP、Windows NT 操作系统、OPC(用于过程控制的 OLE)用接口和 NC 控制软件。

3. 华中数控系统

武汉华中数控系统有限公司成立于 1994 年,是一家从事数控系统研究、开发和经营的中外合资企业。

1997 年,华中数控系统有限公司以工业 PC 机为硬件平台,以 PC+软件完成全部的 NC 功能,开发出"华中 I 型"数控系统,实现了国外高档系统的功能,达到优良的性能/价格比,达到国际先进水平。华中 I 型数控系统被国家科技部列入 1997 年度"国家新产品计划(742176163004)"和"九五国家科技成果重点推广计划指南项目(98020104A)"。近几年来,武汉华中数控系统有限公司相继开发出华中-2000 型数控系统(HNC-2000)和华中"世纪星"系列数控系统(HNC-21T 车床系统、HNC-21/22M 铣床系统),以满足用户对低价格、高性能、实用、可靠的系统要求。

生产学习经验

【案例 5-1】 SIEMENS 数控系统是 SIEMENS 集团旗下自动化与驱动集团的产品,它发展了很多代,目前在广泛使用的主要有 802、810、840 等几种类型。SIEMENS 公司对 810 系统的性能与价格定位是如何界定的呢?

【案例 5-2】 数控系统的机床数据支持数控机床的运行,如果系统数据丢失,系统将不能正常工作,造成死机。生产实际中,如何对 SIEMENS 810 系统数据进行备份?

【案例 5-1】

【案例 5-2】

本 章 小 结

本章学习重点是 CNC 系统的概念和组成,CNC 装置的工作流程、功能和特点,CNC 装置的软硬件结构组成和类型,CNC 系统控制软件的结构特点,刀具补偿原理、进给速度处理和加减速控制原理,插补方法和原理,PLC 在数控机床中的作用。学习难点是 CNC 系统控制软件的结构特点、刀具补偿原理、进给速度处理和加减速控制原理以及插补方法和原理。

思 考 与 练 习

5-1 什么是计算机数控系统? 它由哪几部分组成? 各部分完成的主要功能是什么?

5-2 计算机数控系统与计算机数控装置是否一样?

5-3 简述 CNC 装置的工作流程。

5-4 CNC 装置的功能和特点是什么?

5-5 微机在计算机数控系统中起什么作用?

5-6　简述 CNC 装置的硬件结构组成。

5-7　CNC 装置的结构体系有哪几种？各有何特点？

5-8　单微处理器 CNC 装置的特点是什么？单微处理器 CNC 装置的结构组成如何？

5-9　多微处理器 CNC 装置的特点是什么？多微处理器 CNC 装置的结构组成如何？

5-10　大板式结构和模块化结构的含义是什么？

5-11　数控系统软件包括哪些主要内容？

5-12　CNC 系统控制软件的结构特点是什么？

5-13　CNC 系统的中断类型有哪些？

5-14　简述 CNC 系统中断结构模式。

5-15　什么是刀具补偿？有哪些类型？什么是刀具半径补偿？建立刀具半径补偿的步骤是什么？

5-16　什么是 B 功能刀具半径补偿？什么是 C 功能刀具半径补偿？两者有何优劣？

5-17　加工零件轮廓时，拐角转接有哪些形式？是如何实现的(包括 B 功能刀补和 C 功能刀补)？

5-18　CNC 装置中加、减速程序的作用是什么？加、减速控制有几种方法？如何实现？

5-19　什么插补？根据插补原理的不同，插补的方法有哪些？

5-20　简述基准脉冲插补法和数据采样插补方法的基本原理。

5-21　简述逐点比较法的基本原理和基本工作过程。

5-22　逐点比较法直线插补的偏差函数是如何确定的？

5-23　逐点比较法直线插补时，刀具进给方向如何确定？偏差值如何计算？

5-24　逐点比较法直线插补时，如何判别终点？

5-25　直线的起点坐标在原点 $O(0,0)$，终点坐标 A 的坐标分别为 ① $A(12,5)$，② $A(9,4)$，③ $A(10,10)$，④ $A(5,10)$。试用逐点比较法对这些直线进行插补，并画出插补轨迹。

5-26　逐点比较法圆弧插补的偏差函数是如何确定的？

5-27　逐点比较法圆弧插补时，刀具进给方向如何确定？偏差值如何计算？

5-28　逐点比较法圆弧插补时，如何判别终点？

5-29　顺圆的起、终点坐标分别为 $A(0,10)$、$B(8,6)$，试用逐点比较法进行圆弧插补，并画出刀具轨迹。

5-30　逆圆的起、终点坐标分别为 $A(10,0)$、$B(6,8)$，试用逐点比较法进行圆弧插补，并画出刀具轨迹。

5-31　直线的起点坐标在原点 $O(0,0)$，终点 E 的坐标为 $(5,4)$，试用数字积分直线插补法对直线进行插补，并画出插补轨迹。

5-32　数控机床中 PLC 的控制作用是什么？主要完成哪些功能？

5-33　简述内装型 PLC 与独立型 PLC 的相同点与不同点。

5-34　简述 PLC 的基本工作原理。

5-35　简述 PLC 梯形图编程的优缺点。

5-36　简述 PLC 控制系统设计的一般步骤以及程序调试的一般方法。

自　测　题

一、选择题(请将正确答案的序号填写在题中的括号内,每题 2 分,共 30 分)

1. 在轮廓控制系统中,NC 机床之所以能加工出形状各异的零件轮廓,主要是因为有了(　　)。

　　A. 计算机　　　　　　　　　　　　　B. 两个以上的进给轴

　　C. 编程功能　　　　　　　　　　　　D. 插补功能

2. 零件加工程序一般存放在 CNC 的(　　)中。

　　A. ROM　　　　　B. RAM　　　　　C. CPU　　　　　D. PLC

3. 借助于数字、字符和其他符号控制加工、处理与装配设备的一种可编程的自动化方法,称之为(　　)。

　　A. 数字控制　　　　B. 自动编程　　　　C. RMS　　　　D. 手工编程

4. 在前后台软件结构中,前台程序是一个(　　)。

　　A. 定时中断处理程序　　　　　　　　B. 前台子程序

　　C. 译码、数据处理程序　　　　　　　D. 系统管理程序

5. CNC 系统数据转换流程的顺序为(　　)。

　　A. 译码、刀具补偿、速度处理、插补、位置控制

　　B. 译码、速度处理、刀具补偿、插补、位置控制

　　C. 译码、刀具补偿、插补、速度处理、位置控制

　　D. 译码、插补、速度处理、刀具补偿、位置控制

6. 在数控系统中 PLC 控制程序实现机床的(　　)。

　　A. 位置控制　　　　　　　　　　　　B. 各执行机构的逻辑顺序控制

　　C. 插补控制　　　　　　　　　　　　D. 各进给轴轨迹和速度控制

7. 通常所说的数控系统是指(　　)。

　　A. 主轴驱动和进给驱动系统　　　　　B. 数控装置和驱动装置

　　C. 数控装置和主轴驱动装置　　　　　D. 数控装置和辅助装置

8. 数控系统所规定的最小设定单位就是(　　)。

　　A. 数控机床的运动精度　　　　　　　B. 机床的加工精度

　　C. 脉冲当量　　　　　　　　　　　　D. 数控机床的传动精度

9. 逐点比较插补法的工作顺序为(　　)。

　　A. 偏差判别、进给控制、新偏差计算、终点判别

　　B. 进给控制、偏差判别、新偏差计算、终点判别

　　C. 终点判别、新偏差计算、偏差判别、进给控制

　　D. 终点判别、偏差判别、进给控制、新偏差计算

10. 在 CNC 系统中,插补功能的实现通常采用(　　)。

　　A. 粗插补由软件实现,精插补由硬件实现　　　B. 全部由硬件实现

　　C. 粗插补由硬件实现,精插补由软件实现　　　D. 无正确答案

11. 数控系统常用的两种插补功能是(　　)。

  A. 直线插补和圆弧插补   B. 直线插补和抛物线插补

  C. 圆弧插补和抛物线插补   D. 螺旋线插补和和抛物线插补

12. CNC 装置可执行的功能中，以下(　　)功能属于选择功能。

  A. 控制功能   B. 准备功能

  C. 通信功能   D. 辅助功能

13. 下列(　　)不属于加工轨迹的插补方法。

  A. 逐点比较法   B. 时间分割法

  C. 样条计算法   D. 等误差直线逼近法

14. 数控系统的报警大体可以分为操作报警、程序错误报警、驱动报警及系统错误报警，某个程序在运行过程中出现"圆弧端点错误"，这属于(　　)。

  A. 程序错误报警   B. 操作报警

  C. 驱动报警   D. 系统错误报警

15. 只读存储器只允许用户读取信息，不允许用户写入信息。对一些常需读取且不希望改动的信息或程序，就可存储在只读存储器中。只读存储器的英语缩写为(　　)。

  A. CRT   B. PIO   C. ROM   D. RAM

二、判断题(请将判断结果填入括号中，正确的填"√"，错误的填"×"，每题 1 分，共 15 分)

(　　)1. 数控机床控制轴的螺距误差和反向间隙，全部可以用数控系统的功能来消除。

(　　)2. 数控机床所有的控制信号都是从数控系统发出的。

(　　)3. CNC 中，通过地址 S、T、M 后边规定数值，把控制信息传送到系统内的 PLC。

(　　)4. 数控系统中，固定循环指令一般用于精加工过程。

(　　)5. 在数控机床上加工不同的零件，一般只要改变加工程序即可。

(　　)6. CNC 装置由软件和硬件组成，软件比硬件重要。

(　　)7. 数据采样法中的插补周期必须大于插补运算时间和 CPU 执行其他任务所需时间之和。

(　　)8. 数据采样插补一般分粗、精两步完成插补运算。第一步是粗插补，由软件实现，第二步是精插补，由硬件实现。

(　　)9. CNC 装置的软件包括管理软件和控制软件两类。控制软件有输入输出程序、显示程序和诊断程序等组成。

(　　)10. 数据采样法中，为使插补误差尽可能小，进给速度尽可能大，插补周期应尽可能大。

(　　)11. 在现代数控系统中系统都有子程序功能，并且子程序可以无限层嵌套。

(　　)12. 为了提高数控车床径向尺寸的加工精度，数控系统在 X 方向的脉冲当量应取 Z 方向脉冲当量的一半。

(　　)13. 加工第一象限的斜线，用逐点比较法直线插补，若偏差函数大于零，说明加工点在斜线上。

(　　)14. C 功能刀具半径补偿仅根据本段程序的轮廓尺寸进行刀具半径补偿。

(　　)15. 数控机床设置掉电保护电路是为了防止 RAM 中保存的信息丢失。

三、名词解释(每题 4 分，共 20 分)

1. 插补　　　　　　2. 计算机数控系统(CNC 系统)　　　　3. 脉冲当量

4. 分辨率　　　　　5. 光电隔离电路

四、简答题(每题 5 分，共 25 分)

1. 逐点比较法插补的基本原理是什么?

2. 简述 CNC 装置的数据转换流程和它们的作用。

3. 简述数控系统的结构组成及各部分功能。

4. 什么是数据采样插补，如何正确选择插补周期?

5. 数控机床中 PLC 的控制作用是什么? 主要完成哪些功能?

五、计算题(10 分)

写出用逐点比较法加工第 1 象限直线 OA 的插补运算过程，画出动点轨迹图。直线起点在原点，终点坐点为 $A(2,3)$。

自测题答案

第6章

伺报驱动系统

本章知识点 ✎

（1）伺服驱动系统的概念、组成、工作原理和分类；

（2）数控机床对伺服驱动系统的基本要求；

（3）步进电动机开环伺服系统的结构组成和工作原理；

（4）步进电动机驱动电源的结构组成和工作原理、步进电动机的选用、步进电动机的微机控制方式和原理；

（5）闭环伺服驱动系统的性能特点，直流、交流伺服电动机的工作原理；

（6）数控机床对主轴驱动系统的基本要求；

（7）直流、交流主轴电动机的结构组成和特点；

（8）数控机床位置检测装置的要求和分类；

（9）旋转变压器、感应同步器、光电编码器、光栅、磁尺、双频激光干涉仪的结构组成、工作原理和性能特点；

（10）数控机床位置控制的基本原理，数字脉冲比较位置控制伺服系统、全数字控制伺服系统的结构组成和工作原理。

先导案例 📄

在数控机床中，伺服系统是连接数控系统和机床本体的中间环节，是数控机床的"四肢"，它的性能决定着数控机床的工作性能，其重要性不言而喻。目前，市场上常用的主轴驱动系统和进给驱动系统有哪些？试列举一下。

6.1 概　述

6.1.1　伺服驱动系统的概念

数控机床伺服驱动系统是数控系统的重要组成部分，它是以机床移动部件的位置和速度为控制量的自动控制系统，又称位置随动系统、拖动系统、伺服机构或伺服单元。在数控机床中，伺服驱动系统是数控装置和机床的联系环节，它接收数控装置插补器发出的进给脉冲或进给位移量信息，经过变换和放大后，由伺服电动机带动传动机构，最后转化为机床的直线或转动位移。

　　由于伺服系统中包含大量的电力电子器件，并应用反馈控制原理和许多其他新技术，因此系统结构复杂，综合性强。在一定意义上，伺服系统的静、动态性能决定了数控机床的精度、稳定性、可靠性和加工效率。因此高性能的伺服系统一直是现代数控机床的关键技术之一。

6.1.2　数控机床对伺服驱动系统的基本要求

　　伺服系统为数控系统的执行部件，不仅要求稳定地保证所需的切削力矩和进给速度，而且要准确地完成指令规定的定位控制或者复杂的轮廓加工控制。对伺服系统的基本要求如下：

　　1. 精度高

　　伺服系统的精度是指输出量能复现输入量的精确程度。作为数控加工，对定位精度和轮廓加工精度要求都比较高，定位精度一般允许的偏差为 $0.01\sim0.001$ mm，甚至 $0.1\ \mu$m。轮廓加工精度与速度控制、联动坐标的协调一致控制有关。在速度控制中，要求较高的调速精度，具有比较强的抗负载扰动能力，即对静态、动态精度要求都比较高。

　　2. 稳定性好

　　稳定是指系统在给定输入或外界干扰的作用下，能在短暂的调节过程后，达到新的或者恢复到原来的平衡状态，对伺服系统要求有较强的抗干扰能力。稳定性是保证数控机床正常工作的条件，直接影响数控加工的精度和表面粗糙度。

　　3. 响应快

　　快速响应是伺服系统动态品质的重要指标，它反映了系统的跟踪精度。为了保证轮廓切削形状精度和较低的加工表面粗糙度，要求伺服系统跟踪指令信号的响应要快。一方面要求过渡过程（电动机从静止到额定转速）的时间要短，一般在 200 ms 以内，甚至小于几十毫秒；另一方面要求超调要小。这两方面的要求往往是矛盾的，实际应用中要采取一定措施，按工艺加工要求做出一定的选择。

　　4. 调速范围宽

　　调速范围 R_n 是指生产机械要求电动机能提供的最高转速 n_{max} 和最低转速 n_{min} 之比，通常表示为

$$R_n = \frac{n_{max}}{n_{min}} \tag{6-1}$$

式中，n_{max} 和 n_{min} 一般是指额定负载时的转速。对于少数负载很轻的机械，n 也可以是实际负载时的转速。

　　在数控机床中，由于加工用刀具、被加工材质及零件加工要求的不同，伺服系统需要具有足够宽的调速范围。目前的先进水平是，在分辨率为 $1\ \mu$m 的情况下，进给速度范围为 $0\sim240$ m/min，且无级连续可调。但对于一般的数控机床而言，要求进给伺服系统在 $0\sim24$ m/min 进给速度范围内都能工作就足够了。

　　伺服控制系统的总体控制效果是由位置控制和速度控制一起决定的（也包括电流控制）。对速度控制不过分地追求像位置控制那么大的控制范围，否则速度控制单元将会变得相当复杂，这会提高成本，又会降低可靠性。一般来说，在总的开环位置增益为 20(1/s)

时，只要保证速度单元具有 1∶1000 的调速范围就完全可以满足要求。当然，代表当今先进水平的速度控制单元的技术，已可达到 1∶100 000 的调速范围。

主轴伺服系统主要是速度控制。它要求低速（额定转速以下）恒转矩调速具有 1∶100～1∶1000 的调速范围，高速（额定转速以上）恒功率调速具有 1∶10 以上的调速范围。

5. 低速大转矩

机床加工的特点是在低速时进行重切削，因此要求伺服系统在低速时要有大的转矩输出。进给坐标的伺服控制属于恒转矩控制，在整个速度范围内都要保持这个转矩；主轴坐标的伺服控制在低速时为恒转矩控制，能提供较大转矩；在高速时为恒功率控制，具有足够大的输出功率。

伺服系统中的执行元件伺服电动机是一个非常重要的部件，应具有高精度、快反应、宽调速和大转矩的优良性能，尤其对进给伺服电动机要求更高，具体是：

（1）电动机从低速到高速范围内能平滑运转，且转矩波动要小。在最低转速（如 0.1 r/min）或更低转速时，仍有平稳的速度而无爬行现象。

（2）电动机应具有大的、较长时间的过载能力，以满足低速大转矩的要求。电动机能在数分钟内过载数倍而不损坏，直流伺服电动机为 4～6 倍，交流伺服电动机为 2～4 倍。

（3）为了满足快速响应的要求，即随着控制信号的变化，电动机应能在较短时间内达到规定的速度。响应速度直接影响到系统的品质。因此，要求电动机必须具有较小的转动惯量、较大的转矩、尽可能小的机电时间常数和很大的加速度（400 rad/s² 以上）。这样才能保证电动机在 0.2 s 以内从静止启动到额定转速。

（4）电动机应能承受频繁的启动、制动和正反转。

6.1.3 伺服驱动系统的组成和工作原理

图 6-1 所示为一闭环伺服系统结构的原理图。安装在工作台上的位置检测元件把机械位移变成位置数字量，并由位置反馈电路送到微机内部。该位置反馈量与输入微机的指令位置进行比较，如果不一致，微机送出差值信号，经驱动电路将差值信号进行变换、放大后驱动电动机，经减速装置带动工作台移动。当比较后的差值信号为零时，电动机停止转动。此时，工作台移到指令所指定的位置。这就是数控机床的位置控制过程。

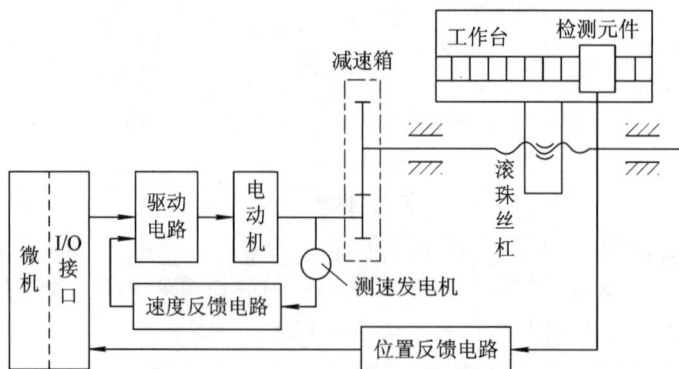

图 6-1 伺服系统结构原理图

图 6-1 中的测速发电机和速度反馈电路组成的反馈回路可实现速度恒值控制，且测速发电机和伺服电动机同步旋转。假如因外负载增大而使电动机的转速下降，则测速发电机的转速也随之下降；经速度反馈电路把转速变化的信号转变成电信号，送到驱动电路，与输入信号进行比较；比较后的差值信号经放大后，产生较大的驱动电压，从而使电动机转速上升，恢复到原先调定转速，使电动机排除负载变动的干扰，维持转速恒定不变。

该电路中，由速度反馈电路送出的转速信号是在驱动电路中进行比较的，而由位置反馈电路送出的位置信号是在微机中进行比较的。比较的形式也不同，速度比较是通过硬件电路完成的，而位置比较是通过微机软件实现的。

图 6-1 所示伺服系统结构的原理图可以用框图表示，如图 6-2 所示。由原理图及框图可知，闭环伺服系统主要由以下几个部分组成：

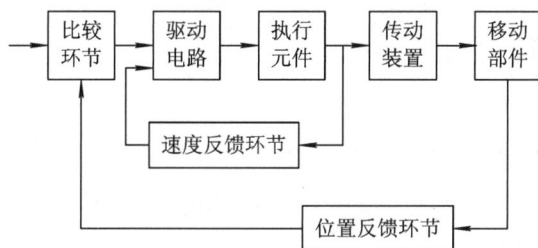

图 6-2　伺服系统框图

1）微型计算机

微型计算机能接收输入的加工程序和反馈信号，经系统软件运行处理后，由输出口送出指令信号。

2）驱动电路

驱动电路可接收微机发出的指令，并将输入信号转换成电压信号，经过功率放大后，驱动电动机旋转。转速的大小由指令控制。若要实现恒速控制功能，驱动电路应能接收速度反馈信号，将反馈信号与微机的输入信号进行比较，将差值信号作为控制信号，使电动机保持恒速转动。

3）执行元件

执行元件可以是直流电动机、交流电动机，也可以是步进电动机。采用步进电动机的通常是开环控制。

4）传动装置

传动装置包括减速箱和滚珠丝杠等。

5）位置检测元件及反馈电路

位置检测元件有直线感应同步器、光栅和磁尺等。位置检测元件检测的位移信号由反馈电路转变成计算机能识别的反馈信号送入计算机，由计算机进行数据比较后送出差值信号。

6）测速发电机及反馈电路

测速发电机实际是小型发电机。发电机两端的电压值和发电机的转速成正比，故可将转速的变化量转变成电压的变化量。

除微型计算机外，其余部分称为伺服驱动系统。

6.1.4 伺服驱动系统分类

1. 按调节理论分类

1）开环伺服系统

开环伺服系统（见图 6-3）只有指令信号的前向控制通道，没有检测反馈控制通道，其驱动元件主要是步进电动机。这种系统的工作原理是将指令数字脉冲信号转换为电动机的角度位移。运动和定位的实现主要靠驱动装置（即驱动电路）和步进电动机本身来保证。转过的角度正比于指令脉冲的个数，运动速度由进给脉冲的频率决定。

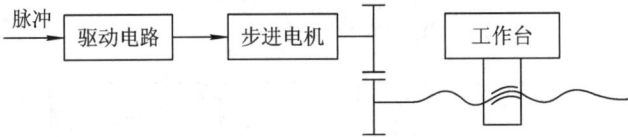

图 6-3 开环伺服系统

开环系统结构简单，易于控制，缺点是精度差，低速不平稳，高速扭矩小，主要用于轻载、负载变化不大或经济型数控机床上。现代高精度、硬特性的步进电动机及其驱动装置都在迅速发展中。

2）闭环伺服系统

闭环系统是误差控制随动系统。数控机床进给系统的控制量是 CNC 输出的位移指令和机床工作台（或刀架等）实际位移的差值（误差），因此需要有位置检测装置。该装置放在工作台上，可测出各坐标轴的实时位移量或者实际所处的位置，并将测量值反馈给 CNC 装置，与指令进行比较，求得误差，然后由 CNC 装置控制机床向着消除误差的方向运动。闭环控制中还引入了实际速度与给定速度比较调解的速度环（其内部有电流环），作用是对电动机运行状态实时进行校正、控制，达到速度稳定和变化平稳的目的，从而改善位置环的控制品质。这种既有指令的前向控制通道，又有测量输出的反馈控制通道，就构成了闭环控制伺服系统。该系统主要分为全闭环控制和半闭环控制两种（还有一种混合闭环控制，用于重型和超重型数控机床）。全闭环控制伺服系统如图 6-4 所示。

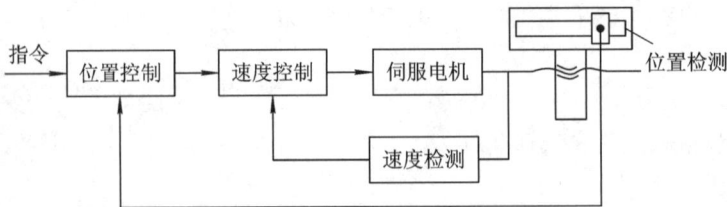

图 6-4 全闭环伺服系统

从理论上讲，全闭环伺服系统的精度取决于测量装置的精度。反馈测量装置精度很高，环内各种机电误差都可以得到校正和补偿，从而使系统具有很高的跟随精度和定位精度。但这并不意味着可降低对机床结构和传动装置的要求，其各种非线性（摩擦特性、刚性、间隙）都会影响调解品质。只有机械装置具有较高精度时，才能保证该系统的高精度、高速度。闭环系统的缺点是调试、维修较困难，主要用于精密、大型数控设备上。

3）半闭环伺服系统

位置检测元件从最终运动部件（如工作台）移到电动机轴端或丝杠轴端，见图 6 - 5。半闭环系统通过角位移的测量间接计算出工作台的实际位移量。机械传动部件不在控制环内，容易获得稳定的控制特性。只要检测元件分辨率高、精度高，并使机械传动件具有相应的精度，就会获得较高精度和速度。半闭环控制系统的精度介于开环和全闭环系统之间，半闭环控制系统的精度虽没有全闭环的高，但其调试却比全闭环方便，因此是获得广泛使用的一种数控伺服系统。

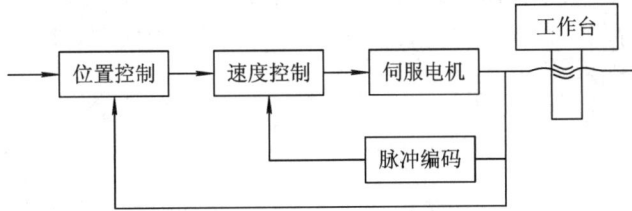

图 6 - 5　半闭环伺服系统

2. 按使用的执行元件分类

1）电液伺服系统

电液伺服系统的执行元件通常为电液脉冲马达和电液伺服马达，其前一级为电气元件，驱动元件为液动机和液压缸。数控机床发展的初期多数采用电液伺服系统。电液伺服系统具有在低速下可以得到很高的输出力矩，以及刚性好、时间常数小、反应快和速度平稳等优点，但液压系统需要油箱、油管等供油系统，体积大，此外还有噪声、漏油等问题，从 20 世纪 70 年代起就被电气伺服系统代替。只有具有特殊要求时，才采用电液伺服系统。

2）电气伺服系统

电气伺服系统的执行元件为伺服电动机（步进电动机、直流电动机和交流电动机），驱动单元为电力电子器件，操作维护方便，可靠性高。现代数控机床均采用电气伺服系统。电气伺服系统分为步进伺服系统、直流伺服系统和交流伺服系统，下面主要介绍直流伺服系统和交流伺服系统。

（1）直流伺服系统。

直流伺服系统从 20 世纪 70 年代到 80 年代中期开始在数控机床上占主导地位。进给运动系统采用大惯量宽调速永磁直流伺服电动机和中小惯量直流伺服电动机，主运动系统采用他激直流伺服电动机。大惯量直流伺服电动机具有良好的调速性能，输出转矩大，过载能力强等特点。由于其电动机自身惯量较大，容易与机床传动部件进行惯量匹配，所构成的闭环系统易于调整。中小惯量直流伺服电机用减少电枢转动惯量的方法获得快速性。中小惯量电动机一般都设计成高额定转速和低惯量，所以应用时要经过中间机械减速传动来达到增大转矩和与负载进行惯量匹配的目的。直流电动机配有晶闸管全控桥（或半控桥）或大功率晶体管脉宽调制的驱动装置。该系统的缺点是电动机有电刷，限制了转速的提高，而且结构复杂，价格较贵。

（2）交流伺服系统。

交流伺服系统使用交流感应异步伺服电动机（一般用于主轴伺服系统）和永磁同步伺服

电动机(一般用于进给伺服系统)。直流伺服电动机使用机械(电刷、换向器)换向,存在着一些固有的缺点,使其应用受到限制。20世纪80年代以后,由于交流伺服电动机的材料、结构、控制理论和方法均有突破性的进展,电力电子器件的发展又为控制与方法的实现创造了条件,使得交流驱动装置发展很快,目前已取代了直流伺服系统。该系统的最大优点是电动机结构简单,不需要维护,适合于在恶劣环境下工作。此外,交流伺服电动机还具有动态响应好、转速高和容量大等优点。

当今,交流伺服系统已实现了全数字化,即在伺服系统中,除了驱动级外,电流环、速度环和位置环全部数字化。全部伺服的控制模型、数控功能、静动态补偿、前馈控制、最优控制、自学习功能等均由微处理器及其控制软件高速实时地实现,其性能更加优越,已达到和超过直流伺服系统。

3. 按被控对象分类

1)进给伺服系统

进给伺服系统是指一般概念的位置伺服系统,它包括速度控制环和位置控制环。进给伺服系统控制机床各进给坐标轴的进给运动,具有定位和轮廓跟踪功能,是数控机床中要求最高的伺服控制。

2)主轴伺服系统

一般的主轴伺服系统只是一个速度控制系统,可控制主轴的旋转运动,提供切削过程中的转矩和功率,完成在转速范围内的无级变速和转速调节。当主轴伺服系统要求有位置控制功能时(如数控车床类机床),称为C轴控制功能。这时,主轴与进给伺服系统一样,为一般概念的位置伺服控制系统。

此外,刀库的位置控制是为了在刀库的不同位置选择刀具,与进给坐标轴的位置控制相比,性能要低得多,故称为简易位置伺服系统。

4. 按反馈比较控制方式分类

1)脉冲、数字比较伺服系统

脉冲、数字比较伺服系统系统是闭环伺服系统中的一种控制方式。它是将数控装置发出的数字(或脉冲)指令信号与检测装置测得的以数字(或脉冲)形式表示的反馈信号直接进行比较,以产生位置误差,达到闭环控制。

脉冲、数字比较伺服系统结构简单,容易实现,整机工作稳定,应用十分普遍。

2)相位比较伺服系统

在相位比较伺服系统中,位置检测装置采用相位工作方式。指令信号与反馈信号都变成了某个载波的相位,通过两者相位的比较,获得实际位置与指令位置的偏差,实现闭环控制。

相位比较伺服系统适用于感应式检测元件(如旋转变压器,感应同步器)的工作状态,可以得到满意的精度。

3)幅值比较伺服系统

幅值比较伺服系统以位置检测信号的幅值大小来反映机械位移的数值,并以此信号作为位置反馈信号。幅值比较伺服系统一般还要进行幅值信号和数字信号的转换,进而获得位置偏差,构成闭环控制系统。

在以上三种伺服系统中,相位比较和幅值比较系统从结构上和安装维护上都比脉冲、数字比较系统复杂和要求高，所以一般情况下，脉冲、数字比较伺服系统应用广泛。

4）全数字伺服系统

随着微电子技术、计算机技术和伺服控制技术的发展，数控机床的伺服系统已采用高速、高精度的全数字伺服系统，即由位置、速度和电流构成的三环反馈控制全部数字化，使伺服控制技术从模拟方式、混合方式走向全数字化方式。该类伺服系统具有使用灵活、柔性好的特点。数字伺服系统采用了许多新的控制技术和改进伺服性能的措施，使控制精度和品质大大提高。

6.2　步进电动机开环伺服系统

6.2.1　步进电动机

数控机床的开环伺服系统采用功率步进电动机作为执行元件，实现进给运动。与闭环系统相比，它没有位置反馈回路和速度反馈回路，因而不需使用位置、速度测量装置以及复杂的控制调节电路，这使得系统成本大大降低，且简单可靠，与机床配接容易，控制使用方便，因而在对速度、精度要求不高的中小型机床上得到了广泛的应用。图 6-6 为采用功率步进电动机的开环系统示意图。

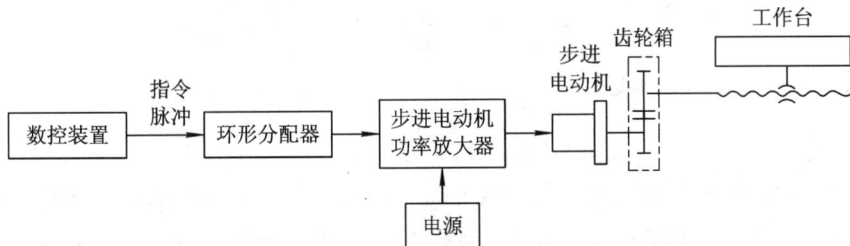

图 6-6　开环步进伺服系统结构示意图

1. 步进电动机的工作原理

步进电动机是一种将脉冲信号变换成角位移（或线位移）的电磁装置。步进电动机的角位移与输入脉冲个数成正比，在时间上与输入脉冲同步。因此只需控制输入脉冲的数量、频率及电动机绕组通电相序，便可获得所需的转角、转速及转动方向。在无脉冲输入时，在绕组电源激励下，气隙磁场能使转子保持原有位置而处于自锁状态。

步进电动机按其输出扭矩的大小，可分为快速步进电动机与功率步进电动机；按其励磁相数可分为三相、四相、五相、六相步进电动机；按其工作原理可以分为磁电式步进电动机和反应式步进电动机两大类。

这里介绍的是常用的反应式步进电动机的工作原理，现用图 6-7 来加以说明。

反应式步进电动机的定子上有六个极，每极上都装有控制绕组，每两个相对的极组成一相。转子是四个均匀分布的齿，上面设有绕组。当 A 相绕组通电时，因磁通总是要沿着磁阻最小的路径闭合，将使转子齿 1、3 和定子极 A 相对齐，如图 6-7(a)所示。A 相断电，B 相绕组通电时，转子将在空间转过 α 角，$\alpha=30°$，使转子齿 2、4 和定子极 B 相对齐，如图 6-7(b)所示。如果再使 B 断电，C 相绕组通电时，转子又将在空间转过 30°角，使转子齿 1、3 和定子极 C 相对齐，如图 6 - 7(c)所示。如此循环往复，并按 A—B—C—A 的顺序通电，电动机便按一定的方向转动。电动机的转速取决于绕组与电源接通或断开的变化频率。若按 A—C—B—A 的顺序通电，则电动机反向转动。电动机绕组与电源的接通或断开，通常是由电子逻辑电路来控制的。

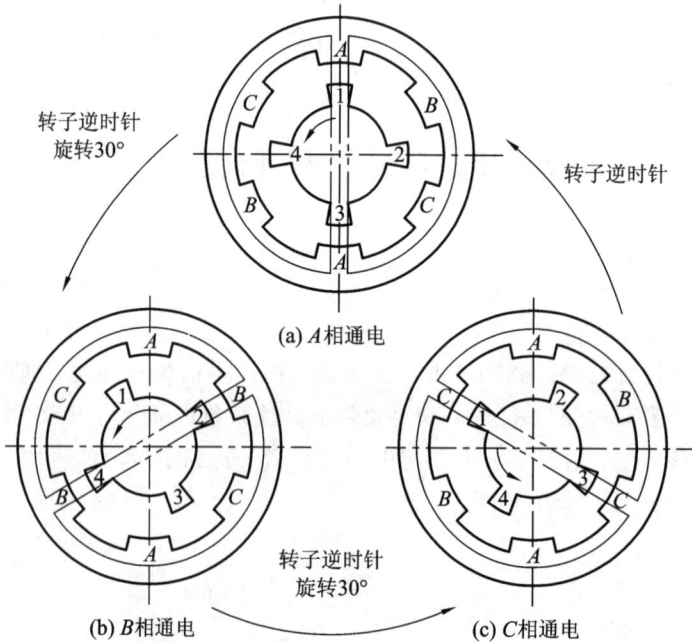

图 6 - 7　反应式步进电动机工作原理图

电动机定子绕组每改变一次通电方式，称为一拍，此时电动机转子转过的空间角度称为步距角 α。上述通电方式称为三相单三拍。"单"是指每次通电时，只有一相绕组通电；"三拍"是指经过三次切换绕组的通电状态为一个循环，第四拍通电时就重复第一拍通电的情况。显然，在这种通电方式时，三相步进电动机的步距角应为 $30°$。

三相步进电动机除了单三拍通电方式外，还经常工作在三相六拍通电方式。这时通电顺序为 A—AB—B—BC—C—CA—A 或 A—AC—C—CB—B—BA—A。也就是说，先接通 A 相绕组，再同时接通 A、B 相绕组；然后断开 A 相绕组，使 B 相绕组单独接通；再同时接通 B、C 相绕组，依此进行。在这种通电方式下，定子三相绕组需经过六次切换才能完成一个循环，故称为"六拍"。而且在通电时，有时是单个绕组接通，有时又为两个绕组同时接通，因此亦称为"三相单、双六拍"。

在三相六拍通电方式下，步进电动机的步距角与"单三拍"时的情况不同，见图 6 - 8。

当 A 相绕组通电时，和单三拍运行的情况相同，转子齿 1、3 和定子极 A 相对齐，如图 6 - 8(a)所示。当 A、B 相绕组同时通电时，转子齿 2、4 又将在定子极 B 相的吸引下，使转子沿逆时针方向转动，直至转子齿 1、3 和定子极 A 相之间的作用力被转子齿 2、4 和定子极 B 相之间的作用力所平衡为止，如图 6 - 8(b)所示。当断开 A 相绕组而只有 B 相绕组接通电源时，转子将继续沿逆时针方向转过一个角度使转子齿 2、4 和定子极 B 相对齐，如图 6 - 8(c)所示。若继续按 BC—C—CA—A 的顺序通电，那么步进电动机就按逆时针方向继续转动。如果通电改为 A—AC—C—CB—B—BA—A 时，电动机将按顺时针方向转动。在单三拍通电方式中，步进电动机每经过一拍，转子转过的步距角 $\alpha=30°$。采用单、双六拍通电方式后，步进电动机由 A 相绕组单独通电到 B 相绕组单独通电，中间还要经过 A、B 同时通电这个状态，也就是说要经过二拍，转子才转过 $30°$。所以这种通电方式下，三相步进电动机的步距角为 $\alpha=30°/2=15°$。

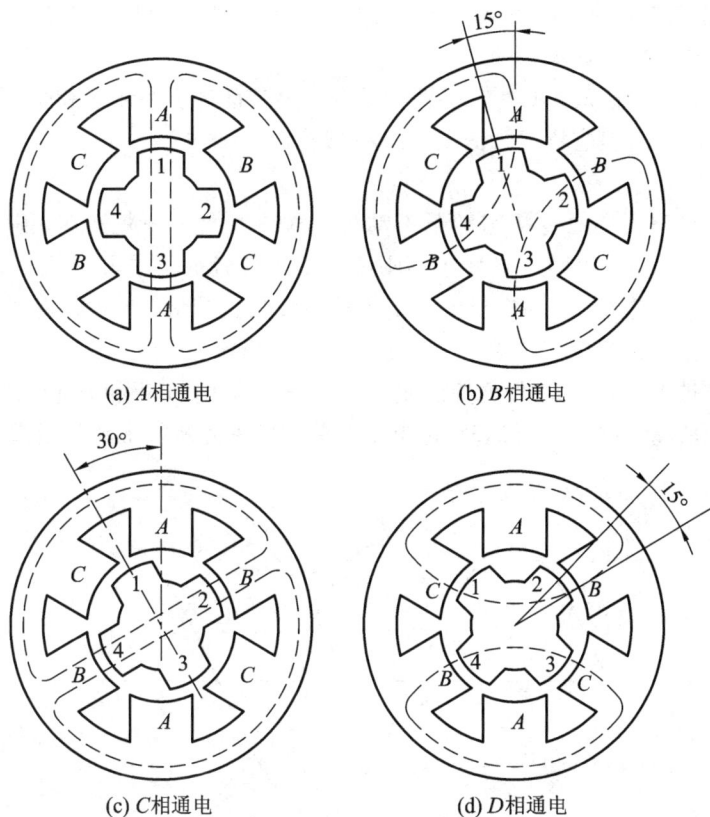

(a) A 相通电　　　　　　　　　(b) B 相通电

(c) C 相通电　　　　　　　　　(d) D 相通电

图 6-8　三相六拍运行示意图

同一台步进电动机的通电方式不同，运行时的步距角也不同。采用单、双拍通电时，步距角要比单拍通电方式减少一半。实际使用中，单三拍通电方式在切换时，由于一相绕组断电后另一相绕组才开始通电，容易造成失步。此外，由单一绕组通电吸引转子，也容易使转子在平衡位置附近产生振荡，运行稳定性较差，所以很少采用。通常采用"双三拍"通电方式，即按 AB—BC—CA—AB 的通电顺序运行，这时每个通电状态均为两相绕组同时通电。在双三拍通电方式下步进电动机的转子位置与单、双六拍通电方式时两个绕组同时通电的情况相同。所以步进电动机按双三拍通电方式运行时，其步距角和单三拍通电方式相同，也是 $30°$。

上述这种结构简单的反应式步进电动机的步距角较大，在数控机床中应用就会影响到加工工件的精度。实际中采用的是小步距角的步进电动机。

2. 步进电动机的主要特性

1）步距角 α

每输入一个电脉冲信号，步进电动机转子所转过的角度称为步距角。步进电动机步距

角的计算公式为

$$\alpha = \frac{360°}{mkz}$$ 　　　　　　　　　(6-2)

式中：m——步进电动机的相数；

　　　z——步进电动机转子的齿数；

　　　k——与通电方式有关的系数。当通电方式为单拍时，$k=1$；双拍时，$k=2$。

2）静态步距角误差 $\Delta\alpha$

空载时，以单脉冲输入，步进电动机实际步距角与理论步距角之差称为静态步距角误差。它随步进电动机的制造精度而变化。$\Delta\alpha$ 一般控制在 $\pm10'\sim\pm30'$ 的范围内。

3）最大静转矩 T_{max}

当步进电动机不改变通电状态转子不动时，在轴上加一负载转矩，定子与转子就有一个角位移角 θ，θ 称为失调角。使转子刚刚离开平衡位置的极限转矩值称为最大静转矩，用 T_{max} 表示。静转矩越大，电动机所能承受的外加转矩也越大。一般产品技术规格中给出的最大静转矩是指在额定电流及规定的通电方式下的静转矩。

设有三相步进电动机，其矩-角特性如图 6-9 所示，则 A 相和 B 相的矩-角特性交点的纵坐标 T_q 称为启动转矩。T_q 代表步进电动机单相励磁时所能带动的极限负载转矩。

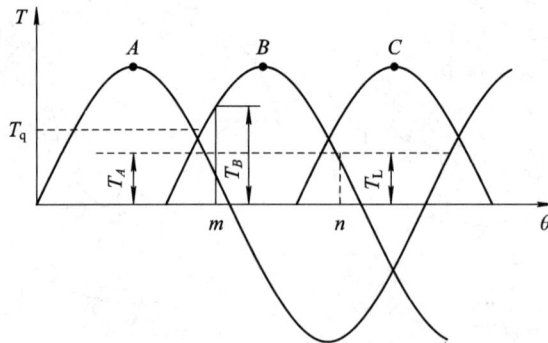

图 6-9　步进电动机的最大负载能力

当电动机所带负载 $T_L < T_q$ 时，A 相通电，工作点在 m 点，此点 $T_A < T_L$；当励磁电流从 A 相切换到 B 相，而转子在 m 点位置时，B 相励磁绕组产生的电磁转矩是 $T_B > T_A$，转子旋转；前进到 n 点时，$T_B = T_L$，转子到达新的平衡位置。显然，负载转矩 T_L 不可大于 A、B 两相交点的转矩 T_q，否则转子无法转动，产生"失步"现象。不同相数的步进电动机的启动转矩不同，通过计算可得表 6-1 的结果。

表 6-1　步进电动机的启动转矩

步进电动机	相数	3		4		5		6	
	拍数	3	6	4	8	5	10	6	12
T_q/T_{jmax}		0.5	0.866	0.707	0.707	0.809	0.951	0.866	0.866

3. 启动（突跳）频率

步进电动机由静止突然启动，进入不丢步且正常运行的最高频率，称为启动频率或突跳频率。由于步进电动机在启动时，要克服负载力矩与加速力矩，如果启动突跳频率过高，转子的速度就跟不上定子的磁场旋转速度，出现失步或振荡现象，因此，一般均采用较低的启动频率启动步进电动机，然后再逐渐升高脉冲频率，最后达到所要求的工作频率。这样所能达到的最高工作频率远高于启动频率。

步进电动机生产厂家通常给出电动机空载时的启动频率。但当电动机带有负载力矩 M 时，其启动频率 f_q 下降，两者之间的关系称为启动矩频特性，如图 6-10(a)所示。当电动机带有惯量负载时，随外部惯量的增大，启动频率 f_q 将明显下降，两者之间的关系称为启动惯频特性，如图 6-10(b)所示。如果步进电动机所带负载中力矩、惯量都有，则启动频率将进一步下降。

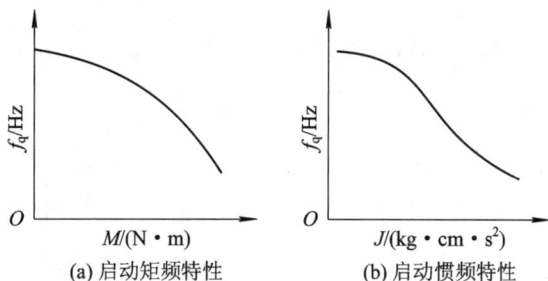

(a) 启动矩频特性　　　(b) 启动惯频特性

图 6-10　启动矩频特性和启动惯频特性

4. 连续运行频率

步进电动机启动时能逐渐不失步地连续升速至某一最高频率，称作连续运行频率 f_{max}。它是步进电动机的重要指标。由于采用逐渐升、降频控制，因此 f_{max} 远大于 f_q。

5. 矩频特性

矩频特性描述步进电动机连续稳定运行时输出转矩与频率的关系，该特性曲线(见图 6-11)上每一频率所对应的转矩称为动态转矩。一般来说，随着运行频率的增高，输出力矩会随之下降。到某一频率后，步进电动机的输出力矩已变得很小，带不动负载或受到一个很小的干扰，就会发生振荡、失步或停转。因此，动态转矩的大小直接影响步进电动机的动态性能以及带负载的能力。

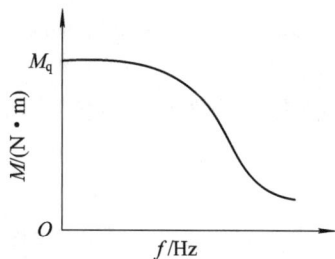

图 6-11　矩频特性

6.2.2　步进电动机的驱动电源

步进电动机的运行性能不仅与电动机本身的特性、负载有关，而且与其配套使用的驱动电源有着密切的关系。步进电动机的运行性能是步进电动机和驱动电源的综合结果，选择性能良好的驱动电源对于发挥步进电动机的性能是十分重要的。步进电动机的驱动电源由环形分配器和功率放大器两部分组成。

1. 环形分配器

环形分配器是用于控制步进电动机的通电运行方式的，其作用是将数控装置的插补脉冲按步进电动机所要求的规律分配给步进电动机驱动电源的各相输入端，以控制励磁绕组的导通或关断。同时由于电动机有正反转要求，所以环形分配器的输出不仅是周期性的，又是可逆的。环形分配器可分成硬件环形分配器和软件环形分配器两类,下面分别加以介绍。

1) 硬件环形分配器

硬件环形分配器种类很多,其中比较常用的是由专用集成芯片或通用可编程逻辑器件组成的环形分配器。CH250 是三相反应式步进电动机环形分配器的专用集成电路芯片,它采用 CMOS 工艺,集成度高,可靠性好,其管脚图和三相六拍工作时的接线图如图 6-12 所示。

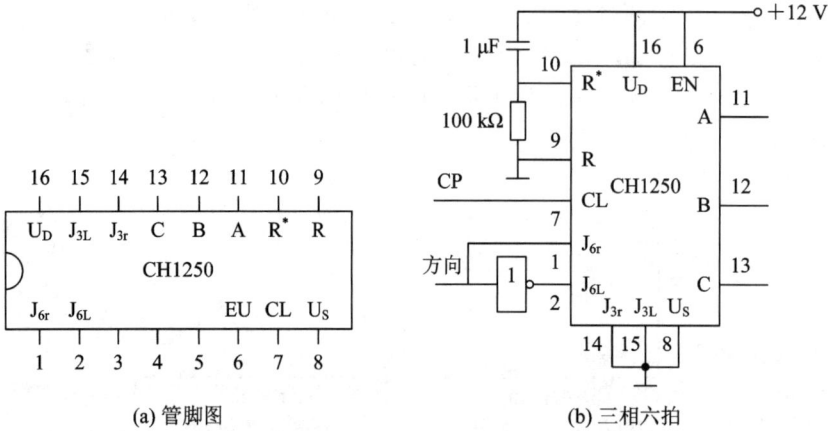

图 6-12 CH250 管脚图和三相六拍接线图

(a) 管脚图　　(b) 三相六拍

CH250 主要管脚的作用:

A、B、C——A、B、C 相输出端。

R、R^*——确定初始励磁相。若为"10",则为 A 相;若为"01",则为 A、B 相。环形分配器工作时应为"00"状态。

CL、EN——进给脉冲输入端,若 EN=1,进给脉冲接 CL,脉冲上升沿使环形分配器工作;若 CL=0,进给脉冲接 EN,脉冲下降沿使环形分配器工作。不符合上述规定则为环形分配器状态锁定(保持)。

J_{3r}、J_{3L}、J_{6r}、J_{6L}——分别为控制三拍、六拍工作的控制端。

U_D、U_S——电源端。

图 6-12(b)所示的接线图是三相六拍工作方式,步进电动机的初始励磁相为 A、B 相,进给脉冲 CP 的上升沿有效。方向信号为 1,则正转;为 0,则反转。

2) 软件环形脉冲分配器

不同种类、不同相数、不同分配方式的步进电动机都必须有不同的环形分配器,可见所需环形分配器的品种将很多。用软件环形分配器只需编制不同的软环分程序,将其存入数控装置的 EPROM 中即可。用软件环形分配器可以使线路简化,成本下降,并可灵活地改变步进电动机的控制方案。

软件环形脉冲分配器的工作方式为:在微处理器系统中,专门安排一个输出寄存器作为步进电动机的控制寄存器(一般只用这个寄存器中的若干位),步进电动机的每一相绕组都与这个寄存器中的某一指定位相对应。寄存器中该位为"1",对应着相应绕组的通电状态;该位为"0",对应着相应绕组的断电状态。微处理器按照程序中规定的顺序,循环地向寄存器中写入各控制字节,从而使步进电动机的绕组按固定的规律,循环地通电或断电,使步进电动机向某一方向转动。

一般步进电动机，即使负载很轻，也很少以大于 10 kHz 的频率工作。因此，微处理器每两次向寄存器写入步进控制字节的时间间隔 Δt 至少是 0.1 ms。而每次向寄存器写入控制字节所需要的执行程序的时间比 0.1 ms 小很多，所以微处理器完全有多余的能力执行别的任务。使用中断子程序控制电动机能使处理器的能力得到充分发挥，我们把这种中断称为环分中断，Δt 是中断周期。根据上面的分析，我们知道 Δt 至少要大于 0.1 ms。事实上，在控制步进电动机运行的过程中，Δt 是在经常变化的。Δt 是微处理器根据步进电动机进给速度的要求，实时地计算出来的。

图 6-13 是步进控制字节的存放格式。

在这里，我们是以三相电动机单、双六拍控制方式为例的。在图 6-13 中，控制字节的 D_7 位代表了 A 相，D_6 位代表了 B 相，D_5 位代表了 C 相，$D_{4\sim0}$ 位无用，所以这几位的值可以是任意的。

因为是单、双六拍控制方式。所以在图 6-13 中有六个控制字节。控制字节存放在存储器中的首地址用 TABLE 表示，某一个字节相对于首地址的偏移量存在用 Δ 表示的位置中。

图 6-14 是环分中断子程序框图。在微处理器进入中断子程序后，首先读取控制字节的首地址 TABLE 和偏移量 Δ，这个偏移量是上一次环分中断时形成的，然后读取方向控制位 D，若 D="1"，则说明要求步进电动机正转，应当将上次的偏移量 Δ 加 1 形成本次的偏移量；若 D="0"，则说明要求步进电动机反转，应当将上次的偏移量 Δ 减 1 形成本次的偏移量。因为 Δ 的有效取值范围在 0～5 之间，所以对加 1 或减 1 以后的偏移量 Δ 应进行检查，看看是否超过了上述有效范围。

D_7	D_6	D_5	D_4	D_3	D_2	D_1	D_0
1	0	0	×	×	×	×	×
1	1	0	×	×	×	×	×
0	1	0	×	×	×	×	×
0	1	1	×	×	×	×	×
0	0	1	×	×	×	×	×
1	0	1	×	×	×	×	×

TABLE

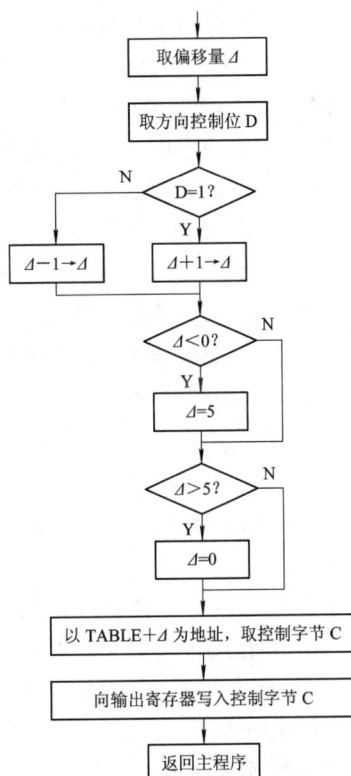

图 6-13　步进控制字节的存放格式　　　　图 6-14　环分中断子程序框图

在本次的偏移量 △ 形成后，只需以 TABLE＋△ 为地址，就可以取出合适的控制字节，并将其写到输出寄存器中。到此，中断子程序就执行完了，返回主程序。

2. 功率放大器

功率放大器也称功率驱动器或功率放大电路。由于从环行分配器来的脉冲电流只有几毫安，而步进电动机的定子绕组需要 1～10 A 的电流，才足以驱动步进电动机旋转。除了使步进电动机有较大的高频转矩，还应该获得较大的高频电流。另外由于功放中的负载为步进电动机的绕组，是感性负载，故步进电动机使用的功率驱动器与一般功放相比有其特殊性，如较大电感影响快速性、感应电势带来的功率管保护等问题。

功率驱动器最早采用单电压驱动电路，后来出现了双电压压驱动电路、斩波电路和细分电路等。

1）单电压驱动电路

图 6-15 所示是三相步进电动机单电压供电的功率放大器的一种线路。步进电动机的每一相绕组都有一套这样的电路。

电路由二级射极跟随器和一级功率反相器组成。第一级射极跟随器起隔离作用，使功率放大器对环形分配器的影响减小，第二级射极跟随器 VT2 管处于放大区，用以改善功放器的动态特性。当环形分配器的 A 输出端为高电平时，VT3 饱和导通，步进电动机 A 相绕组 L_A 中的电流从零开始按指数

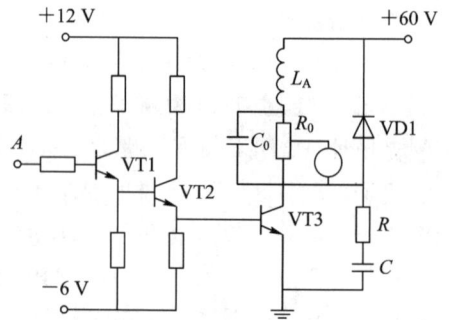

图 6-15　单电压驱动电路

规律上升到稳态值。当 A 端为低电平时，VT1、VT2 处于小电流放大状态，VT2 的射极电位，也就是 VT3 的基极电位不可能使 VT3 导通，绕组 L_A 断电。此时由于绕组的电感存在，将在绕组两端产生很大的感应电势，它和电源电压一起加到 VT3 管上，将造成过压击穿。因此，绕组 L_A 并联有续流二极管 VD1，VT3 的集电极与发射极之间并联 RC 吸收回路以保护功率管 VT3 不被损坏。在绕组 L_A 上串联电阻 R_0，用以限流和减小供电回路的时间常数，并联加速电容 C_0 以提高绕组的瞬时电压，这样可使 L_A 中的电流上升速度提高，从而提高启动频率。但是串入电阻 R_0 后，无功功耗增大，为保持稳态电流，相应的驱动电压较无串接电阻时提高许多，对晶体管的耐压要求更高，高频时带负载能力低。为了克服上述缺点，出现了双电压供电电路。

2）双电压驱动电路

双电压驱动电路如图 6-16 所示，在环形分配器送来的脉冲使 VT1 管导通的同时，会触发单稳态触发器 D；在 D 输出的窄脉冲宽度的时间内使 VT2 管导通，60 V 的高压电源经限流电阻 R_0。给绕组 L_A 供电。由于 VD1 承受反压，因而切断了 12 V 的低压电源。在高压供电下，绕组 L_A 的电流迅速上升，前沿很陡。当超过 D 输出的窄脉冲宽度时，VT2 管截止，这时 VD1 导通，12 V 低压向绕组供电以维持所需电

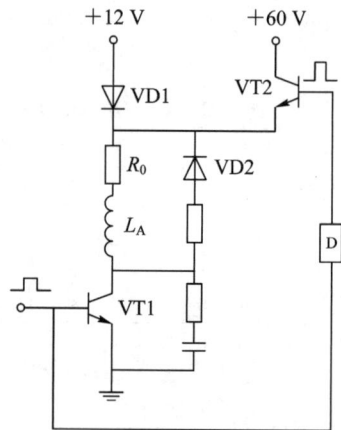

图 6-16　双电压驱动电路

流。当 VT1 管断电时，绕组 L_A 的自感电势使续流二极管 VD2 导通，电流继续流过绕组。续流回路中串接电阻可以减小时间常数和加快续流过程。采用以上措施大大提高了电动机的工作频率。

　　这种电路的特点是：开始由高压供电，使绕组中的冲击电流波形上升，前沿很陡，利于提高启动频率和最高连续工作频率；其后切断高压，由低压供电以维持额定稳态电流值，只需很小的限流电阻，因而功耗很低；当工作频率高，周期小于单稳态触发器 D 的延迟周期时，变成纯高压供电，可获得较大的高频电流，具有较好的矩频特性。其缺点是电流波顶有凹陷，电路较复杂。

　　3）斩波电路

　　双电压驱动电路电流波形的波顶会出现凹形，如图 6-17 所示，造成高频输出转矩的下降。为了使励磁绕组中的电流维持在额定值附近，需采用斩波驱动电路。

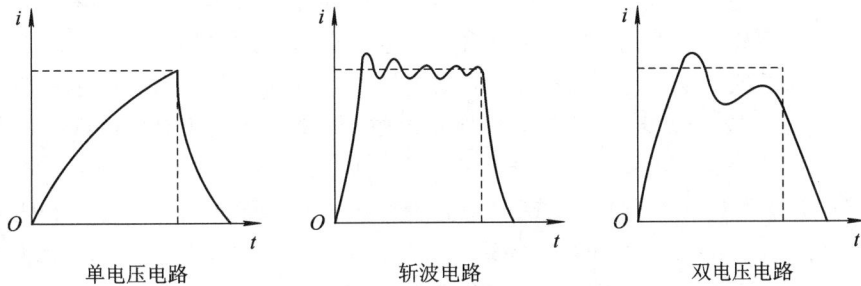

图 6-17　三种驱动电路电流波形

　　斩波驱动电路的原理图如图 6-18 所示。它的工作原理是：环形分配器输出的脉冲作为输入信号，若为正脉冲，则 VT1、VT2 导通；由于 U_1 电压较高，绕组回路又未串电阻，所以绕组中的电流迅速上升；当绕组中的电流上升到额定值以上某个数值时，由于采样电阻 R_e 的反馈作用，经整形、放大后送至 VT1 的基极，使 VT1 截止；接着绕组由 U_2 低压供电，绕组中的电流立即下降；但刚降至额定值以下时，由于采样电阻 R_e 的反馈作用，使整形电路无信号输出；此时高压前置放大电路又使 VT1 导通，电流又上升。如此反复进行，形成一个在额定电流值上下波动呈锯齿状的绕组电流波形，近似恒流，所以斩波电路也称斩波恒流驱动电路。锯齿波的频率可通过调整采样电阻和整形电路的电位器来进行调整。

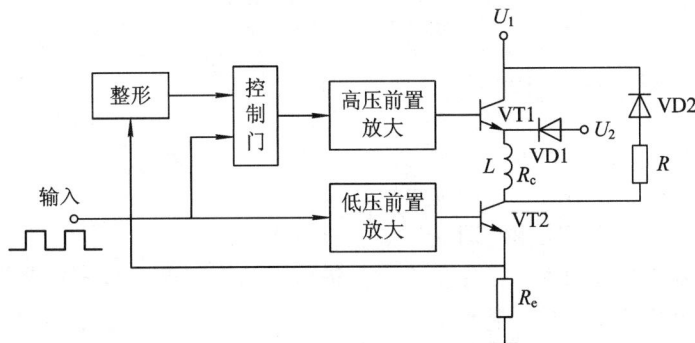

图 6-18　斩波驱动电路原理图

斩波驱动电路虽然复杂，但它使数控系统与步进电动机的运行矩频特性、启动矩频特性和惯频特性都有明显提高；使绕组的脉冲电流边沿陡，快速响应好；该电路无外接电阻 R_c，而采样电阻 R_e 又很小（一般为 $0.2\ \Omega$ 左右），所以整个系统的功耗下降很多，相应地提高了效率。

由于采样电阻 R_e 的反馈作用，使绕组中的电流可以恒定在额定的数值上，而且不随步进电动机的转速而变化，从而保证在很大的频率范围内步进电动机都能输出恒定的转矩。

4）细分电路

步进电动机绕组中的电流为矩形波供电时，其步距角因供电控制的方式不同只有两种（整步与半步）。步距角虽已由步进电动机结构确定，但可用电的方法来进行细分。为此，绕组电流由矩形波供电改为梯形波供电。

矩形波供电时，绕组中的电流基本上是从零值跃到额定值，或从额定值降至零值。而梯形波供电时，绕组中的电流经若干个阶梯上升到额定值，或经若干个阶梯下降至零值。也就是说，在每次输入脉冲切换时，不是将绕组电流全部通入或切除，而是改变相应绕组中额定电流的一部分。电流分成多少个台阶，则转子就以同样的个数转一个步距角。这种将一个步距角细分成若干步的驱动方法称为细分驱动。例如在五相十拍运行的步进电动机中，将原来的一步分为十小步实现细分，其方法是由 $ABC \rightarrow BC$ 时，A 相定子绕组中的电流不是由"1"立即降到"0"（这里的"1"应理解为电流的额定值 I），而是按 $0.9I \rightarrow 0.8I \rightarrow 0.7I \rightarrow \cdots \rightarrow 0.1I \rightarrow 0$ 逐步衰减下来。同理，当某相绕组接通时，电流也按 $0.1I \rightarrow 0.2I \rightarrow 0.3I \rightarrow \cdots \rightarrow 0.9I \rightarrow I$ 的规律逐渐上升，电流的大小用脉冲宽度来控制。

细分驱动的优点是步距角减小，运行平稳，匀速性提高，并能减弱或消除振荡。

6.2.3　步进电动机的选用

对于步进电动机的选用，可采用计算法或查表法，具体根据实际决定。

1. 计算法

步进电动机驱动工作台的典型结构如图 6-19 所示。

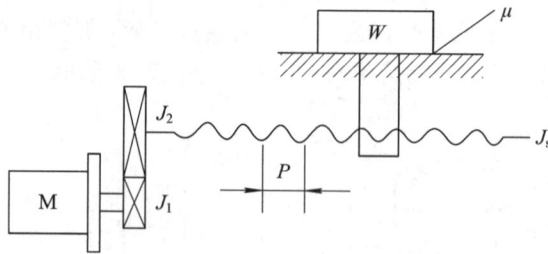

图 6-19　步进电动机驱动工作台的典型结构

步进电动机选用的基本原则如下：

（1）在选择步进电动机时，首先要确定步进电动机的类型。数控机床上大多使用功率式步进电动机。反应式步进电动机（如 110BF、130BF、150BF）的价格低于永磁反应式步进电动机，但性能上不如永磁反应式步进电动机。

（2）根据机床的加工精度要求选择进给轴的脉冲当量，如 $0.01\ \text{mm}$ 或 $0.005\ \text{mm}$。

（3）根据所选步进电动机的步距角、丝杠的螺距以及所要求的脉冲当量来计算减速齿轮的降速比。采用减速齿轮可较容易配置出所要求的脉冲当量、减小工作台以及丝杠折算到电动机轴上的惯量，同时增大工作台的推力。但采用减速齿轮会带来额外的传动误差，使机床的快速移动速度降低，并且其自身又引入附加的转动惯量。

齿轮减速比的计算公式为

$$i = \frac{\varphi \cdot P}{360 \cdot \delta} \tag{6-3}$$

式中：φ——步进电动机的步距角（°/脉冲）；

P——丝杠螺距（mm）；

δ——脉冲当量（mm/脉冲）。

（4）最大静态转矩（M_{max}）的选择。

在选择前，首先需进行以下计算：

① 计算工作台、丝杠以及齿轮折算至电动机轴上的惯量 J_d。

$$J_d = J_1 + \frac{1}{i^2}\left[(J_2 + J_s) + \frac{W}{g}\left(\frac{P}{2\pi}\right)^2\right] \tag{6-4}$$

式中：J_d——折算至电动机轴的惯量（kg·cm·s²）；

J_1、J_2——齿轮惯量（kg·cm·s²）；

J_s——丝杠惯量（kg·cm·s²）；

W——工作台重量（N）；

P——丝杠螺矩（cm）。

② 计算电动机输出的总力矩 M。

$$M = M_a + M_f + M_t \tag{6-5}$$

$$M_a = \frac{(J_m + J_d) \cdot n}{T} \times 1.02 \times 10^{-2} \tag{6-6}$$

式中：M_a——电动机启动力矩（N·m）；

J_m、J_d——电动机自身惯量与负载惯量（kg·cm·s²）；

J_s——丝杠惯量（kg·cm·s²）；

n——电动机所需达到的转速（r/min）；

T——电动机升速时间（s）。

$$M_t = \frac{\mu \cdot W \cdot P}{2\pi\eta i} \times 10^{-2} \tag{6-7}$$

式中：M_f——导轨摩擦力折算至电动机的转速（N·m）；

μ——摩擦因数；

η——传递效率。

$$M_t = \frac{F_t \cdot P}{2\pi\eta i} \times 10^{-2} \tag{6-8}$$

式中：M_t——切削力折算至电动机的力矩（N·m）；

F_t——最大切削力（N）。

而负载力矩 $M_z = M_f + M_t$，根据式（6-9）即可得出步进电动机的最大静态转矩 M_{max}

$$M_z \leqslant (0.2 \sim 0.4)M_{\max} \tag{6-9}$$

对于式(6-9)中系数的选择,当步进电动机相数较多、突跳频率要求不高时取较大的系数值,反之取较小的系数值。

(5) 负载启动频率估算。

数控系统控制步进电动机的启动频率与负载转矩和惯量有很大的关系,其估算公式为

$$f_q = f_{q0} \sqrt{\frac{1 - (M_f + M_t)/M_l}{1 + J_d/J_m}} \tag{6-10}$$

式中:f_q——带负载启动频率(Hz);

f_{q0}——空载启动频率;

M_l——启动频率下由矩频特性决定的电动机输出力矩(N·m)。

由于式(6-10)中M_l与f_{q0}之间为非线性关系,所以只能采用试凑方法结合曲线近似处理完成。另外,当机床的有关参数不易确定时,也可按式(6-11)近似选取

$$f_q = 0.5 f_{q0} \tag{6-11}$$

(6) 运行的最高频率与升速时间的计算。

由于电动机的输出力矩随着频率的升高而下降,因此在最高频率时,由矩频特性决定的输出力矩应能驱动负载,并留有足够的裕量。

由式(6-3)、式(6-4)可知,在升速过程中,电动机不但要驱动负载力矩,而且要能输出足够的加速力矩M_a。由式(6-4)可看出升速时间与步进电动机的加速力矩和自身的转动惯量以及负载惯量有关。

需要特别注意的是步进电动机的各种性能参数均与其配套的驱动电源有很大的关系,不同控制方式的驱动功率放大电路及其电压、电流等参数不同,都会使步进电动机的输出特性发生很大的变化。因此,步进电动机一定要与其配套的驱动电源一起考虑来选择。

2. 查表法

步进电动机的类型、步距角及脉冲当量的确定,丝杠的螺距、减速齿轮的降速比的计算同计算法。下面就其余参数的选择进行说明。

步进电动机有两条重要的特性曲线,即反映启动频率与负载转矩之间关系的曲线和反映转矩与连续运行频率之间关系的曲线。这两条曲线是选用步进电动机的重要依据。一般将反映启动频率与负载转矩之间关系的曲线称为启动矩频特性,将反映转矩与连续运行频率之间关系的曲线称为工作矩频特性。

已知负载转矩,可以在启动矩频特性曲线中查出启动频率。这是启动频率的极限值,实际使用时,只要启动频率小于或等于这一极限值,步进电动机就可以直接带负载启动。

若已知步进电动机的连续运行频率f,就可以从工作矩频特性曲线中查出转矩M_{dm},这也是转矩的极限值,有时称其为失步转矩。也就是说,若步进电动机以频率f运行,它所拖动的负载转矩必须小于M_{dm},否则就会导致失步。

数控机床的进给运动可分为快速进给和切削进给两种情况。在这两种情况下,对转矩和进给速度有不同的要求。我们选用步进电动机时,应注意使其在两种情况下都能满足要求。

假若要求进给驱动装置有如下性能:在切削进给时的转矩为T_e,最大切削进给速度为v_e,在快速进给时的转矩为T_k,最大快进速度为v_k。根据上面的性能指标,我们可按下面

的步骤来检查步进电动机能否满足要求。

首先,依据式(6-12)将进给速度值转变成电动机的工作频率

$$f = \frac{1000v}{60\delta} \tag{6-12}$$

式中:v——进给速度(m/min);

　　δ——脉冲当量(mm);

　　f——步进电动机的工作频率。

在式(6-12)中,若将最大切削进绘速度 v_e 代入,可求得在切削进给时的最大工作频率 f_e;若将最大快速进给速度 v_k 代入,就可求得在快速进给时的最大工作频率 f_k。

然后根据 f_e 和 f_k 的值,在工作矩频特性曲线上找到与其对应的失步转矩值 f_{dme} 和 T_{dmk}。若有 $T_e < T_{dme}$,$T_k < T_{dmk}$,就表明电动机是能满足要求的,否则就不能满足要求。

表6-2给出了一些常用的反应式步进电动机型号和简单的性能指标。若想了解这些电动机的启动矩频特性曲线和工作矩频特性曲线可参阅有关技术手册。

表 6-2　反应式步进电动机的性能参数

项目＼型号	相数	步距角/°	电压/V	相电流/A	最大静转矩/N·M	空载启动频率/Hz	运行频率/Hz
75BF001	3	1.5/3	24	3	0.392	1750	12 000
75BF003	3	1.5/3	30	4	0.882	1250	12 000
90BF001	4	0.9/1.8	80	7	3.92	2000	8000
95BF006	5	0.18/0.36	24	3	2.156	2400	8000
110BF003	3	0.75/1.5	80	6	7.84	1500	7000
110BF004	3	0.75/1.5	30	4	4.9	500	7000
130BF001	5	0.38/0.76	80	10	9.3	3000	16 000
150BF002	5	0.38/0.76	80	13	13.7	2800	8000
150BF003	5	0.38/0.76	80	13	15.64	2600	8000

6.2.4　步进电动机的微机控制

利用微机对步进电动机进行控制,有串行和并行两种方式。

1. 串行控制

采用串行控制方式时,单片机系统与步进电动机的驱动电源之间连线较少,单片机通过I/O接口将信号送入步进电动机驱动电源的环形分配器。所以在这种系统中,驱动电源中必须含有环形分配器。串行控制方式的示意图如图6-20所示。CP脉冲用来控制步进电动机转动的角度,每输入一个脉冲,步进电动机转动一个步距角。方向信号CW为电平输入信号端,用来控制电动机转动的方向,CW为高电平时,步进电动机在CP端输入脉冲时顺时针转动;CW为低电平时,步进电动机在CP端输入脉冲时逆时针转动。

如图6-20所示,线路用I/O口产生CP脉冲将增加CPU的负担,可改为由8255A并行口产生方向信号CW,脉冲信号CP由8253计数器/定时器产生。8255A的工作方式选

择为方式 0，即基本输入/输出方式。8253 计数器/定时器 2 口的工作方式选择为方式 0，1 口的工作方式选择为方式 3。

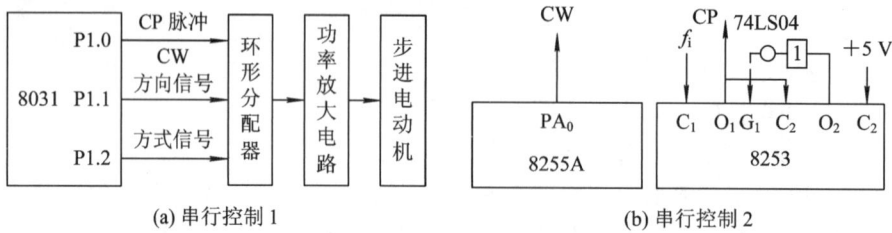

图 6-20　步进电动机的串行控制

2. 并行控制

用微机系统的数条端口线直接去控制步进电动机各相驱动电路的方法称为并行控制。电动机驱动电源内没有环形分配器，其功能必须由微机系统完成。由计算机系统实现环形分配器的功能又有两种方法：一种是纯软件方法，即完全用软件来实现相序的分配，直接输出各相导通或截止的信号，主要有寄存器移位法和查表法。第二种是软、硬件相结合的方法。这里有专门设计的一种编程器接口，计算机向接口输出简单形式的代码数据，而接口输出的是步进电动机各相导通或截止的信号。并行控制方案的示意图如图 6-21 所示。

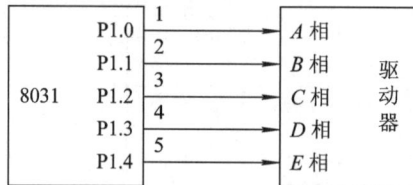

图 6-21　步进电动机的并行控制

3. 步进电动机的速度控制

控制步进电动机的运行速度，实际上就是控制系统发出时钟脉冲的频率或者换相的周期。系统可用两种办法来确定时钟脉冲的周期：一种是软件延时，另一种是用定时器。软件延时的方法是通过调用延时子程序的方法来实现的，它占用 CPU 时间。定时器方法是通过设置定时时间常数的方法来实现的。

4. 步进电动机的加减速控制

对于步进电动机的点位控制系统，从起点至终点的运行速度都有一定要求。如果要求运行的速度小于系统的极限启动频率，则系统可以按要求的速度直接启动，运行至终点后可立即停发脉冲串而令其停止。系统在这样的运行方式下速度可认为是恒定的。但在一般情况下，系统的极限启动频率是比较低的，而要求的运行速度往往较高。如果系统以要求的速度直接启动，可能发生丢步或根本不能运行的情况。系统运行起来之后，如果到达终点时突然停发脉冲串，令其立即停止，则因为系统的惯性原因，会发生冲过终点的"超程"现象，使点位控制发生偏差。因此在点位控制过程中，运行速度都需要有一个加速—恒速—减速—低恒速—停止的过程，如图 6-22 所示。各种系统在工作过程中，都要求加减速过程时间尽量短，而恒速时间尽量长。特别是在要求快速响应的工作中，从起点至终点运行的时间要求最短,这就必须要求升速、减速的过程最短,而恒速时的速度最高。

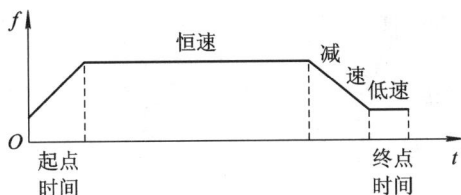

图 6-22　步进电动机点位控制的加减速过程

升速规律一般可有两种选择:一是按照直线规律升速,二是按指数规律升速。按直线规律升速时加速度为恒定,但实际上电动机转速升高时,输出转矩将有所下降。如按指数规律升速,加速度是逐渐下降的,接近电动机输出转矩随转速变化的规律。

用微机对步进电动机进行加减速控制,实际上就是改变输出时钟脉冲的时间间隔。升速时,使脉冲串逐渐加密;减速时,使脉冲串逐渐稀疏。微机用定时器中断方式来控制电动机变速时,实际上就是不断改变定时器装载值的大小,一般用离散办法来逼近理想的升降速曲线。为了减少每步计算装载值的时间,系统设计时就把各离散点速度所需的装载值固化在系统的 ROM 中。系统运行时用查表方法查出所需的装载值,从而大大减少占用 CPU 时间,提高系统响应速度。

系统在执行升降速控制过程中,对加减速的控制还需准备下列数据:

① 加减速的斜率;

② 升速过程的总步数;

③ 恒速运行总步数;

④ 减速运行的总步数。

6.3　步进电动机闭环伺服驱动系统

闭环伺服驱动系统采用直流伺服电动机和交流伺服电动机。伺服电动机和普通电动机在工作原理方面并无本质的区别,但因控制电动机的性能指标不同,所以在结构上有很大的差别。普通电动机构成的系统称为电力拖动系统。电力拖动系统对电动机性能要求不高,仅仅要求启动和运动状态的性能指标。伺服电动机构成的系统常称为伺服驱动系统。伺服驱动系统对伺服电动机的要求很高,既要求高精度,又要求动态响应性能好。所以,伺服电动机比普通电动机的价格昂贵。

直流伺服电动机同交流伺服电动机比较,具有调速容易和调速范围大等优点,所以直流伺服系统一直占主导地位。但是直流伺服电动机结构复杂,造价贵,使用维修不方便,所以人们一直致力于交流伺服电动机调速系统的研究工作。并且,由于微机技术和电子技术的飞速发展,交流伺服驱动系统的应用得到迅速发展。进入 20 世纪 80 年代中期,交流伺服驱动系统迅速地取代了直流伺服驱动系统,占据了主导地位。

伺服驱动系统的主要控制方式是速度控制和位置控制。利用速度传感器将速度信号反馈到输入端,构成速度环反馈的闭环回路;利用位置传感器将位置信号反馈到输入端,构成位置环反馈的闭环回路；同时利用速度环和位置环构成双闭环系统，如图 6-1 所示。

6.3.1 直流伺服电动机控制

直流电动机具有良好的调速特性，为一般交流电动机所不及。因此，在对电动机的调速性能和启动性能要求较高的机械设备上，以往大都采用直流电动机驱动，而不顾及结构复杂和价格较贵等缺点。

1. 直流电动机的分类及其特性

直流电动机的工作原理是建立在电磁力定律基础上的，电磁力的大小正比于电动机中的气隙磁场。直流电动机的励磁绕组所建立的磁场是电动机的主磁场。按对励磁绕组的励磁方式不同，直流电动机可分为他励式（包括永磁式）、并励式、串励式和复励式四种，如图 6-23 所示。

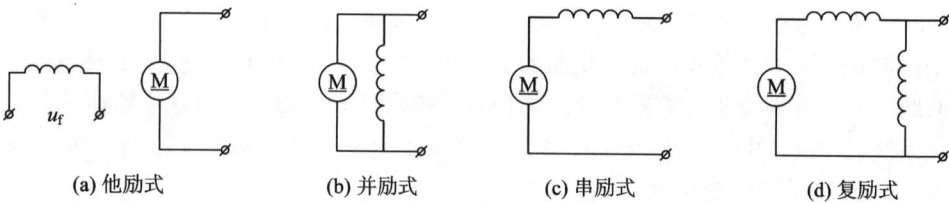

图 6-23　直流电动机电路原理图

直流电动机的机械特性是指电动机转速 n、电动机电枢电流 I 与电磁转矩的关系曲线，如图 6-24 所示。

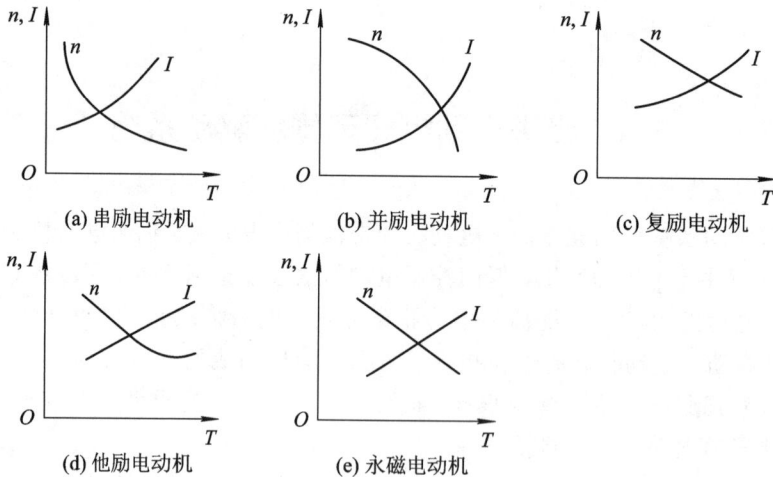

图 6-24　直流电动机的机械特性

从图 6-24 可见，并励电动机和他励电动机，尤其永磁电动机能满足进给驱动系统对执行元件的要求。

从图 6-24(b)中也可看出，一般并励电动机有一个明显的缺点，即在大的转矩时，机械特性曲线呈非线性。这是由于电动机内电枢反应磁场的作用，使电动机主磁场发生畸变，从而引起了机械特性的非线性。

在普通的他励直流电动机中，由于电枢反应磁场的影响，使每极的磁通降低，从而造成机械特性在大负载时呈上翘。为此，在主磁极上加入一个匝数很少的串励绕组（即与电枢绕组相串联），利用串励绕组产生的磁势抵消电枢反应磁场的去磁作用，以便获得近似线性的机械特性。这种补偿式直流电动机也就是前面提到的改进型直流电动机，与一般的直流电动机相比具有下述优点：

(1) 过载能力强，能达到额定转矩的 5 至 10 倍；

(2) 电气时间常数短；

(3) 转子的转动惯量较小；

(4) 调速范围宽；

(5) 允许有大电流上升率，上升率可达 2000 A/s。

从图 6-24(e) 中可以看出，永磁直流电动机的机械特性曲线在整个范围内呈线性关系。这是由于永磁电动机中的永磁体磁导极低，几乎与空气相同。另一方面，永磁体的高矫顽力也能阻止电枢反应磁场的进入。所以磁极下的气隙磁场几乎没有畸变，从而获得了线性的机械特性。

在数控机床的直流进给驱动中，常采用补偿式直流电动机和永磁式直流电动机，其中永磁式直流电动机使用最普遍。这是因为永磁直流电动机不需要励磁功率，具有较高的堵转转矩，在同样的输出功率下有较小的体积和较轻的重量。

2. 永磁直流伺服电动机的结构和特点

永磁直流电动机可分为驱动用永磁直流电动机和永磁直流伺服电动机两大类。驱动用永磁直流电动机通常是指不带稳速装置、没有伺服要求的电动机；而永磁直流伺服电动机则除具有驱动用永磁直流电动机的性能外，还具有一定的伺服特性和快速响应能力，在结构上往往与反馈部件做成一体。当然，永磁直流伺服电动机也可作为驱动用电动机。因为永磁直流伺服电动机允许有宽的调速范围，所以也称宽调速直流电动机，其结构如图 6-25 所示。电动机本体由机壳、定子磁极和转子电枢三部分组成。反馈用的检测部件有高精度的测速发电机、旋转变压器以及脉冲编码器等，安装在电动机的尾部。

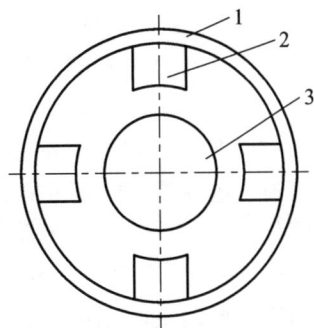

1—机壳；2—定子磁极；3—电枢

图 6-25　四极永磁

1) 定子磁极材料

定子磁极是一个永磁体。永磁体的材料有下述三类：

(1) 铸造型铝镍和钼镍合金。

铸造型铝镍和钼镍合金有价格昂贵、加工性能差和过载能力低的缺点。

(2) 各向异性铁氧体磁铁。

铁氧体磁铁的矫顽力很高，有很强的抗去磁能力；磁铁装配后不需要进行开路、短路、堵转或反转等稳定性处理；原料价格便宜，铁氧体的密度很小重量轻，电阻率高。因此，采用铁氧体的永磁电动机不但成本低、重量轻，而且电枢反应的去磁作用很小，过载能力强。但环境温度对磁性能的影响较大，不适用于环境温度变化大而又要求温度稳定性高的场合。

（3）稀土钴永磁合金。

稀土钴永磁合金具有极大的矫顽力，是铁氧体的 2~3 倍；具有很高的最大磁能积，是铁氧体的 10 倍。因此，采用稀土钴合金的永磁电动机具有很高的去磁能力，尤其适用于瞬时短路、堵转和突然反转等运行状态。用稀土钴合金制造的永磁电动机的体积可以大为缩小。稀土钴是一种极有前途的永磁材料，但由于其价格高，制造工艺复杂，因此影响了它的大量推广应用。

2）电枢结构

电枢可以分为普通型和小惯量型两大类。小惯量型电枢又可分为空心杯形电枢、无槽电枢和印刷绕组电枢三类。空心杯形电枢的主要特点是电枢由漆包线编织成杯形，用环氧树脂将其固化成一整体，且无铁心。因此，这种电动机特别轻巧，惯量极小，电枢绕组电感很小，电气时间常数小，重复启、停频率可达 200 Hz 以上。其缺点是气隙较大，单位体积的输出功率较小，且电枢结构复杂，工艺难度大。无槽电枢的电枢铁心上没有槽，为一光滑的由矽钢片叠成的圆柱体，用漆包线在其表面编织成包子形的绕组。由于电枢上无槽，所以气隙磁密度高，且无齿槽效应，电动机运转平稳，噪声小。印刷绕组电枢的电枢圆盘很轻，惯量很小，由于电枢无铁心，铁耗很小，电气时间常数和机械时间常数均很小，很适合于低速和频繁启动及反转的场合。上述三种小惯量型电枢的共同特点是电枢惯量小，适合于要求快速响应的伺服系统，因此在早期的数控机床上得到广泛应用。但由于过载能力低，电枢惯量与机械传动系统匹配较差，因此近期在数控机床上多采用普通型的有槽电枢。普通型有槽电枢的结构与一般的直流电动机电枢相同，只是电枢铁心上的槽数较多且采用斜槽，即将铁心叠片扭转一个齿距，并在一个槽内分几个虚槽，以减小转矩的波动。

3）普通型永磁直流伺服电动机的特点

普通型电枢的永磁直流伺服电动机与改进型直流电动机和小惯量直流电动机相比，具有如下优点：

（1）能承受的峰值电流和过载能力高，能产生高达数倍的瞬时转矩。电动机采用高矫顽力的铁氧体磁铁，能满足数控系统执行元件应具有快加速和快减速能力的要求。

（2）具有大的转矩/惯量比，电动机的加速度高，响应快。

（3）低速时输出转矩大，惯量比较大，能与机械设备直接相连，省去了齿轮等传动机构，因而避免了齿隙造成的振动和噪声以及齿间误差，提高了机床的加工精度。

（4）调速范围大，当与高性能的速度控制单元组合时，调速范围超过 1：1000 以上。

（5）转子的热容量大，一般能加倍过载几十分钟。

（6）装有高精度的检测元件，包括速度检测元件和位置检测元件。检测元件与电动机同轴安装，保证电动机能平滑旋转和稳定工作，使伺服机构具有良好的低速刚度和高的动态性能，能实现高精度定位。

这类电动机的缺点是：一是电动机允许温度可达 150~180℃。由于转子温度高，温度可通过转轴传到机械装置上，会影响精密机床的精度。二是转子惯量相对比较大。为了满足快速响应的要求，需要加大电动机的加速转矩，因此需要增大电源装置的容量以及加强机械传动链等的刚度。

3. 直流电动机速度控制单元

1) 直流电动机的调速方法

直流速度控制单元的任务是控制电动机的转速。现以他励直流电动机为例予以说明，其电路原理图如图 6-26 所示。

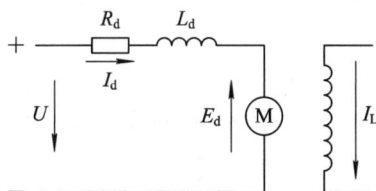

图 6-26　他励直流电动机电路原理图

他励直流电枢电路的电势平衡方程式为

$$U = E_d + I_d R_d \tag{6-13}$$

感应电势为

$$E_d = C_e \Phi n \tag{6-14}$$

由式(6-13)和式(6-14)可以得出电动机转速特性为

$$n = \frac{U - I_d R_d}{C_e \Phi} = \frac{U}{C_e \Phi} - \frac{I_d R_d}{C_e \Phi} \tag{6-15}$$

式中：n——电动机转速(r/min)；

$\quad\quad U$——电动机电枢回路外加电压(V)；

$\quad\quad R_d$——电枢回路电阻(n)；

$\quad\quad I_d$——电枢回路电流(A)；

$\quad\quad E_d$——电动机电枢反电动势(V)；

$\quad\quad C_e$——反电动势系数；

$\quad\quad \Phi$——气隙磁通量(Wb)。

而电动机的电磁转矩为

$$T = C_T \Phi I_d \tag{6-16}$$

由式(6-15)和式(6-16)可得电动机机械特性方程式为

$$n = \frac{U}{C_e \Phi} - \frac{R_d}{C_e C_T \Phi^2} T \tag{6-17}$$

式中：C_T——转矩系数。

从式(6-17)可以看出，对于已经给定的直流电动机，要改变它的转速有三种方法：

① 改变电枢回路电阻；

② 改变气隙磁通量；

③ 改变外加电压。

前两种方法的调速特性不能满足数控机床的要求，第三种方法的机械特性如图 6-27 所示。

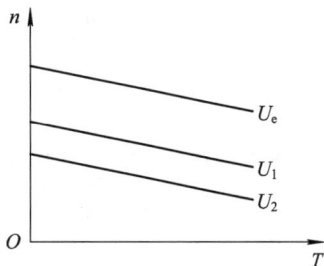

图 6-27　不改变外加电压时的机械特性
$(U_e > U_1 > U_2)$

图 6-27 中 U_e 为额定电压值。改变外加电压调速方法的特点是具有恒转矩的调速特性，机械特性好。因为采用减小输入功率的方式减小输出功率，所以经济性能好，得到了广泛的应用。永磁直流伺服电动机的调速都采用这种方式，将转速指令信号（多为电压值）改变为相应的电枢电压值。

直流速度控制单元大多采用晶闸管调速系统和晶体管脉宽调制调速系统。下面对这两种控制方式作简单介绍。

（1）晶闸管-直流电动机调速系统（SCR-M 系统）。

由晶闸管组成的整流电路是指利用触发脉冲改变晶闸管的导通角，从而改变整流电路输出的平均直流电压。

图 6-28 是晶闸管-直流电动机调速系统开环控制原理图，这种调速系统通过改变电位器滑动触点的位置控制电动机转速。图中，电位器的输出电压 U_g 控制触发脉冲信号的频率，若输出电压 U_g 增大，触发脉冲信号频率增加，晶闸管的导通角度变大，输出直流电压 U_d 增大，电动机转速增高；若操作电位器使输出电压 U_g 减小，触发脉冲信号的频率减小，晶闸管的导通角度变小，电动机转速下降。

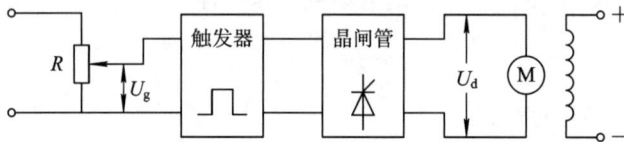

图 6-28　晶闸管-直流电动机调速系统开环控制原理图

图 6-28 中的电位器 R 实际上是数模转换器，其输出电压值 U_g 由速度指令自动控制，电压范围为 8～10 V。

晶闸管可以构成多种整流电路，如单相半波整流、单相全波整流、三相半波整流、三相全波整流等。虽然单相整流电路简单，但其输出的电压波形较差，容量有限，因而较少采用。在对输出电压波形要求较高的数控机床中，多采用三相全控桥式整流电路作为直流速度控制单元的主电路。图 6-29 是两组三相全控桥式电路，其工作波形如图 6-30 所示。

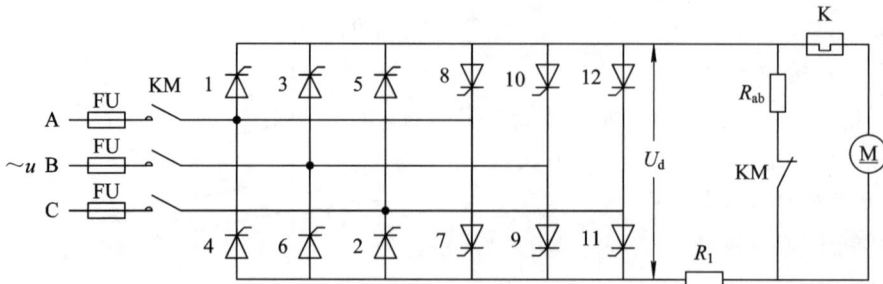

图 6-29　三相桥式反并联整流电路

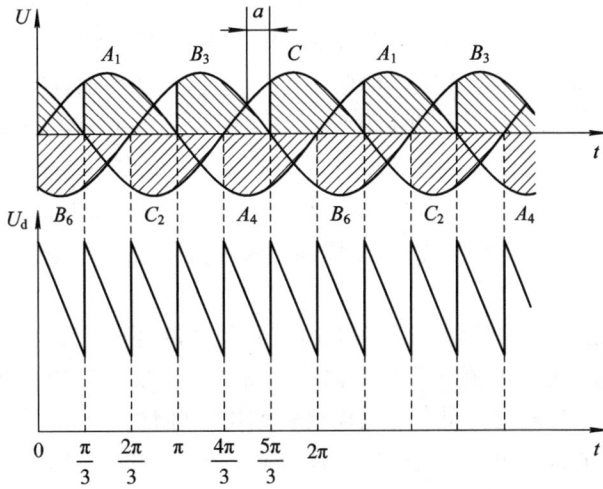

图 6-30　三相全控桥式整流电路工作波形

为了保证在电流断续情况下(即低输出电压的情况),晶闸管能再次导通,每组中相应要导通的两个晶闸管必须同时有触发脉冲。为此,可有两种方案:一是使每个触发脉冲宽度大于 $60°$,并且必须小于 $120°$,通常为 $80°\sim100°$,称为宽脉冲触发方式;另一种是在触发某一晶闸管的同时,给前一个已导通的晶闸管补发一个脉冲,使三相全控桥式整流电路上共阴极组和共阳极组中应导通的两个晶闸管上都有触发脉冲,称为双脉冲触发方式。在双脉冲触发方式中,每个晶闸管在一个周期内连续触发两次,触发间隔为 $60°$。这种双窄脉冲触发方式虽然比较复杂,但可以减小触发装置的输入、输出功率,减小脉冲变压器的铁心体积,且触发脉冲前沿较好,因而被广泛使用。

虽然改变晶闸管触发角可改变永磁直流伺服电动机的外加电压,从而达到调速的目的,但其调速范围很小,只有 $1:8\sim1:10$ 的范围,不能满足数控机床的要求。这是由于开环调速本身特性软,低速度控制受到限制,所以通常采用带测速反馈的闭环控制方式。这种闭环系统的速度检测元件可采用测速发电机,也可以采用脉冲编码器。图 6-31 是采用测速电动机的晶体管-直流电动机调速系统闭环控制原理图。与图 6-28 相比,系统增设了转速负反馈环节。图中 CP 是测速发电机,与直流电动机同步旋转。

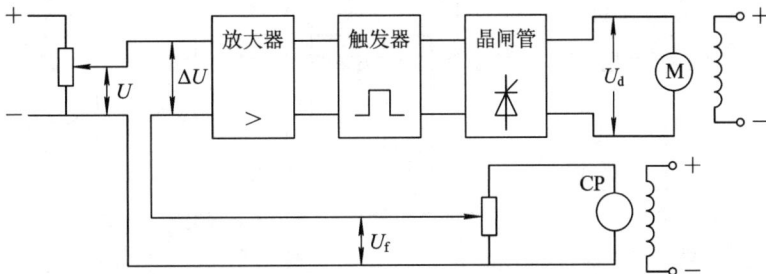

图 6-31　晶闸管-直流电动机调速系统闭环控制原理图

增设了转速负反馈环节后,送到放大器的电压不再是电位器的输出电压 U_g,而是 U_g 与测速反馈电压 U_f 比较后的偏差电压 ΔU,其值 $\Delta U = U_g - U_f$。闭环控制的工作过程是,当给定的速度指令信号 U_g 增大时，则有较大的偏差电压 ΔU 送到放大器的输入端，使触发器的触发脉冲前移（即触发器的控制角减小，导通角增大），晶闸管整流器输出电压提高，电动机转速相应上升。同时，测速发电机的输出电压 U_f 也逐渐增加，当它接近或等于给定值 U_g 时，系统达到新的动态平衡，电动机就会以较高的转速稳定旋转。如果系统受到外界干扰，如负载增加，直流电动机的转速下降时，测速发电机的转速会同步下降，因为反馈电压 U_f 的值与电动机转速成正比，所以 U_f 随着下降。偏差电压 ΔU 因反馈电压 U_f 的下降而升高，使晶闸管导通角变大，输出电压 U_d 增加，从而使电动机转速自动回升，直至恢复到外界干扰前的转速值。

实际的调速系统是双环调速系统，除上面讲到的速度环外，还有电流环。速度环反映速度偏差大小的控制信号，电流环反映主回路电流的电流反馈信号。如当电网电压突然降低时，整流器输出电压也随之降低。在电动机转速由于惯性尚未变化之前，首先引起主回路电流减小，利用电流调节电路，使触发脉冲前移，从而使整流器的输出电压恢复到原来的值，抑制了主回路电流的变化。关于双环调速系统的详细原理可参阅《自动控制原理》等课程。

(2) 脉冲宽度调制器直流伺服电动机调速系统（PWM-M 系统）。

所谓脉冲宽度调速，是指利用脉冲宽度调制器对大功率晶体管开关放大器的开关时间进行控制，将直流电压转换成某一频率的方波电压，加到直流电动机的电枢两端，通过对方波脉冲宽度的控制，改变电枢两端的平均电压，从而达到调节电动机转速的目的。

PWM-M 速度控制单元的核心是脉冲宽度式的开关放大器和脉宽调制器。下面分别对 PWM-M 调速原理和速度控制单元的核心部分给予简单扼要的说明。

① PWM-M 系统的调速原理。

图 6-32 所示是 PWM-M 系统的调速原理。在图 6-32(a) 中，如果开关 S 按一定的周期闭合、断开，闭合和断开的周期为 T。若外加电源电压 U 为常数，则电源加在直流电动机电枢上的电压波形是矩形方波，其高度为电源电压 U，宽度为开关 S 闭合时间 t，如图 6-32(b) 所示，则加在电枢上的电压平均值为

$$U_d = \frac{t}{T}U = \delta U \tag{6-18}$$

式中，$\delta = t/T$，称为导通角。

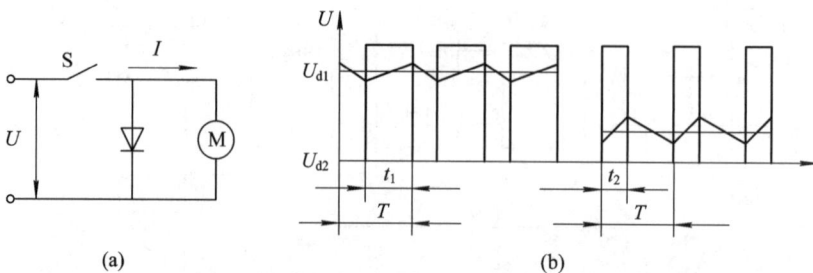

图 6-32　PWM-M 调速原理图

显然，导通角大，平均电压值高，电动机转速快；导通角小，平均电压值低，电动机转速慢。当开关周期 T 不变时，只要改变导通时间 t，即可改变导通角 δ，从而改变电动机转速。

图 6-32(a)中的二极管是续流二极管。当 S 断电时，电枢绕组产生的感应电动势可以通过续流二极管泄放，对系统起保护作用。

② 开关放大器。

图 6-33 所示是 T 型单极性开关放大电路，它由晶体管 VT_1、VT_2 和续流二极管 VD_1、VD_2 组成。

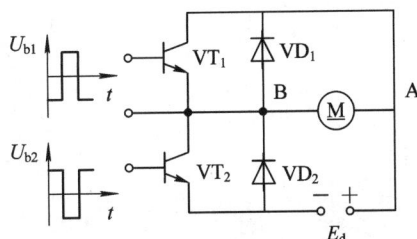

图 6-33　T 型单极性开关放大电路

在 VT_1 和 VT_2 的基极分别施加来自脉宽调制器的两个极性相反的脉冲信号。开关放大器的输出电压 U_{AB} 是在 0 V 和 $+E_d$ 之间变化的脉冲电压。因为电动机电枢两端电压 U_{AB} 的极性不变，因此称为单极性工作方式。

图 6-34 所示是 H 型双极性开关放大电路，它由四个晶体管和四个续流二极管构成桥式电路，形似英文字母 H。它的控制方法是将两个相位相反的脉冲控制信号分别加在 VT_1、VT_4 和 VT_2、VT_3 的基极，即 $u_{b1}=u_{b4}$，$u_{b2}=u_{b3}$。当在 $0 \leqslant t < t_1$ 的时间区间内，VT_2 和 VT_3 导通，$+E_d$ 加在电枢的 AB 两端（即 $U_{AB}=+E_d$），而在 $t_1 \leqslant t < T$ 的时间区间内，VT_1 和 VT_4 导通，此时电源 $+E_d$ 加在 BA 两端（即 $U_{AB}=-E_d$）。因为开关放大器的输出电压是在 $-E_d$ 到 $+E_d$ 之间变化的脉冲电压，因此这种电路是双极性工作方式。

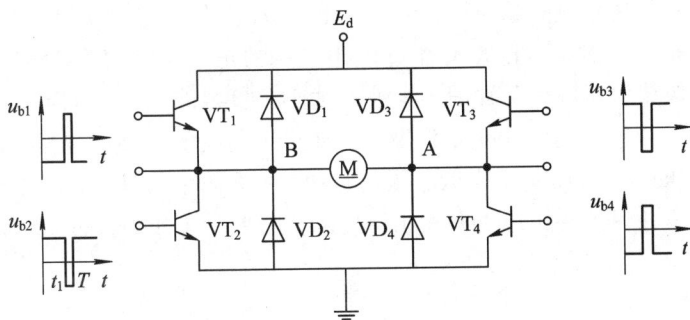

图 6-34　H 型双极性开关放大电路

当调制器输出的脉宽 $t_1 > T/2$ 时，电枢两端的平均电压大于零，电动机正转；反之，当 $t_1 < T/2$ 时，电枢两端平均电压小于零，电动机反转；当 $t_1 = T/2$ 时，电枢两端平均电压等于零，电动机转速为零。

③ 脉宽调制器。

脉宽调制器是 PWM-M 系统控制方式的核心，其作用是将电压量转换成脉冲宽度可由控制信号调节的脉冲电压。脉宽调制器的种类很多，从基本构成来看，都由两部分构成，一是调制信号发生器，二是比较放大器。调制信号发生器都采用三角波发生器或锯齿波发生器。

图 6-35(a)所示电路是一种三角波发生器，其中运算放大器 Q_1 构成方波发生器。Q_1 是一个多谐振荡器，在它的输出端接上一个由运算放大器 Q_2 构成的反相积分器。它们共同组成正反馈电路，形成自激振荡。

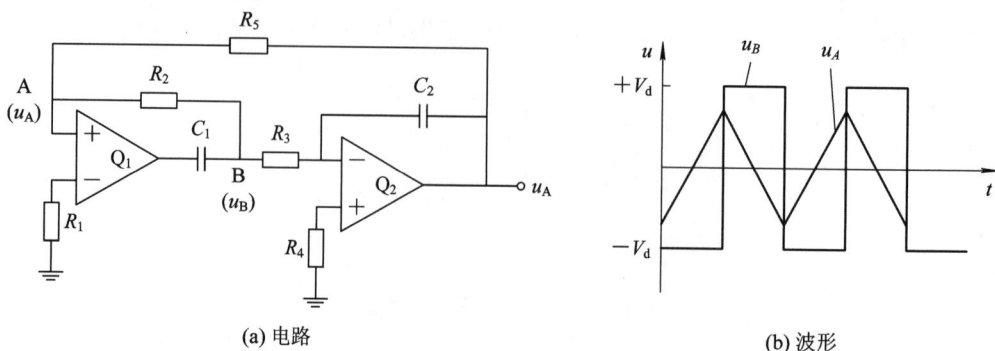

(a) 电路　　　　　　　　(b) 波形

图 6-35　三角波发生器

设在电源接通瞬间，Q_1 的输出电压 u_B 为 $-V_d$（运算放大器的电源电压），被送到 Q_2 的输入端。由于 Q_2 的反相作用，电容 C_2 被正向充电，输出电压 u_A 逐渐升高，同时 u_A 又被反馈到 Q_1 的输入端与 u_B 进行比较。因为 Q_1 由 R_2 接成正反馈电路，所以当比较之后的 $u_A > 0$ 时，比较器 Q_1 就立即翻转，u_B 电位由 $-V_d$ 变为 $+V_d$。此时 $t = t_1$，而 $u_A = (R_5/R_2)V_d$。而在 $t_1 < t < T$ 区间，Q_2 的输出电压 u_A 线性下降；当 $t = T$ 时，u_A 略小于零时，Q_1 再次翻转到原态，此时 $u_B = -V_d$ 而 $u_A = (-R_5/R_2)V_d$。如此周而复始，形成自激振荡，在 Q_2 的输出端得到一串三角波电压，各点波形如图 6-35(b)所示，其三角波的频率为

$$f = \frac{R_2}{4R_5 R_3 C_2} \tag{6-19}$$

图 6-36 所示是比较放大器电路。三角波电压 u_A 与控制电压 u_{er} 比较后送入运算放大器的输入端。当 $u_{er} = 0$ 时，运算放大器 Q 输出电压的正负半波相等，输出平均电压为零；当 $u_{er} > 0$ 时，比较放大器输出脉冲的正半波宽度小于负半波宽度；而当 $u_{er} < 0$ 时，比较放大器输出脉冲的正半波宽度大于负半波宽度。如果三角波的线性度很好，则输出脉冲的宽度正比于控制电压 u_{er}，从而实现模拟电压的脉冲转换。图中的晶体管 VT 是为了增加脉宽调制器的驱动功率并保证在正脉冲时输出。晶体管应工作在开关状态。

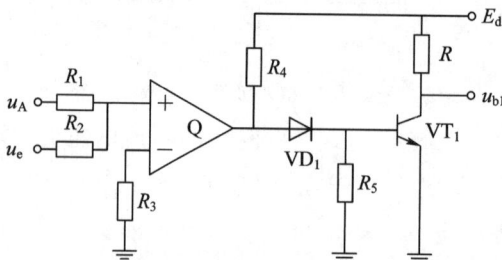

图 6-36　比较放大器电路

注意：以上只讨论了一个大功率晶体管的脉宽调制器原理。

（3）PWM-M 系统和 SCR-M 系统性能的比较。

采用晶体管脉宽调制方式的直流伺服系统与晶闸管控制方式相比具有许多优点：

① 避开了与机械的共振。

在晶闸管控制方式中，由于电枢电流脉动频率很低，转子会产生振动，影响机床工作的平稳性和机床加工精度。而采用 PWM - M 控制方式，晶体管工作频率高达 2 kHz，比转子的固有频率高得多，从而避开了机械的共振。

② 电枢电流脉动小。

在晶闸管控制方式中，整流电压波形差，特别是在低电压轻负载时，电枢电流的不连续严重影响到低速运行的稳定性，这是产生低速脉动的原因之一，为此不得不增大滤波电抗器的容量。而在晶体管 PWM - M 控制方式中，因开关频率选得很高，所以仅靠电枢线组的滤波作用就能获得脉动很小的直流电流，电枢电流连续，使机械在低速时工作十分平滑、稳定。因此，调速比可做得很大。

③ 电流波形系数（电流有效值和平均值之比）较小。

由于 PWM - M 控制方式的输出电流波形系数只有 1.001～1.03，而晶闸管控制方式为 1.05～1.6，所以在同样的输出转矩下（与电流平均值成正比），PWM - M 控制方式的电动机损耗和发热都较小，因而电动机产生的热传到机床上造成的热变形也小，对机床精度影响很小。

④ 功率损耗小。

晶体管只工作在两种状态——饱和导通和截止状态。由于饱和导通时管压降很小，而截止状态时漏电流很小，所以在两种状态下晶体管的功率损耗都很小。

⑤ 频带宽。

PWM - M 控制方式的速度控制单元与较小惯量的电动机相匹配时，可以充分发挥系统的性能，从而获得很宽的频带。因此，速度控制系统的响应很快，能给出极快的定位速度和很高的定位精度，适合启、制动频繁的场合应用。

⑥ 动态硬度好。

动态硬度是指伺服系统校正瞬态负载扰动和能力。伺服系统的频带越宽，系统的动态硬度就越高。所以，PWM - M 使用在周期变化负载的场合，如铣床，能克服铣刀引起的周期性负载变化，使机床运行平稳，从而延长刀具的寿命，改善被加工零件表面的粗糙度。

⑦ 响应很快。

PWM - M 的控制方式具有四象限的运行能力，即电动机既能驱动负载，也能制动负载，所以响应很快。

晶体管 PWM - M 的控制方式虽有上述的优点，但与晶闸管比较，还是有一些缺点，如不能承受高的峰值电流等。因此，必须采用限流电路来限制峰值电流。

6.3.2　交流伺服电动机控制

由于直流伺服电动机具有优良的调速性能，因此长期以来，在要求调速性能较高的场合，直流电动机调速系统的应用一直占据主导地位。但直流电动机存在一些固有的缺点，如它的电刷和换向器容易磨损，需要经常维护；由于换向器换向时会产生火花，因此电动机的最高转速受到限制，也使应用环境受到限制；而且直流电动机结构复杂，制造困难，铜铁材料消耗大，制造成本高。而交流电动机特别是交流感应电动机没有上述缺点，并且转子惯量较直流电动机小，因而电动机的动态响应更好。在同样的体积下，交流电动机的输出功率可比直流电动机提高 10%～70%。

1. 交流伺服电动机的分类和特点

在交流伺服系统中，既可以用交流感应电动机，也可以用交流同步电动机。

交流感应电动机按所用电源种类可以分为三相和单相两种，从结构上分又有带换向器和不带换向器两种。通常多用不带换向器的三相感应电动机，其结构是定子上装有对称的三相绕组，而在圆柱体的转子铁心上嵌有均匀分布的导条，导条两端分别用金属环联成一个整体（称笼型转子），因此这种电动机也称笼型电动机。当对称三相绕组接三相电源后，由电源提供励磁电流，在定子和转子之间的气隙内建立起同步转速的旋转磁场，依靠电磁感应作用，在转子导条内产生感应电势。因为转子上的导条已构成闭合回路，所以转子导条中就有电流流过，从而产生电磁转矩，实现由电能转变成机械能的能量变换。

交流同步电动机与感应电动机的最大差别是同步电动机的转速与电源的频率之间存在严格的关系，即在电源电压和频率固定不变时，其转速保持稳定不变。因此，由变频电源供电给同步电动机时，便可获得与频率成正比的可变转速，调速范围宽，机械特性硬。

交流同步电动机的定子结构与感应电动机一样，而转子结构不一样。在数控机床进给驱动中常采用永磁式同步电动机，即转子用永磁式结构。永磁式电动机的优点是结构简单，运行可靠，效率较高。若采用高剩磁感应、高矫顽力的稀土类磁铁等，可比直流电动机的外形尺寸约减小 1/2，重量减轻 60%，转子惯量减到 1/5。与异步电动机相比，由于永磁铁励磁消除了励磁损耗和杂散损耗，所以效率高。

通常永磁交流伺服电动机是指永磁同步电动机。

2. 永磁交流伺服电动机的结构及工作原理

永磁交流伺服电动机的结构示意如图 6-37 和图 6-38 所示。由图可见，永磁交流伺服电动机主要由定子、转子和检测元件三部分组成。其中定子具有齿槽，内有三相绕组，形状与普通感应电动机的定子相同，但其外部表面呈多边形，并且无外壳，这有利于散热，可以避免电动机发热对机床精度的影响。转子由多块永久磁铁等组成，这种结构的优点是气隙磁密较高，极数较多。

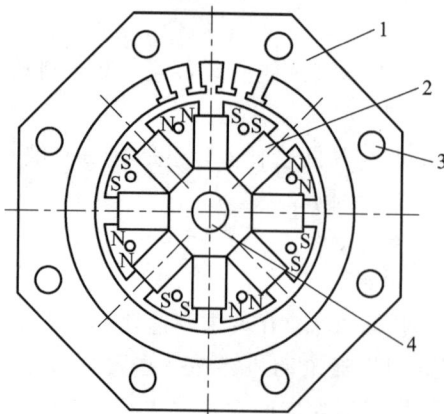

1—定子；2—永久磁铁；3—轴向通风孔；4—转轴

图 6-37　永磁交流伺服电动机横剖面

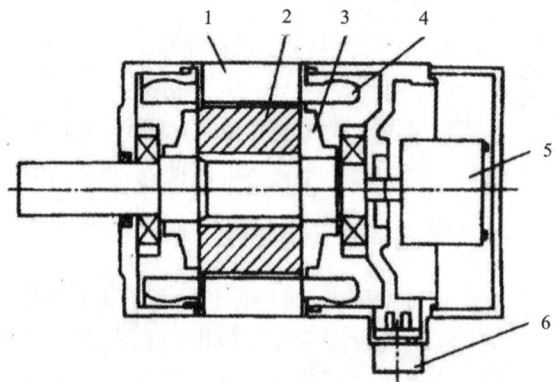

1—定子；2—转子；3—压板；4—定子绕组；
5—脉冲编码器；6—出线盒

图 6-38　永磁交流伺服电动机纵剖面

图 6-39 是永磁交流伺服电动机工作的原理简图，图中只画了一对永磁转子。当定子三相绕组通上交流电源后，就会产生一个旋转磁场，旋转磁场将以同步转速 n_s 旋转。根据磁极同性相斥、异性相吸的原理，定子旋转磁极吸引转子永磁磁极，并带动转子一起同步旋转。当转子加上负载转矩后，将造成定子磁场轴线与转子磁极轴线的不重合，如图 6-39 中所示的 θ 角。随着负载的增加，θ 角也随着增大；当负载减小时，θ 角也随着减小。当负载超过一定极限后，转子不再按同步转速旋转，甚至可能不转，这就是同步电动机的失步现象。因此负载极限称为最大同步转矩。

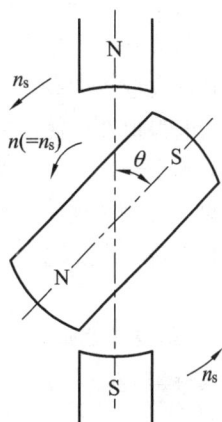

图 6-39　永磁交流伺服电动机
　　　　　工作原理图

永磁同步电动机的缺点是启动比较困难。这是因为当三相电源供给定子绕组时，虽已产生旋转磁场，但转子处于静止状态，由于惯性较大而无法跟随旋转磁场转动。解决的办法是在转子上装启动绕组，如笼型启动绕组。笼式启动绕组将使永磁同步电动机如同感应电动机一样，产生启动转矩，使转子开始转动，然后电动机将以同步转速旋转。另一种办法是在设计时设法减小转子的惯量或采用多磁极等减小定子旋转磁场的同步转速，使永磁交流伺服电动机能直接启动。还可以在速度控制单元中采取措施，让电动机先在低速下启动，然后再提高到所要求的速度。

3. 交流电动机速度控制单元

1）交流电动机的调速方法

根据交流电动机的工作原理，当电动机定子三相绕组通三相交流正弦电源时，将建立旋转磁场，其主磁通 Φ_m 的空间转速称为同步转速 n_0，其值为

$$n_0 = \frac{60f}{p} \qquad\qquad (6-20)$$

若电动机的实际转速为 n，则电动机的转差率为

$$n = \frac{n_0 - n}{n_0} \qquad\qquad (6-21)$$

故

$$n = \frac{60f}{p}(1-S) = n_0(1-S) \qquad\qquad (6-22)$$

式中：f——电源电压频率；

　　　S——电动机的转差率；

　　　p——电动机磁极对数。

由式（6-22）可见，改变异步电动机转速的方法有三种：

（1）改变磁极对数 p 来进行调速。

磁极对数可变的交流电动机称为多速电动机，通常磁极对数设计成 4/2、8/4、6/4、8/6/4 等几种。显然，磁极对数只能成对地改变，转速只能成倍地变化。

（2）改变转差率 S 来进行调速。

改变转差率的方法只能在绕线式异步电动机中使用。其方法是在转子绕组回路中串入电阻，通过改变电阻值的大小，可以改变转差率的大小。串入电阻值大，转差率大，转速低；串入电阻值小，转差率小，转速高。调整系统的调速范围为 3：1。

（3）改变频率 f 来进行调速。

如果电源频率能平滑调节，电动机转速也就可以平滑改变。目前，高性能交流电动机伺服驱动系统都采用改变频率的调速方法。能改变频率的装置称变频器（Variable Frequency Driver，VFD）。

2）变频调速器调速

在实际调速时，单纯改变频率是不够的，因为定子相电压为

$$u_1 = E_1 = 4.44 f_1 K_1 W_1 \Phi_m \qquad (6-23)$$

所以

$$\Phi_m = \frac{u_1}{4.44 f_1 K_1 W_1} \qquad (6-24)$$

由式（6-24）可见，如果在变频调速中保持定子电压 u_1 不变，则主磁通 Φ_m 的大小将会改变。因为在一般电动机中，Φ_m 的值通常是在工频额定电压的运行条件下确定的。为了充分利用电动机铁心，可把磁通量选在接近磁饱和的数值上。因此，在变频调速过程中，如果频率从工频往下调节，则 Φ_m 上升，导致铁心过饱和而使励磁电流迅速上升，铁心过热，功率因数下降，电动机带负载能力降低。因此，必须在降低频率的同时降低电压，以保持 Φ_m 不变。这种 u_1 和 f_1 的配合变化称为恒磁通变频调速中的协调控制。

我国电网频率为 50 Hz，是固定不变的，而数控机床的能源都是取自交流电网。因此，设计一个价格便宜、工作可靠、控制方便的变频器已成为自动控制系统中的一个重要研究课题。

目前国内主要采用晶闸管和功率晶体管组成的静态变频器。这种变频器先将工频交流电压整流成直流电压，再经过变频器变换成可变频率的交流电压，这种变频器称间接变频器，或称交-直-交变频器，如图6-40（a）所示。另一类变频器没有中间环节，直接由电网的工频电压变换成频率、电压可调的交流电压，这种变频器称直接变频器，或称交-交变频器，如图6-40（b）所示。

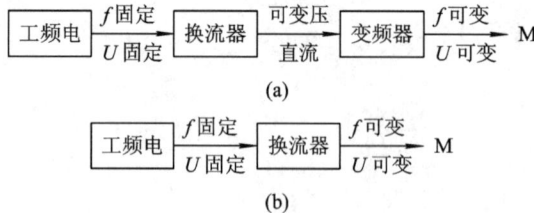

图6-40 变频器结构框图

直接变频器只需进行一次电能的变换，所以变换效率高，工作可靠。缺点是频率的变化范围有限，多用于低频大容量的调速。间接变频器需进行两次电能的变换，所以变换效率低，但频率变化范围大不受限制，目前已成为交流电动机变频调速的典型方法。

3）正弦波脉宽调制（SPW-M）原理

间接变频器输出的都是矩形波，含有较大的谐波分量。用这种矩形波作为电动机电

源,不但效率低,而且工作性能也差。若用交流滤波器滤去谐波分量,会使脉冲波形特性变坏。目前广泛采用脉宽调制技术(PWM - M 变频器)可解决上述问题。PWM - M 变频器输出的是一系列频率可调的脉冲波,脉冲的幅值恒定,宽度可调。根据 u_1/f_1 的比值,在变频的同时改变电压,如按正弦波规律调制,就得到接近于正弦波的输出电压,从而使谐波分量大大减小,提高了电动机的运行性能。

　　SPW - M 变频器的工作原理如图 6 - 41 所示。图中,将正弦波的正半周等分成十二等份,每等份可用一矩形脉冲等效。所谓等效是指在相应的时间间隔内,正弦波每等份所包含的面积与矩形脉冲的面积相等,系列脉冲波就等效于正弦波。这种用相等时间间隔正弦波的面积调制的脉冲宽度,称为正弦波脉宽调制(SPW - M)。显然,单位周期内脉冲数越多,等效的精度越高,输出越接近正弦波。

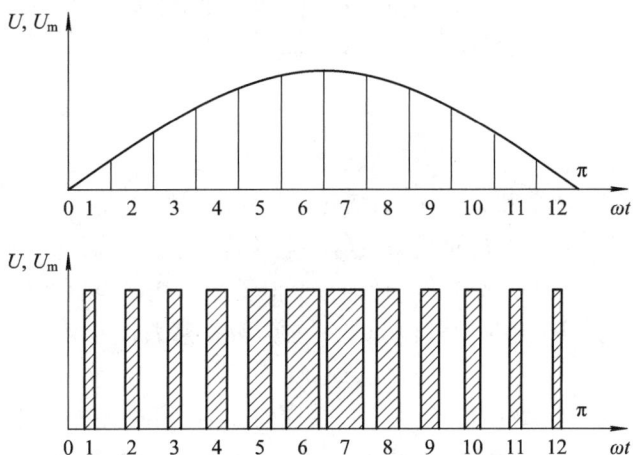

图 6 - 41　与正弦波等效的矩形脉冲波

　　脉宽调制分为单极性和双极性两种。图 6 - 42 所示是双极性 SPW - M 的通用型主回路,图 6 - 43 所示是三角波调制原理。

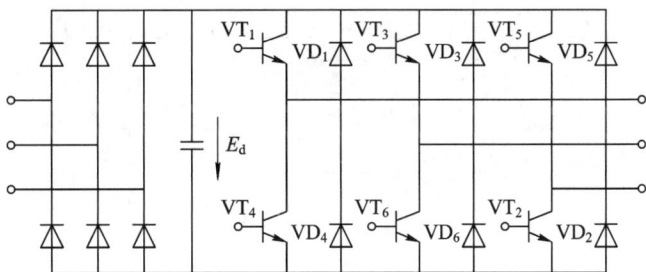

图 6 - 42　双极性 SPW - M 的通用型主回路

　　图 6 - 43 中,V_S 为一相(如 A 相)正弦波的基准信号,其幅值为 E_s,频率为 f_s;V_T 为等幅等距三角载波信号,其幅值为 E_T,频率为 f_T。V_s、V_T 两波形的交点(如图示的数字位置)就是相应变流器的某相(A 相)开关点,控制图 6 - 42 中 VT₁ 和 VT₂ 的开断信号,交点间隔为被调制脉冲的宽度。图 6 - 42 中产生的直流电压为 E_d,则当 VT₁ 在正半周工作脉宽调制状态时,VT₄ 处于截止状态,A 相绕组的相电压为 $+E_d/2$;而当 VT₁ 截止时,电动机

绕组中的磁场能量通过 VD_4 续流二极管释放，使该相绕组承受 $-E_d/2$ 电压，所以称为双极性 SPW - M 调制。输出电压为负半周时，VT_4 工作于脉宽调制状态，VT_1 则处于截止状态。

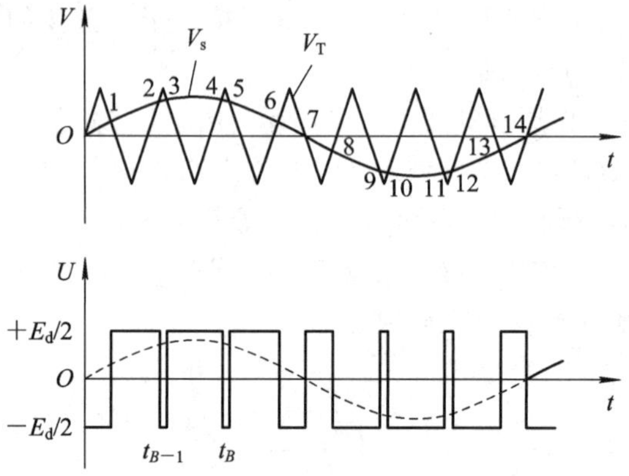

图 6-43　三角波调制原理

可以看出，随着 V_s 幅值和频率 f_s 的变化，调制出的脉冲波在宽度上和频率上也会产生相应的变化，从而保证前面讨论的 $u_1/f_1=$ 常数，实现恒磁通变频调速。载波频率 f_T 高，输出的谐波分量小，即输出正弦波性能好。但受功率变换电路的限制，载波频率不能太高。用晶闸管作开关管元件时，载波频率一般为数百赫兹；而用大功率晶体管时，载波频率可达 $2\sim3$ kHz。

图 6-44 为 $u_1/f_1=$ 常数时变频器控制系统的框图。由三相整流器提供的直流电压，采用大容量电容滤波后，作为三相输出电路的电源电压。三相输出电路由大功率晶体管组成，SPW - M 控制基极驱动电路，按调制规律开通或关断功率输出晶体管，使三相电动机获得的频率可调，电压跟随变化的电源电压。SPW - M 的调制信号由三角波发生器和图形发生器提供。

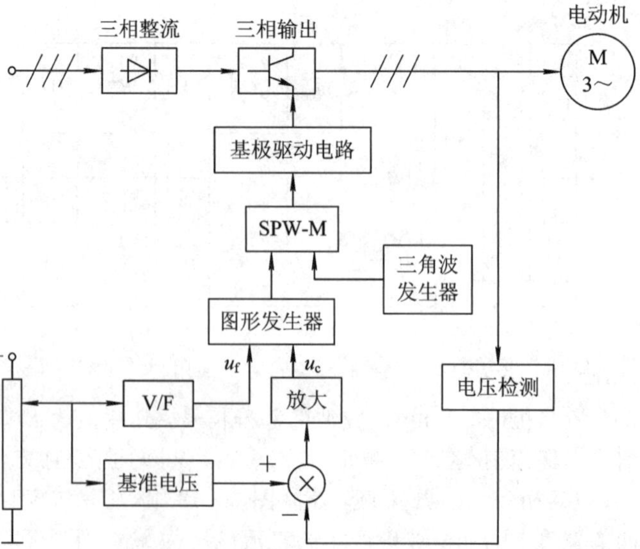

图 6-44　晶体管电压变频器系统

电位器的电压作为速度设定的电压输入，一路通过电压频率转换器(V/F)输出 u_f，作为图形发生器的频率信号输入；另一路转换成基准电压与电动机电压的反馈值进行比较，经放大后作为图形发生器的控制电压输入，控制电压与输入脉冲的频率成比例。因此，改变速度设定电压的大小，就改变了图形发生器输出基准信号的信号幅值和频率，通过 SPW－M 调制也就改变了三相输出电路各相脉冲的宽窄，从而控制了电动机的转速。

电力电子学、微电子学及自动控制学的不断发展，促进了交流伺服系统的飞速发展。微机的采用为全数字化的控制系统开辟了道路。如采用美国 Intel 公司的 16 位单片机 8096 或 80C196 型或 TP86A 单板机等，可以使硬件数量大为减少，抗干扰能力随之提高；可以用软件实现速度检测运算，位置的检测、辨向与运算控制，电流相位检测和运算，三相电流生成等，从而实现全数字化控制。在采用微机控制软件方案时，主要考虑的问题是运算速度。数字信息处理器(Digital Signal Processor，DSP)是专为处理高速信息信号而开发的一种最新的电动机控制技术，内装有并行乘法器，可以实现数字滤波和频率分析的快速傅里叶变换的乘法运算，是一种极有前途的数字控制方法。

6.4 主 轴 驱 动

6.4.1 数控机床对主轴驱动的要求

机床的主轴驱动和进给驱动有很大的差别。机床主传动的工作运动通常是旋转运动，不需要丝杠或其他直线运动装置。在 20 世纪 60～70 年代，数控机床的主轴多采用三相感应电动机配上多级变速箱驱动方式。随着社会生产率的不断提高，要求进一步提高机床的生产率和刀具的利用率，对主轴驱动提出了更高的要求，包括要求主传动电动机应有 2.2～250 kW 的功率范围，既要输出大的功率，又要求主轴的结构简单。然而小的恒功率调速范围并不能全部取消机械传动。要改变主轴的动态性能，需要主传动有更大的无级调速范围，如能在 1∶100～1∶1000 范围内进行恒转矩调速和 1∶10 范围内进行恒功率调速；而且要求主轴的两个转向中任何一个方向都可进行传动和加减速控制。

在数控机床中，数控车床要占 42%，数控钻、镗、铣占 33%，数控磨床、冲床占 23%，其他只占 2%。为了满足前两类数控机床的要求，例如数控车床等应具有螺纹车削功能，要求主轴能与进给系统实现同步控制；加工中心上为了自动换刀还要求主轴能进行高精度准停控制；有的数控机床还要求主轴具有角度分度控制的功能。

另外，主轴驱动装置应提供加工各类零件所需的切削功率，无论何种速度(这取决于不同的材料)、用何种不同刀具加工，都必须提供所需的切削功率。因此，要求主轴驱动在尽可能大的调速范围内保持恒功率的输出。随着刀具的不断改进，切削速度日益提高，以满足生产率的提高。另外，主轴转速范围还要扩大，因为加工一些难加工材料所要求的转速范围相差很大，如钛需要低速加工，而铝合金材料却需要高速加工。用齿轮变速箱满足这类要求的方法已经过时。

为了实现上述要求，在早期的数控机床上多采用直流主轴驱动系统，但由于直流电动机的换向限制，大多数系统恒功率调速范围都非常小。到了 20 世纪 70 年代末、80 年代初期，随着微处理技术和大功率晶体管技术的进展，开始在数控机床的主轴驱动中应用交流驱动系统。现在,国际上新生产的数控机床已有九成采用交流主轴驱动系统。这是因为,一方面制造交流电动机不像直流电动机那样在高转速和大容量方面受到限制;另一方面,目前的交流主轴驱动的性能已达到直流驱动系统的水平,甚至在噪声方面还有所降低,而且在价格上也不比直流主轴驱动系统贵。

6.4.2 直流主轴电动机

1. 结构特点

为了满足上述数控机床对主轴驱动的要求,主轴电动机必须具备下述性能:

① 电动机的输出功率要大;

② 在大的调速范围内速度应该稳定;

③ 在断续负载下电动机转速波动小;

④ 加速和减速时间短;

⑤ 电动机温升低;

⑥ 振动、噪声小;

⑦ 电动机可靠性高,寿命长,容易维护;

⑧ 体积小,重量轻,与机械连接容易;

⑨ 电动机过载能力强。

直流主轴电动机的结构与永磁式直流伺服电动机的结构不同。因为要求主轴电动机输出很大的功率,所以在结构上不能做成永磁式,而与普通的直流电动机相同,也是由定子和转子两部分组成,如图 6-45 所示。转子与直流伺服电动机的转子相同,由电枢绕组和换向器组成。而定子则完全不同,它由主磁极和换向极组成。有的主轴电动机在主磁极上不但有主磁极绕组,还带有补偿绕组。

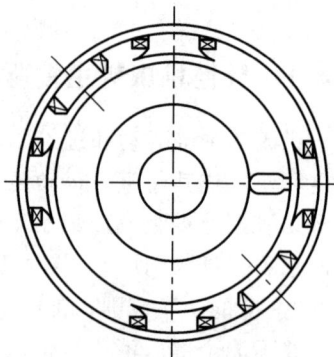

图 6-45 直流主轴电动机结构
示意图

这类电动机在结构上的特点是,为了改善换向性能,在电动机结构上都有换向极;为缩小体积,改善冷却效果,以免使电动机热量传到主轴上,采用了轴向强迫通风冷却或水管冷却。为适应主轴调速范围宽的要求,一般主轴电动机都能在调速比 1:100 的范围内实现无级调速,而且在基本速度以上达到恒功率输出,在基本速度以下为恒转矩输出,以适应重负荷的要求。电动机的主极和换向极都采用硅钢片叠成,以便在负荷变化或加速、减速时有良好的换向性能。电动机外壳结构为密封式,以适应机加工车间的环境。在电动机的尾部一般都同轴安装有测速发电机作为速度反馈元件。

2. 直流主轴电动机的性能

直流主轴电动机的转矩-速度特性曲线如图 6-46 所示,在基本速度以下时属于恒转矩范围,用改变电枢电压来调速;在基本速度以上时属于恒功率范围,采用控制激磁的调速方法调速。一般来说,恒转矩的速度范围与恒功率的速度范围之比为 1:2。

直流主轴电动机一般都有过载能力,且大都能过载 150%(即为连续额定电流的 1.5 倍)。至于过载的时间,则根据生产厂的不同,有较大的差别,从 1 min 至 30 min 不等。

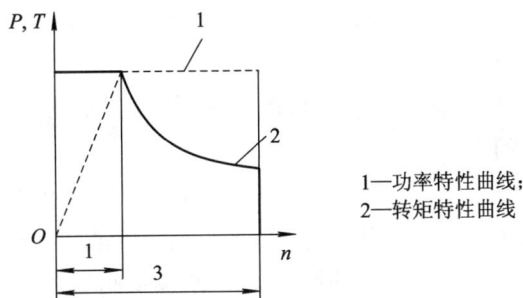

图 6 - 46　直流主轴电动机特性曲线

3. 直流主轴控制单元

主轴控制系统类似于直流速度控制系统，也由速度环和电流环构成双环控制系统，来控制直流主轴电动机的电枢电压。主回路采用可逆整流电路。因为主轴电动机的容量较大，所以主回路的功率开关元件采用晶闸管元件，此处不再细述。

一般来说，采用主轴控制系统之后，只需要二级机械变速，就可以满足一般数控机床的变速要求。

6.4.3　交流主轴电动机

1. 结构特点

前面提到，交流伺服电动机的结构有笼型感应电动机和永磁式同步电动机两种结构，而且大都为后一种结构形式。而交流主轴电动机与伺服电动机不同，交流主轴电动机采用感应电动机形式。这是因为受永磁体的限制，当容量做得很大时电动机成本太高，使数控机床无法使用。另外数控机床主轴驱动系统不必像伺服驱动系统那样，要求如此高的性能，调速范围也不要太大。因此，采用感应电动机进行矢量控制就完全能满足数控机床主轴的要求。

笼型感应电动机在总体结构上是由三相绕组的定子和有笼条的转子构成的。虽然也可采用普通感应电动机作为数控机床的主轴电动机，但一般而言，交流主轴电动机是专门设计的，各有自己的特色。如为了增加输出功率，缩小电动机的体积，都采用定子铁心在空气中直接冷却的办法，没有机壳；而且在定子铁心上加工有轴向孔以利通风等，因此电动机的外形呈多边形而不是圆形。交流主轴电动机结构和普通感应电动机的比较如图 6 - 47 所示。

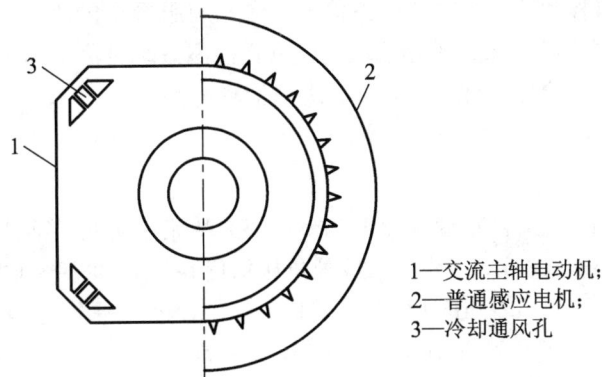

1—交流主轴电动机；
2—普通感应电机；
3—冷却通风孔

图 6 - 47　比较示意图

转子结构与一般笼型感应电动机相同，多为带斜槽的铸铝结构。这类电动机轴的尾部安装检测用脉冲发生器或脉冲编码器。

在电动机安装上，一般有法兰式和底脚式两种，可根据不同需要选用。

2. 交流主轴电动机的性能

交流主轴电动机的特性曲线如图 6-48 所示。从图中曲线可以看出，交流主轴电动机的特性曲线与直流主轴电动机类似，在基本速度以下为恒转矩区域，而在基本速度以上为恒功率区域。但有些电动机，如图中所示的那样，当电动机速度超过某一定值之后，其功率-速度曲线又会向下倾斜，不能保持恒功率。对于一般主轴电动机，恒功率的速度范围只有 1:3 的速度比。另外，交流主轴电动机也有一定的过载能力，一般为额定值的 1.2~1.5 倍，过载时间则从几分钟到半个小时不等。

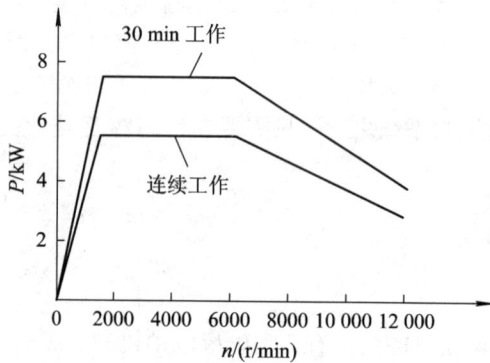

图 6-48 交流主轴电动机的特性曲线

6.5 数控机床位置检测装置

6.5.1 检测装置的要求与分类

伺服系统是机床的驱动部分，计算机输出的控制信息通过伺服系统和传动装置变成机床主轴的旋转运动或工作台的直线移动。位置检测装置是数控机床伺服系统的重要组成部分，其作用是检测位移和速度，发送反馈信号，构成伺服系统的闭环或半闭环控制。数控机床的加工精度主要由检测系统的精度决定。位置检测系统可测量的最小位移量称为分辨率。分辨率不仅取决于检测元件本身，也取决于检测电路。

1. 位置检测装置的主要要求

1) 满足数控机床的精度和速度要求

随着数控机床的发展，其精度和速度越来越高。从精度上讲，某些数控机床的定位精度已达到 ±0.002 mm/300 m，一般要求数控机床精度在 ±0.002~0.02 mm/m 之间，测量系统分辨率在 0.001~0.01 mm 之间；从速度上讲，进给速度已从 10 m/min 提高到 20~30 m/min，主轴转速也达到 10 000 r/min，有些高达 100 000 r/min，因此要求检测装置必须满足数控机床高精度和高速度的要求。

2）高可靠性和高抗干扰性

检测装置应能抗各种电磁干扰，抗干扰能力强，基准尺对温湿度敏感性低，温湿度变化对测量精度影响小。

3）使用维护方便，适合机床运行环境

测量装置安装时要有一定的安装精度要求，安装精度要合理。由于易受使用环境的影响，整个测量装置要求有较好的防尘、防油雾、防切屑等措施。

4）成本低

要求位置检测装置采购投入少，安装与维护成本低，使用寿命长。

2. 位置检测装置的分类

对于不同类型的数控机床，根据不同的工作环境和不同的检测要求，应该采用不同的检测方式，见表 6 - 3。

表 6 - 3　位置检测装置分类

类　型	数　字　式		模　拟　式	
	增量式	绝对式	增量式	绝对式
回转型	增量式光电脉冲编码器、圆光栅	绝对式光电脉冲编码器	旋转变压器、圆型感应同步器、圆型磁尺	多极旋转变压器、三速圆型感应同步器
直线型	计量光栅、激光干涉仪	多通道透射光栅	直线型感应同步器、磁尺	三速直线型感应同步器、绝对式磁尺

1）增量式与绝对式

（1）增量式测量方式。

增量式测量方式是指只测量位移增量，移动一个测量单位即能发出一个测量信号。其优点是检测装置比较简单，能做到高精度，任何一个对中点均可作为测量起点；缺点是一旦计数有误，此后结果全错；发生故障时（如断电、断刀等），事故排除后，再也找不到正确位置。

（2）绝对式测量方式。

绝对式测量方式是指被测量的任一点都以一个固定的零点作基准，每一被测点都有一个相应的测量值。这样就避免了增量式检测方式的缺陷，但其结构较为复杂。

2）数字式与模拟式

（1）数字式测量方式。

数字式测量方式是将被测量单位量化为数字形式表示，它的特点是：

① 被测量量化后转换成脉冲个数，便于显示处理；

② 测量精度取决于测量单位，与量程基本无关；

③ 检测装置比较简单，脉冲信号抗干扰能力强。

（2）模拟式测量方式。

模拟式测量方式是将被测量用连续的变量来表示。在大量程内作精确的模拟式检测，在技术上有较高的要求，因此数控机床中的模拟式检测主要用于小量程测量。它的主要特点是：

① 直接对被测量进行检测，无需量化；

② 在小量程内可以实现高精度测量；

③ 可用于直接检测和间接检测。

3）直接测量与间接测量

（1）直接测量。

对机床的直线位移采用直线型检测装置测量，称为直接测量。直接测量的精度主要取决于测量元件的精度，不受机床传动装置的直接影响，但检测装置要与行程等长。这对大型数控机床来说，是一个很大的限制。

（2）间接测量。

对机床直线位移采用回转型检测元件测量，称为间接测量。间接测量精度取决于检测装置和机床传动链两者的精度，但间接测量无长度限制。

6.5.2 旋转变压器

旋转变压器属于电磁式位置检测传感器，可用于角位移测量。在结构上与绕线式异步电动机相似，由定子和转子组成。激磁电压接到定子绕组上，激磁频率通常为 400 Hz、500 Hz、1000 Hz 及 5000 Hz。转子绕组输出感应电压，输出电压随被测角位移的变化而变化。旋转变压器可单独和滚珠丝杠相连，也可与伺服电动机组成一体。

1. 结构特点

从转子感应电压的输出方式来看，旋转变压器可分为有刷和无刷两种类型。

有刷旋转变压器定子与转子上的两相绕组轴线分别互相垂直，转子绕组的端点通过电刷与滑环引出。无刷旋转变压器如图 6-49 所示，由分解器与变压器组成，无电刷和滑环。分解器结构与有刷旋转变压器基本相同。变压器的一次绕组绕在与分解器转子轴固定在一起的线轴上，与转子一起转动；二次绕组绕在与转子同心的定子轴线上。分解器定子线圈外接激磁电压，转子线圈的输出信号接到变压器的一次绕组，从变压器的二次绕组引出最后的输出信号。无刷旋转变压器的特点是输出信号大，可靠性高且寿命长，不用维修，更适合数控机床使用。

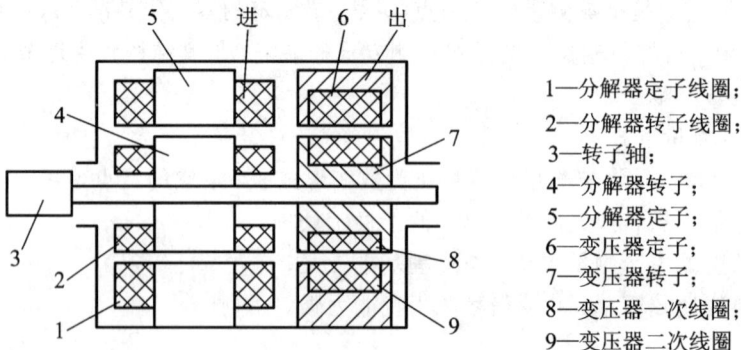

1—分解器定子线圈；
2—分解器转子线圈；
3—转子轴；
4—分解器转子；
5—分解器定子；
6—变压器定子；
7—变压器转子；
8—变压器一次线圈；
9—变压器二次线圈

图 6-49 无刷旋转变压器的结构示意图

2. 工作原理

实际应用的旋转变压器为正、余弦旋转变压器，其定子与转子各有互相垂直的两个绕组，图6-50所示为正、余弦旋转变压器原理图。其中，定子上的两个绕组分别为正弦绕组（激磁电压为 U_{1s}）和余弦绕组（激磁电压为 U_{1c}），转子绕组中的一个绕组为输出电压 U_2；另一个绕组接高阻抗作为补偿，θ 为转子偏转角。定子绕组通入不同的激磁电压，可得到两种不同的工作方式：相位工作方式和幅值工作方式。

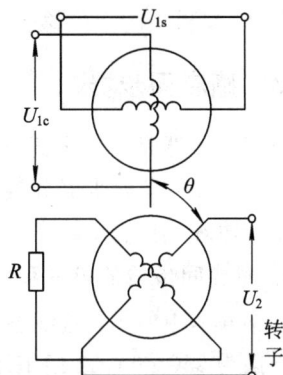

图 6-50　正、余弦旋转变压器原理

1）相位工作方式

给定子的两个绕组通以相同幅值、相同频率，但相位差 $\pi/2$ 的交流激磁电压，则有

$$U_{1s} = U_m \sin\omega t$$

$$U_{1c} = U_m \sin\left(\omega t + \frac{\pi}{2}\right) = U_m \cos\omega t$$

当转子正转时，这两个激磁电压在转子绕组中产生的感应电压经叠加后，转子的感应电压 U_2 为

$$U_2 = \kappa U_m \cos(\omega t - \theta) \qquad\qquad (6-25)$$

式中：U_m——激磁电压幅值；

κ——电磁耦合系数，$\kappa<1$；

θ——相位角，也即转子偏转角。

当转子反转时，同样可得到

$$U_2 = \kappa U_m \cos(\omega t + \theta) \qquad\qquad (6-26)$$

可见，转子输出电压的相位角和转子的偏转角之间有严格的对应关系，只要检测出转子输出电压的相位角，就可以求得转子的偏转角，也就可得到被测轴的角位移（因为在结构上被测轴与旋转变压器的转子连接在一起）。

2）幅值工作方式

在定子的正、余弦绕组上分别通以频率相同、相位相同但幅值分别为 U_{sm} 和 U_{cm} 的交流激磁电压，则有

$$U_{1s} = U_{sm} \sin\omega t$$

$$U_{1c} = U_{cm} \sin\omega t$$

当给定电气角为 α 时，交流激磁电压幅值分别为

$$U_{sm} = U_m \sin\alpha$$

$$U_{cm} = U_m \cos\alpha$$

当转子正转时，U_{1s}、U_{1c} 经叠加，在转子上的感应电压 U_2 为

$$U_2 = \kappa U_m \cos(\alpha - \theta)\sin\omega t \qquad\qquad (6-27)$$

当转子反转，同理有

$$U_2 = \kappa U_m \cos(\alpha + \theta)\sin\omega t \qquad\qquad (6-28)$$

在式（6-27）和式（6-28）中，$\kappa U_m \cos(\alpha-\theta)$、$\kappa U_m \cos(\alpha+\theta)$ 为感应电压的幅值。

可见，转子感应电压的幅值随转子的偏转角 θ 而变化。因此只要测量出幅值即可求得偏转角 θ，被测轴的角位移也就可求得了。

6.5.3　感应同步器

感应同步器是一种电磁感应式的高精度位移检测装置。实质上，它是多极旋转变压器的展开形式。感应同步器分旋转式和直线式两种，前者用于角度测量，后者用于长度测量，两者工作原理相同。

1. 感应同步器的组成和原理

如图 6-51 所示，直线型感应同步器由定尺和滑尺组成。定尺是单向均匀感应绕组，尺长一般为 250 mm，绕组节距 2τ 通常为 2 mm。滑尺上有两组激磁绕组，一组称为正弦绕组，另一组称为余弦绕组。两绕组节距与定尺相同，并相互错开 1/4 节距排列，一个节距相当于旋转变压器的一转（称为 360°电角度），因此两激磁绕组之间相差 90°电角度。

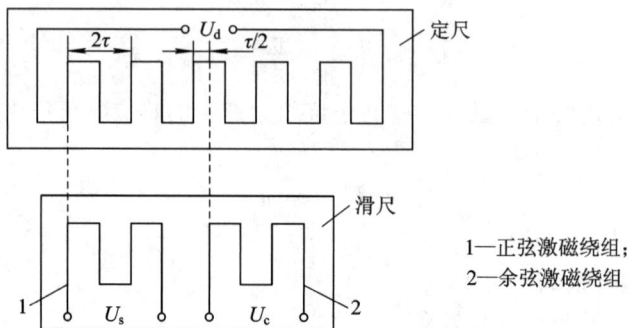

1—正弦激磁绕组；
2—余弦激磁绕组

图 6-51　直线型感应同步器

使滑尺与定尺相互平行，并保持一定的间距，向滑尺通以交流激磁电压，则在滑尺绕组中产生激磁电流；绕组周围产生按正弦规律变化的磁场，由电磁感应在定尺上感应出感应电压；当滑尺与定尺间产生相对位移时，由于电磁耦合的变化，使定尺上的感应电压随位移的变化而变化。

同旋转变压器工作方式相似，根据滑尺中激磁绕组供电方式不同，感应同步器可分为相位工作方式和幅值工作方式两种。

1）相位工作方式

给滑尺正弦绕组和余弦绕组通以同频、同幅但相位相差 $\pi/2$ 的交流激磁电压，则有

$$U_s = U_m \sin\omega t$$

$$U_c = U_m \sin\left(\omega t + \frac{\pi}{2}\right) = U_m \cos\omega t$$

当滑尺移动 X 距离时，定尺绕组中的感应电压为

$$U_d = \kappa U_m \sin(\omega t - \theta) = \kappa U_m \sin\left(\omega t - \frac{\pi X}{\tau}\right)$$

式中：κ——电磁耦合系数；

$\quad\quad U_m$——激磁电压幅值；

$\quad\quad 2\tau$——节距；

X——滑尺移动距离；

θ——电气相位角。

可见，定尺的感应电压与滑尺的位移量有严格的对应关系，通过测量定尺感应电压的相位即可测得滑尺的位移量。

2）幅值工作方式

给滑尺的正弦绕组和余弦绕组分别通以同相位、同频率但幅值不同的激磁电压，则有

$$U_\text{s} = U_\text{sm}\sin\omega t，\quad U_\text{c} = U_\text{cm}\sin\omega t$$

其中，U_sm、U_cm 的幅值分别为

$$U_\text{sm} = U_\text{m}\sin\theta_1，\quad U_\text{cm} = U_\text{m}\cos\theta_1$$

式中：θ_1——给定电气角。

则滑尺移动时，定尺上的感应电压为

$$U_\text{d} = \kappa U_\text{m}\sin\omega t\ \sin(\theta_1 - \theta) = \kappa U_\text{m}\sin\omega t\ \sin\Delta\theta$$

当 $\Delta\theta$ 很小时，定尺上的感应电压可近似表示为

$$U_\text{d} = \kappa U_\text{m}\sin\omega t\,\Delta\theta$$

而

$$\Delta\theta = \frac{\pi\Delta X}{\tau}$$

则有

$$U_\text{d} = \kappa U_\text{m}\frac{\pi}{\tau}\Delta X\ \sin\omega t$$

式中：ΔX——滑尺位移增量。

由此可见，当位移量 ΔX 很小时，感应电压的幅值和 ΔX 成正比，因此可以通过测量 U_d 的幅值来测定位移量 ΔX 的大小。

2. 感应同步器的特点和使用

感应同步器存在下列特点：

(1) 精度高。感应同步器直接对机床的位移进行测量，测量结果只受本身精度的限制。定尺上感应电压信号为多个周期的平均效应，降低了绕组局部尺寸误差的影响，可达到较高的测量精度，其直线精度一般为 ± 0.002 mm/250 mm。

(2) 对环境的适应性较强。感应同步器利用电磁感应原理产生信号，所以不怕油污和灰尘污染，测量信号与绝对位置一一对应，不易受到干扰。

(3) 使用寿命长，安装维修简单。

(4) 可用于长距离位移测量，适合于大中型机床使用。

(5) 工艺性好，成本低。定尺与滑尺绕组便于复制和成批生产。直线型感应同步器的定尺安装在机床的不动部件上，它既可直接安装在机床某个面上，也可以和尺座构成组件后再安装在机床上。

3. 感应同步器检测系统的应用

感应同步器作为位置测量装置，安装在数控机床上，它有两种工作方式：相位工作方式（即鉴相方式）和幅值工作方式（即鉴幅方式）。

1）鉴相测量系统

如图 6 - 52 所示，感应同步器鉴相测量系统由脉冲-相位变换器、激磁供电线路、信号

放大器、鉴相器及感应同步器组成。

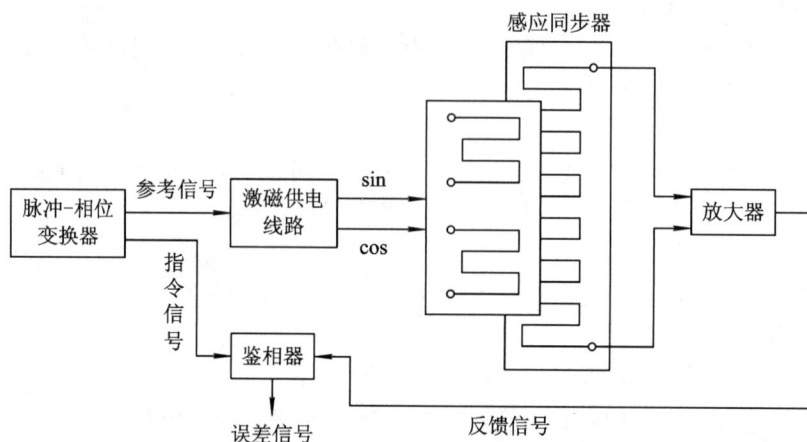

图 6-52　鉴相测量系统的结构

感应同步器以相位工作方式工作。若以位移指令值的相位信号作为基准相位信号,给感应同步器的滑尺中两绕组供电,则定尺感应电压相位反映了相位工作台的实际位移。基准相位与感应相位的相位差为实际位置与指令位置的差距,用其作为伺服驱动的控制信号,控制执行元件向减小误差的方向运动。

该系统中脉冲-相位变换器的作用是将输入指令脉冲转换成相位值,图 6-53 所示为其基本原理。

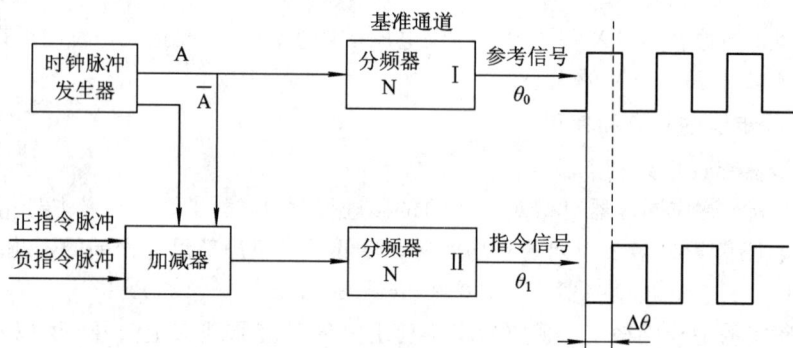

图 6-53　脉冲相位变换器基本原理

2) 鉴幅测量系统

如图 6-54 所示,感应同步器鉴幅测量系统由脉冲混合器、数字正余弦发生器、放大器、误差变换器及感应同步器等组成。

感应同步器以幅值方式工作。通过鉴别定尺绕组输出误差信号的幅值,就可以进行位移测量。在此系统中作为比较器的是鉴幅器,也称门槛电路。

定尺绕组输出的误差信号经放大后送误差变换器。误差变换器的作用是辨别误差的方向和产生实际位移脉冲。误差变换器中包含门槛电路。一旦定尺绕组上输出的感应电压超过门槛电平时,便会产生输出脉冲。这些脉冲一方面作为实际位移值送到脉冲混合器,另一方面用于正、余弦信号发生器,修正其电压幅值。

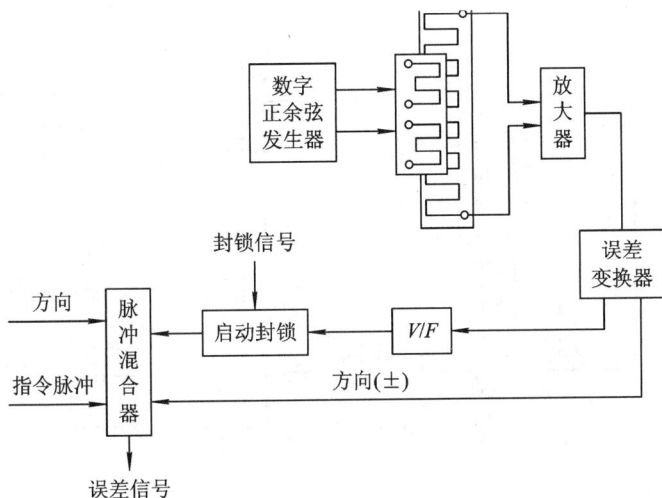

图 6-54　感应同步器鉴幅测量系统

脉冲混合器将指令脉冲与反馈脉冲比较得到跟踪误差，经 D/A 转换后变为模拟信号，控制伺服机构带动工作台移动。

6.5.4　光电编码器

编码器又称编码盘或码盘，它把机械转角转换成电脉冲，是一种常用的角位移测量装置。编码器分为光电式、接触式和电磁感应式三种。光电式的精度和可靠性都优于其他两种，因而广泛用于数控机床上。

光电编码器可分为增量式光电脉冲编码器和绝对式光电脉冲编码器两种。增量式脉冲编码器能够把回转件的旋转方向、旋转角度和旋转角速度准确测量出来。绝对式光电脉冲编码器可将被测转角转换成相应的代码来指示绝对位置且没有累计误差，是一种直接编码式的测量装置。下面重点介绍增量式光电脉冲编码器。

1. 增量式光电脉冲编码器的结构特点

图 6-55 所示为增量式光电脉冲编码器的结构，它由电路板、圆光栅、指示光栅、轴、光敏元件、光源和连接法兰等组成。圆光栅是在一个圆盘的圆周上刻有相等间距的线纹，分为透明的和不透明的部分，圆光栅与工作轴一起旋转。与圆光栅相对平行地放置一个固定的扇形薄片，称为指示光栅，上面刻有相差 1/4 节距的两个狭缝和一个零位狭缝（一转发出一个脉冲）。光电编码器通过十字连接头或键与伺服电动机相连。它的法兰固定在电动机端面上，罩上防尘罩，构成一个完整的检测装置。

2. 增量式光电脉冲编码器的工作原理

当圆光栅旋转时，光线透过两个光栅的线纹部分，形成明暗相间的条纹。光电元件接收这些明暗相间的光信号，并转换为交替变化的电信号。该信号为两组近似于正弦波的电流信号 A 和 B，A 信号和 B 信号相位相差 $90°$，经过放大和整形变成方波，如图 6-56 所示。通过两个光栅的信号，还有一个"一转脉冲"（一转发出一个脉冲），称为 Z 相脉冲。该脉冲也是通过上述处理得来的。Z 相脉冲用来产生机床的基准点，该脉冲以差动形式 Z 和 $\bar{Z}$（Z 的反相）输出。

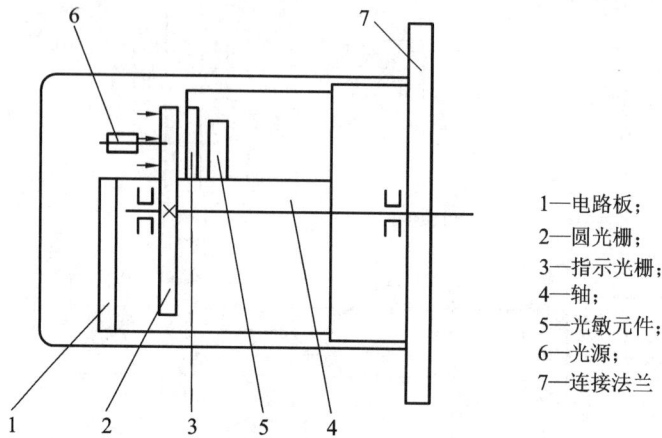

1—电路板；
2—圆光栅；
3—指示光栅；
4—轴；
5—光敏元件；
6—光源；
7—连接法兰

图 6-55　增量式光电脉冲编码器结构示意

从图 6-56 可看出，根据信号 A 和信号 B 的发生顺序，即可判断光电编码器轴的正反转。若 A 相超前于 B 相，则对应正转；若 B 相超前于 A 相，则对应反转。数控系统正是利用这一相位关系来判断方向的。

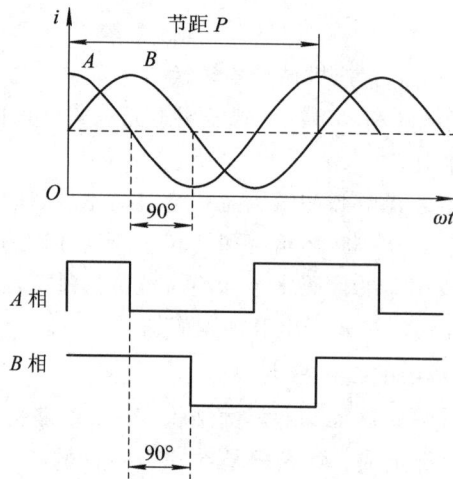

图 6-56　光电脉冲编码器的输出波形

在应用时，从光电脉冲编码器输出的 A 和经反相后的 $\overline{A}$，B 和经反相的 $\overline{B}$ 四个方波被引入位置控制回路，经辨向和乘以倍率后，形成代表位移的测量脉冲；经频率-电压变换器变成正比于频率的电压，作为速度反馈信号，供给速度控制单元，进行速度调节。

光电脉冲编码器的输出信号 A、$\overline{A}$、B 和 $\overline{B}$ 为差动信号。差动信号大大提高了传输的抗干扰能力。在数控机床上对上述信号进行倍频处理，可以进一步提高分辨率。

3. 光电脉冲编码器在数控机床上的应用

1）位置测量

在数控机床上，光电脉冲编码器用在数字比较伺服系统中，作为位置检测装置，将检测信号反馈给数控装置。

图 6-57(a)和(b)所示分别为光电脉冲编码器的信号处理电路和输出波形,脉冲编码器输出脉冲信号 A、$\overline{A}$、B 和 $\overline{B}$ 经过差分驱动和差分接收进入数控装置,再经过整形放大电路变为 A_1、B_1 两路脉冲。将 A_1 脉冲和它的反向信号 $\overline{A}_1$ 脉冲进行微分(图中为上升沿微分)作为加减计数脉冲。B_1 路脉冲信号被用作加减计数脉冲的控制信号,正走时(A 脉冲超前 B 脉冲)由 y_2 门输出加计数脉冲,此时 y_1 门输出为低电平;反走时(B 脉冲超前 A 脉冲)由 y_1 门输出减计数脉冲,此时 y_2 门输出为低电平。

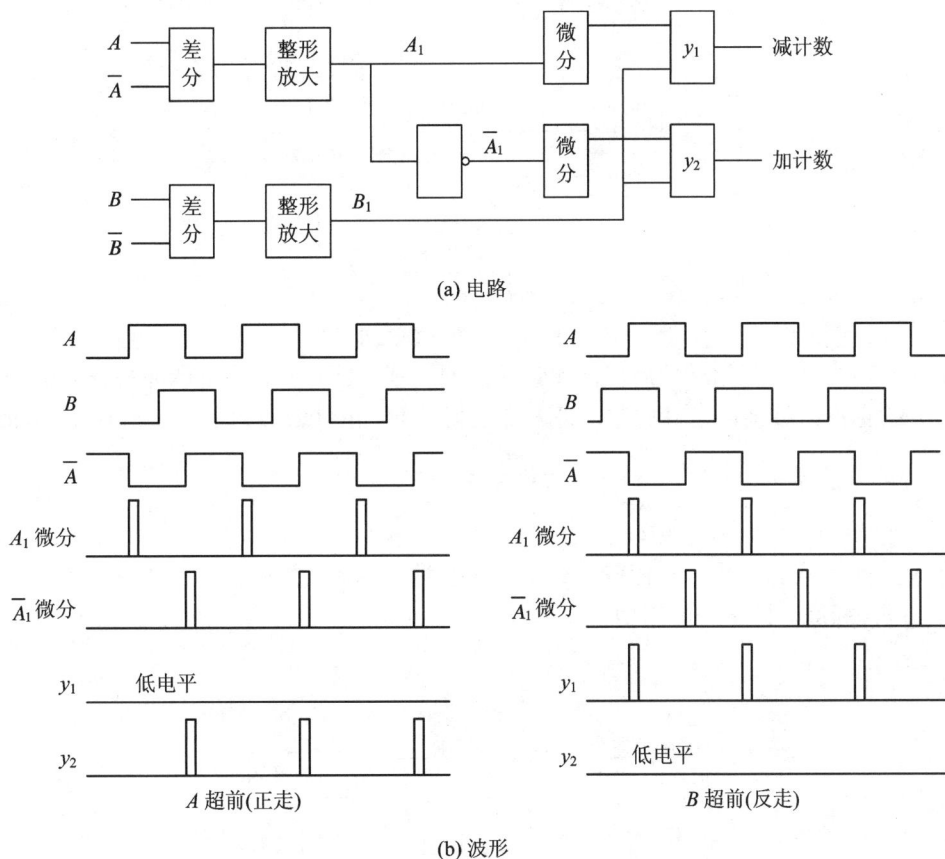

(a) 电路

(b) 波形

图 6-57　光电脉冲编码器信号处理电路和输出波形

把输出的脉冲输入到带加减计数要求的可逆计数器进行计数,即可检测出脉冲的数量,把这个数量乘以脉冲当量就可测出光电盘的转角。

在进行直线距离测量时,可将光电编码器装到伺服电动机轴上。因伺服电机轴与滚珠丝杠相连,所以当伺服电动机转动时,由滚珠丝杠带动工作台或刀具移动。这时光电编码器的转角对应直线移动部件的移动量,因此可根据滚珠丝杠的导程来计算移动部件的位移量。

2)转速测量

转速可由光电编码器发出的脉冲频率或周期测量。

用脉冲频率法测转速,是指在给定的时间内对光电编码器发出的脉冲计数然后由下式求出其转速,即

$$n = \frac{N_1}{N} \times \frac{60}{t} \quad (\text{r/min})$$

式中：t——测速采样时间，s；

N_1——t 时间内测的脉冲数；

N——编码器每转脉冲数。

图 6-58 所示为用脉冲频率法测转速的原理。在给定 t 时间内，使门电路选通，编码器输出的脉冲允许进入计数器计数，这样可以算出 t 时间内光电编码器的平均转速。

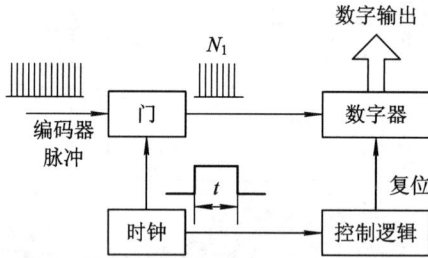

图 6-58　用脉冲频率法测速原理简图

图 6-59 所示为利用脉冲周期法测量转速的原理。当编码器输出脉冲的正半周期时导通门电路，标准时钟脉冲通过控制门进入计数器计数，由计数编码器可得出转速 n，即

$$n = \frac{60}{2N_2 NT} \quad (\text{r/min})$$

式中：N——编码器每转脉冲数；

N_2——编码器一个脉冲间隔内标准时钟脉冲的输出个数；

T——标准时钟脉冲的周期，s。

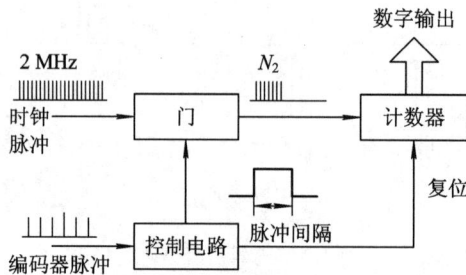

图 6-59　用脉冲周期法测速原理简图

6.5.5　光栅

在数控机床上，光栅测量装置应用较多，它的测量精度可达 1 μm，通过细分电路甚至可达到 0.1 μm 甚至更高精度。

光栅种类很多，其中有物理光栅和计量光栅之分。物理光栅的刻线细而密，栅距在 0.002~0.005 mm 之间，通常用于光谱分析和光波波长测定。计量光栅相对来说刻线较粗，栅距为 0.004~0.25 mm 之间，通常用于数字检测系统，用来检测高精度的直线位移和角位移。在数控机床上经常使用计量光栅这种精密的检测装置，它具有测量精度高、响应速度快等特点。

1. 光栅的结构和工作原理

光栅装置由标尺光栅和光栅读数头两部分组成。光栅读数头由光源、透镜、指示光栅、光敏元件和驱动线路组成。图 6-60 所示为垂直入射光栅读数头。

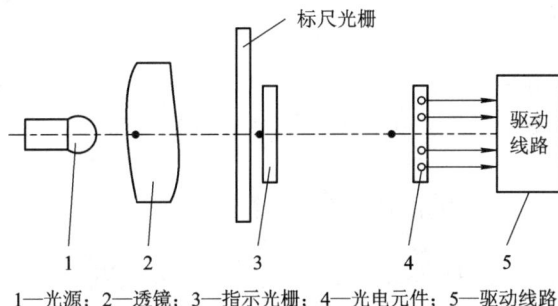

1—光源；2—透镜；3—指示光栅；4—光电元件；5—驱动线路

图 6-60　垂直入射光栅读数头示意图

通常标尺光栅固定在机床的活动部件上，光栅读数头装在机床的固定部件上，指示光栅又装在光栅读数头中。图 6-60 中，标尺光栅不属于光栅读数头，但它要穿过光栅读数头，且保证与指示光栅有准确的位置对应关系。标尺光栅和指示光栅统称为光栅尺，它们是用真空镀膜的方法刻上均匀密集线纹的透明玻璃片或长条形金属镜面。光栅尺上相邻两条光栅线纹间的距离称为栅距或节距 P，每毫米长度上线纹数称为线密度 κ，栅距与线密度互为倒数，即 $P=1/\kappa$。常见的直线光栅线密度为 50 条/mm、100 条/mm、200 条/mm。

安装时，要严格保证标尺光栅和指示光栅的平行度以及两者之间的间隙（0.05～0.1 mm），并且其线纹相互偏斜一个很小的角度 θ。两光栅线纹相交，当光线通过时由于光的衍射作用，在相交处出现黑色条纹，称为莫尔条纹，如图 6-61 所示。莫尔条纹的方向与光栅线纹的方向大致垂直。

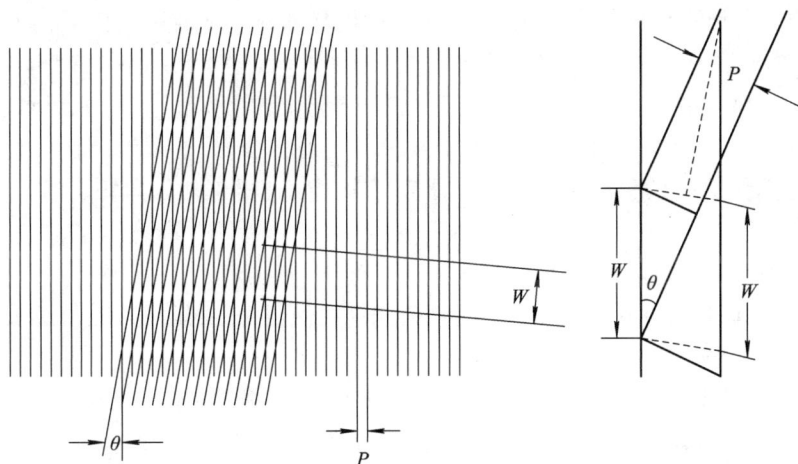

图 6-61　莫尔条纹

指示光栅与标尺光栅之间相对移动了一个栅距时，莫尔条纹也移动一个莫尔条纹间距，且其移动方向几乎与光栅移动方向垂直。设莫尔条纹的节距为 W，则从图 6-61 所示的几何关系可得

$$W = \frac{P}{\sin\theta}$$

式中：θ——光栅纹线间的夹角（rad）。

由于 θ 很小，$\sin\theta \approx \theta$，因此可得

$$W \approx \frac{P}{\theta}$$

可见，莫尔条纹具有放大作用。若 $P=0.01$ mm、$\theta=0.001$ rad，则 $W \approx 10$ mm。莫尔条纹的节距相对于光栅栅距放大了 1000 倍。因此，利用光的干涉现象，无需复杂的光学系统，即可大大提高光栅测量装置的分辨率。虽然光栅栅距很小，但莫尔条纹却清晰可见，便于测量。

光电元件所接收的光线受莫尔条纹影响呈正弦规律变化，因此在光电元件上会产生接近正弦规律变化的电流。

2. 光栅的种类

光栅种类很多，有玻璃透射光栅和金属反射光栅。玻璃透射光栅是在光学玻璃的表面上涂上一层感光材料或金属镀膜，再在涂层上刻出光栅条纹（用刻蜡、腐蚀、涂黑等办法制成）。金属反射光栅是在钢尺或不锈钢带的表面上，光整加工成反射光很强的镜面，用照相腐蚀工艺制作光栅条纹。金属反射光栅的特点是其线胀系数可以做到和机床的线胀系数一样，易于安装且易于削成较长光栅，但其刻线密度小，分辨率低。光栅也可以制成圆盘形的圆光栅，用来测量角位移。

根据光栅的工作原理，玻璃透射光栅可分为莫尔条纹式和透射直线式光栅两类。

1）莫尔条纹式光栅

莫尔条纹式光栅应用很普遍，莫尔条纹具有下列特点。

（1）起平均误差的作用。

莫尔条纹是由若干光栅刻线通过光干涉形成的，如 250 线/mm 光栅、10 mm 宽的莫尔条纹就由 2500 条刻线组成。这样一来，栅距之间的相邻误差就被平均化了。

（2）莫尔条纹的移动与栅距之间的移动成正比。

当光栅移动时，莫尔条纹就沿着垂直于光栅的运动方向移动，并且光栅每移动一个栅距 P，莫尔条纹就准确地移动一个节距。只要测量出莫尔条纹的数目，就可以知道光栅移动了多少个栅距，光栅的移动距离就可以计算出来。当光栅移动方向相反时，莫尔条纹的移动方向也相反。

（3）放大作用。

放大作用是莫尔条纹独具的特点，调整两光栅的倾斜角 θ，就可以改变放大倍数。

2）透射直线式光栅

透射直线式光栅由光源、长光栅（即标尺光栅）、短光栅（即指示光栅）、光电子元件组成。当两块光栅之间有相对移动时，由光电元件把两光栅相对移动产生的明暗变化转换为电流变化。当指示光栅的刻线与标尺光栅的透明间隔完全重合时，光电元件接收到的光通量最弱；当指示光栅的刻线与标尺光栅的刻线完全重合时，则光电元件接收到的光通量最强。光电元件接收到的光通量忽强忽弱，产生近似于正弦波的电流，再由电子线路转变为以数字显示的位移量。

玻璃透射光栅的特点是信号增幅大，装置结构简单，而且刻线密度较大，分辨率高，但光栅密度小。

3. 光栅测量装置的位移-数字变换电路

图 6-62 所示为光栅测量系统，光源光线通过标尺光栅和指示光栅产生莫尔条纹，图中由 a、b、c、d 四块光电池接收莫尔条纹信号。每相邻两块之间距离为 $W/4$，四块电池的距离之和就是莫尔条纹间距 W；当莫尔条纹移动时，由于在莫尔条纹间距 W 内通过的光线强度呈正弦波变化，因此每块光电池产生的电流（电压）也是正弦波，并且相邻两块电池产生的正弦波电信号相位相差 90°，而 a、c 及 b、d 间的相位差 180°；把 a、c 的输出接到差动放大器的两个输入端，把 b、d 的输出接到另一差动放大器，可获得两组相位相差 90°的放大信号；再经变换电路处理后可得到正向脉冲和反方向脉冲，由可逆计数器接收；用可逆计数器进行计数，就可测量光栅的实际位移。

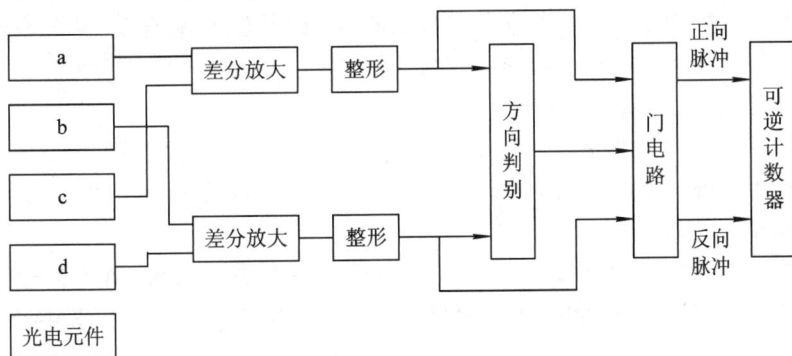

图 6-62 光栅测量系统

图 6-63 所示为光栅测量装置的位移-数字变换电路，这是一个 4 倍频电路，图 6-63(a) 为原理图，图 6-63(b) 为波形图。

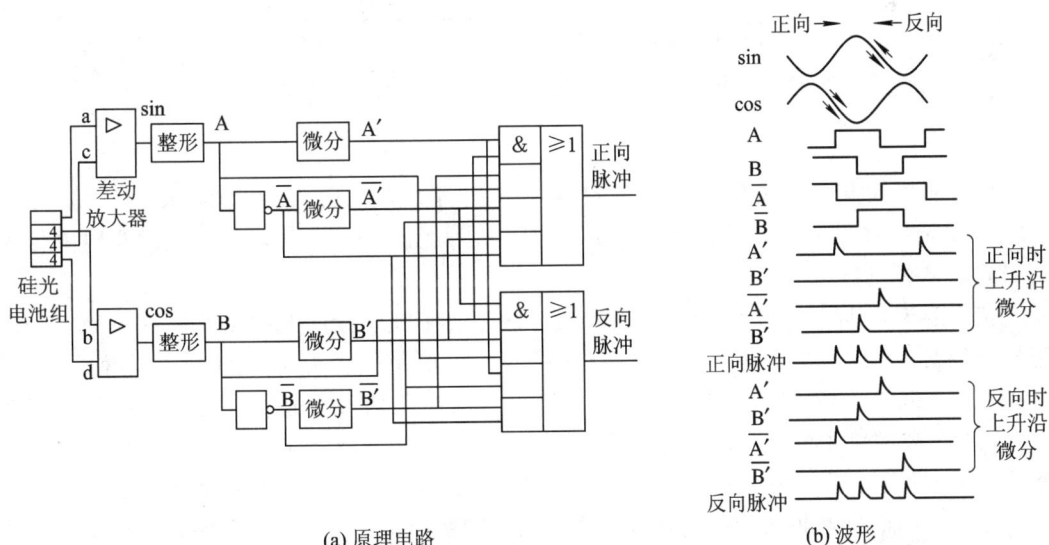

(a) 原理电路 (b) 波形

图 6-63 光栅测量装置的位移-数字变换电路

a、c 和 b、d 信号送入差动放大器后分别得到 sin 信号和 cos 信号，sin、cos 信号经整形变成方波，整形后的方波一路直进入微分电路产生脉冲，另一路反向后再进入微分电路产生脉冲。当 A 点在方波上升沿时，A′处产生脉冲；当 A 点在下降沿时，$\overline{A}$ 处为上升沿，

$\overline{A}'$处产生脉冲。同样，B 点在方波上升沿时，B$'$处产生脉冲；B 点在下降沿时，$\overline{B}'$处产生脉冲，也即在正向移动或反向移动时每个方波的上升沿产生脉冲。这些脉冲信号再经组合逻辑电路(与门和或门等)处理后，便可输出 4 倍频的正向脉冲或反向脉冲。

除 4 倍频电路外，还有 10 倍频、20 倍频电路。倍频电路可提高位置测量的分辨率和测量精度。

6.5.6 磁尺

1. 磁尺位置检测装置的组成和原理

磁尺位置检测装置由磁性标尺、读取磁头和检测电路组成，按其结构可分为直线型磁尺和圆型磁尺，分别用于直线位移和角位移的测量。磁尺安装调整方便，对使用环境的条件要求较低，对周围磁场的抗干扰能力较强，在油污、粉尘较多的场合下使用有较好的稳定性，具有精度高、复制简单等优点。

磁尺将一定节距的磁化信号用记录磁头记录在磁性标尺的磁膜上，作为测量基准。测量时，读取磁头将磁尺上的磁化信号转化为电信号，再送到检测电路中，把磁头相对于磁尺的位置或位移量用数字显示。

图 6-64 所示为磁尺的结构。磁尺一般采用非导磁材料做基体，在上面镀上一层 10～30 μm 厚的高导磁材料，形成均匀膜；再用录磁磁头在磁尺上记录相等节距的周期性磁化信号。

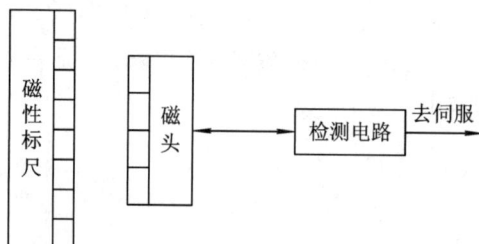

图 6-64 磁尺的结构

用作测量的基准，磁化信号为正弦波、方波等，节距通常为 0.05 mm、0.1 mm、0.2 mm；最后在磁尺表面还要涂上一层 1～2 μm 厚的保护层，以防磁尺与磁头频繁接触而引起磁膜磨损。

读取磁头是进行磁-电转换的变换器，它把记录在磁性标尺上的磁化信号检测出来送至检测线路，其原理与录音磁带的原理相同。但录音磁带的磁头(称为速度响应型磁头)只有和磁带之间有一定相对运动速度时，才能检测出磁化信号，这种磁头只能用于动态测量。而检测数控机床位置时，阅读速度是各种各样的，在低速甚至静止时也必须能够进行阅读，为此采用磁通响应型磁头。磁通响应磁头是在速度响应型磁头的铁心回路中，加入带有激磁线圈的饱和铁心，在激磁线圈中通以高频激磁电流，使读取线圈的输出信号振幅受到调制。

磁尺中激磁电流在一个周期内两次过零，两次出现峰值，相应磁开关通断各两次，输出线圈产生感应电压输出，即

$$U = U_0 \sin\left(\frac{2\pi x}{\lambda}\right)\sin\omega t$$

式中：U_0——感应电压幅值；

　　　　λ——磁性标尺节距；

　　　　x——选定某一 N 极作为位移零点，x 为磁头对磁性标尺的位移量；

　　　　ω——输出线圈感应电压的频率，它比激磁电流的频率 ω_0 高一倍。

可见磁头输出信号的幅值是位移 x 的函数，只需测出 U_{sc} 的过零次数，即可得到位移 x 的大小。

2. 磁栅测量装置的工作方式

1）鉴相式测量检测电路

如图 6-65 所示，将图中两组磁头通以同频、等幅但相位相差 90°的激磁电流，则两组磁头的输出电压为

$$U_1 = U_0 \sin\left(\frac{2\pi x}{\lambda}\right)\cos\omega t$$

$$U_2 = U_0 \cos\left(\frac{2\pi x}{\lambda}\right)\sin\omega t$$

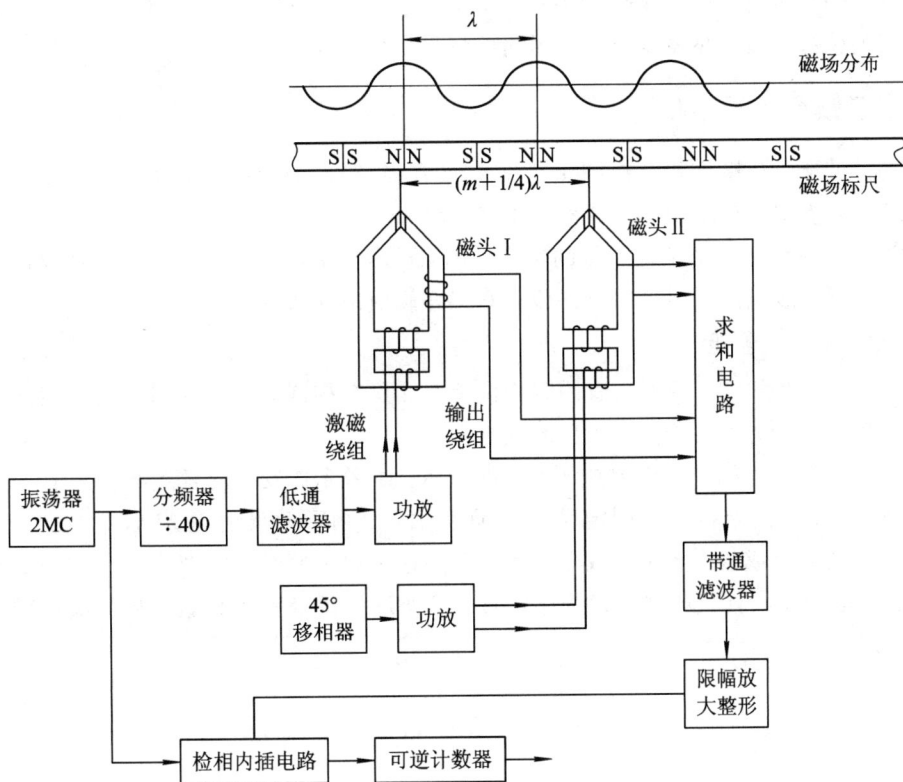

图 6-65　鉴相检测电路

将 U_1、U_2 求和，得

$$U = U_0 \sin\left(\frac{2\pi x}{\lambda} + \omega t\right)$$

可以看出，输出电压随磁头相对于磁尺的位移量 x 的变化而变化，因而根据输出电压

的相位变化，可以测量磁尺的位移量。双磁头是为了识别磁尺的运动方向而设置的，两磁头按 $(m\pm1/4)\lambda$ 配置，其中 m 为正整数，$\lambda/4$ 节距相当于 $\pi/4$ 电气角。

2）鉴幅式测量检测电路

鉴幅式测量检测电路与鉴相式测量检测电路一样，对两组磁头的激磁绕组通以同频率、同相位、同幅值的激磁电流，则两组磁头绕组输出的感应电压为

$$U_1 = U_0 \sin\left(\frac{2\pi x}{\lambda}\right)\sin\omega t$$

$$U_2 = U_0 \cos\left(\frac{2\pi x}{\lambda}\right)\sin\omega t$$

如果用检波器将其中的高频载波 $\sin\omega t$ 滤掉，便可得到相位相差为 $\pi/2$ 的两个交流电压信号，即

$$U_1' = U_0 \sin\left(\frac{2\pi x}{\lambda}\right)$$

$$U_2' = U_0 \cos\left(\frac{2\pi x}{\lambda}\right)$$

对 U_1' 和 U_2' 进行放大、整形，转换成方波信号，此方波信号与被测位移即磁头相对于磁性标尺的位移有确定的对应关系，因而可测得出位移 x。

6.5.7 双频激光干涉仪

高精度的磨床、镗床和坐标测量机上要求有高精度的机床位置检测装置以及定位系统，此时经常使用双频激光干涉仪作为机床的测量装置。而在精密机床上，高精度的双频激光干涉测量系统是精密位置测量的决定性因素。本节重点介绍双频激光干涉仪的工作原理。双频激光干涉仪是利用光的干涉原理和多普勒效应来进行位置检测的。

1. 激光干涉法测距

光的干涉原理表明：两列具有固定相位差，且具有相同频率、相同振动方向或振动方向之间夹角很小的光互相交叠，将会产生干涉。

激光干涉仪中光的干涉现象如图 6-66 所示。由激光器发出的激光经分光镜 A 分成反射光束 S_1 和透射光束 S_2，S_1 由固定反射镜 M_1 反射，S_2 由可动反射镜 M_2 反射，反射回来的光在分光镜处汇合成相干光束。激光干涉仪利用这一原理使激光束产生明暗相间的干涉条纹，再由光电转化元件接收并转换为电信号，经处理后由计数器计数，从而实现对位移量的检测。

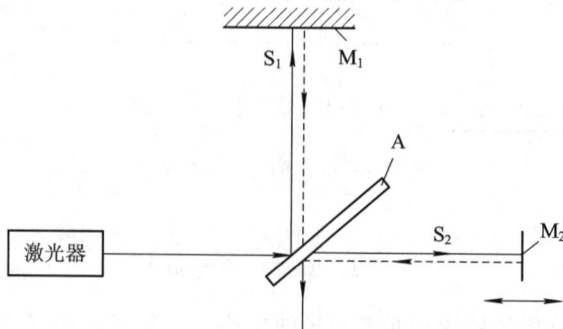

图 6-66 激光干涉仪中光的干涉现象

2. 多普勒效应

双频激光测量原理是建立在多普勒效应基础之上的。多普勒效应是一种很重要的波动现象。当光源以速度 u 远离观察者时，观察者接收到的光源的频率 f'，与光源静止时的频率 f 存在差值 Δf，该差值称为多普勒频差。

对于光波来说，不论光源与观察者的相对速度如何，测得的光速都是一样的，即测得的光频率与波长虽有所改变，但两者的乘积即光速保持不变。光源从观察者离开时与观察者从光源离开时有完全相同的多普勒频率，由相对理论可得光的多普勒频率为

$$f' = f\frac{1 - u/c}{\sqrt{1 - (u/c)^2}} \tag{6-29}$$

式中：c——光速。

利用二项式展开，当 u/c 比值很小而略去高次项时，用相对速度 v 代替 u，就可得出

$$\Delta f = (f - f') = f\frac{v}{c} \tag{6-30}$$

3. 双频激光干涉仪的基本原理

双频激光干涉仪由激光管、稳频器、光学干涉部分、光电接收元件、计数器电路等组成，如图 6-67 所示。

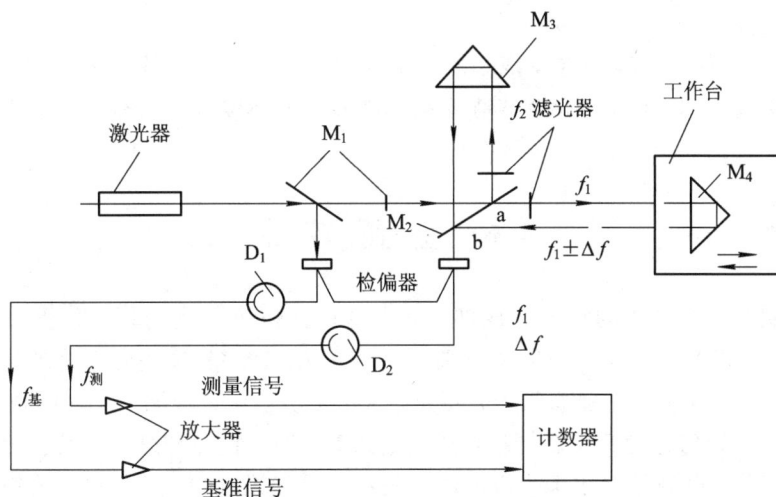

图 6-67　双频激光干涉仪的组成

将激光管放置于轴向磁场中，发出的激光为方向相反的右旋圆偏振光和左旋圆偏振光，得到两种频率为 f_1、f_2 的双频激光。经过分光镜 M_1 后，一部分反射光经检偏器射入光电元件 D_1，得到频率为 $f_基 = f_1 - f_2$ 的光电流；另一部分通过分光镜 M_1 的折射到达分光镜 M_2 的 a 处。频率为 f_2 的光束完全反射后经滤光器变为线偏振光 f_2，投射到固定棱角镜 M_3 后反射到分光镜 M_2 的 b 处；频率为 f_1 的光束折射后经滤光器变为线偏振光 f_1，投射到可动棱镜 M_4 后也反射到分光镜 M_2 的 b 处，两者产生相干光束。若 M_4 移动，则反射光的频率发生变化而产生多普勒效应，其频差为多普勒频差 Δf。

频率为 $f' = f_1 + \Delta f$ 的反射光与频率为 f_2 的反射光在 b 处汇合后，经检偏器投入光电元件 D_2，得到频率为 $f_测 = 2 - (f_1 \pm \Delta f)$ 的光电流。这路光电流与经光电元件 D_1 得到的频率为 $f_参$ 的光电流，同时经放大器放大后进入计算机，经减法器与计数器处理后即可算出

差值 $\pm \Delta f$。

在双频激光干涉仪中，可动棱镜的速度是 v，由于光线射入可动棱镜，又从它那里返回，这相当于光电接收元件相对光源的移动速度是 $2v$，根据式(6-30)有

$$\Delta f = f \frac{2v}{c} \qquad (6-31)$$

这就是由可动棱镜移动而产生的光的频率变化，即多普勒频差。据此，可导出可动棱镜在时间 t 内移动的距离 L 为

$$L = \int_0^t \frac{\lambda}{2} \Delta f \mathrm{d}t \qquad (6-32)$$

$\int_0^t \frac{\lambda}{2} \Delta f \mathrm{d}t$ 是在时间 t 内由计算机计得的脉冲数 N，因此式(6-32)可变为

$$L = \frac{\lambda}{2} N \qquad (6-33)$$

式中：λ——光的波长。

这就是由光的多普勒效应推导得出的激光干涉仪测长的基本公式。

可动棱镜 M_4 固定在机床工作台上，因而可由式(6-33)算出机床工作台的位移量。由于激光的波长极短，且单色性好，其波长值很准确，因此用双频激光干涉仪进行机床位置检测的精度极高。

同时，由于采用多普勒效应，双频激光干涉仪的计数器是计算频率差的变化，不受激光强度和磁场变化的影响，即使在光强衰减 90% 时，双频激光干涉仪也能正常工作，这是双频激光干涉仪的一个特点。

6.6　位　置　控　制

位置控制是伺服系统的重要组成部分，它是保证位置精度的环节。作为一个完整概念，有位置控制的系统才是真正完整意义的伺服系统。数控机床进给系统就是包括了三环控制的伺服系统。速度控制前面已经介绍过，这里只讲述位置控制环本身的技术。

位置控制按结构分为开环控制和闭环控制两类，按工作原理分为相位控制、幅值控制和数字控制三类。开环控制用于步进电动机为执行件的系统中，其位置精度由步进电动机本身保证；相位控制和幅值控制是早期直流伺服系统中使用的将控制信号变成相位(或幅值)，并进行比较的模拟控制方法，现在已经不使用；下面主要介绍闭环数字伺服系统的位置控制。

6.6.1　位置控制的基本原理

位置控制环是伺服系统的外环，它接收数控装置插补器每个插补采样周期发出的指令，作为位置环的给定；同时还接收每个位置采样周期测量反馈装置测出的实际位置值，然后与位置给定值进行比较(给定值减去反馈值)得出位置误差，该误差作为速度环的给定。实际上，根据伺服系统各环节增益(放大倍数)、倍率及其他要求，对位置环的给定、反馈和误差信号还要进行处理。从完整意义来看，位置控制包括的速度环和电流环的给定、反馈和误差信号也都需要处理。早期的位置控制，其速度环和电流环均采用模拟控制，有

些系统也只有位置环具有数字控制的概念，而且是采用脉冲比较方式，其位置误差数据经
D/A 转换变成模拟量后送给速度环。图 6-68 为模拟位置控制系统原理图，图中速度环中
的电流环没画。

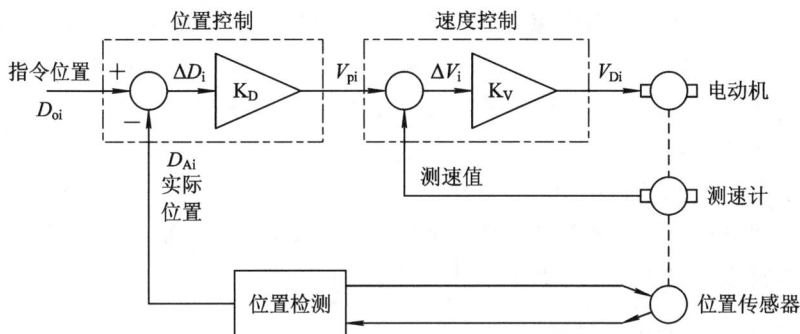

图 6-68　模拟位置控制系统的原理图

现代的全数字伺服系统不进行 D/A 转换。位置环、速度环和电流环的给定信号、反馈
信号、误差信号以及增益和其他控制参数均由系统中的微处理器进行数字处理。这样可以
使控制参数达到最优化，因而控制精度高，稳定性好，同时对实现前馈控制、自适应控制、
智能控制等现代先进控制方法都是十分有利的。

6.6.2　数字脉冲比较位置控制伺服系统

1. 数字脉冲比较位置控制系统的组成

数字脉冲比较是构成闭环和半闭环位置控制的一种常用方法。在半闭环伺服系统中，
经常采用由光电脉冲编码器等组成的位置检测装置；在闭环伺服系统中，多采用光栅及其
电路作为位置检测装置。通过检测装置进行位置检测和反馈，实现脉冲比较。图 6-69 为
数字脉冲比较位置控制的半闭环伺服系统，该系统中的位置环包括光电脉冲编码器、脉冲
处理电路和比较器环节等。

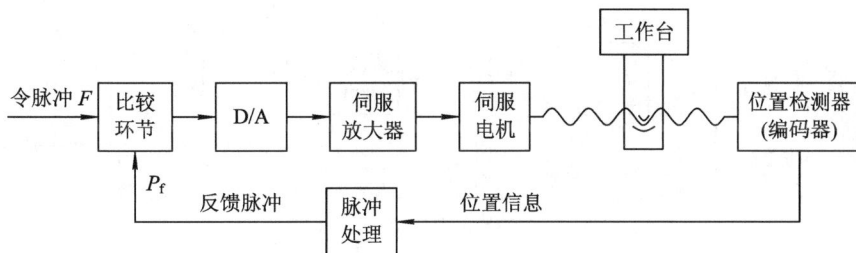

图 6-69　数字脉冲比较位置控制的半闭环伺服系统

2. 位置环的工作原理

位置环的工作按负反馈、误差原理工作，有误差就运动，没误差就停止，具体如下：

(1) 静止状态时，指令脉冲 $F=0$，工作台不动，则反馈脉冲 P_f 为零，经比较器得误差
（也称偏差）$e=F-P_f=0$。即速度环（在图中伺服、放大器环节中）给定为零，伺服电动机不
转，工作台仍处于不动静止状态。

(2) 指令为正向脉冲时，$F>0$，工作台在没有移动之前，反馈脉冲 P_f 仍为零，经比较

器比较，$e=F-P_f>0$，则速度控制系统驱动电动机转动，使工作台向正向进给。随着电动机的运转，检测出的反馈脉冲信号通过采样进入比较器，按负反馈原理，误差减小。如没有滞后，一个插补周期的给定和反馈脉冲应该相等，但误差一定存在，有误差就运动。当误差为零时，工作台达到指令所规定的位置。如按插补周期不断地给指令，工作台就不断地运动。误差为一个稳定值时，工作台为恒速运动；加速时，指令值由零不断增加，误差也不断加大，使工作台加速运动；减速时因误差逐渐差减小，使工作台减速运动。

（3）指令为负向脉冲时，$F<0$，其控制过程与指令为正向脉冲时类似。只是此时 $e=F-P_f<0$，使工作台向反向进给。

（4）比较器输出的位置偏差信号是一个数字量，对于模拟控制的速度环要进行 D/A 变换，才能变为模拟给定电压，使速度控制环工作。

6.6.3 全数字控制伺服系统

随着计算机技术、电子技术和现代控制理论的发展，数控伺服系统向着交流全数字化方向发展，交流系统取代直流系统，数字控制取代模拟控制。全数字数控是用计算机软件实现数控的各种功能，完成各种参数的控制。在数控伺服系统中，主要表现在位置环、速度环和电流环的数字控制。现在，不但位置环的控制数字化，而且速度环和电流环的控制也全面数字化。数字化控制发展的关键是依靠控制理论及算法、检测传感器、电力电子器件和微处理器功能等的发展。

图 6-70 为全数字控制伺服系统的原理图。图中，电流环、位置环均设有数字化测量传感器；速度环的测量也是数字化测量，它是通过位置测量传感器得出（这是一种常用方法，如使用脉冲编码器就能做到两用）的。从图中还可以看到，速度控制和电流控制是由专用 CPU（在图中"进给控制"框）完成的，位置反馈、比较等处理工作通过高速通信总线由"位控 CPU"完成，其位置偏差再由通信总线传给速度环。此外，各种参数控制及调节也由微处理器实现，特别是正弦脉宽调制变频器的矢量变换控制。

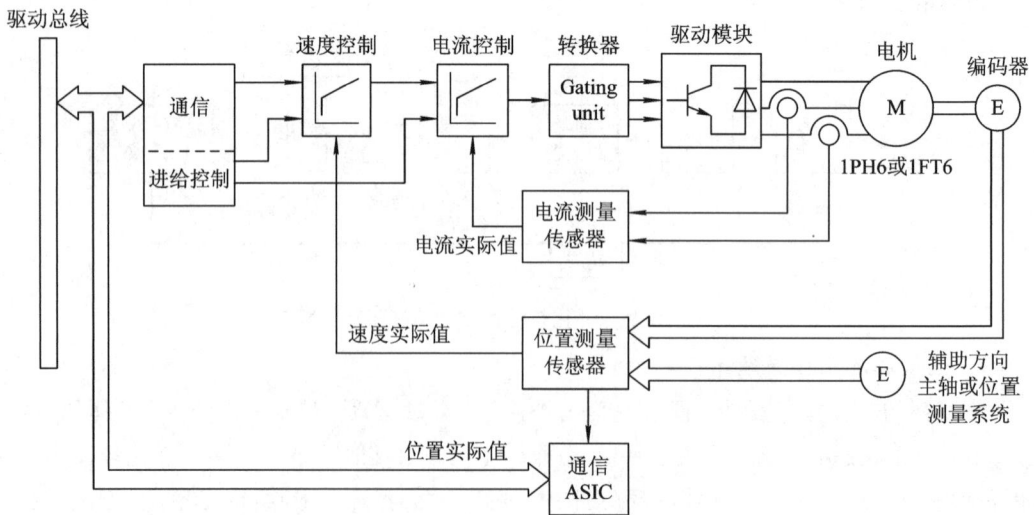

图 6-70 全数字控制伺服系统

知识拓展

802S/C 系列数控系统是 SIEMENS 公司于 20 世纪 90 年代末专为简易数控机床开发的集 CNC、PLC 于一体的经济型控制系统，系统性能价格比高，近年来在国产经济型和普及型数控车、铣、磨床上有较大量的使用。

1. SIEMENS 802S 系统的基本结构

SIEMENS 802S 系统是步进电动机驱动控制系统，系统组成如图 6－71 所示。

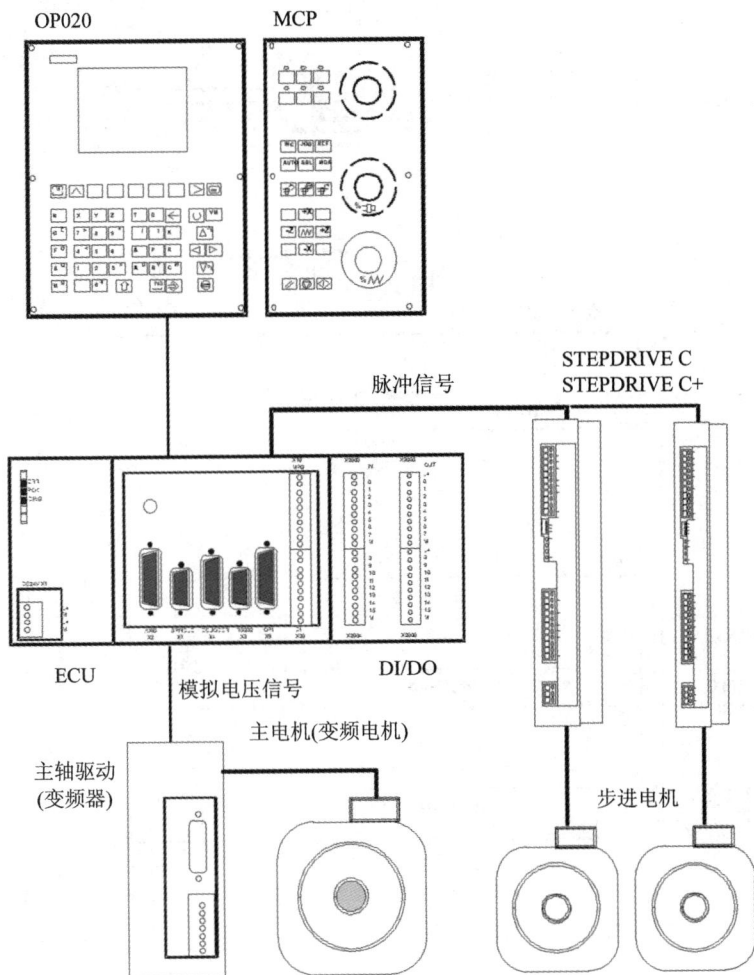

图 6－71　SIEMENS 802S 系统的组成框图

SIEMENS 802S 系统由下列部件组成，各部件的连接关系如图 6－72 所示。

（1）系统操作面板（OP020）。

（2）机床操作面板（MCP）。

（3）中央控制单元（ECU 模块）。

（4）输入输出模块（DI/DO 模块）。

（5）步进驱动器（STEPDRIVE C 和 STEPDRIVE C＋）。

（6）步进电动机（五相二十拍细分步进电动机）。

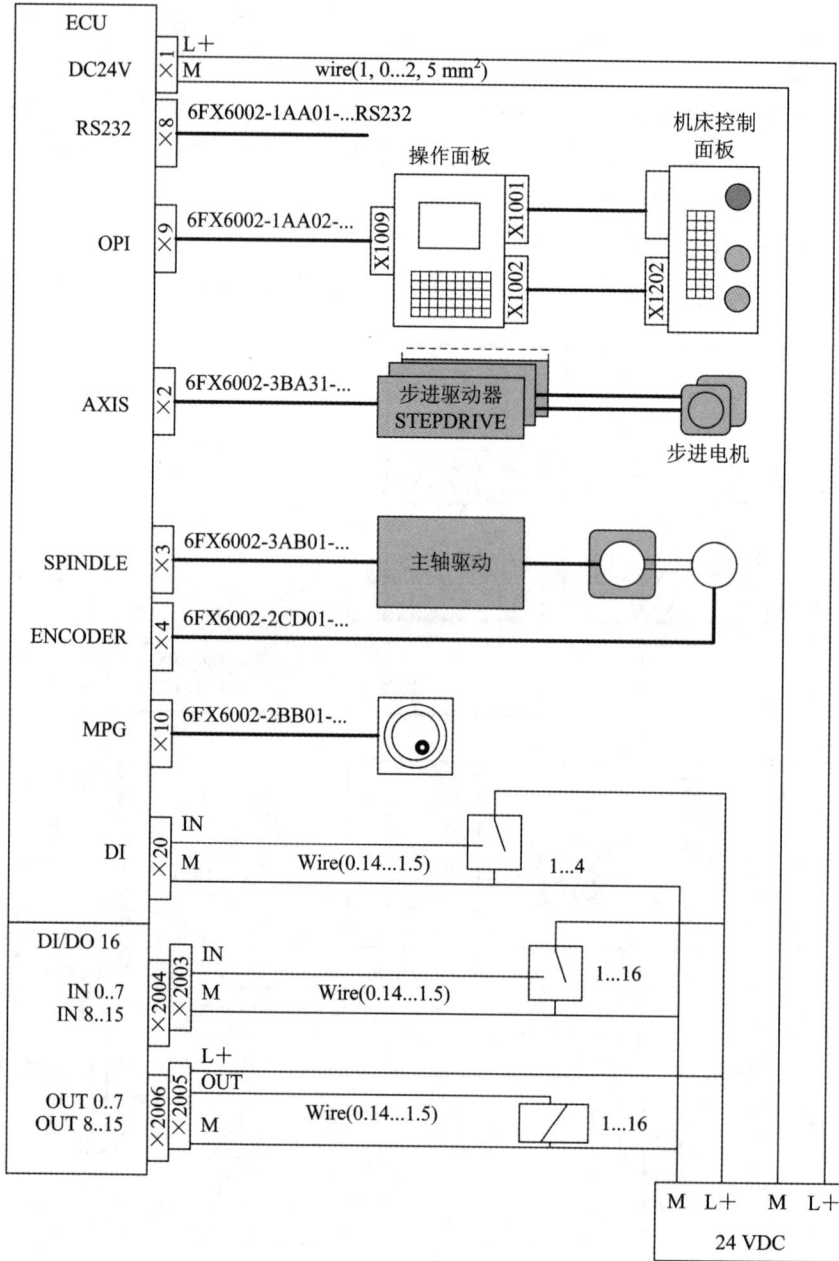

图 6-72　SIEMENS 802S 系统部件连接图

2. SIEMENS 802S 系统的特点

（1）采用 32 位微处理器（AM486DE2）。

（2）采用 S7-200 的集成式 PLC 编程环境，可以满足相当复杂和多变的外部逻辑要求。PLC 模块带 16 点数字输入和 16 点数字输出，额定电平为直流 24 V，输出最大负载电流为 0.5 A。DI/DO 模块可通过总线插头直接连到 ECU 模块上，输入输出点数可根据需要通过增加模块来逐级增加，最多可扩展至 4 个 DI/DO 模块（即 64 点输入和输出）。

（3）装备分离式小尺寸操作面板（OP020）和机床控制面板（MCP）。

（4）启动数据少，安装调试方便，具有中英文菜单显示，操作编程简单。

（5）可以用机床数据来匹配各种可能的机械配置，具有特佳的灵活性。

（6）利用 RS 232 通讯接口，可与电脑或其他设备进行数据交换。

（7）可控制 2～3 个进给轴和一个开环主轴（如变频器），可通过脉冲和方向信号与步进电动机驱动器相连，以控制进给轴。

（8）具有 8 MB 静态存储器和 4 MB FLASH 存储器（闪存）。

（9）具有丰富的加工指令、图形编程、固定循环、示教功能。

（10）装置 5.7 英尺（1 英尺＝0.3048 米）液晶显示屏。

3．SIEMENS 802S 步进驱动系统硬件故障报警与处理

驱动系统中有四个 LED 发光二极管用于模块报警，分别是 RDY、TMP、FLT 和 DIS。LED 报警灯的含义以及所应采取的措施见表 6-4。

表 6-4　发光二极管报警说明

符号	颜色	报警灯亮时的含义	措　施
RDY	绿	驱动就绪	
DIS	黄	驱动正常，但电动机无电流	检查输出使能信号
FLT	红	（1）电压过高或过低； （2）电动机相间短路； （3）电动机相与地短路	（1）测量 85 VAC 工作电压； （2）检测电缆零件
TMP	红	驱动超温	驱动系统损坏，更换或与供应商联系

4．SIEMENS 802S 步进驱动系统常见故障及其维修

（1）步进驱动装置故障。

故障现象：驱动装置上的绿色发光二极管 RDY 亮，但驱动装置的输出信号 RDY 为低电平。如果 PLC 应用程序中对 RDY 信号进行扫描，则导致 PLC 运算结果错误。

故障原因：机床现场无大地（PE 与交流电源的中性线连接），静电放电（工作环境差）。

排除方法：首先将电气柜中的 PE 与大地连接。如果仍有故障，则驱动装置模块可能损坏，更换驱动器模块。

（2）高速时电动机堵转。

故障现象：在快速点动（或运行 GOO）时步进电动机堵转"丢步"（**注意**：这里所指的丢步是指步进电动机在设定的高速时不能转动，而不是像某些简易数控系统那样，由于硬件不稳定在系统工作过程中出现随机的丢步现象），或使用了脉冲监控功能系统出现 25201 报警。

故障原因：传动系统设计问题。传动系统在设定高速时所需的转矩大于所选用步进电动机在设定的最高速度下的输出转矩。如果选择的步进电动机正确，802S 保证不会丢步。因此如果出现丢步，说明所选择的步进电动机不合适，请在设计时注意步进电动机的矩频特性曲线。

排除方法：

① 若进给倍率为 85% 时高速点动不堵转，则可使用折线加速特性；

② 降低最高进给速度；

③ 更换大转矩步进电动机。

（3）传动系统定位精度不稳定。

故障现象：某坐标的重复定位精度不稳定（时大时小）。

故障原因：该传动系统机械装配问题。由于丝杠螺母安装不正，造成运动部件的装配应力，如图 6-73 所示。

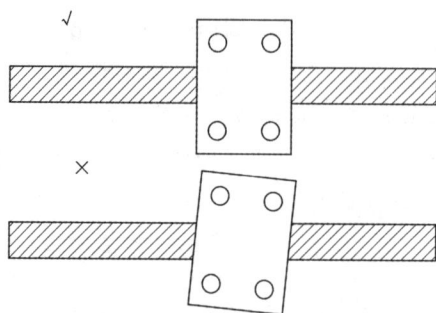

图 6-73 丝杠螺母装配

排除方法：重新安装丝杠螺母。

（4）参考点定位精度过大。

故障现象：参考点定位误差过大。该现象大多出现在参考点配置方式 2（单接近开关回参考点）。

故障原因：接近开关或检测体的安装不正确，接近开关与检测体之间的间隙为检测临界值；所选用接近开关的检测距离过大，检测体和相邻金属物体均在检测范围内；接近开关的电气特性差，接近开关的重复特性影响参考点的定位精度。

排除方法：

① 检查接近开关的安装；

② 调整接近开关与检测体间的间隙。接近开关技术指标表示的是最大检测距离，调整时应将间隙调整为最大间隙的 50% 为宜；

③ 更换接近开关。

（5）返回参考点动作不正确。

故障现象：返回参考点的动作不正确。

故障原因：选用了负逻辑（NPN 型）的接近开关，即 0VDC 表示接近开关动作，24VDC 表示接近开关无动作。

排除方法：更换正逻辑接近开关（PNP 型）。

（6）传动系统定位误差较大。

故障现象：某坐标的定位误差较大，可重复。

故障原因：丝杠螺距误差过大。

排除方法：进行丝杠螺距误差补偿，或更换较高精度的丝杠。如果丝杠无预紧力安装，丝杠螺距误差补偿就没有意义。

（7）传动系统定位误差较大。

故障现象：某坐标的定位误差较大，不重复。

故障原因：电动机与丝杠之间的机械连接有松动。

排除方法：检查电动机与丝杠之间的连接。

(8) 螺纹加工时螺纹乱扣。

故障现象：在进行螺纹加工时，螺纹不能重复，即乱扣。

故障原因：主轴与主轴编码器之间的机械连接有松动。

排除方法：检查主轴与编码器之间的连接。当主轴编码器连好后，在 NC 屏幕上显示的主轴角位置与卡盘的实际位置是唯一的。如果检测结果不是唯一的，则说明主轴与编码器间连接松动。

5．操作错误引起的进给驱动系统故障

(1) 重新上电后键盘失效。

故障现象：

① 在设定了一些机器数据后重新上电；

② NC 在正常工作一段时间后，系统在引导过程未完成时停机，屏幕显示：

　　　Load NC system OK

　　　Init OP system OK

　　　Init NC system

屏幕界面显示上述信息后，无正常工作画面，并且所有操作键无效。

故障原因：

① 由于系统口令忘记关闭，在操作控制面板时无意识地改动了不该修改的机床数据（某些未列在《简明调试手册》中上电生效的机床数据），这些数据的失效直接影响数控系统的正常运行；

② 系统本身出现混乱，产生不能启动现象。

排除方法：

① 将 NC 的调试开关拨到位置 1，重新上电启动。此时所有数据变为缺省值，再按存储数据启动即可进入正常工作状态，调试完毕后一定要关闭口令，并把 Ecu 上的调试开关拨到位置 0。调试时，如果没有特殊要求，尽可能按《简明调试手册》列出的数据进行调整；

② 重新装载数控系统，如果还是不能启动就须更换新的 Ecu。

(2) 驱动装置报警，电动机不动。

故障现象：步进电动机不动。屏幕显示位置在变化，而且驱动装置上标有 DIS 的黄色发光管亮。

故障原因：报警灯 DIS 的黄色管亮，表明驱动装置正常，但电动机无电流。

① 前提条件：PLC 用户程序中已给出了使能信号；标准机床数据被加载，使系统工作在仿真方式，即无驱动信号，如脉冲、方向和使能的输出。这种情况发生在新的 802S 系统中，这时机床参数为缺省值；或者是系统调试完成后未做过数据存储，静态存储器掉电后系统自动加载了缺省数据。

② PLC 用户程序中未输出坐标使能信号，但有系统状态显示。

排除方法：

① 根据《简明调试手册》，输入所有必要的机床数据；

② 修改 PLC 用户程序，加入坐标使能信号输出。

（3）驱动就绪，电动机不动。

故障现象：步进电动机不动。屏幕显示位置在变化，而且驱动装置上标有 RDY 的绿色发光管亮。

故障原因：报警灯 RDY 的绿色管亮，表明驱动就绪。此时电动机不动的原因有：

① 系统工作在程序测试 PRT 方式，这在自动方式的"程序控制"下设定；

② 或者是驱动装置故障。

排除方法：

① 在自动方式下，选取"程序控制"子菜单，取消"程序测试"方式；

② 更换故障驱动装置。

6. 机床数据错引起的进给驱动系统故障

（1）螺纹加工时工件螺距值不正确。

故障现象：螺纹加工时实际螺纹的螺距大于或小于程编的螺距。

故障原因：查阅"机床参数一览表"可知，数据号"MD31020"的机床数据名称为"ENC - RESOL"，该数据内存为"编码器每转所发生的脉冲数"。螺距＝脉冲当量×编码器每转所发生的脉冲数。

由此可见，数据号"MD31020"中所有数值都会影响螺距值，该故障原因是主轴参数 MD31020 ENC - RESOL 中输入了不正确的脉冲数。

排除方法：将正确的编码器每转脉冲数填入主轴参数"MD31020"中。

（2）高速进给时常出现"丢步"报警。

故障现象：系统报警"25201"在高速时经常出现。

故障原因：脉冲监控功能相关的机器数据值错。这里涉及的两个机床数据一个是 MD31100 BER0 CYCLE 值不对；另一个是 MD31110 BER0 EDGETOL 值过小。

排除方法：查阅"机床参数一览表"可知，参数 MD31100 的值应为丝杠每转步进电动机的脉冲数。参数 MD31110 的值应考虑最大速度下坐标的跟随误差以及接近开关两个边沿的距离以及反向间隙，即每转步数的监控容差。

$$丝杠每转步进电动机的脉冲数 = \frac{电动机每转的步数}{减速比跟随误差对应的脉冲数}$$

$$= 丝杠每转步进电动机的步数 \times \frac{最高速度下跟随误差}{丝杠螺距}$$

根据上述公式改填机床数据（参数 MD31100 和参数 MD31110）。

例如：电动机每转为 1000 脉冲，电动机丝杠直联，丝杠螺距为 5 mm，进给速度为 6 m/min 时的跟随误差为 2 mm，跟随误差对应的脉冲数为 400，即参数 MD31100 存入数值"1000"，参数 MD31110 中存入数值"400"。

（3）不能修改螺距误差补偿数据。

故障现象：螺距误差补偿后，仍需要对补偿数据进行修改时，修改后的补偿文件不能传入系统，而只能通过 PCIN 下载修改后补偿文件；或运行补偿程序对补偿数据进行赋值。

故障原因：查阅"机床参数一览表"可知，数据号"MD32700"的机床数据名称为"ENC - CIMP - ENABL"，该数据为"丝杠螺距误差补偿功能使能"。当置位"0"时，可以写入丝杠螺距误差补偿数据；置位"1"时，则不可以写入丝杠螺距误差补偿数据。

由于轴参数 MD32700＝1，数控系统内部的螺距误差补偿值文件为写保护状态，出现不能修改丝杠螺距误差补偿的故障。

排除方法：在加载丝杠螺距误差补偿值之前，必须将补偿轴的机床参数 MD32700 设为"0"，然后加载数据，在加载完毕后再将 MD32700 设为"1"。

（4）返回参考点运动方向错误。

故障现象：返回参考点运动方向不正确。手动方式下，手动操作坐标轴正、负点动，运动方向均正确，但返回参考点运动方向与定义方向相反。返回参考点采用双开关方式。

故障原因：

① 选用负逻辑（NPN 型）的接近开关作为减速开关（即 0 V DC 表示接近开关动作，24 V DC 表示接近开关无动作）；或普通行程开关作为减速开关时采用了常闭接法。

② 标准 PLC 用户程序或用户 PLC 程序是在标准 PLC 程序的基础上建立的，即 PLC 机床参数 MDl4512[2]、MDl4512[3]定义输入位的正负逻辑时，对应于返回参考点减速开关的逻辑定义位设定为负逻辑。

排除方法：

① 更换正逻辑接近开关（PNP），或将对应的输入位设定成负逻辑，或采用常开接法的普通行程开关作为返回参考点减速开关；

② 更正机床参数 MDl4512[2]和 MDl4512[3]逻辑定义位的设定。

先导案例解决方案

1. 常用的主轴驱动系统

1）FANUC 公司的主轴驱动系统

20 世纪 80 年代，FANUC 公司开始使用交流主轴驱动系统，直流驱动系统已被交流驱动系统所取代。目前 3 个系列交流主轴电动机为：S 系列电动机，额定输出功率范围为 1.5 kW～37 kW；H 系列电动机，额定输出功率范围 1.5 kW～22 kW；P 系列电动机，额定输出功率范围 3.7 kW～37 kW。该公司交流主轴驱动系统的特点为：

（1）采用 CPU 控制技术，进行矢量计算，从而实现最佳控制。

（2）主回路采用晶体管 PWM 逆变器，使电动机电流非常接近正弦波形。

（3）具有主轴定向控制、数字和模拟输入接口等功能。

2）SIEMENS 公司的主轴驱动系统

SIEMENS 公司生产的直流主轴电动机有 1GG5、1GF5、1GL5 和 1GH5 这 4 个系列，与上述 4 个系列电动机配套的 6RA24、6RA27 系列驱动装置采用晶闸管控制。

20 世纪 80 年代初期，该公司又推出了 1PH5 和 1PH6 两个系列的交流主轴电动机，功率范围为 3 kW～100 kW，驱动装置为 6SC650D 系列交流主轴驱动装置或 6SC611A（SI-MODRIVE 611A）主轴驱动模块，主回路采用晶体管 PWM 变频控制的方式，具有能量再生制动功能。另外，采用微处理器 80186 可进行闭环转速、转矩控制及磁场计算，从而完成矢量控制。通过选件实现 C 轴进给控制，在不需要 CNC 的帮助下，实现主轴定位控制。

3）MITSUBISHI 公司的主轴驱动系统

MITSUBISHI 公司主轴驱动装置与 CNC 采用总线连接，主回路采用 PWM 技术。主轴与进给轴完全同步，使用 90000P/RPM 脉冲编码器实现 C 轴功能。

MITSUBISHI 公司主轴驱动有 SPJ、SPJ2 型小型化系列，SPJ2 可通过增加 PJEX 扩展单元实现主轴的定位和 C 轴控制，所配备的主轴电动机为 SJ - P、SJ - PF 系列，其功率为 0.2～7.5 kW。SP 系列是大型主轴驱动装置，所配备的主轴电动机为 SJ 系列，其功率为 0.5～45 kW。

2. 常用的进给驱动系统

1) FANUC 公司的进给驱动系统

从 1980 年开始，FANUC 公司陆续推出了小惯量 L 系列、中惯量 M 系列和大惯量 H 系列的直流伺服电动机及相应的驱动装置。中、小惯量伺服电动机采用 PWM 速度控制单元，大惯量伺服电动机是晶闸管速度控制单元。驱动装置具有多种保护功能，如过速、过电流、过电压和过载等。

20 世纪 80 年代中期，FANUC 公司推出了晶体管 PWM 控制的交流驱动单元和永磁式三相交流同步电动机，电动机有 S 系列、L 系列、SP 系列和 T 系列。

目前广泛使用新一代 α、β 系列交流驱动及电动机。α_i 系列结合使用纳米插补和伺服 HRV 控制的高增益伺服系统，可以实现高速、高精度加工。此外，通过自动跟随 HRV 滤波器，可避免因频率变化而造成的机床共振。α_i 系列是高可靠、高性价比的交流伺服系统，通过驱动器代码信息可方便进行诊断维护。

2) SIEMENS 公司的进给驱动系统

SIEMENS 公司在 20 世纪 70 年代推出了 1HU 系列永磁式直流伺服电动机，配套的速度控制单元有 6RA20 和 6RA26 系列，前者采用晶体管 PWM 控制；后者采用晶闸管控制，用于大功率驱动。进给伺服驱动系统除了各种保护功能外，还具有 I^2t 热效应监控等功能。

1983 年，SIEMENS 公司推出了交流驱动系统，由 6SC610 系列进给驱动装置、6SC611A(SIMODRIVE 611A)系列进给驱动模块、1FT5 和 1FT6 系列永磁式交流同步电动机组成，驱动采用晶体管 PWM 控制技术。另外，SIEMENS 公司还有用于数字伺服系统的 SIMODRIVE 611D、SIMODRIVE611U 系列进给驱动模块。

3) MITSUBISHI 公司的进给驱动系统

MITSUBISHI 公司有 HD 系列永磁式直流伺服电动机，配套的 6R 系列伺服驱动单元采用晶体管 PWM 控制术，具有过载、过电流、过电压和过速保护，带有电流监控等功能。

交流驱动单元有 MR - J2S 系列，该系列采用高分辨率编码器，能够适应多种系列伺服电动机需求。该驱动单元具有优异的自动调谐性能，高适应性的防振控制，能够进行包含机械性能在内的最佳状态调整功能。MR - E 系列操作简单，具有高响应性和高精度定位，能自动调谐实现增益设置。交流伺服电动机有 HC 系列。另外，MITSUBISHI 公司还有数字伺服系统 MDS - SVJ2 系列交流驱动单元。

4) 步进驱动系统

在步进电动机驱动的开环控制系统中，典型的产品比较多，例如上海开通 KT400 数控系统及 KT300 步进驱动装置，SIEMENS 802S 数控系统配 STEPDRIVE 步进驱动装置级 IMP5 五相步进电动机等。另外在特种加工和电加工领域应用也较广泛，在我国快走丝线切割机床中，很多采用步进驱动系统。

```
┌─────────────────────┐
│    生产学习经验      │
└─────────────────────┘
```

【案例 6-1】　主轴伺服系统的常见故障形式有哪些？

【案例 6-2】　进给伺服系统的常见故障形式有哪些？

【案例 6-3】　数控万能工具铣床 XK8140A 采用 SIEMENS 810M 系统，停放一周后重新再开动机床时，进给保持灯一直亮着，各轴均无任何反应。XK8140A 万能工具铣床采用 IFT5066 系列交流伺服系统及日本三菱公司的主轴驱动系统，可三轴联动。三轴设置分别为垂直—Z 轴，纵向—X 轴，横向—Y 轴。如何诊断与维修故障？

【案例 6-1】　　　　　　　【案例 6-2】　　　　　　　【案例 6-3】

本 章 小 结

本章学习重点是伺服驱动系统的工作原理和分类，对伺服驱动系统的基本要求，步进电动机开环伺服系统的结构组成和工作原理，直流、交流伺服电动机的工作原理，对主轴驱动系统的基本要求，位置检测装置的要求和分类，位置检测元件(旋转变压器、感应同步器、光电编码器、光栅、磁尺、双频激光干涉仪等)的结构组成、工作原理和性能特点，数控机床位置控制的基本原理。学习难点是步进电动机开环伺服系统的工作原理，直流、交流伺服电动机的工作原理，位置检测元件的工作原理，数控机床位置控制的基本原理。

思 考 与 练 习

6-1　什么是伺服驱动系统？

6-2　数控机床对伺服驱动系统提出了哪些基本要求？

6-3　伺服驱动系统的组成部分有哪些？

6-4　简述伺服驱动系统的工作原理。

6-5　简述伺服驱动系统分类方法。

6-6　什么是开环伺服系统？什么是闭环伺服系统？什么是半闭环伺服系统？它们的区别是什么？

6-7　简述步进电动机的工作原理。

6-8　反应式步进电动机有哪些主要技术参数？如何选择步进电动机？

6-9　步进电动机有 80 个齿，采用三相六拍工作方式，丝杠导程为 5 mm，工作台最大移动速度为 10 mm/s。求：

（1）步进电动机的步距角；

（2）脉冲当量；

（3）步进电动机的最高工作频率。

6-10　步进电动机的硬件环形分配器和软件环形分配器各有何特点？

6-11　步进电动机三相绕组有一相断电能否运转？

6-12　简述单电压驱动、双电压电源驱动和恒流斩波驱动电路的工作原理。

6-13　普通型永磁直流伺服电动机的特点是什么？

6-14　直流进给运动的晶闸管速度控制的原理是什么？

6-15　直流进给运动的脉宽调节器的速度控制原理是什么？

6-16　比较 PWM-M 系统和 SCR-M 系统的性能。

6-17　交流驱动的速度控制方法有哪些？

6-18　说明交流进给运动的"SPW-M"速度控制原理。

6-19　直流主轴驱动的速度控制原理是什么？

6-20　数控机床对检测装置的要求有哪些？常用的类型有哪些？

6-21　正、余弦旋转变压器与普通变压器有什么区别？

6-22　感应同步器的信号处理方式有哪些？它们之间有什么相同点和不同点？

6-23　试述直线光栅的工作原理。

6-24　什么是莫尔条纹？它有何特点？

6-25　简述数控机床位置控制的基本原理。

6-26　数字脉冲比较位置控制伺服系统的特点是什么？有哪些组成部分？

6-27　全数字控制伺服系统的特点是什么？

自　测　题

一、选择题（请将正确答案的序号填写在题中的括号内，每题 2 分，共 36 分）

1. 系统反馈测量所用传感元件安装的位置不是在机床工作台上，而是在伺服电动机或驱动丝杠端，此类控制为（　　）。

　　A. 开环控制　　　B. 半开环控制　　　C. 闭环控制　　　D. 半闭环控制

2. 闭环伺服系统与半闭环伺服系统相比，其特点是（　　）。

　　A. 稳定性好，精度高　　　　　　B. 稳定性好，精度低

　　C. 稳定性差，精度高　　　　　　D. 稳定性差，精度低

3. 有功率放大和反馈功能，把控制对象输出与数控装置输出的指令信号比较，并修正输出的控制系统称为（　　）。

　　A. 开环控制系统　　　　　　　　B. 闭环控制系统

　　C. 半开环控制系统　　　　　　　D. 半闭环控制系统

4. 开环系统用于（　　）数控机床上。

　　A. 经济型　　　B. 中、高档　　　C. 精密　　　D. 四坐标联动

5. 在同一条件下，操作（测定）方法不变，进行规定次操作（测定）所得结果之间的一致程度，称为（　　）。

　　A. 精度　　　　　　B. 定位精度　　　　C. 重复定位精度　　D. 测量精度

6. 三相六拍，即 $A - AB - B - BC - C - CA$ 是(　　)的通电规律。

　　A. 直流伺服电动机　　　　　　　　　B. 交流伺服电动机

　　C. 变频电动机　　　　　　　　　　　D. 步进电动机

7. 数控机床采用伺服电动机实现无级变速，仍采用齿轮传动的目的是增大(　　)。

　　A. 输入速度　　　　　　　　　　　　B. 输入转矩

　　C. 输出速度　　　　　　　　　　　　D. 输出转矩

8. 数控机床的位置精度主要指标有(　　)。

　　A. 定位精度和重复定位精度　　　　　B. 分辨率和脉冲当量

　　C. 主轴回转精度　　　　　　　　　　D. 几何精度

9. 光栅尺是(　　)。

　　A. 一种较为准确的直接测量位移的工具

　　B. 一种数控系统的功能模块

　　C. 一种能够间接检测角位移的伺服系统反馈元件

　　D. 一种能够间接检测直线位移的伺服系统反馈元件

10. 数控全闭环系统一般利用(　　)检测出溜板的实际位移量反馈给数控系统。

　　A. 光栅　　　　　　　　　　　　　　B. 光电脉冲编码器

　　C. 感应开关　　　　　　　　　　　　D. 旋转变压器

11. 目前数控机床的加工精度和速度主要取决于(　　)。

　　A. CPU　　　　B. 机床导轨　　　　C. 检测元件　　　D. 伺服系统

12. 脉冲当量是数控机床数控轴位移量的最小设定单位，脉冲当量的取值越小，插补精度(　　)。

　　A. 越高　　　　　　B. 越低　　　　　　C. 与其无关　　　D. 不受影响。

13. 测量与反馈装置的作用是为了(　　)。

　　A. 提高机床的安全性　　　　　　　　B. 提高机床的使用寿命

　　C. 提高机床的定位精度、加工精度　　D. 提高机床的灵活性

14. 光栅相距 0.02 mm，两块光栅间的夹角为 0.002 个弧度，则莫尔条纹宽度为(　　)。

　　A. 20 mm　　　　B. 10 mm　　　　C. 2.85 mm　　　D. 0.35 mm

15. 直流 PWM 调速是对直流伺服电动机电枢两端的电压波形(方波波形)的(　　)。

　　A. 幅度控制　　　B. 宽度控制　　　C. 频率控制　　　D. 以上皆是

16. 交、直流伺服电动机和普通交、直流电动机的(　　)。

　　A. 工作原理和结构完全相同　　　　　B. 工作原理相同但结构不同

　　C. 工作原理不同但结构相同　　　　　D. 工作原理和结构完全不同

17. 三相步进电动机的转子上有 40 个齿，若采用三相六拍通电方式，则步进电动机的步距角为(　　)。

　　A. 1.5°　　　　B. 0.75°　　　　C. 2°　　　　D. 3°

18. (　　)用来频繁地接通和分断交、直流主电路和控制电路，并可实现远距离控制。

　　A. 开关　　　　　　B. 继电器　　　　　C. 熔断器　　　D. 接触器

二、判断题(请将判断结果填入括号中,正确的填"√",错误的填"×",每题 1 分,共 10 分)

( )1. 开环控制系统的数据控机床不带位置检测元件,通常使用功率步进电动机作为执行元件。

( )2. 感应同步器定尺绕组中感应的总电动势是滑尺上正弦绕组和余弦绕组所产生的感应电动势的矢量和。

( )3. 数控机床伺服系统各轴的系统增益越接近相等,加工出的直线零件轮廓越不精确。

( )4. SIEMENS 公司生产的交流主轴电动机有 S、H、P 系列电动机。

( )5. PLC 采用循环扫描工作方式。

( )6. 位置检测装置中的脉冲整形插值器的作用是,放大、整形、倍频和报警处理,并输出至 CNC 进行位置处理。

( )7. 半闭环控制方式中,机床定位精度取决于进给丝杠的精度。

( )8. 三相异步电动机经改装后可以作为数控机床的伺服电动机。

( )9. 强电和微机系统隔离常采用光电耦合器。

( )10. 在中断型软件结构中,各种功能程序被安排成优先级别不同的中断服务程序,被安排在最高级别的程序是位置控制。

三、名词解释(每题 4 分,共 20 分)

1. 反馈　　2. 莫尔条纹　　3. 伺服驱动系统　　4. 步距角　　5. 细分驱动

四、简答题(每题 6 分,共 24 分)

1. 简述莫尔条纹的特点。

2. 简述伺服系统对位置传感器的要求。

3. 比较 PWM - M 系统和 SCR - M 系统的性能。

4. 简述数控机床位置控制的基本原理。

五、计算题(共 10 分)

一台五相反应式步进电动机,采用五相十拍运行方式,步距角为 1.5°,若脉冲电源的频率为 3000 Hz,试问转速是多少?

自测题答案

第7章

数控机床的使用与维护

本章知识点 ✐

(1) 数控机床的选用方法、原则和考虑因素;

(2) 数控机床的安装、调试和验收要求;

(3) 数控机床管理的基本要求和使用规范;

(4) 数控机床的安全操作规程和日常维护保养要点;

(5) 数控机床的常见故障分类及其处理方法。

先导案例 📄

您是用铅笔还是圆珠笔来管理企业? 在回答这个问题之前,先听个故事:

当年美国发射航天飞机后,发现带到天上去的圆珠笔在失重状态下根本无法写字。于是,美国科学家花了好几年时间、数千万美元,终于研制出了能在太空中写出字来的圆珠笔。后来苏联也发射了航天飞机,美国人到苏联访问时就问他们是怎样解决这个问题的。苏联人反问美国人:"为什么要用圆珠笔,带支铅笔不就行了?"

是啊,带支铅笔不就全解决了,干嘛白白浪费那么多时间和金钱呢? 可是,当我们在嘲笑美国人的时候,我们身边又有多少企业正在做着与美国人一样的事情:热火朝天地大搞质量认证体系,上 BPR 系统,推行精益生产、六西格玛等,忙得不亦乐乎,谁又会静下心来想想:"我是否像苏联人那样找到了正确的方法?"、"我是用铅笔还是圆珠笔来管理企业?"

"并不是说上面这些管理项目不好,而是在搞这些活动之前,要先考虑自己企业的基础管理做得如何,是否推行了 5S。如果 5S 都做不好,企业基础管理不规范,那么精益生产、ERP、BPR、六西格玛更是做不好。"国内著名运营系统改善专家、有着十几年 5S 管理经验的黄杰老师一针见血地指出了问题所在。那么什么是 5S 管理呢? 具体到企业的数控机床,又如何管理和维护呢?

7.1　数控机床的选用

7.1.1　概述

20 世纪 80 年代以来,我国已能生产多种多样的数控机床,尤其是进入 21 世纪,许多数控机床在技术性能上已趋向完善,并在发展国民经济中发挥着重要的作用。数控机床确实具有普通机床所不具备的许多优点，但它并不能完全取代普通机床，也还不能以最经济的方式解决机械加工中的所有问题。如何从品种繁多、价格昂贵的设备中选择适用的设备，如何使这些设备在机械制造中充分发挥作用，如何正确、合理地选购与主机相配套的附件及软件技术，已成为广大用户十分关心的问题。

7.1.2　数控机床的选用方法

1. 选用前的准备工作

选用前的准备工作主要是明确和确定选型要求，包括确定加工对象的类型、加工范围、内容和要求、生产批量和毛坯情况等；挑选出典型零件，进行数控加工的工艺分析，明确机床精度和功能方面的要求及购买数控机床的投资费用。

2. 初选

在明确和确定了选用要求之后，应该广泛地收集国内外有关数控机床的信息资料，在其中选出多种满足要求的产品。

3. 精选和终选

初选产品后，应向厂家索要更详细的资料，进一步了解该产品的情况，并广泛征求专家的意见。也可将初拟的机床类型、规格和性能与生产厂家共同商讨，以求更加合理。同时应考虑产品供货情况，通过多方面的比较分析后，选择理想的机型和厂家。

7.1.3　数控机床选用的一般原则

1. 实用性

实用性指明确数控机床用来解决生产中的哪一个或哪几个问题。

2. 经济性

经济性指所选用的数控机床在满足加工要求的条件下所支付的代价是最经济的或者是较为合理的。

3. 可操作性

可操作性指用户选用的数控机床要与本企业的操作和维修水平相适应。

4. 稳定可靠性

稳定可靠性指机床本身的质量，通常选择名牌产品能保证数控机床工作时稳定可靠。

7.1.4　选用数控机床应考虑的因素

1. 确定典型工件

用户在购置数控机床时，首先要确定所购机床用于加工哪些工件，然后再据此选择相应的数控机床。

2. 机床的工艺范围

选择数控机床不仅要重视机床的功能和精度，还应注重其价格。一般来说，机床功能越多，其价格就越贵，维修也就越困难。当工件只要钻或只要铣时，就不要购买加工中心；能用数控车床加工的工件就不要购买车削中心；能用三轴联动机床加工的工件就不要选用四轴、五轴联动的机床。总之，选择机床应紧紧围绕自己的实际需要，功能上以够用为度，尽可能做到不闲置、不浪费，在投资增加不多的情况下可适当考虑后续发展余地，但不能盲目地追求先进。

3. 机床的规格

机床的规格主要指机床工作台尺寸、加工范围及主电动机的功率和切削扭矩等。工作台面应稍大于工件尺寸，以便于找正、夹紧；各坐标轴行程应满足加工时进刀、退刀的要求；工件和夹具的总重量不能大于工作台的额定负载；尺寸较大的工件在加工中不能与机床防护罩干涉，也不能妨碍换刀动作。

数控车床主要应考虑卡盘直径、顶尖距、主轴孔尺寸、最大车削直径及加工长度等。升降台式数控铣床最适宜加工中小型工件。只要需要数控铣削加工，可首选升降台式数控铣床，它可承担多数中小型工件的多工步铣削或复杂型面的轮廓铣削任务。对于大型复杂工件的加工可选用加工中心，加工中心的工艺特点是能完成铣、镗、钻、铰、攻螺纹等多工序加工。所选工件的主要加工内容必须与这些加工方式相符，且工件的形状、外形尺寸也与机床工作台和 X、Y、Z 三个坐标方向的行程相符。每台加工中心都有一定的规格和功能范围以及最佳的使用范围，卧式加工中心适于加工箱形工件，如箱体、泵体、阀体和壳体等；立式加工中心适于加工板类工件，如箱盖、盖板、壳体、平面凸轮等单面加工工件。同等规格（工作台宽度）的卧式加工中心与立式加工中心相比，价格要高 50%～100%。因此，完成工艺内容相近的加工，选用立式加工中心较为经济。但是，卧式加工中心工艺性较广。

主电动机功率反映了整机的切削效率和切削刚性。在数控机床上加工工件时，常常一次安装完成工件的粗、精加工，因此主电动机功率应满足粗加工要求。铰孔和攻螺纹要求低速大扭矩，钻孔时要验算机床的进给力是否满足需要。

4. 机床精度

应根据工件重要表面的加工精度选择机床的精度等级。影响机械加工精度的因素很多，如机床的制造精度、插补精度、伺服系统跟随精度以及切削温度、切削力、磨损等因素。用户选用机床时，主要考虑的是综合加工精度，即加工一批工件（例如 100 件），测量后对加工误差进行统计分析。

目前，我国已制定了数控机床的精度标准。数控机床在出厂前大都按相应标准进行精度检验。实际上机床制造精度都是很高的，实际精度均有相当的储备量，即实际允差值比国家标准的允差值大约压缩了 20% 左右。例如，圆周精铣的圆度误差一般都在 0.025 mm 内，比国家标准规定的 0.035 mm 要小；重复定位精度控制在 0.011 mm 以内，比国家标准中的 0.025 mm 也压缩了许多。在诸项精度标准中，人们最关心的是定位精度和重复定位精度。对于加工中心和数控铣床，还有一项铣圆精度。以此三项精度值将数控机床分为普通型和精密型。表 7 - 1 所示为加工中心的精度等级。

表 7 - 1　加工中心精度等级

精度项目	普通型	精密型
单轴定位精度/mm	0.02/任意 300	0.01/任意 300
单轴重复定位精度/mm	0.016	0.010
铣圆精度/mm	0.04	0.025

1) 机床的定位精度和重复定位精度

机床的定位精度和重复定位精度反映了该轴向各运动部件的综合精度。尤其是重复定位精度，它反映了该轴向在有效行程内任意定位点的定位稳定性，这是衡量该数控轴能否稳定可靠工作的基本指标。加工中心数控系统的软件功能比较丰富，它可以对控制轴的螺距误差和反向间隙进行补偿，也可对进给传动链上各环节的系统误差进行稳定的补偿。各轴的累积误差与丝杠螺距累积误差有直接关系，该误差可以用控制系统的螺距补偿功能来补偿。进给传动链中反向死区（也称为反向失动量）也可用反向间隙补偿功能来补偿。例如一个数控坐标轴正向给予的运动指令是移动 20 mm，实测移动距离为 17.985 mm，由于它没有回到起点上，因此，可称反向死区（失动量）为 0.015 mm。由数控系统补偿 0.015 mm 的运动量，便可使坐标移到原点。

造成反向运动量损失（失动量）的原因是驱动元部件的反向死区、传动链各环节的间隙、弹性变形和接触刚度等。其中有些误差是随机误差，随着工作台负载大小、移动距离长短、移动定位速度等的变化而变化。失动量数值可用电气软件进行补偿。对于单轴定位重复性误差，即是由于各轴机械传动链、驱动伺服元部件工作特性欠佳造成的重复性误差，无法用插补方法得到全部补偿。重复定位精度反映了数控轴工作精度的最基本指标，普通精度的加工中心可达 0.003～0.005 mm，差的可达 0.01 mm。

2) 铣圆精度

铣圆精度综合反映了机床两轴联动时，伺服运动特性和控制系统的插补功能。铣圆精度对某台加工中心来说，可反映工件轮廓加工（例如加工凸轮、模具等）所能达到的最好的加工精度。由于加工中心有这种特殊功能，大直径孔圆柱面、大圆弧面便可在机床上采用高性能的立铣刀加工出来。

加工中心的铣圆精度可用立铣刀铣一个标准圆柱试件来测定，中小型加工中心的试件直径为 $\phi200～\phi300$ mm。加工完毕后，用圆度仪测量该圆柱的轮廓线，绘出轮廓线的最大包络圆和最小包络圆，其差值即为圆度精度。

铣圆时试件的圆轮廓线可能出现的形状及其造成原因见表 7-2。

铣圆轮廓曲线附在每台机床的精度检验单上，用户在选择加工中心机床时，如能得到试件圆轮廓曲线，则有助于判断所选用加工中心的性能。

表 7-2　铣圆时试件的圆轮廓线可能出现的形状及其造成原因

试件圆轮廓线	造 成 原 因
	由 X 轴反向失动量所引起。反向失动量是由机械传动间隙、不稳定的弹性变形和摩擦阻尼变化等造成的。可调整机械环节加以消除
	由 Y 轴反向失动量引起。反向失动量的产生原因同上

续表

试件圆轮廓线	造　成　原　因
	由于 X、Y 两轴的实际系统增益不一致引起。此情况多由于机械结构、装配质量、负载情况等不同而造成的。可适当调整速度反馈增益、位置反馈增益等环节来改善
	两轴直线插补没有匹配好，一般是由于一轴或两轴的进给速度不均匀造成的。多由于该轴的速度控制回路和位置回路未调整好引起

5. 可靠性

通常使用平均无故障时间 MTBF(单位：h)来衡量，其公式为

$$MTBF = \frac{总工作时间}{总故障次数}$$

故障主要来源于机床的机械部分和数控系统，其中最令人头痛的是数控系统的故障，因为它既不容易诊断，也不易排除。目前，数控系统的 MTBF 已大大提高，有的已达 3 万小时以上。

一般一台新数控机床在初期使用时，故障较频繁(早期故障)；进入正常运行阶段后，故障率较低(偶然故障)；进入耗损阶段后，故障率又急剧上升，从而形成了有名的"浴盆曲线"，如图 7-1 所示。根据这一规律，机床出厂前应进行连续长时间的运行进行考机，以充分暴露问题。用户应在保修期内充分使用机床，争取早日进入正常运行阶段。

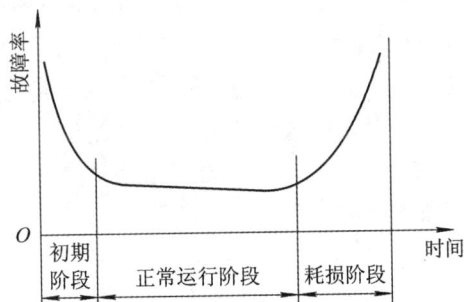

图 7-1　数控机床各阶段故障率

6. 刀库容量及换刀时间

刀库容量是根据工件的复杂程度，经一次或两次装夹所需的刀具数。数控车床的转塔刀架可容纳 4～12 把刀，大型机床还要多些。有的机床甚至还有双刀架和三个刀架。加工中心的刀库容量有 10～40、60、80、100、120 把等多种规格。选用时以够用为原则，大容量刀库成本高，结构复杂，刀柄管理也复杂化。

用户可根据典型工件的工艺算出刀柄数量，确定刀库的容量。一台加工中心的刀库只储存一种工件在一次装夹中所完成的全部工序所需的刀柄（即一个独立加工工序所需的全部刀柄）。根据国外资料，对中小型典型工件的工艺分析表明：刀库所需刀柄数一般在 4～40 把之间，见表 7-3。

表 7-3　刀柄数量与工件数量的关系

所需刀柄数/把	<10	<20	<30	<40	>40
工件数所占的百分比/(%)	18	50	17	10	5

一般来说，选用立式加工中心时，刀库容量为 20 把；选用卧式加工中心时，刀库容量 40 把较合适。一些复杂工件的加工工序较多，全部加工内容所需的刀柄数量超过了刀库容量，此时全部工序可分成两个或三个加工程序来完成，这样，每个程序所需的刀柄数就不一定超过刀库容量。如果不这样做，编制大容量刀柄的加工程序对编程员、操作者来说，工作量大，编程复杂。近年来，复合刀具、多轴小动力头多刃刀具发展很快，合理地采用这些刀具，可减少刀库刀柄数量，提高加工效益。

随着柔性制造技术的迅速发展，刀库容量又有扩大的趋势。因此，刀具预测及预调数据、刀具寿命管理、切削数据库、刀具磨损和破损检测等都可应用计算机组成刀具管理系统进行集中管理。

加工中心的换刀时间约在 0.5～15 s 之间，取决于换刀方式和换刀机构。一般来说，小于 5 s 时对机构的要求很高，会使造价增高。因此，换刀时间应根据工件的节拍和投资综合考虑。数控车床的换刀时间因其结构简单，故较加工中心要短，相邻刀具的更换仅 0.3 s，对角换刀约 1 s 左右。

7. 附属装置的选用

选购一台数控机床时，除了认真考虑其基本功能和基本件外，还要认真选择备件、附件等。对一些价格增加不多使用中又带来很多方便的备件、附件，应尽可能配备齐全，以便机床进厂后马上投入使用。同一用户配备的各种数控机床或数控系统的型号不宜太多太杂，尤其是国外的数控系统，否则将给系统的维护、修理带来诸多不便。有些附件，如自动编程机、数控系统输入/输出装置，只要 I/O 口通用，可采用多台机床合用以节约投资。

为了充分利用数控机床，最好使用机外调刀，这就需要配置预调仪。预调仪上测出的刀具尺寸不一定等于加工后的实际尺寸，加工过程中还需要通过试切后调整刀具。为了提高利用率，最好是一台刀具预调仪为多台机床服务。

近年来，用于数控机床的附属装置发展迅速，如自动测量装置、切削状态监视装置、温度控制装置、刀具磨损破损检测装置、自适应控制装置、各种诊断装置等。其中有的业已成熟，有的尚不稳定。配置某种附件对提高加工质量和可靠性大有益处，但也增加了造价，故应慎重选择。此外，机床冷却、防护、排屑、主轴油温控制等附件是必须选取的。采用这些装置可以确保加工性能优良，加工质量稳定。

8. 技术经济分析

数控机床具有许多优点，但其售价是普通机床的几倍甚至十几倍，这就要求决策者们在进行技术方面的可行性论证后，还要会同有关财会人员进行经济性分析。按决策方式，可将技术经济分析分为工艺成本比较法和回收期比较法。工艺成本比较法是指对于同一种工件，当采用不同的工艺方案时，分别计算其工艺成本。此方法主要适用于两种方案的基本投资相近的情况。当两种工艺方案的基本投资相差很大时，可从利润的角度来比较，即回收期比较法。回收期比较法是指以当时的实际值计算收入和支出及利润率和回收期，从而选择回收期较短的机床。

7.2　数控机床的安装、调试和验收

7.2.1　数控机床的安装和调试

数控机床的安装调试是指机床由制造厂运到用户，一直到机床能正常工作这一阶段的工作内容。数控机床属于高精度、自动化机床，安装调试时应严格按机床制造厂提供的使用说明书及有关的标准进行。机床安装的好坏直接影响到机床的正常使用和寿命。

1. 机床的安装

1）对安装地基和安装环境的要求

在确定购置某机床制造厂的数控机床后，即可根据该制造厂提供的机床安装地基图进行施工。要考虑机床重量和重心位置、与机床连接的电线、管道的铺设、预留地脚螺栓和预埋件的位置，一般小型数控机床的地基简单，只用支承件调整机床的水平，无须用地脚螺钉固定；中型、重型机床需要做地基，精密机床应安装在单独的地基上，并在地基周围设置防振沟。地基平面尺寸不应小于机床支承面积的外廓尺寸，并考虑安装、调整和维修所需尺寸。机床的安装位置应远离各种干扰源，应避免阳光照射和热辐射的影响，其环境温度和湿度应符合说明书的规定；绝对不能安装在产生粉尘的车间里；另外，机床旁应留有足够的工件运输和存放空间，机床与机床、机床与墙壁之间应留有足够的通道。

2）机床的安装步骤

机床的安装可按以下步骤进行：

（1）拆箱。

拆箱前应仔细检查包装箱外观是否完好无损。若包装箱有明显的损坏，应通知发货单位，并会同运输部门查明原因，分清责任。拆箱后，首先找出随机携带的有关文件，按清单清点机床零部件的数量和电缆数量。

（2）就位。

机床的起吊应严格按说明书上的吊装方法进行，并注意机床的重心和起吊位置。起吊时，必须在机床上升时使机床底座呈水平状态；在使用钢丝绳时，在钢丝绳下应垫上木块或垫板，以防打滑；待机床吊起离地面 100～200 mm 时，仔细检查悬吊是否稳固；然后将机床缓缓地送至安装位置，并使垫铁、调整垫板、地脚螺栓相应地对号入座。

（3）找平。

找平是指按照机床说明书调整机床的水平精度。机床放置于基础上，应在自由状态下找平，然后将地脚螺栓均匀地锁紧；找正安装水平的基准面，应在机床的主要工作面（如机床导轨面或装配基面）上进行。在评定机床安装水平时，对于普通机床，水平仪读数不大于 0.04/1000 mm；对于精密机床，水平仪读数不大于 0.02/1000 mm。在测量安装精度时，

应选取一天中温度恒定的时候，避免使用为了适应调整水平的需要，而使机床产生强迫变形的安装方法，否则将引起机床基础件的变形，从而引起导轨精度和导轨配件的配合和连接的变化，使机床精度和性能受到破坏。高精度数控机床可采用弹性支承进行调整，抑制机床振动。

（4）清洗和连接。

除各部件因运输需要而安装的紧固工件（如紧固螺钉、连接板、楔铁等），清理各连接面、各运动面上的防锈涂料，清理时不能使用金属或其他坚硬刮具；不得用棉纱或纱布，要用浸有清洗剂的棉布或绸布；清洗后涂上机床规定使用的润滑油，并做好各外表面的清洗工作。

对一些解体运输的机床（如加工中心），待主机就位后，将在运输前拆下的零、部件安装在主机上。在组装中，要特别注意各接合面的清理，并去除由于磕碰形成的毛刺；要尽量使用原来的定位元件，将各部件恢复到机床拆卸前的位置，以利于下一步的调试。

主机装好后即可连接电缆、油管和气管。在机床随机文件中，有电气接线图、气液压的管路图，每根电缆、油管、气管接头上都应有标牌，电气柜和各部件的插座上也有相应的标牌，根据接线图、接管图把这些电缆、管道一一对号入座。在连接中，要注意清洁除污和可靠的插接及密封。在连接电缆的插头和插座时必须仔细清洁和检查有无松动和损坏。这些工作必须事先做好，否则在调试中发生故障后再来检查清理，就需花费大量时间。安装电缆后，一定要把紧固螺钉拧紧，保证接头插杆的接触完全可靠。在油管、气管连接中，要特别防止异物从接口进入管路，造成整个液压系统发生故障。每个接头必须拧紧，否则到试车时，若在一些大的分油器上发现有油管渗漏，常常要拆卸一大批管子，使返修工作量加大。

要检查机床的数控柜和电气柜内部各插件有无因长途运输造成的损坏和松动，检查各接插件的接触是否良好。在机床与外界电源相连接时，要重点检查输入电源的电压和相序。电网输入的相序可用相序表检查，错误的相序输入会使数控系统立即报警，甚至损坏器件。接通机床上的油泵、冷却泵电动机，连接电网电源以便判断油泵、冷却泵电动机转向是否正确。相序不对时，可换接电源相序。油泵运转正常后，再接通 CNC 系统电源。

国产数控机床上常装有一些进口的元器件、部件和电动机等，这些元器件的工作电压和国内标准不一样，因此往往另外配置变压器、电源等。注意在接线时，必须按机床资料中规定的方法连接。通电前，应仔细检查输入电源的电压和频率，最后全面检查各部件的连接状况，检查是否有多余的接线头和管接头等。只有这些工作仔细完成后，才能保证试车顺利进行。

2. 机床通电试车

试车的目的是看机床安装是否稳固，各传动、操纵、控制、润滑、液压等系统的工作是否正常、可靠。

首先按机床说明书给机床各润滑点加油，给油箱注入符合要求的液压油，接通经过干燥脱水的压缩空气气源。通电时，最好先对各部件分别供电，都正确无误后再对整机供电。这样，可首先观察各部位有无故障报警，然后再用手动方式陆续启动各部件，检查安全装置是否起作用，能否正常运转。例如，液压系统启动后，先判断油泵电动机转动方向是否正确，液压管路是否建立起油路压力，各液压元件是否工作正常，液压管路各接头有无渗漏，冷却装置工作是否正常。又如，接通电源，确认 +5 V(允差±5％)、+24 V(允差±10％)是否符合要求；向数控装置供电，确认数控装置是否正常工作、接口信号是否有误，然后进一步校核机床参数的设置是否符合机床说明书的规定。接通伺服系统电源，若 CRT 上无报警信号，可手动操作测试各坐标轴的运动是否正常，倍率开关是否起作用。检查各轴运动极限软件限位和限位开关的工作情况，系统急停、复位按钮能否起作用，再进一步测试主轴正、反转、停转是否正常，换刀动作以及夹紧装置、润滑装置、排屑装置的工作是否正常等。

机床初步运转后，对机床进行粗调整。调整机床床身水平，粗调机床的主要几何精度，调整经过拆装的主要运动部件和主机的相对位置。这些调整工作完成后，即可用快干水泥灌死主机和各附件的地脚螺栓，将各地脚螺栓预留孔灌平。

3. 机床精度和功能调试

利用固化地基和地脚螺栓垫铁精调机床床身水平。在这个基础上，移动床身上各运动部件(如立柱、拖板、工作台等)，在各坐标全行程内观察机床水平的变化情况，并调整相应的机床几何精度，使之达到允差范围。对中型以上的数控机床，应采用多点垫铁支承，将床身在自由状态下调成水平。各支承点都能顶住床身后，才压紧各地脚螺栓。在压紧过程中，床身不能产生额外的扭曲和变形，这样可提高几何精度的保持性。

机床自动运动到刀具交换位置，以手动操纵方式调整装刀机械手和卸刀机械手相对于主轴的位置。在调整中常用一个校对心棒来校验，有误差时，可以调整机械手的行程，移动机械手支座、刀库位置，修正换刀时主轴位置的坐标点等。调整后，紧固各调整环节的紧固螺钉及刀库地脚螺钉；然后放上几把接近允许重量的刀柄，进行多次从刀库到主轴位置的自动变换，以动作正确无误、不撞击、不掉刀具为合格。

带交换工作台的机床，首先调整自动交换托盘装置与工作台托盘交换处的相对位置，达到托盘自动交换动作平稳。然后在托盘上装上 70％～80％的允许负载，进行多次自动交换，完全正确无误后即可紧固各有关螺钉。

仔细检查数控系统和可编程序控制器的设定参数是否符合随机文件中规定的数据，然后试验各主要操作功能、运行行程、常用指令执行情况等，如手动操作方式、点动方式、自动运动方式、行程的极限保护、主轴挂挡指令和各级转速指令(S 指令)等，执行应正确无误。检查辅助功能及附件的工作是否正常。通过上述检查与调试，为机床的运行试验做好准备。

4. 机床的运行试验

由于数控机床功能很多，为保证其在使用中长期自动运行，在其安装调试结束后，必须对其工作可靠性进行检验。用户往往通过对整机在一定条件下较长时间的自动运行来检验数控机床工作可靠性。运行试验一般分为空运行试验和负荷试验。

1) 空运行试验

空运行试验包括主运动和进给运动系统的空运行试验。试验按国家颁布的有关标准进行，以加工中心为例。

无级变速的主传动应对不少于 12 个转速，依次从低到高进行空运转，每个转速运转时间不少于 2 min。转速的实际偏差不应超过约定值的 −2％～6％，最高转速运转时间不少于 2 h；主轴前后轴承达到稳定温度后，测量其温度不超过 60℃，温升不超过 30℃。主传动系统的空运转功率按设计规定给予考核，对直线坐标轴上的运动部件，分别以低、中、高进给速度和快速(G00)进行空运转试验，各运动部件应移动平稳，无爬行和振动现象；各级进给速度的实际偏差小于给定值的$-5\%\sim3\%$；回转坐标轴的测试与直线坐标轴相似，其实际偏差不超过给定值的$\pm5\%$。

机床的功能试验分手动功能试验和自动功能试验两种。手动功能试验包括：

① 在主轴上进行不少于 10 次的锁刀、松刀、吹气试验。

② 以中速对主轴进行 10 次正、反转、停止和准停试验。

③ 对进给系统进行 10 种变速试验(包括低、中、高速和快速在内)。

④ 对分度台连续进行 10 次分度、定位试验。

⑤ 对交换工作台连续进行 3 次交换试验。

⑥ 对刀库特别是对最重、最长、直径最大的刀具进行试验，对机械手进行最大承重试验，并测定换刀时间。

⑦ 对各指示器、按键以及外设进行试验。

⑧ 对其他附属装置进行试验。

自动功能试验是用程序控制机床各部位的动作进行试验，包括：

① 对机床主轴在中速时连续进行 10 次正、反转、启动、停止和定向准停试验。

② 对主传动系统进行变速试验。

③ 对各坐标轴上的运动部件进行低、中、高速变速试验，在中速时连续进行正、反向的启动、停止和增量进给方式的操作试验。

④ 换刀试验，即在刀库中装满刀具，其中应包含有最大重量的刀具，以任选方式进行自动换刀试验，不少于 2 次；对最大重量刀具还应在每个刀位进行试验。

⑤ 有交换工作台的机床，对交换工作台进行 5 次交换试验。

⑥ 对机床的坐标联动、定位、直线和圆弧插补等功能进行试验。

在空运转试验和功能试验之后，要进行连续空运转试验 36 h。方法是编制一个连续空运转试验程序，包括：

① 主轴低、中、高速正转、反转、准停等。

② 各坐标轴上的运动部件以低、中、高进给速度和快速正、反方向运行。运行时应接近最大加工范围，并选任意点进行定位；运行中不允许使用倍率开关，进给速度在高速和快速运行时间应不少于每个循环程序所用时间的 10%。

③ 刀库各刀位上的刀具，自动换刀不少于 2 次。

④ 分度转台和数控回转台自动分度、定位。

⑤ 各坐标轴联动运行。

⑥ 交换工作台自动交换不少于 5 次。

⑦ 其他功能试验。

⑧ 循环程序之间暂停时间不超过 0.5 min。

2) 负荷试验

负荷试验包括承载工件的最大重量试验、最大切削扭矩试验、最大切削抗力试验和最大切削功率试验。

承载工件的最大重量试验可把与设计规定的承载工件最大重量相当的重物置于工作台

上，使载荷均布，然后以最低、最高进给速度和快速运转。在最低进给速度运转时，应在接近行程的两端和中间进行往复运动，每处移动距离不少于 20 mm；在最高进给速度和快速运转时，应在全行程进行，分别往复 1 次和 5 次。运转应平稳，低速无爬行。

　　主传动系统的最大切削扭矩试验一般使用面铣刀或硬质合金镗刀切削灰铸铁。方法是在主轴恒扭矩调速范围内选一转数，调整切削用量，使之达到设计规定的最大扭矩，机床应平稳工作。

　　对于最大切削抗力试验，试验时使用面铣刀或硬质合金铣刀或高速钢麻花钻头，工件材料为灰铸铁。方法是在小于或等于机床计算转速范围内选一适当的主轴转速，调整切削用量使之达到设计规定的最大切削抗力。机床各部件应工作正常，过载保险装置应灵敏、可靠。

　　主传动系统最大功率试验(出厂时抽查)使用面铣刀进行，试件为钢或铸铁。方法是在主轴恒功率调速范围内选一适当转速，调整切削用量使之达到最大功率(主电动机达额定功率)，机床工作正常无颤振现象，记录金属切除率。

7.2.2　数控机床验收

　　数控机床精度验收是一项工作量大而复杂，试验和检测技术要求较高的技术工作，其主要内容是利用高精度的检测仪器，对机床机、电、液、气各部分的综合性能和单项性能进行检测，包括机床静、动刚度和热变形等一系列试验，最后作出综合评价。我国机床产品的性能试验和检测的权威性机构是国家机床产品质量监督检测中心。该机构为出厂数控机床产品提供认证，负责机床产品进、出口的各项精度检验工作。用户验收机床时主要根据机床出厂检验合格证上规定的验收条件，再利用实际能提供的检测手段来部分或全部地检测机床合格证上的各项指标。

1. 机床几何精度检查

　　数控机床的几何精度综合反映了机床各关键零部件经组装后的综合几何形状的误差，其检测工具和方法与普通机床类似，但检测要求高。如加工中心的几何精度的检验内容有：

① 工作台面的平面度。
② 各坐标方向移动的相互垂直度。
③ X 轴方向移动对工作台面的平行度。
④ Y 轴方向移动对工作台面的平行度。
⑤ X 轴方向移动对工作台上下 T 形槽侧面的平行度。
⑥ 主轴的轴向窜动。
⑦ 主轴孔的径向跳动。
⑧ 主轴箱沿 Z 坐标方向移动对主轴轴心线的平行度。
⑨ 主轴回转轴心线对工作台面的垂直度。
⑩ 主轴箱在 Z 坐标方向移动的直线度。

　　常用的检测工具有精密水平仪、直角尺、精密方箱、平尺、平行光管、千分表、测微仪、高精度主轴心棒及刚性好的千分表杆。每项几何精度均按照加工中心验收条件的规定进行检测，检测工具的等级必须比所测的几何精度高一个等级。

有一些几何精度的要求是互相牵连和影响的。如在加工中心检测中，若发现 Y 轴和 Z 轴方向移动的相互垂直度误差较大时，可以适当调整立柱底部床身的地脚垫铁，使立柱适当前倾或后仰，以降低该项误差，但这一调整同样也会产生主轴回转轴心线对工作台面的垂直度误差的改变。因此加工中心的几何精度检查应在机床精调后，各项精度一次完成，否则会造成顾此失彼的现象。

在检测工作中，要注意消除检测工具和检测方法造成的误差，如检测机床主轴回转精度时，检验心棒自身的振摆、弯曲等造成的误差；在表架上安装千分表和测微仪时，由于表架的刚性不足而造成的误差；在卧式机床上回转测微仪时，由于重力影响造成测头抬头位置和低头位置时的测量数据误差等。

机床的几何精度冷态和热态不同，在检测时，应按国家标准规定，在机床预热状态下，接通电源以后，将机床各移动坐标往复运动几次，主轴按中等的转速回转十多分钟后再进行。

2. 机床定位精度的检查

数控机床的定位精度是测量机床运动部件在数控系统控制下所能达到的位置精度。根据一台数控机床实测的定位精度数值，可以判断出工件在该机床上加工后可达到的精度。

定位精度主要检测内容有直线运动定位精度，直线运动重复定位精度，直线运动轴机械原点的返回精度，直线运动失动量的测定，回转运动的定位精度，回转运动的重复定位精度，回转轴原点的返回精度和回转运动失动量。

机床运动部件要达到的位置称为目标位置，用 P_i 表示。检查时，运动部件从相同的方向沿轴线或绕轴线向 P_i 趋近称为单向趋近，从轴的正、负两个方向向 P_i 趋近称为双向趋近。在所测的每个数控轴的全行程内，每隔一定的间距（视机床规格而定）取若干个均匀分布的 P_i。运动部件从一个固定的基点向目标位置快速运动定位时，实际运动距离与理论运动距离之差称为位置偏差。n 次单向趋近 P_i 时，位置偏差的平均值为

$$\overline{X_i}\uparrow = \frac{1}{n}\sum_{j=1}^{n}X_{ij}\uparrow \tag{7-1}$$

$$\overline{X_i}\downarrow = \frac{1}{n}\sum_{j=1}^{n}X_{ij}\downarrow \tag{7-2}$$

式中：$\overline{X_i}\uparrow$、$\overline{X_i}\downarrow$——单向趋近 P_i 时位置偏差的平均值；

$X_{ij}\uparrow$、$X_{ij}\downarrow$——第 j 次单向趋近的位置偏差值。

位置偏差的标准差为

$$s_i\uparrow = \sqrt{\frac{1}{n-1}\sum_{j=1}^{n}(X_{ij}\uparrow - \overline{X_i}\uparrow)^2} \tag{7-3}$$

$$s_i\downarrow = \sqrt{\frac{1}{n-1}\sum_{j=1}^{n}(X_{ij}\downarrow - \overline{X_i}\downarrow)^2} \tag{7-4}$$

高轴线定位精度为 A，则单向趋近 P_i 时轴线定位精度 A_u 可表示为

$$A_u\uparrow = (\overline{X_i}\uparrow + 3s_i\uparrow)_{max} - (\overline{X_i}\uparrow - 3s_i\uparrow)_{min} \tag{7-5}$$

$$A_u\downarrow = (\overline{X_i}\downarrow + 3s_i\uparrow)_{max} - (\overline{X_i}\downarrow - 3s_i\downarrow)_{min} \tag{7-6}$$

$$A_u = \max\{A_u\uparrow; A_u\downarrow\} \tag{7-7}$$

双向趋近 P_i 时，双向定位精度 A_b 为

$$A_b = \max\{(\overline{X_i}\uparrow + 3s_i\uparrow)(\overline{X_i}\downarrow + 3s_i\downarrow) - \min(\overline{X_i}\uparrow - 3s_i\uparrow)(\overline{X_i}\downarrow - 3s_i\downarrow)\}$$

$$(7-8)$$

设轴线的重复定位精度为 R，则单向趋近 P_i 时的重复定位精度为

$$R_i\uparrow = 6s_i\uparrow \qquad\qquad\qquad (7-9)$$

$$R_i\downarrow = 6s_i\downarrow \qquad\qquad\qquad (7-10)$$

$$R = \max\{R_i\uparrow; R_i\downarrow\} \qquad\qquad (7-11)$$

1) 直线运动定位精度的检测

直线运动定位精度的检测应在无负荷条件下进行，检测工具有测微仪、成组量块、标准长度刻线尺、光学读数显微镜、激光测量仪等，其测量方法如图 7-2 所示。ISO 标准规定应以激光测量为准(如图 7-2(b)所示)。目前，我国出口机床即用该法进行测量。但因国内激光测量仪还不多，也有采用标准尺比较测量的，见图 7-2(a)所示。

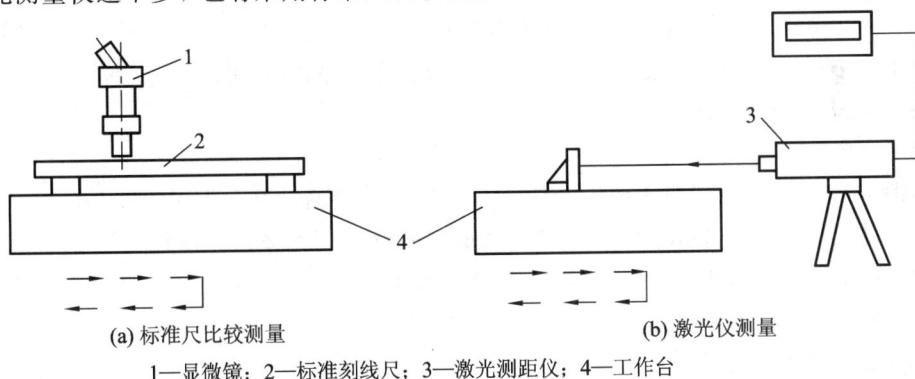

(a) 标准尺比较测量　　　　　　　　　　　　　　　(b) 激光仪测量

1—显微镜；2—标准刻线尺；3—激光测距仪；4—工作台

图 7-2　直线运动定位精度检测方法示意图

例如，JB 4367—1986 数控卧式车床精度标准中规定，车削直径不大于 800 mm 的车床，在任意 300 mm 长度上的测量 A_b，X 轴上为 0.04 mm，Z 轴上为 0.035 mm。

2) 直线运动重复定位精度的检测

直线运动重复定位精度的检测所用仪器与检测直线运动定位精度的相同。JB 4367—1986 数控卧式车床精度标准中规定，轴线长度小于 2 m 时，可在全长上取 5 个均匀分布的目标位置，溜板从一个固定的基点出发，正向快速移动在目标位置定位，重复 5 次。

在 P_i 位置测得 5 个位置偏差 $X_{i1}\uparrow$、$X_{i2}\uparrow$、$\cdots$、$X_{i5}\uparrow$，接着反向在 P_i 位置同样测得 5 个位置偏差 $X_{i1}\downarrow$、$X_{i2}\downarrow$、$\cdots$、$X_{i5}\downarrow$。进行数据处理后，可测得重复定位精度 R。精度标准中规定，Z 轴为 0.01 mm，X 轴为 0.0075 mm。

应当指出，现有定位精度的检测是以快速定位测量的。对某些进给系统刚度不太好的数控机床，采用不同进给速度定位时，会得到不同的定位精度值。另外，定位精度的测定结果与环境温度和该坐标轴的工作状态有关。目前大部分数控机床采用半闭环系统，位置检测元件大多安装在驱动电动机上，对滚珠丝杠的热伸长还没有有效的识别措施。因此，当测量定位精度时，快速往返数次之后，在 1 m 行程内产生 0.01~0.02 mm 的误差是不奇怪的。这是由于丝杠快速移动数次之后，表面温度有可能上升 0.5~1℃，从而使丝杠产生热伸长所致。这种热伸长产生的误差，有些机床便采用预拉伸(预紧)的方法来减少影响。

　　每个坐标轴的重复定位精度是反映该轴的最基本精度指标，它反映了该轴运动精度的稳定性，不能设想重复精度差的机床能稳定地用于生产。目前，由于数控系统的功能越来越多，对每个坐标运动精度的系统误差如螺距累积误差、反向间隙误差等都可以进行系统补偿，只有随机误差没法补偿。而重复定位精度正是反映了进给驱动机构的综合随机误差，它无法用数控系统补偿来修正。当发现它超差时，只有对进给传动链进行精调修正。因此，如果允许对机床进行选择，则应选择重复定位精度高的机床。

　　3. 数控机床切削精度的检查

　　机床切削精度检查就是在切削条件下对机床几何精度和定位精度的一项综合考核。一般来说，切削精度检查可分单项加工精度检查和标准综合性试件加工精度检查。目前国内的一些数控机床在精度验收中，仍以单项加工精度检查为主。

　　1）加工中心单项加工精度的检查

　　立式加工中心的主要单项加工精度检查项目有镗孔精度、镗孔的孔距精度、孔径分散度、直线铣削精度、斜线铣削精度、面铣刀平面(X-Y平面)铣削精度、圆弧铣削精度等。卧式加工中心的单项加工精度除了上述的六项外，还有箱体转180°镗孔的同轴度和水平回转台转90°铣四方的加工精度等项目的检查。

　　(1) 镗孔精度。

　　如图7-3所示，在试件上镗一个中等尺寸(如ϕ60)的深孔，孔深取孔径的两倍以上。有意在试件孔中预先加工出几个空刀槽，以形成断续切削的条件。一般先粗镗，留下单边0.2 mm左右的加工余量进行一次精镗。精镗后检查孔的圆度、圆柱度和表面粗糙度。一般情况下圆度和圆柱度在0.005 mm以内，表面粗糙度在Ra1.6~3.2 μm。精密加工中心精度还可以达到更高些。

　　(2) 镗孔的孔距精度和孔径分散度。

　　如图7-4所示，在孔距为200 mm×200 mm的试件上按1→2→3→4的顺序快速移动定位精镗四个孔。孔径取中等尺寸，在一次定位下先进行粗镗，以消除复映误差的影响。精镗余量小于0.2 mm。精镗刀头必须保证在加工100个孔后磨损量小于0.01 mm。精镗前试件要充分冷却。加工后测量各孔位置的X坐标和Y坐标值，以实测值和指令值之差的最大值作为孔距精度的测量值。在大约同一深度处测量各孔X、Y坐标方向的直径，以其最大差值作为孔径的分散度数值。一般加工中心的X、Y坐标方向孔距精度大约为0.02 mm，对角线上的孔距精度为0.03 mm，孔径分散精度在0.015 mm之内。近来上述精度有进一步提高的趋势。

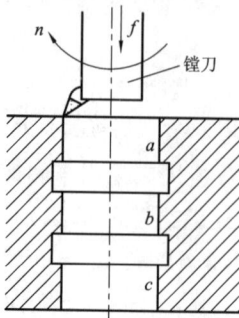

图7-3　镗孔精度检查

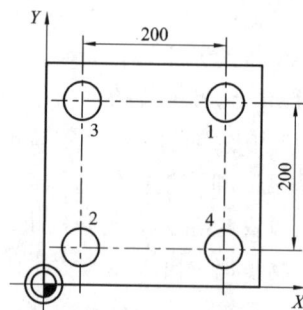

图7-4　镗孔孔距精度

（3）直线铣削精度。

直线铣削精度是指用立铣刀侧刃精铣方形工件的周边，加工后测量各边的直线度、对边平行度、邻边垂直度和对边距离尺寸精度等，如图 7-5 所示。

（4）斜线铣削精度。

如图 7-6 所示，方形工件与坐标轴夹角为 10°（也有用 15°或 30°的）。用立铣刀侧刃精铣工件四周，加工后测量各边的直线度、对边平行度和邻边的垂直度，斜线铣削主要考核 X、Y 轴直线插补运动的精度。斜线铣削时，X、Y 轴各自以一定的速度进行恒速度运动。当某一轴进给速度不均匀时，会使斜边上产生有规律的锯齿状条纹，这种条纹在相邻边观查，一边稀，一边密，条纹深度为 0.005～0.01 mm，其原因多为该轴的速度控制回路和位置回路未调整好；也有的是由于机械负载变化不均匀、低速爬行、防护罩摩擦力不均匀或检测元件传动不均匀等，需综合分析加以解决。

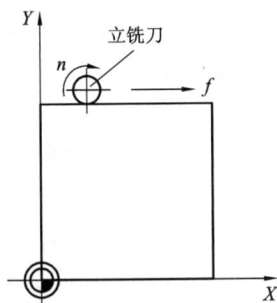

图 7-5 直线铣削精度

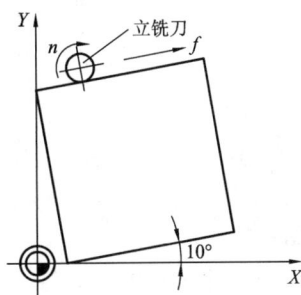

图 7-6 斜线铣削精度

（5）面铣刀铣削平面精度。

用精调过的多齿面铣刀，按图 7-7 所示进给方向铣削平面。进给轨迹呈回字形，编程时保证面铣刀进给为连续运动，不允许在加工轨迹上停留而产生刀痕。铣削速度为 80～100 m/min，每齿进给量为 0.05～0.1 mm，背吃刀量在 0.2 mm 以下。铣削后在图示 8 个点上进行测量，普通精度的加工中心的平面度在 0.01 mm 左右。

（6）圆弧铣削精度。

用立铣刀侧刃精铣外圆，使用切向切入和切向切出，铣削中不允许中断、停顿，见图 7-8。取下工件前，在工件上做记号，以便区分 X、Y 轴与工件的对应方向；然后在圆度仪上进行检查，一般在铣削 $\phi200$～$\phi300$ mm 的圆时，圆度可达 0.03 mm 左右，精密加工中心可达 0.01～0.02 mm，表面粗糙度为 $Ra3.2$ μm 左右。

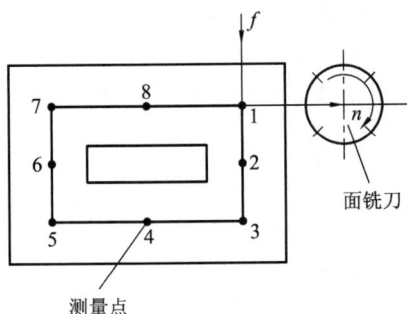

图 7-7 平面铣削精度

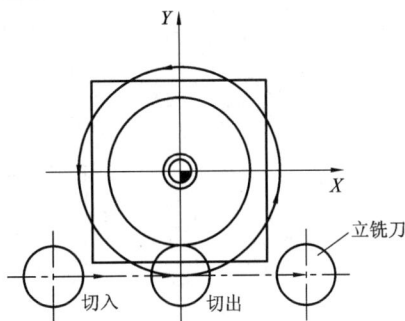

图 7-8 圆弧铣削精度

2）数控车床的单项加工精度检查

对于数控卧式车床，单项加工精度有外圆车削精度、端面车削精度、螺纹车削精度等。

（1）外圆车削精度。

如图 7-9 所示，试件材料为 45 钢，切削速度 100～150 m/min，背吃刀量为 0.1～0.15 mm，进给量不大于 0.1 mm/r，刀片材料为 YW3 涂层刀具。试件长度取床身上最大车削直径的 1/2 或最大车削长度的 1/3，最长为 500 mm；直径不小于长度的 1/4。精车后圆度为 0.007 mm；在 300 mm 的测量长度上，圆柱度为 0.03 mm（机床加工直径小于或等于 800 mm 时）。

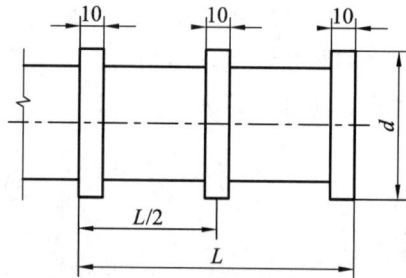

图 7-9　精车外圆精度

（2）端面车削精度。

如图 7-10 所示，试件材料为灰铸铁，切削速度为 100 m/min，背吃刀量为 0.1～0.15 mm，进给量不大于 0.1 mm/r，刀片材料为 YW3 涂层刀具。精车后检验其平面度，在 300 mm 直径上为 0.02 mm，且只允许凹。

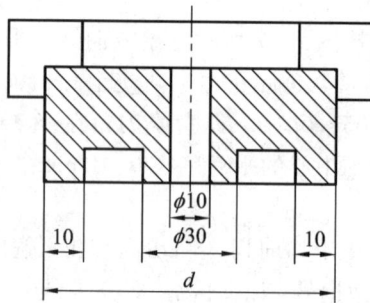

图 7-10　精车端面精度

3）螺纹车削精度

如图 7-11 所示，螺纹长度一般不小于工件直径的两倍，但最小不得小于 75 mm，一般取 300 mm。螺纹直径接近 Z 轴丝杠的直径，螺距不超过 Z 轴丝杠螺距的一半，可以使用顶尖。精车 60°螺纹后，在任意 60 mm 测量长度上螺距累积误差的允差为 0.02 mm。

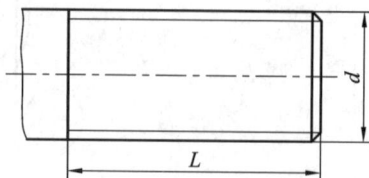

图 7-11　精车螺纹

7.3 数控机床的使用

7.3.1 数控机床管理基本要求

1. 数控机床管理的重要意义

一个企业为了提高生产能力，就要拥有先进的技术装备，同时对装备也要合理地使用、维护、保养和及时地检修。只有保持良好的技术状态，才能达到充分发挥效率、增加生产量的目的。数控机床在使用中随着时间的推移，电子器件老化和机械部件疲劳也会随之加重，设备故障就可能接踵而来，因而导致数控机床的修理工作量随之加大，机床维修的费用在生产支出项中就要增加。随着先进技术的发展，各种数控机床的结构愈将更复杂，操作与维修的难度也随之提高，维修的技术要求、维修工作量、维修费用都会随着增加。因此，只有不断改进数控机床的管理工作，合理配置，正确使用，精心保养，及时修理，才能延长有效使用时间，减少停机，以获得良好的经济效益，体现先进设备的经济意义。

2. 对数控机床进行管理的基本要求

数控机床的管理要规范化、系统化并具有可操作性，其基本要求可概括为"三好"，即"管好、用好、修好"。

1）管好数控机床

企业经营者必须管好本企业所拥有的数控机床，即掌握数控机床的数量、质量及其变动情况，合理配置数控机床；严格执行关于设备的移装、调拨、借用、出租、封存、报废、改装及更新的有关管理制度，保证财产的完整齐全，保持其完好和价值；操作工必须管好自己使用的机床，未经上级批准不准他人使用，杜绝无证操作现象。

2）用好数控机床

企业管理者应教育本企业员工正确使用和精心维护好数控机床，生产应依据机床的能力合理安排，不得有超性能使用和拼设备之类的短期化行为；操作工必须严格遵守操作维护规程，不超负荷使用及采取不文明的操作方法，要认真进行日常保养和定期维护，使数控机床保持"整齐、清洁、润滑、安全"的标准。

3）修好数控机床

车间安排生产时应考虑和预留计划维修时间，防止机床带病运行；操作工要配合维修工修好设备，及时排除故障；要贯彻"预防为主，养为基础"的原则，实行计划预防修理制度，广泛采用新技术、新工艺，保证修理质量，缩短停机时间，降低修理费用，提高数控机床的各项技术经济指标。

7.3.2 数控机床的使用规范

1. 培训数控机床使用人员

为了正确合理地使用数控机床，操作工在独立工作前，必须经过应有、必要的基本知识和技术理论及操作技能的培训，并且在熟练技师的指导下进行实际上机训练，达到一定的熟练程度；同时要参加国家职业资格的考核鉴定，经过鉴定合格并取得资格证后，方能独立操作所使用的数控机床；严禁无证上岗操作。

技术培训、考核的内容包括数控机床的结构性能、数控机床的工作原理、传动装置、数控系统的技术特性、数控机床的编程与操作、金属加工技术规范、操作规程、安全操作要领、维护保养事项、安全防护措施、故障处理原则等。

2. 实行"定人、定机，持证操作制度"

数控机床必须由经考核合格持职业资格证书的操作工担任操作，严格实行定人定机和岗位责任制，以确保正确使用数控机床和落实日常维护工作；多人操作的数控机床应实行机长负责制，由机长对使用和维护工作负责；公用数控机床应由企业管理者指定专人负责维护保管；数控机床定人、定机名单由使用部门提出，报设备管理部门审批，并由其签发操作证；精、大、稀、关键设备和定人、定机名单，设备管理部门审核报企业管理者批准后签发；定人、定机名单批准后，不得随意变动；对技术熟练、能掌握多种数控机床操作技术的工人，经考试合格可签发操作多种数控机床的操作证。

3. 建立岗位责任制

(1) 数控机床操作工必须严格按"数控机床的操作维护规程""四项要求""五项纪律"的规定正确使用与精心维护设备。

(2) 实行日常点检，认真记录，做到班前正确润滑设备、班中注意运转情况、班后清扫擦拭设备，保持清洁，涂油防锈。

(3) 在做到"三好"要求下，练好"四会"基本功，搞好日常维护和定期维护工作；配合维修工人检查修理自己操作的设备，保管好设备附件和工具，并参加数控机床修后验收工作。

(4) 认真执行交接班制度，填写好交接班及运行记录。

(5) 发生设备事故时立即切断电源，保持现场，及时向生产工长和车间机械员(师)报告，听候处理。分析事故时应如实说明经过，对违反操作规程等造成的事故应负直接责任。

4. 建立交接班制度

连续生产和多班制生产的设备必须实行交接班制度。交班人除完成设备日常维护作业外，必须把设备运行情况和发现的问题，详细记录在"交接班簿"上，并主动向接班人介绍清楚，双方当面检查，在交接班簿上签字。接班人如发现异常或情况不明、记录不清时，可拒绝接班。如交接不清，设备在接班后发生问题，由接班人负责。

企业对在用设备均需设"交接班簿"，不准涂改撕毁。区域维修部(站)和机械员(师)应及时收集分析，掌握交接班执行情况和数控机床的技术状态信息，为数控机床的状态管理提供资料。

5. 熟记"四会""四项要求"和"五项纪律"

1) "四会"

(1) 会使用。熟悉设备结构、技术性能和操作方法，懂得加工工艺；会合理选择切削用量，正确地使用设备。

(2) 会保养。会按润滑图表的规定加油、换油，保持油路畅通无阻；会按规定进行一级保养,保持设备内外清洁,做到无油垢、无脏物,漆见本色铁见光。

(3)会检查。会检查与加工工艺有关的精度检验项目,并能进行适当调整;会检查安全防护和保险装置。

(4)会排除故障。能通过不正常的声音、温度和运转情况,发现设备的异常状态,并能判定异常状态的部位和原因,及时采取措施排除故障。

2)"四项要求"

(1)整齐。工件、附件放置整齐,安全防护装置齐全,线路管道安全完整。

(2)清洁。设备内外清洁,各部位无油垢、无碰伤、不漏水、不漏油,垃圾切屑清扫干净。

(3)润滑。按时加油、换油,油质符合要求;油壶、油枪、油杯齐全;毛毡、油线、油表清洁;油路畅通。

(4)安全。实行定人、定机、凭证操作和交接班制度,遵守操作规程,合理使用、精心维护设备,安全无事故。

3)"五项纪律"

(1)凭证使用设备,遵守安全使用规程。

(2)保持设备清洁,并按规定加油。

(3)遵守设备的交接班制度。

(4)管好工具、附件,不得遗失。

(5)发现异常,立即停车。

7.4　数控机床的安全操作规程

7.4.1　数控车床的安全操作规程

(1)操作人员必须熟悉数控车床使用说明书等有关资料,如主要技术参数、传动原理、主要结构、润滑部位及维护保养等一般知识。

(2)开机前应对数控车床进行全面细致的检查,确认无误后方可操作。

(3)数控车床通电后,检查各开关、按钮和按键是否正常、灵活,机床有无异常现象。

(4)检查电压、油压是否正常,有手动润滑的部位先要进行手动润滑。

(5)各坐标轴手动回零。

(6)程序输入后,应仔细核对代码、地址、数值、正负号、小数点及语法是否正确。

(7)正确测量和计算工件坐标系,并对所得结果进行检查。

(8)输入工件坐标系,并对坐标、坐标值、正负号及小数点进行认真核对。

(9)未装工件前,空运行一次程序,看程序能否顺利运行,刀具和夹具安装是否合理,有无超程现象。

(10)无论是首次加工的零件,还是重复加工的零件,首件都必须对照图纸、工艺规程、加工程序和刀具调整卡进行试切。

(11)试切时快速进给倍率开关必须打到较低挡位。

(12)每把刀首次使用时,必须先验证它的实际长度与所给刀补值是否相符。

（13）试切进刀时，在刀具运行至工件表面 30～50 mm 处，必须在进给保持下，验证 Z 轴和 X 轴坐标剩余值与加工程序是否一致。

（14）试切和加工时，刃磨刀具和更换刀具后，要重新测量刀具位置并修改刀补值和刀补号。

（15）程序修改后，对修改部分要仔细核对。

（16）手动进给连续操作时，必须检查各种开关所选择的位置是否正确，运动方向是否正确，然后再进行操作。

（17）必须在确认工件夹紧后才能启动机床，严禁工件转动时测量、触摸工件。

（18）操作中出现工件跳动、打抖、异常声音、夹具松等异常情况时必须立即停车处理。

（19）加工完毕，清理机床。

7.4.2　数控铣床的安全操作规程

（1）操作人员应熟悉所用数控铣床的组成、结构以及规定的使用环境，并严格按机床操作手册的要求正确操作，尽量避免因操作不当而引起的故障。

（2）操作数控铣床时，应按要求正确着装。

（3）按顺序开、关机，先开机床再开数控系统，先关数控系统再关机床。

（4）开机后进行返回机床参考点的操作，以建立机床坐标系。

（5）手动操作沿 X、Y 轴方向移动工作台时，必须使 Z 轴处于安全高度位置，移动时应注意观察刀具移动是否正常。

（6）正确对刀，确定工件坐标系，并核对数据。

（7）程序调试好后，在正式切削加工前，再检查一次程序、刀具、夹具、工件、参数等是否正确。

（8）刀具补偿值输入后，要对刀补号、补偿值、正负号、小数点进行认真核对。

（9）按工艺规程要求使用刀具、夹具、程序。正式加工前，应进行程序试运行，防止加工中刀具与工件碰撞，损坏机床和刀具。

（10）装夹工件，要检查夹具是否妨碍刀具运动。

（11）试切进刀时，进给倍率开关必须打到低挡。在刀具运行至工件表面 30～50 mm 处，必须在进给保持下，验证 Z 轴剩余坐标值与加工程序数据是否一致。

（12）刃磨刀具和更换刀具后，要重新测量刀具参数并修改刀补值和刀补号。

（13）程序修改后，对修改部分要仔细核对。

（14）手动连续进给操作时，必须检查各种开关所选择的位置是否正确，确定正负方向，然后再进行操作。

（15）开机后让机床空运转 15 min 以上，以使机床达到热平衡状态。

（16）加工完毕后，将 X、Y、Z 轴移动到行程的中间位置，并将主轴速度和进给速度倍率开关都拨至低挡位，防止因误操作而使机床产生错误的动作。

（17）机床运行中，一旦发现异常情况，应立即按下急停按钮，终止机床的所有运动和操作。待故障排除后，方可重新操作机床，继续执行程序。

（18）卸刀时应先用手握住刀柄，再按换刀开关；装刀时应在确认刀柄完全到位后再松手。换刀过程中禁止运转主轴。

（19）出现机床报警时，应根据报警号查找原因，及时排除。

（20）加工完毕，清理现场，并做好工作记录。

7.4.3　加工中心的安全操作规程

1. 加工工件前的注意事项

（1）机床通电后，检查各开关、按钮和键是否正常、灵活，机床有无异常现象。

（2）检查电压、油压、气压是否正常，有手动润滑的部位先要进行手动润滑。

（3）各坐标轴手动回零。若某轴在回零前已处在零点位置，必须先将该轴移动到距离原点 100 mm 以外的位置，再进行手动回零。

（4）在进行工作台回转交换时，台面上、护罩上、导轨上不得有异物。

（5）为了使机床达到热平衡状态，必须使机床空运转 15 min 以上。

（6）NC 程序输入完毕后，应认真校对，确保无误，包括代码、指令、地址、数值、正负号、小数点及语法的查对。

（7）按工艺规程安装找正好夹具。

（8）正确测量和计算工作坐标系，并对所得结果进行验证和验算。

（9）将工作坐标系输入到偏置页面，并对坐标、坐标值、正负号及小数点进行认真核对。

（10）未装工件以前，空运行一次程序，看程序能否顺利执行，刀具长度选取和夹具安装是否合理，有无超程现象。

（11）刀具补偿值（刀长、半径）输入偏置页面后，要对刀具补偿号、补偿值、正负号、小数点进行认真核对。

（12）装夹工件，注意螺钉压板是否妨碍刀具运动，检查零件毛坯和尺寸超常现象。加工时要注意刀具是否会铣伤钳口等。

（13）检查各刀头的安装方向及各刀具旋转方向是否符合程序要求。

（14）查看各刀杆前后部位的形状和尺寸是否符合加工工艺要求，能否碰撞工件与夹具。

（15）镗刀头尾部露出刀杆的直径部分，必须小于刀尖露出刀杆的直径部分。

（16）检查每把刀柄在主轴孔中是否都能拉紧。

2. 加工工件中的注意事项

（1）无论是首次上场加工的零件，还是周期性重复上场加工的零件，首件都必须照图纸、工艺规程、加工程序和刀具调整卡，进行逐把刀逐段程序的试切。

（2）单段试切时，快速倍率开关必须置于较低挡。

（3）每把刀首次使用时，必须先验证它的实际长度与所给补偿值是否相符。

（4）在程序运行中，要重点观察数控系统上的几种显示。

① 坐标显示：可了解目前刀具运动点在机床坐标系及工作坐标系中的位置，了解这一程序段的运动量及剩余运动量等。

② 寄存器和缓冲寄存器显示：可看出正在执行的程序段各状态的指令和下一程序段的内容。

③ 主程序和子程序：可了解正在执行程序段的具体内容。

（5）试切进刀时，在刀具运行至工件表面 30～50 mm 处，必须在进给保持下，验证 Z 轴剩余坐标值和 X、Y 轴坐标值与图样是否一致。

（6）对一些有试刀要求的刀具，采用渐进的方法。例如镗孔，可先试镗一小段长度，检测合格后，再镗到整个长度。使用刀具半径补偿功能的刀具数据，可由小到大，边试切边修改。

（7）试切和加工中，刃磨刀具和更换刀具辅具后，一定要重新测量刀长并修改好刀补值和刀补号。

（8）程序检索时应注意光标所指位置是否合理、准确，并观察刀具与机床运动方向坐标是否正确。

（9）程序修改后，对修改部分一定要仔细计算和认真核对。

（10）手摇进给和手动连续进给操作时，必须检查各种开关所选择的位置是否正确，弄清正负方向，认准按键，然后再进行操作。

3. 加工工件完毕后的注意事项

（1）全批零件加工完毕后，应核对刀具号、刀补值，使程序、偏置页面、调整卡及工艺中的刀具号、刀补值完全一致。

（2）从刀库中卸下刀具，按调整卡或程序，清理编号入库。

（3）录入磁带、磁盘与工艺、刀具调整卡成套入库。

（4）卸下夹具。某些夹具应记录安装位置及方位，并作记录、存档。

（5）清扫机床。

（6）将各坐标轴停在中间位置。

7.5　数控机床的日常维护

7.5.1　数控机床日常维护保养要点

数控机床的使用寿命和效率高低，不仅取决于机床本身的精度和性能，很大程度上也取决于对它的正确使用及维修。正确的使用能防止设备非正常磨损，避免突发故障；精心的维护可使设备保持良好的技术状态，延迟老化进程，及时发现和消灭故障，防患于未然，防止恶性事故的发生，从而保障安全运行。

各类数控机床因其功能、结构及系统的不同各具不同的特性，其维护保养的内容和规则也各有特色，具体应根据机床的种类、型号及实际使用情况，并参照该机床说明书的要求，制定和建立必要的定期、定级保养制度。下面列举一些常见、通用的日常维护保养要点。

（1）使机床保持良好的润滑状态。

定期检查清洗自动润滑系统，添加或更换油脂、油液，使丝杠、导轨等各运动部位始终保持良好的润滑状态，降低机械磨损速度。

（2）定期检查液压、气压系统。

对液压系统定期进行油质化验、检查和更换液压油，并定期对各润滑、液压、气压系统的过滤器或过滤网进行清洗或更换，对气压系统还要注意经常放水。

（3）定期检查电动机系统。

对直流电动机定期进行电刷和换向器检查、清洗和更换，若换向器表面脏，应用白布沾酒精予以清洗；若表面粗糙，用细金相砂纸予以修整；若电刷长度在 10 mm 以下时，应予以更换。

（4）适时对各坐标轴进行超限位试验。

切削液会使硬件限位开关产生锈蚀，平时又主要靠软件限位起保护作用，因此要防止限位开关锈蚀后不起作用；要防止工作台发生碰撞，严重时会损坏滚珠丝杠，影响其机械精度。试验时，要按一下限位开关确认一下是否出现超程警报，或检查相应的 I/O 接口信号是否变化。

（5）定期检查电气部件。

检查各插头、插座、电缆、各继电器的触点是否接触良好，检查各印刷线路板是否干净，检查主变压器、各电机的绝缘电阻应在 1 MΩ 上。平时尽量少开电气柜门，以保持电器、柜内清洁，定期对电器柜和有关电器的冷却风扇进行卫生清洁，更换其空气过滤网等；电路板上太脏或受湿，可能发生短路现象，因此必要时对各个电路板、电气元件采用吸尘法进行卫生清扫等。

（6）机床长期不用时的维护。

数控机床不宜长期封存不用，购买数控机床以后要充分利用起来，尽量提高机床的利用率，尤其是投入的第一年，更应充分地利用，使其容易出现故障的薄弱环节尽早暴露出来，使故障的隐患尽可能在保修期内得以排除。数控机床如果长期不用，反而会由于受潮等原因加快电子元件的变质或损坏。因此数控机床长期不用时要定期通电，并进行机床功能试验程序的完整运行，要求每 1～3 周通电试运行 1 次，尤其是在环境湿度较大的梅雨季节，应增加通电次数；每次空运行 1 小时左右，以利用机床本身的发热来降低机内湿度，使电子元件不致受潮；同时也能及时发现有无电池报警发生，以防系统软件、参数的丢失等。

（7）更换存储器电池。

一般数控系统内对 CMOS RAM 存储器器件设有可充电电池维持电路，以保证系统不通电期间保持其存储器的内容。在一般的情况下，即使电池尚未失效，也应每年更换一次，以确保系统能正常工作。电池的更换应在数控装置通电状态下进行，以防更换时 RAM 内信息丢失。

（8）印刷线路板的维护。

印刷线路板长期不用是很容易出故障的。因此，对于已购置的备用印刷线路板应定期装到数控装置上运行一段时间，以防损坏。

（9）监视数控装置用的电网电压。

数控装置通常允许电网电压在额定值的 +10%～15% 的范围内波动，如果超出此范围就会造成系统不能正常工作，甚至会引起数控系统内的电子元件损坏。为此，需要经常监视数控装置用的电网电压。

（10）定期进行机床水平和机械精度检查。

机械精度的校正方法有软硬两种。软方法主要是通过系统参数补偿，如丝杠反向间隙补偿、各坐标定位精度定点补偿、机床回参考点位置校正等；硬方法一般要在机床大修时进行，如进行导轨修刮、滚珠丝杠螺母预紧、调整反向间隙等。

（11）经常打扫卫生。

如果机床周围环境太脏，粉尘太多，均会影响机床的正常运行；电路板太脏，可能产生短路现象；油水过滤网、安全过滤网等太脏，会发生压力不够、散热不好，造成故障。所以必须定期进行卫生清扫。

7.5.2 数控机床的周期检查要点

1. 每日检查要点

1）接通电源前的检查

（1）检查机床的防护门、电柜门等是否关闭。

（2）检查冷却液、液压油、润滑油的油量是否充足。

（3）检查所选择的液压卡盘的夹持方向是否正确。

（4）检查工具、量具等是否已准备好。

（5）检查切屑槽内的切屑是否已清理干净。

2）接通电源后的检查

（1）检查操作面板上的指示灯是否正常，各按钮、开关是否处于正确位置。

（2）显示屏上是否有报警显示，若有问题应及时处理。

（3）液压装置的压力表指示是否在所要求的范围内。

（4）各控制箱的冷却风扇是否正常运转。

（5）刀具是否正确夹紧在刀架上，回转刀架是否可靠夹紧，刀具是否有损伤。

（6）若机床带有导套、夹簧，应确认其调整是否合适。

3）机床运转后的检查

（1）运转中，主轴、滑板处是否有异常噪音。

（2）有无异常现象。

2. 月检查要点

（1）检查主轴的运转情况：以主轴最高转速一半左右的转速旋转 30 分钟，用手触摸壳体，感觉温和即为正常。

（2）检查 X、Z 轴的滚珠丝杠是否干净，若有污垢，应清理干净；若表面干燥，应涂润滑脂。

（3）检查 X、Z 轴行程限位开关、各急停开关动作是否正常，可用手按压行程开关的滑动轮，若有超程报警显示，说明限位开关正常。同时清洁各行程开关。

（4）检查回转刀架的润滑状态是否良好。

（5）检查导套装置：

① 检查导套内孔状况，看是否有裂纹、毛刺。若有问题，予以修整。

② 检查并清理导套前面盖帽内的切屑。

（6）检查并清理冷却液槽内的切屑。

（7）检查液压装置：

① 检查压力表的工作状态。通过调整液压泵的压力，检查压力表的指针是否工作正常。

② 检查液压管路是否有损坏，各管接头是否有松动或漏油现象。

（8）检查润滑装置：

① 检查润滑泵的排油量是否符合要求。

② 检查润滑油管路是否损坏，管接头是否有松动、漏油现象。

3. 六个月检查要点

（1）检查主轴：① 检查主轴孔的振摆。将千分表探头伸入卡盘套筒的内壁，然后轻轻地将主轴旋转一周，指针的摆动量小于出厂时精度检查表的允许值即可。

② 检查主轴传动皮带的张力及磨损情况。

③ 检查编码盘用同步皮带的张力及磨损情况。

（2）检查刀架：主要看换刀时其换位动作的连贯性，以刀架夹紧、松开时无冲击为好。

（3）检查导套装置：用手沿轴向拉导套，检查其间隙是否过大。

（4）检查润滑泵装置浮子开关的动作状况：可用润滑泵装置抽出润滑油，看浮子落至警线以下时，是否有报警指示以判断浮子开关的好坏。

（5）插头、插座、电缆、继电器的触点检查：检查各插头、插座、电缆、各继电器的触点是否接触良好；检查各印刷电路板是否干净；检查主电源变压器、各电机的绝缘电阻（应在 1 MΩ 以上）。

（6）断电后有关参数的检查：检查断电后保存机床参数、工作程序所用后备电池的电压值。

7.6　数控机床常见故障的处理方法

7.6.1　数控机床常见故障的分类

根据数控机床的故障性质、产生原因等，可将数控机床常见故障分为以下 5 类。

1. 系统性和随机性故障

以故障出现的必然性和偶然性，可将数控机床的故障分为系统性故障和随机性故障。系统性故障是指机床和系统在某一特定条件下必然出现的故障，而随机性故障是指偶然出现的故障。因此，随机性故障的分析与排除更为困难。一般来说，随机性故障往往与机械结构局部松动和错位、控制系统中部分元器件工作特性漂移及机床电气元件可靠性下降有关。因此，排除这类故障要经过反复试验，然后综合判断。

2. 有诊断显示和无诊断显示故障

以故障出现时有无自诊断显示，可将数控机床的故障分为有诊断故障和无诊断故障。目前，数控机床配置的数控系统和可编程控制器中都有较丰富的自诊断功能。有诊断显示的故障一般与控制部分有关，根据报警内容，容易找到故障原因。无诊断显示的故障，往往机床停在某一位置不能动，甚至手动操作也失灵，维修人员只能根据出现故障的前后现象来分析判断，因此，这类故障的排除难度较大。还有一种情况，虽有诊断显示，但却是由其他原因引起的，例如由于刀库运动误差造成换刀位置不到位，机械手卡在取刀中途位置，过一定时间后却显示出机械手换刀位置开关未压合报警，此时应去调整刀库的定位误差，而不是调整机械手的位置开关。这类报警提供了造成故障原因的线索。

3. 破坏性故障和非破坏性故障

以故障出现有无破坏性，可将数控机床的故障分为破坏性故障和非破坏性故障。破坏性故障一般来说应避免再次发生，维修时不允许重复这些现象。例如出现伺服系统失控造成飞车、短路、烧坏保险丝等破坏性故障，只能根据现场人员提供的情况修理，维修难度高，且有一定风险。而非破坏性故障可进行反复试验，确诊与排除比前者方便。

4. 运动品质特性故障

运动品质特性故障是由于机床运动品质特性下降而引起的故障，此时机床照常运行，也没有任何报警显示，但加工零件不合格。如机床定位精度超差、反向死区过大、两坐标直线插补运动中发现震荡等。针对这类故障，必须在检测仪器配合下，通过对机械部件、控制系统、伺服系统等进行调整来解决。

5. 硬件故障和软件故障

按发生故障的部位，可将数控机床的故障分为硬件故障和软件故障两种。所谓硬件故障，就是由外部硬件损坏引起的故障，包括检测开关、液压系统、气动系统、电气执行元件及机械装置等故障，这类故障是数控机床常见的故障。所谓软件故障，是指不是由硬件损坏引起的，而是由于操作、程序编制、调试处理不当引起的。这类故障只要改变相应程序内容或修改机床设定参数等就能排除。

7.6.2　数控机床常见故障及其处理

数控机床发生故障时，除非出现影响设备或人身安全的紧急情况，不要立即关断电源。要充分调查故障现场，从系统的外观、CRT 显示的内容、状态报警指示及有无烧灼痕迹等方面进行检查，在确认系统通电无危险的情况下，可按系统"复位"键，观察系统是否有异常，报警是否消失。如能消失，则故障多为随机性，或是操作错误造成的。数控系统发生故障时，往往同一现象、同一报警号可以有多种起因，有的故障根源在机床上，但现象却反映在系统上，所以，无论是数控系统、机床电器，还是机械、液压及气动装置等，只要有可能引起该故障的原因，都要尽可能全面地列出来，确定最有可能的原因，再通过必要的试验，达到确诊和排除故障的目的。为此，当故障发生后，要对故障的现象作好详细的记录。数控机床的故障现象尽管比较繁多，但大体发生在以下几个部位：机械部分，机床电器部分及强电控制部分，进给伺服系统部分，主轴伺服系统部分以及数控系统部分。关于编程而引起的故障多是由于考虑不周或程序输入时失误而造成的，一般只需按报警提示及时修改就行了。由于各部分故障的原因及特点不同，因而故障处理的方法也不同。下面就分别对各部分常见故障的处理方法介绍如下：

1. 机械部分的常见故障及其处理

数控机床机械部分的修理与常规机床有许多共同点，但由于数控机床大量采用电气控制，机械结构大为简化，所以机械故障大大降低。对于常见的机械故障修理，每一种机床都有相关的说明书及机械修理手册来说明，这里仅介绍一些带共性的部件故障。

1）进给传动链故障

由于普遍采用了滚动摩擦，所以进给传动链故障大部分是以运动品质下降表现出来的。如定位精度下降、反向间隙过大、机械爬行、轴承噪声过大(一般都在撞车后出现)。因此,这部分修理常与运动预紧力、松动环节和补偿环节有关。

　　2)主轴部件故障

　　数控机床由于使用了调速电动机,主轴箱内部结构比较简单。可能出现故障的部分有自动换刀部分的刀杆拉紧机构、自动换刀装置、自动换挡机构及主轴运动精度的保持装置等。

　　3)自动换刀装置故障

　　自动换刀装置(ATC)已在加工中心上大量配置,目前有 50%的机械故障与它有关。故障主要是刀具运动故障、定位误差太大、机械手夹持刀柄不稳定和机械手运动误差过大等。这些故障最后都造成换刀动作卡住,使整机停止工作等。

　　4)机床附件的可靠性

　　机床附件包括切削液装置、排屑装置、导轨防护罩、冷却液防护罩、主轴冷却恒温油箱和液压油箱等,要经常检查它们运行是否可靠。

　　2. 机床电气部分引起的故障及其处理

　　机床电气部分的故障可利用机床自诊断功能的报警号提示,查阅 PLC 梯形图或检查I/O接口信号的状态,并根据机床说明书所提供的图样、资料、排故障流程图及调整方法等,结合个人的工作经验来排除故障。

　　(1)各进给运动轴正反向硬件超程报警。这类故障现象通常可分为真超程和假超程。对于真超程,需通过手动方式沿超程的反方向退出,使机械撞块脱离限位开关,然后再按"复位"键,即可消除报警。假超程的原因可能是:铁屑等压住限位开关,限位开关接线端短路,以及由于切削液进入限位开关等原因引起限位开关损坏。针对这些原因,需通过清除铁屑或更换限位开关来排除故障。

　　(2)数控车床、加工中心等机床会出现在换刀时找不到刀的故障,具体表现为其车床的圆转刀架或加工中心的刀库总是旋转不停找不到刀。这多与刀位编码组合行程开关或干簧管、接近开关等元件的损坏、接触不好、灵敏度降低等因素有关。若根本不执行找刀动作,这与换刀回答或换刀完成用检测开关信号有关。

　　(3)数控机床的主轴不执行分度动作,这与检测分度参考点用接近开关及分角度预置用拨码盘的好坏有关。若加工中心不执行定向准停,这与检测定向准停接近开关的好坏及间隙调整的大小有关。

　　(4)对于加工中心类机床来说,其刀库的开门、关门、活动工作台的夹紧、松开、装入、卸出、活动工作台的选择等故障多与有关按钮、行程开关、接近开关、电磁阀、液压缸的好坏及动作是否良好有关。主轴上刀具的夹紧、松开等故障也多与有关接近开关的好坏,接近开关与感应挡铁间的间隙大小及主轴套筒内刀具夹紧、松开用连杆动作距离大小的调整有关。

　　(5)排屑装置电动机、液压泵电动机、各进给电动机、主轴电动机等不工作,应首先检查有关断路器、热保护继电器是否工作。若合上后这些保护元件仍然工作,则应进一步检查电机本身及有关回路是否有短路、过载或其他原因。

　　(6)润滑装置的故障,应首先检查有关开关、压力继电器、定时器等元件是否工作正常。

（7）数控车床卡盘的夹紧、松开、夹紧力大小的调整，应首先检查工作压力是否合适，有关电磁阀、液压缸等是否工作正常。立式或斜导轨式车床断电时发生托板下滑现象，应检查制动电磁阀的工作间隙。机床电器部分的故障占机床故障的比例是比较大的，原因也比较多。总之，应首先检查电气连接、按钮、行程开关、接近开关、断路器、热保护继电器、电磁阀、液压缸及相关继电器等方面的原因。确认无误后仍不能排除故障，再进行深入的检查、调整。

3. 进给伺服系统的常见故障及其处理

进给伺服系统的故障比较常见，约占整个系统故障的三分之一。故障报警现象一般有3种：一是系统具有软件诊断程序，可在 CRT 上显示报警信息；二是设置在伺服系统上的硬件（如发光二极管、保险丝熔断等）显示报警；三是出现故障时没有任何报警指示。

1）软件报警

现代数控系统都具有对进给驱动进行监视、报警的功能。在 CRT 上显示进给驱动的报警信号大致分为三类：

（1）伺服进给系统出错报警。这类报警的起因，大多是速度控制单元方面的故障引起的，或是主控制印刷线路板内与位置控制或伺服信号有关部分的故障。

（2）检测出错报警。这是指检测元件（测速发电机、旋转变压器和脉冲编码器）或检测信号引起的故障报警。

（3）过热报警。过热是指伺服单元、变压器及伺服电动机过热。

总之，可根据 CRT 上显示的报警信号，参阅该机床维修说明书中"各种报警信息产生的原因"的提示进行分析判断，找出故障，将其排除。

2）硬件报警

这包括速度单元上的报警指示灯和保险丝熔断以及保护用的开关跳开等报警。报警指示灯的含义随速度控制单元设计上的差异也有所不同，一般有下述几种：

（1）大电流报警。大电流报警多为速度控制单元上的功率驱动元件（晶闸管模块或晶体管模块）损坏。检查方法是在切断电源的情况下，用万用表测量模块集电极和发射极之间的电阻。如阻值小于 10 Ω，表明该模块已损坏。当然速度控制单元的印刷线路板故障或电动机绕组内部短路也会引起大电流报警，但后一种故障较少发生。

（2）高电压报警。产生这类报警的原因或是由于输入的交流电源超过了额定值的10%，或是电动机绝缘能力下降，或是速度控制单元的印刷线路板不良。

（3）电压过低报警。此类报警大多是由于输入电压低于额定值的85%或是电源连接不良引起的。

（4）速度反馈断线报警。此类报警多是由伺服电动机的速度或位置反馈线接触不良或连接器接触不良引起的。如果此报警在更换印刷线路板之后出现，则直接检查印刷线路板上的设定是否有误。

（5）保护开关动作。此时应首先分清是何种保护开关动作，然后再采取相应措施解决。如果是伺服单元上热继电器动作，应先检查热继电器的设定是否有误，然后再检查机床工作的切削负荷是否太大。如果是变压器热动开关动作，而变压器并不热，则说明是热动开关失灵；如果变压器很热，用手只能接触几秒钟，则要检查电动机负载是否过大。这可以在减轻切削负载条件下，再检查热动开关是否动作。如仍发生动作，应在空载低速进给的条件下测量电动机的电流；如已接近电流额定值，则需要重新调整机床。产生上述故障的另一原因是变压器内部短路。

（6）过载报警。造成过载报警的原因有机械负载不正常，或是速度控制单元上电动机电流的上限值设定得太低。永磁电动机上的永久磁体脱落也会引起过载报警，如果不带制动器的电动机空载时手转不动或转动轴时很费劲，即说明永久磁体脱落。

（7）速度控制单元上的保险丝烧断或断路跳闸。发生此类故障的原因很多，除机械负荷过大和接线错误外，主要原因有速度控制单元的环路增益设定过高、位置控制或速度控制部分的电压过高或过低引起震荡（如速度或位置检测元件故障，也可能引起震荡）、电动机故障（如电动机去磁，将会引起过大的激磁电流）、相间短路（当速度控制单元的加速或减速频率太高时，由于流经圈电流延迟，可能造成相间短路，从而烧断保险丝，此时需适当降低工作频率）。

3）无报警显示的故障

无报警显示的故障多以机床处于不正常运动状态的形式出现，但故障的根源却在进给驱动系统。

（1）机床失控。这是由于伺服电动机内检测元件的反馈信号接反或元件本身故障造成的。

（2）机床震动。此时应首先确认震动周期与进给速度是否成比例变化，如果成比例变化则故障的起因是机床、电动机、检测器不良，或是系统插补精度差，检测增益太高；如果不成比例且大致固定时，则大多是因为与位置控制有关的系统参数设定错误，速度控制单元上短路棒设定错误或增益电位器调整不良，以及速度控制单元的印刷线路不好。

（3）机床过冲。数控系统的参数（快速移动时间常数）设定的太小或速度控制单元上的速度环增益设定太低都会引起机床过冲。另外，如果电动机和进给丝杠间的刚性太差，如间隙太大或传动带的张力调整不好也会造成此故障。

（4）机床移动时噪声过大。如果噪声来自电动机，可能的原因是电动机换向器表面的粗糙度高或有损伤，油、液、灰尘等侵入电刷槽换向器和电动机有轴向窜动。

（5）机床在快速移动时震动或冲击。原因是伺服电动机内的测速发电机电刷接触不良。

（6）圆柱度超差。两轴联动加工外圆时圆柱度超差，且加工时象限稍有变化精度就不一样，多是由于进给轴的定位精度太差，需要调整机床精度差的轴。如果是在坐标轴的 45° 方向超差，则多是由于位置增益或检测增益调整不好造成的。

4. 主轴伺服系统的常见故障及其处理

主轴伺服系统从电气控制原理来分可分为直流和交流驱动。直流驱动系统在 20 世纪 70 年代初至 80 年代中期在数控机床上占据主导地位。随着微电子技术的迅速发展，20 世纪 80 年代初期推出了交流驱动系统，标志着新一代驱动系统的开始。由于交流驱动系统保持了直流驱动系统的优越性，而且交流电动机无需维护，便于制造，不受恶劣环境影响，所以目前直流驱动系统已逐步被交流驱动系统所取代。下面仅介绍交流伺服系统的故障处理。

1）电动机过热

造成过热的可能原因有负载过大、电动机冷却系统太脏、电动机的冷却风扇损坏和电动机与控制单元之间连接不良。

2）主轴电动机不转或达不到正常转速

主轴电动机不转或达不到正常转速的可能原因有速度指令不正常（如有报警可按报警内容处理）、主轴电动机不能启动（可能与主轴定向控制用的传感器安装不良有关）等。

3）交流输入电路的保险丝烧断

交流输入电路的保险丝烧断的原因多是交流电源侧的阻抗太高（例如在电源侧自耦变压器代替隔离变压器）、交流电源输入处的浪涌吸收器损坏、电源整流桥损坏、逆变器用的晶体管块或控制单元的印刷线路板故障。

4）再生回路的保险丝烧断

再生回路的保险丝烧断主要是由于主轴电动机的加速或减速频率太高引起。

5）主轴电动机有异常噪声和震动

主轴电动机有异常噪声和震动时，应检查确认是在何种情况下产生的。若在减速过程中产生，则故障发生在再生回路，此时应检查回路处的保险丝是否熔断及晶体管是否损坏。若在恒速下产生，则应先检查反馈电压是否正常，然后突然切断指令，观察电动机停转过程中是否有噪声。若有噪声，则故障出现在机械部分；否则可能在印刷线路板上。若反馈电压不正常，则需要检查震动周期是否与速度有关，若有关，应检查主轴与主轴电动机连接是否合适，主轴以及装在交流主轴电动机尾部的脉冲发生器是否不良；若无关，则可能是印刷线路板调整不好或不良，或是机械故障。

5．数控系统的常见故障及其处理

（1）数控系统电源接通后 CRT 无辉度或无任何画面。此类故障主要由以下几方面原因：

① 与 CRT 单元有关的电缆连接不良引起的，应对电缆重新检查、连接一次。

② 检查一下 CRT 单元的输入电压是否正常，但在检查前应先搞清楚 CRT 单元所用的电压是直流还是交流，电压有多高。因为生产厂家不同，它们之间有较大差异。一般来说单色 CRT 多用＋24 V 直流电源，而 14 英寸彩色 CRT 却为 200 V 交流电压。在确认输入电压过低的情况下，还应确认电网电压是否正常。如果是电源电路不良或接触不良，造成输入电压过低时，还会出现某些印刷线路板上的硬件或软件报警，如主轴低压报警等。

③ CRT 单元本身的故障造成。CRT 单元由显示单元、调节器单元等部件组成，它们中的任一部分不良都会造成 CRT 无辉度或无图像等故障。

④ 可以用示波器检查是否有视频（VIDEO）信号输入。如无，则故障出在 CRT 接口印刷线路扳上或主控制线路板上。

⑤ 数控系统的主控制线路板上如有报警显示，也可影响 CRT 的显示。此时，故障的起因不是 CRT 本身，而在主控制印刷线路板上，可以按报警信息来分析处理。

（2）数控系统一接通电源就出现"NOT READY"显示，过几秒钟就自动切断电源。有时数控系统接通电源后显示正常，但在运行程序的中途突然在 CRT 画面出现"NOT READY"，随之电源被切断，造成这类故障的一个原因是 PLC 有故障，可以通过查 PLC 的参数及梯形图来发现。其次应检查伺服系统电源装置是否有保险丝断、断路器跳闸等问题。如合闸或更换了保险丝后断路器再次跳闸，应检查电源部分是否有问题，如是否有电动机过热、是否有大功率晶体管组件过电流等故障而使计算机的监控电路起作用；检查计算机各电路板是否有故障灯显示。另外还应检查计算机所需各交流电源、直流电源的电压值是否正常，如电压不正常也可造成逻辑混乱而产生"没准备好"故障。

（3）当数控系统进入用户宏程序时出现超程报警或显示"PROGRAM STOP"，但系统一旦退出用户宏程序运行，则数控系统运行正常，这类故障出在用户宏程序上。如操作人员错按"复位"按钮，就会造成宏程序的混乱。此时可采取全部清除数控系统的内存，重新输入数控系统、PLC 的参数、宏程序变量、刀具补偿号及设定值等来恢复。

（4）数控系统的"手动数据输入方式""自动方式"无效，但在 CRT 画面上却无报警发生。这类故障多数不是由数控系统引起的。因为上述的"手动数据输入方式""自动方式"的操作开关都在机床操作面板上，所以在操作面板和数控柜之间连接发生故障，如断线等的可能性最大。在上述故障中几种工作方式均无效，说明是共性的问题，如机床侧的继电器坏了，造成机床侧的＋24 V 不能进入数控系统侧的连接单元就会引起上述故障。

（5）机床不能正常地返回基准点，且有报警产生。发生此故障的原因一般是由脉冲编码器的信号没有输入到主控制印刷线路板造成的。如脉冲编码器断线，或脉冲编码器的连接电缆和插头断线等均可引起此故障。另外，返回基准点时的机床位置距基准点太近也会产生报警。

（6）手摇脉冲发生器不能工作。此类故障包括：转动手摇脉冲发生器时 CRT 画面的位置显示发生变化，但机床不动。此时可先通过诊断功能检查是否处于机床锁住状态。如未锁住，则再由诊断功能确认伺服断开信号是否已被输入到数控系统中。另一种可能是转动手摇脉冲发生器时 CRT 画面的位置显示无变化，机床也不运动。此时可确认机床锁住信号是否已被输入（通过诊断功能来检查），确认手摇脉冲发生器的方式选择（它在机床操作面板上）信号是否已被输入（也可用诊断功能来确认），并检查主板是否有报警。若以上几个方面均无问题，则可能是手摇脉冲发生器不良或脉冲发生器接口板不良。

知识拓展

1. 什么是 TPM？

1）TPM 的定义

TPM 是 Total Productive Maintenance 第一个字母的缩写，意思是"全员生产维修"，即通过员工素质与设备效率的提高，使企业的体质得到根本改善，是以提高设备综合效率为目标，以全系统的预防维修为过程，全体人员参与为基础的设备保养和维修管理体系。TPM 起源于 20 世纪 50 年代的美国，最初称事后维修（Breakdown Maintenance），经过预防维修（Preventive Maintenance）、改良维修（Corrective Maintenance）、维修预防（Maintenance Prevention）、生产维修（Productive Maintenance）的变迁，于 20 世纪 60 年代传到日本，1971 年基本形成现在公认的 TPM。20 世纪 80 年代起，韩国等亚洲国家、美洲国家、欧洲国家相继开始导入 TPM 活动。20 世纪 90 年代，中国一些企业开始推进 TPM 活动。

2）TPM 的特点

TPM 的特点就是三个"全"，即全效率、全系统和全员参加。全效率是指设备寿命周期费用评价和设备综合效率。全系统是指生产维修系统的各个方法都要包括在内，即 PM、MP、CM、BM 等都要包含。全员参加是指设备的计划、使用、维修等所有部门都要参加，尤其注重的是操作者的自主小组活动。

3）TPM 的目标

TPM 的目标可以概括为四个"零"，即停机为零、废品为零、事故为零、速度损失为零。停机为零是指计划外的设备停机时间为零。计划外的停机对生产造成的冲击相当大，使整个生产品配发生困难，造成资源闲置等浪费。计划时间要有一个合理值，不能为了满足非计划停机为零而使计划停机时间值达到很高。废品为零是指由设备原因造成的废品为零。"完美的质量需要完善的机器"，机器是保证产品质量的关键，而人是保证机器好坏的关键。事故为零是指设备运行过程中事故为零。设备事故的危害非常大，影响生产不说，可能会造成人身伤害，严重的可能会"机毁人亡"。速度损失为零是指设备速度降低造成的产量损失为零。由于设备保养不好，设备精度降低而不能按高速度使用设备，等于降低了设备性能。

4）TPM 的理论基础

TPM 的理论基础如图 7-12 所示。

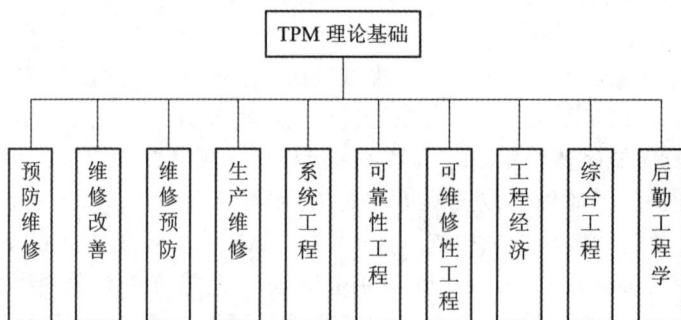

图 7-12　TPM 的理论基础

5）推行 TPM 的要素

推行 TPM 要从三大要素上下工夫。这三大要素是：① 提高工作技能。不管是操作工还是设备工程师，都要努力提高工作技能。没有好的工作技能，全员参与将是一句空话。② 改进精神面貌。精神面貌好，才能形成好的团队，共同促进，共同提高。③ 改善操作环境。通过 5S 等活动，使操作环境良好，一方面可以提高工作兴趣及效率，另一方面可以避免一些不必要的设备事故。现场整洁，物料、工具等分门别类摆放，也可使设置调整时间缩短。

2. 什么是 5W1H 工作法？

5W1H 是指管理工作中对目标计划进行分解和进行决策的思维程序。它对要解决问题的目的、对象、地点、时间、人员和方法提出一系列的询问，并寻求解决问题的答案。这六个问题是：

（1）Why——为什么干这件事？（目的）；

（2）What——怎么回事？（对象）；

（3）Where——在什么地方执行？（地点）；

（4）When——什么时间执行？什么时间完成？（时间）；

（5）Who——由谁执行？（人员）；

（6）How——怎样执行？采取那些有效措施？（方法）。

以上六个问题的英文第一个字母为 5 个 W 和 1 个 H，所以简称 5W1H 工作法。运用这种方法分析问题时，先将这六个问题列出；得到回答后，再考虑列出一些小问题；再次得到回答后，便可进行取消、合并、重排和简化工作，对问题进行综合分析研究，从而产生更新的创造性设想或决策。

巧记 5W1H 的中文口诀："何时何地何人？做何事？为什么？怎么做？"

先导案例解决方案

1. 什么是 5S 管理

5S 管理就是整理（SEIRI）、整顿（SEITON）、清扫（SEISO）、清洁（SETKETSU）、素养（SHITSUKE）五个项目，因日语的罗马拼音均以"S"开头而简称 5S 管理。5S 管理起源于日本，通过规范现场、现物，营造一目了然的工作环境，培养员工良好的工作习惯，其最终目的是提升人的品质，养成良好的工作习惯：

（1）革除马虎之心，凡事认真（认认真真地对待工作中的每一件"小事"）。

（2）遵守规定。

（3）自觉维护工作，环境整洁明了。

（4）文明礼貌。

没有实施 5S 管理的工厂，现场脏乱，例如地板粘着垃圾、油渍或切屑等，日久就形成污黑的一层；零件与箱子乱摆放，起重机或台车在狭窄的空间里游走；好不容易导进的最新式设备也未加维护，经过数个月之后，也变成了不良的机械；要使用的工夹具、计测器不知道放在何处等，显现了脏污与零乱的景象。员工在作业中显得松松垮垮，规定的事项也只有起初两三天遵守而已。改变这样工厂的面貌，实施 5S 管理活动最为适合。

2. 5S 管理与其他管理活动的关系

（1）5S 是现场管理的基础，是全面生产管理 TPM 的前提，是全面品质管理 TQM 的第一步，也是 ISO9000 有效推行的保证。

（2）5S 管理能够营造一种"人人积极参与，事事遵守标准"的良好氛围。有了这种氛围，推行 ISO、TQM 及 TPM 就更容易获得员工的支持和配合，有利于调动员工的积极性，形成强大的推动力。

（3）实施 ISO、TQM、TPM 等活动的效果是隐蔽的、长期性的，一时难以看到显著的效果，而 5S 管理活动的效果是立竿见影的。如果在推行 ISO、TQM、TPM 等活动的过程中导入 5S 管理，可以通过在短期内获得显著效果来增强企业员工的信心。

（4）5S 管理是现场管理的基础，5S 管理水平的高低，代表着管理者对现场管理认识的高低，这又决定了现场管理水平的高低；而现场管理水平的高低；制约着 ISO、TPM、TQM 活动能否顺利、有效地推行。通过 5S 管理活动，从现场管理着手改进企业"体质"，能起到事半功倍的效果。

3. 5S 管理的实施要领

1) 1S——整理

内容：将工作场所的任何东西均区分为有必要的与不必要的；把必要的东西与不必要的东西明确地、严格地区分开来；不必要的东西要尽快处理掉；正确的价值意识——使用价值，而不是原购买价值。

目的：腾出空间，空间活用；防止误用、误送；塑造清爽的工作场所。

生产过程中经常有一些残余物料、待修品、返修品、报废品等滞留在现场，既占据了地方又阻碍生产。包括一些已无法使用的工夹具、量具、机器设备，如果不及时清除，会使现场变得凌乱。

生产现场摆放不要的物品是一种浪费。即使宽敞的工作场所，也会变得窄小；棚架、橱柜等被杂物占据而减少使用价值，且会增加寻找工具、零件等物品的困难，浪费时间；物品杂乱无章地摆放，会使盘点困难，成本核算失准。

注意点：要有决心，不必要的物品应断然地加以处置。

实施要领：

(1) 自己的工作场所（范围）全面检查，包括看得到和看不到的；

(2) 制定「要」和「不要」的判别基准；

(3) 将不要的物品清除出工作场所；

(4) 对需要的物品调查使用频度，决定日常用量及放置位置；

(5) 制订废弃物处理方法；

(6) 每日自我检查。

2) 2S——整顿

内容：对整理之后留在现场的必要的物品分门别类放置，排列整齐；明确数量，有效标识。

目的：工作场所一目了然；整整齐齐的工作环境；消除找寻物品的时间；消除过多的积压物品。

注意点：这是提高效率的基础。

实施要领：

(1) 前一步骤整理的工作要落实；

(2) 需要的物品明确放置场所；

(3) 摆放整齐、有条不紊；

(4) 地板画线定位；

(5) 场所、物品标示；

(6) 制订废弃物处理办法。

整顿的"三要素"：场所、方法、标识。

放置场所——物品的放置场所原则上要 100%设定。物品的保管要定点、定容、定量；生产线附近只能放真正需要的物品；

放置方法——易取。不超出所规定的范围；在放置方法上多下工夫；

标识方法——放置场所和物品原则上一对一表示。现物和放置场所要分别明确标识；某些标识方法全公司要统一；在标识方法上多下工夫。

整顿的"三定"原则：定点、定容、定量。定点：放在哪里合适；定容：用什么容器、颜色；定量：规定合适的数量。

重点：整顿的结果要成为任何人都能立即取出所需要的东西的状态；要站在新人和其他职场员工的立场来看，什么东西该放在什么地方更为明确；要想办法使物品能立即取出使用；另外，使用后要能容易恢复到原位，没有恢复或误放时能马上知道。

3）3S——清扫

内容：将工作场所清扫干净；保持工作场所干净、亮丽。

目的：消除脏污，保持职场内干净、明亮；稳定品质；减少工业伤害。

注意点：将清扫责任化、制度化。

实施要领：

（1）建立清扫责任区（室内、外）；

（2）执行例行扫除，清理脏污；

（3）调查污染源，予以杜绝或隔离；

（4）建立清扫基准，作为规范；

（5）开始一次全公司的大清扫，每个地方都清洗干净。

清扫就是使职场进入没有垃圾、没有污脏的状态，虽然已经整理、整顿过，要的东西马上就能取得，但是被取出的东西要达到能被正常使用的状态才行。而达到这种状态就是清扫的第一目的，尤其目前强调高品质、高附加价值产品的制造，更不容许有垃圾或灰尘的污染，造成品质不良。

4）4S——清洁

内容：将上面的 3S 实施的做法制度化、规范化。

目的：维持上面 3S 的成果。

注意点：形成制度，定期检查。

实施要领：

（1）落实前 3S 工作；

（2）制订目视管理的基准；

（3）制订 5S 实施办法；

（4）制订考评、稽核方法；

（5）制订奖惩制度，加强执行；

（6）高阶主管经常带头巡查，带动全员重视 5S 活动。

5S 活动一旦开始，不可在中途变得含糊不清。如果不能贯彻到底，又会形成另外一个污点，而这个污点会造成公司内保守而僵化的气氛：我们公司做什么事都是半途而废，反正不会成功，应付应付算了。要打破这种保守、僵化的现象，唯有花费更长时间来改正。

5）5S——素养

内容：通过晨会等手段，提高员工文明礼貌水准，增强团队意识，养成按规定行事的良好工作习惯。

目的：提升人的品质，使员工对任何工作都讲究认真。

注意点：长期坚持，才能养成良好的习惯。

实施要领：

（1）制订服装、臂章、工作帽等识别标准；

（2）制订公司相关规则、规定；

（3）制订礼仪守则；

（4）教育训练（新进人员强化 5S 教育、实践）；

（5）推动各种精神提升活动（晨会，例行打招呼、礼貌运动等）；

（6）推动各种激励活动，遵守规章制度。

4. 5S 管理的效用

5S 管理的五大效用可归纳为 5 个 S，即 Sales、saving、safety、standardization、satisfaction。

（1）5S 管理是最佳推销员（Sales）——被顾客称赞为干净整洁的工厂使客户有信心，乐于下订单；会有很多人来厂参观学习；会使大家希望到这样的工厂工作。

（2）5S 管理是节约家（Saving）——降低不必要的材料、工具的浪费；减少寻找工具、材料等的时间；提高工作效率。

（3）5S 管理对安全有保障（Safety）——宽广明亮、视野开阔的职场，遵守堆积限制，危险处一目了然；走道明确，不会造成杂乱情形而影响工作的顺畅。

（4）5S 管理是标准化的推动者（Standardization）——"三定""三要素"原则可规范作业现场，大家都按照规定执行任务，程序稳定，品质稳定。

（5）5S 管理形成令人满意的职场（Satisfaction）——创造明亮、清洁的工作场所，使员工有成就感，能造就现场全体人员进行改善的气氛。

生 产 学 习 经 验

【**案例 7 - 1**】 对数控机床进行日常检查是及时掌握数控机床技术状况的有效手段。生产实际中，日常点检是日常检查的一种好方法，那么什么是日常点检？有什么具体作用？日常点检表或点检卡怎么制定？

【**案例 7 - 2**】 一台德国 CWK500 加工中心托盘不能进行手动转动，系统无报警显示，电网电源正常。该机床有多次保险丝熔断记录，这次更换保险丝后无效。如何诊断与排除故障？

【案例 7 - 1】

【案例 7 - 2】

本 章 小 结

本章的学习重点是数控机床的选用方法、原则和考虑因素，数控机床的安装、调试和验收要求，数控机床的使用规范，数控机床的安全操作规程和日常维护保养要点，数控机床的常见故障分类及其处理方法。学习难点是数控机床的安装、调试和验收，以及常见故障的分类和处理方法。

思 考 与 练 习

7-1　为什么要选用数控机床？方法是什么？有什么原则？

7-2　选用数控机床时要考虑哪些因素？

7-3　什么是可靠性？可靠性的衡量指标有哪些？

7-4　什么是失效率曲线(浴盆曲线)？

7-5　简述数控机床的安装步骤。

7-6　什么是数控机床的定位精度？检测的内容有哪些？

7-7　对数控机床进行管理的基本要求是什么？为什么要对数控机床进行管理？

7-8　数控机床的使用规范有哪些？"四会""四项要求"和"五项纪律"的含义是什么？

7-9　数控机床的日常维护保养要点有哪些？

7-10　简述数控机床的每日检查要点。

7-11　根据数控机床的故障性质、产生原因等可将数控机床的常见故障分为哪几类？

7-12　机械部分的常见故障有哪些？如何处理？

7-13　机床电气部分引起的故障有哪些？如何处理？

7-14　进给伺服系统的常见故障有哪些？如何处理？

7-15　主轴伺服系统的常见故障有哪些？如何处理？

7-16　简述数控系统的常见故障有哪些？如何处理？

自 测 题

一、选择题(请将正确答案的序号填写在题中的括号内，每题 2 分，共 40 分)

1. 数控机床切削精度检验(　　)，对机床几何精度和定位精度的一项综合检验。

　　A. 又称静态精度检验，是在切削加工条件下

　　B. 又称动态精度检验，是在空载条件下

　　C. 又称动态精度检验，是在切削加工条件下

　　D. 又称静态精度检验，是在空载条件下

2. 加工中心工作时，为保证主轴的润滑，必须做到每天(　　)。

　　A. 对主轴恒温油箱中的润滑油进行更换

　　B. 检查主轴润滑恒温油箱，观察温度范围，保证油量充足

　　C. 清理润滑油池底，更换液压泵滤油器

　　D. 清洗过滤器、油箱

3. 违反安全操作规程的是(　　)。

　　A. 严格遵守生产纪律　　　　　　　B. 遵守安全操作规程

　　C. 执行国家劳动保护政策　　　　　D. 可使用不熟悉的机床和工具

4. 不符合着装整洁文明生产要求的是（　　）。

    A. 按规定穿戴好防护用品　　　　B. 遵守安全技术操作规程

    C. 优化工作环境　　　　　　　　D. 在工作中吸烟

5. 为了保障人身安全，在正常情况下，电气设备的安全电压规定为（　　）。

    A. 42 V　　　　　　B. 36 V　　　　　　C. 24 V　　　　　　D. 12 V

6. 进行数控机床几何精度检验时，检测工具的精度必须比所测的几何精度（　　）。

    A. 至少相同　　　B. 高一级　　　　C. 高二级　　　　D. 高 2/3 级

7. 对长期不用的数控机床保持经常性的通电是为了（　　）。

    A. 保持电路的畅通　　　　　　　B. 避免各元器件生锈

    C. 检查电子元件是否有故障　　　D. 驱走数控装置内的潮气

8. 数控机床作空运行试验的目的是（　　）。

    A. 检验加工精度　　　　　　　　B. 检验程序运行时间

    C. 检验程序是否能正常运行　　　D. 检验功率

9. 数控机床的日常维护中，错误的做法是（　　）。

    A. 按时补充润滑油　　　　　　　B. 敞开电气控制柜门以利通风

    C. 检查液压、气动系统的压力　　D. 清除导轨面上的切屑

10. 数控机床维修的一般原则是（　　）。

    A. 先动后静　　　　　　　　　　B. 先内部后外部

    C. 先机械后电气　　　　　　　　D. 先特殊后一般

11. 英文缩写"MTBF"是指（　　）。

    A. 平均无故障工作时间　　　　　B. 平均修复时间

    C. 有效度　　　　　　　　　　　D. 可靠性

12. 数控机床（　　）。

    A. 不需要接地　　　　　　　　　B. 应良好接地

    C. 对电路干扰不敏感　　　　　　D. 对振动不敏感

13. 要做好数控机床的维护与保养工作，必须（　　）消除导轨副和防护装置的切屑。

    A. 每周　　　　　　B. 每天　　　　　　C. 每小时　　　　　　D. 每月

14. 润滑质量好，可以提高数控车床机械故障的（　　）。

    A. 发生概率　　　　　　　　　　B. 最小无故障时间

    C. 最大无故障时间　　　　　　　D. 平均无故障时间

15. 在急停按钮功能中。错误的说法是（　　）。

    A. 出现紧急情况时按下此按钮　　B. 按下按钮，伺服进给同时停止工作

    C. 按下按钮，主轴运转立即停止　C. 需要停车时，可随时按下此按钮

16. （　　）不是造成数控系统不能接通电源的原因。

    A. RS232 接口损坏　　　　　　　B. 交流电源无输入或熔断丝烧损

    C. 直流电压电路负载短断　　　　D. 电源输入单元烧损或开关接触不好

17. 数控机床开机时，一般要进行回参考点操作，其目的是（　　）。

    A. 换刀，准备开始加工　　　　　B. 建立机床坐标系

    C. 建立局部坐标系　　　　　　　D. 选项 A、B、C 都对

18. 更换数控系统电池的正确做法是(　　　)。

　　A. 在数控系统断电的状态下进行　　　B. 电池能量耗尽后

　　C. 在数控系统通电的状态下进行　　　D. 以上皆是

19. 用水平仪检验机床导轨的直线度时,若把水平仪放在导轨的右端,气泡向右偏 2 格;若把水平仪放在导轨的左端,气泡向左偏 2 格,则此导轨状态是(　　　)。

　　A. 中间凸　　　　B. 中间凹　　　　C. 不凸不凹　　　　D. 扭曲

20. 除减少摩擦外,导轨副润滑可以(　　　)。

　　A. 提高传动效率　　　　　　　　　B. 带走热量

　　C. 防止锈蚀　　　　　　　　　　　D. 以上皆是

二、判断题(请将判断结果填入括号中,正确的填"√",错误的填"×",每题 1 分,共 10 分)

(　　)1. 不准擅自拆机床上的安全防护装置,缺少安全防护装置的机床不准工作。

(　　)2. 数控机床主轴部件是影响机床加工精度的一个主要部件。

(　　)3. 数控机床切削精度检验可分为单项精度检验和加工一个标准的综合试件精度检验两种。

(　　)4. 对电刷的维护是直流伺服电机维护的主要内容。

(　　)5. 数控机床精度检验的主要内容包括几何精度、定位精度和切削精度。

(　　)6. 数控机床的精度检测应以激光测量为准。

(　　)7. 我国的供电制式是:交流 380 V、三相,交流 220 V、单相,频率 50 Hz。

(　　)8. 机床通电后,应首先检查各开关按钮和键是否正常。

(　　)9. 数控机床的动态精度是指机床的切削精度。

(　　)10. 数控机床的环境温度应低于 30℃,相对湿度不超过 80%。

三、名词解释(每题 4 分,共 20 分)

1. 系统性故障　　2. 失效率曲线　　3. 可靠性　　4. 定位精度　　5. 点检

四、简答题(每题 6 分,共 30 分)

1. 简述数控机床的使用规范。

2. 为什么要对数控机床进行管理?基本要求是什么?

3. 数控机床的日常维护保养要点有哪些?

4. 简述数控机床机械部分的常见故障及其处理方法。

5. 简述数控系统的常见故障及其处理方法。

自测题答案

附录 1

数控车工国家职业标准

中 级 工 要 求

职业功能	工作内容	技 能 要 求	相 关 知 识
一、加工准备	（一）读图与绘图	（1）能读懂中等复杂程度（如曲轴）的零件图； （2）能绘制简单的轴、盘类零件图； （3）能读懂进给机构、主轴系统的装配图	（1）复杂零件的表达方法； （2）简单零件图的画法； （3）零件三视图、局部视图和剖视图的画法； （4）装配图的画法
	（二）制定加工工艺	（1）能读懂复杂零件的数控车床加工工艺文件； （2）能编制简单（轴、盘）零件的数控加工工艺文件	数控车床加工工艺文件的制定
	（三）零件定位与装夹	能使用通用卡具（如三爪卡盘、四爪卡盘）进行零件装夹与定位	（1）数控车床常用夹具的使用方法； （2）零件定位、装夹的原理和方法
	（四）刀具准备	（1）能够根据数控加工的工艺文件选择、安装和调整数控车床常用刀具； （2）能够刃磨常用车削刀具	（1）金属切削与刀具磨损知识； （2）数控车床常用刀具的种类、结构和特点； （3）数控车床、零件材料、加工精度和工作效率对刀具的要求
二、数控编程	（一）手工编程	（1）能编制由直线、圆弧组成的二维轮廓数控加工程序； （2）能编制螺纹加工程序； （3）能够运用固定循环、子程序进行零件的加工程序编制	（1）数控编程知识； （2）直线插补和圆弧插补的原理； （3）坐标点的计算方法
	（二）计算机辅助编程	（1）能够使用计算机绘图设计软件绘制简单（轴、盘、套）零件图； （2）能够利用计算机绘图软件计算节点	计算机绘图软件（二维）的使用方法

续表一

职业功能	工作内容	技　能　要　求	相　关　知　识
三、数控车床操作	（一）操作面板	（1）能够按照操作规程启动及停止机床； （2）能使用操作面板上的常用功能键（如回零、手动、MDI、修调等）	（1）熟悉数控车床的操作说明书； （2）数控车床操作面板的使用方法
	（二）程序输入与编辑	（1）能够通过各种途径（如 DNC、网络等）输入加工程序； （2）能够通过操作面板编辑加工程序	（1）数控加工程序的输入方法； （2）数控加工程序的编辑方法； （3）网络知识
	（三）对刀	（1）能进行对刀并确定相关坐标系； （2）能设置刀具参数	（1）对刀的方法； （2）坐标系的知识； （3）刀具偏置补偿、半径补偿与刀具参数的输入方法
	（四）程序调试与运行	能够对程序进行校验、单步执行、空运行并完成零件试切	程序调试的方法
四、零件加工	（一）轮廓加工	（1）能进行轴、套类零件加工，并达到以下要求： ①尺寸公差等级：IT6级； ②形位公差等级：IT8级； ③表面粗糙度：$Ra1.6\ \mu m$； （2）能进行盘类、支架类零件加工，并达到以下要求： ①轴径公差等级：IT6级； ②孔径公差等级：IT7级； ③形位公差等级：IT8级； ④表面粗糙度：$Ra1.6\ \mu m$	（1）内外径的车削加工方法、测量方法； （2）形位公差的测量方法； （3）表面粗糙度的测量方法
	（二）螺纹加工	能进行单线等节距的普通三角螺纹、锥螺纹的加工，并达到以下要求： （1）尺寸公差等级：IT6～IT7级； （2）形位公差等级：IT8级； （3）表面粗糙度：$Ra1.6\ \mu m$	（1）常用螺纹的车削加工方法； （2）螺纹加工中的参数计算
	（三）槽类加工	能进行内径槽、外径槽和端面槽的加工，并达到以下要求： （1）尺寸公差等级：IT8级； （2）形位公差等级：IT8级； （3）表面粗糙度：$Ra3.2\ \mu m$	内、外径槽和端槽的加工方法
	（四）孔加工	能进行孔加工，并达到以下要求： （1）尺寸公差等级：IT7级； （2）形位公差等级：IT8级； （3）表面粗糙度：$Ra3.2\ \mu m$	孔的加工方法
	（五）零件精度检验	能够进行零件的长度、内外径、螺纹、角度精度检验	（1）通用量具的使用方法； （2）零件精度检验及测量方法

职业功能	工作内容	技 能 要 求	相 关 知 识
五、数控车床维护与精度检验	（一）数控车床日常维护	能够根据说明书完成数控车床的定期及不定期维护保养，包括机械、电气、液压、数控系统的检查和日常保养等	（1）数控车床说明书； （2）数控车床的日常保养方法； （3）数控车床的操作规程； （4）数控系统（进口与国产数控系统）使用说明书
	（二）数控车床故障诊断	（1）能读懂数控系统的报警信息； （2）能发现数控车床的一般故障	（1）数控系统的报警信息； （2）机床的故障诊断方法
	（三）机床精度检查	能够检查数控车床的常规几何精度	数控车床常规几何精度的检查方法

高 级 工 要 求

职业功能	工作内容	技 能 要 求	相 关 知 识
一、加工准备	（一）读图与绘图	（1）能够读懂中等复杂程度（如刀架）的装配图； （2）能够根据装配图拆画零件图； （3）能够测绘零件	（1）根据装配图拆画零件图的方法； （2）零件的测绘方法
	（二）制定加工工艺	能编制复杂零件的数控车床加工工艺文件	复杂零件数控加工工艺文件的制定
	（三）零件定位与装夹	（1）能选择和使用数控车床组合夹具和专用夹具； （2）能分析并计算车床夹具的定位误差； （3）能够设计与自制装夹辅具（如心轴、轴套、定位件等）	（1）数控车床组合夹具和专用夹具的使用、调整方法； （2）专用夹具的使用方法； （3）夹具定位误差的分析与计算方法
	（四）刀具准备	（1）能够选择各种刀具及刀具附件； （2）能够根据难加工材料的特点，选择刀具的材料、结构和几何参数； （3）能够刃磨特殊车削刀具	（1）专用刀具的种类、用途、特点和刃磨方法； （2）切削难加工材料时的刀具材料和几何参数的确定方法
二、数控编程	（一）手工编程	能运用变量编程编制含有公式曲线的零件数控加工程序	（1）固定循环和子程序的编程方法； （2）变量编程的规则和方法
	（二）计算机辅助编程	能用计算机绘图软件绘制装配图	计算机绘图软件的使用方法
	（三）数控加工仿真	能利用数控加工仿真软件实施加工过程仿真以及加工代码检查、干涉检查、工时估算	数控加工仿真软件的使用方法

续表

职业功能	工作内容	技能要求	相关知识
三、零件加工	（一）轮廓加工	能进行细长、薄壁零件加工，并达到以下要求： ① 轴径公差等级：IT6 级； ② 孔径公差等级：IT7 级； ③ 形位公差等级：IT8 级； ④ 表面粗糙度：$Ra1.6\ \mu m$	细长、薄壁零件加工的特点及装卡、车削方法
	（二）螺纹加工	(1) 能进行单线和多线等节距的 T 型螺纹、锥螺纹加工，并达到以下要求： ① 尺寸公差等级：IT6 级； ② 形位公差等级：IT8 级； ③ 表面粗糙度：$Ra1.6\ \mu m$； (2) 能进行变节距螺纹的加工，并达到以下要求： ① 尺寸公差等级：IT6 级； ② 形位公差等级：IT7 级； ③ 表面粗糙度：$Ra1.6\ \mu m$	(1) T 型螺纹、锥螺纹加工中的参数计算； (2) 变节距螺纹的车削加工方法
	（三）孔加工	能进行深孔加工，并达到以下要求： ① 尺寸公差等级：IT6 级； ② 形位公差等级：IT8 级； ③ 表面粗糙度：$Ra1.6\ \mu m$	深孔的加工方法
	（四）配合件加工	能按装配图上的技术要求对套件进行零件加工和组装，配合公差达到 IT7 级	套件的加工方法
	（五）零件精度检验	(1) 能够在加工过程中使用百(千)分表等进行在线测量，并进行加工技术参数的调整； (2) 能够进行多线螺纹的检验； (3) 能进行加工误差分析	(1) 百(千)分表的使用方法； (2) 多线螺纹的精度检验方法； (3) 误差分析的方法
四、数控车床维护与精度检验	（一）数控车床日常维护	(1) 能判断数控车床的一般机械故障； (2) 能完成数控车床的定期维护保养	(1) 数控车床的机械的故障和排除方法； (2) 数控车床的液压原理和常用的液压元件
	（二）机床精度检验	(1) 能够进行机床几何精度检验； (2) 能够进行机床切削精度检验	(1) 机床几何精度的检验内容及方法； (2) 机床切削精度的检验内容及方法

附录2

数控铣工国家职业标准

中 级 工 要 求

职业功能	工作内容	技 能 要 求	相 关 知 识
一、加工准备	（一）读图与绘图	（1）能读懂中等复杂程度（如凸轮、壳体、板状、支架）的零件图； （2）能绘制有沟槽、台阶、斜面、曲面的简单零件图； （3）能读懂分度头尾架、弹簧夹头套筒、可转位铣刀结构等简单机构的装配图	（1）复杂零件的表达方法； （2）简单零件图的画法； （3）零件三视图、局部视图和剖视图的画法
	（二）制定加工工艺	（1）能读懂复杂零件的铣削加工工艺文件； （2）能编制由直线、圆弧等构成的二维轮廓零件的铣削加工工艺文件	（1）数控加工工艺知识； （2）数控加工工艺文件的制定方法
	（三）零件定位与装夹	（1）能使用铣削加工常用夹具（如压板、虎钳、平口钳等）装夹零件； （2）能够选择定位基准，并找正零件	（1）常用夹具的使用方法； （2）定位与夹紧的原理和方法； （3）零件找正的方法
	（四）刀具准备	（1）能够根据数控加工工艺文件选择、安装和调整数控铣床常用刀具； （2）能根据数控铣床特性、零件材料、加工精度、工作效率等选择刀具和刀具几何参数，并确定数控加工需要的切削参数和切削用量； （3）能够利用数控铣床的功能，借助通用量具或对刀仪测量刀具的半径及长度； （4）能选择、安装和使用刀柄； （5）能够刃磨常用刀具	（1）金属切削与刀具磨损知识； （2）数控铣床常用刀具的种类、结构、材料和特点； （3）数控铣床、零件材料、加工精度和工作效率对刀具的要求； （4）刀具长度补偿、半径补偿等刀具参数的设置知识； （5）刀柄的分类和使用方法； （6）刀具刃磨的方法

续表一

职业功能	工作内容	技　能　要　求	相　关　知　识
二、数控编程	（一）手工编程	（1）能编制由直线、圆弧组成的二维轮廓数控加工程序； （2）能够运用固定循环、子程序进行零件的加工程序编制	（1）数控编程知识； （2）直线插补和圆弧插补的原理； （3）节点的计算方法
	（二）计算机辅助编程	（1）能够使用 CAD/CAM 软件绘制简单零件图； （2）能够利用 CAD/CAM 软件完成简单平面轮廓的铣削程序	（1）CAD/CAM 软件的使用方法； （2）平面轮廓的绘图与加工代码生成方法
三、数控铣床操作	（一）操作面板	（1）能够按照操作规程启动及停止机床； （2）能使用操作面板上的常用功能键（如回零、手动、MDI、修调等）	（1）数控铣床操作说明书； （2）数控铣床操作面板的使用方法
	（二）程序输入与编辑	（1）能够通过各种途径（如 DNC、网络）输入加工程序； （2）能够通过操作面板输入和编辑加工程序	（1）数控加工程序的输入方法； （2）数控加工程序的编辑方法
	（三）对刀	（1）能进行对刀并确定相关坐标系； （2）能设置刀具参数	（1）对刀的方法； （2）坐标系的知识； （3）建立刀具参数表或文件的方法
	（四）程序调试与运行	能够进行程序检验、单步执行、空运行并完成零件试切	程序调试的方法
	（五）参数设置	能够通过操作面板输入有关参数	数控系统中相关参数的输入方法
四、零件加工	（一）平面加工	能够运用数控加工程序进行平面、垂直面、斜面、阶梯面等的铣削加工，并达到如下要求： （1）尺寸公差等级达 IT7 级； （2）形位公差等级达 IT8 级； （3）表面粗糙度达 $Ra3.2\ \mu m$	（1）平面铣削的基本知识； （2）刀具端刃的切削特点
	（二）轮廓加工	能够运用数控加工程序进行由直线、圆弧组成的平面轮廓铣削加工，并达到如下要求： （1）尺寸公差等级达 IT8 级； （2）形位公差等级达 IT8 级； （3）表面粗糙度达 $Ra3.2\ \mu m$	（1）平面轮廓铣削的基本知识； （2）刀具侧刃的切削特点

职业功能	工作内容	技 能 要 求	相 关 知 识
四、零件加工	（三）曲面加工	能够运用数控加工程序进行圆锥面、圆柱面等简单曲面的铣削加工，并达到如下要求： （1）尺寸公差等级达 IT8 级； （2）形位公差等级达 IT8 级； （3）表面粗糙度达 $Ra3.2\ \mu m$	（1）曲面铣削的基本知识； （2）球头刀具的切削特点
	（四）孔类加工	能够运用数控加工程序进行孔加工，并达到如下要求： （1）尺寸公差等级达 IT7 级； （2）形位公差等级达 IT8 级； （3）表面粗糙度达 $Ra3.2\ \mu m$	麻花钻、扩孔钻、丝锥、镗刀及铰刀的加工方法
	（五）槽类加工	能够运用数控加工程序进行槽、键槽的加工，并达到如下要求： （1）尺寸公差等级达 IT8 级； （2）形位公差等级达 IT8 级； （3）表面粗糙度达 $Ra3.2\ \mu m$	槽、键槽的加工方法
	（六）精度检验	能够使用常用量具进行零件的精度检验	（1）常用量具的使用方法； （2）零件精度检验及测量方法
五、维护与故障诊断	（一）机床日常维护	能够根据说明书完成数控铣床的定期及不定期维护保养，包括机械、电、气、液压、数控系统的检查和日常保养等	（1）数控铣床说明书； （2）数控铣床的日常保养方法； （3）数控铣床的操作规程； （4）数控系统（进口、国产数控系统）的说明书
	（二）机床故障诊断	（1）能读懂数控系统的报警信息； （2）能发现数控铣床的一般故障	（1）数控系统的报警信息； （2）机床的故障诊断方法
	（三）机床精度检查	能进行机床水平的检查	（1）水平仪的使用方法； （2）机床垫铁的调整方法

高 级 工 要 求

职业功能	工作内容	技 能 要 求	相 关 知 识
一、加工准备	（一）读图与绘图	（1）能读懂装配图并拆画零件图； （2）能够测绘零件； （3）能够读懂数控铣床主轴系统、进给系统的机构装配图	（1）根据装配图拆画零件图的方法； （2）零件的测绘方法； （3）数控铣床主轴与进给系统基本构造知识
	（二）制定加工工艺	能编制二维、简单三维曲面零件的铣削加工工艺文件	复杂零件数控加工工艺的制定
	（三）零件定位与装夹	（1）能选择和使用组合夹具和专用夹具； （2）能选择和使用专用夹具装夹异型零件； （3）能分析并计算夹具的定位误差； （4）能够设计与自制装夹辅具（如轴套、定位件等）	（1）数控铣床组合夹具和专用夹具的使用、调整方法； （2）专用夹具的使用方法； （3）夹具定位误差的分析与计算方法； （4）装夹辅具的设计与制造方法
	（四）刀具准备	（1）能够选用专用工具（刀具和其他）； （2）能够根据难加工材料的特点，选择刀具的材料、结构和几何参数	（1）专用刀具的种类、用途、特点和刃磨方法； （2）切削难加工材料时的刀具材料和几何参数的确定方法
二、数控编程	（一）手工编程	（1）能够编制较复杂的二维轮廓铣削程序； （2）能够根据加工要求编制二次曲面的铣削程序； （3）能够运用固定循环、子程序进行零件的加工程序编制； （4）能够进行变量编程	（1）较复杂二维节点的计算方法； （2）二次曲面几何体外轮廓节点的计算； （3）固定循环和子程序的编程方法； （4）变量编程的规则和方法
	（二）计算机辅助编程	（1）能够利用 CAD/CAM 软件进行中等复杂程度的实体造型（含曲面造型）； （2）能够生成平面轮廓、平面区域、三维曲面、曲面轮廓、曲面区域、曲线的刀具轨迹； （3）能进行刀具参数的设定； （4）能进行加工参数的设置； （5）能确定刀具的切入切出位置与轨迹； （6）能够编辑刀具轨迹； （7）能够根据不同的数控系统生成 G 代码	（1）实体造型的方法； （2）曲面造型的方法； （3）刀具参数的设置方法； （4）刀具轨迹生成的方法； （5）各种材料切削用量的数据； （6）有关刀具切入切出的方法对加工质量影响的知识； （7）轨迹编辑的方法； （8）后置处理程序的设置和使用方法
	（三）数控加工仿真	能利用数控加工仿真软件实施加工过程仿真、加工代码检查与干涉检查	数控加工仿真软件的使用方法

职业功能	工作内容	技 能 要 求	相 关 知 识
三、数控铣床操作	（一）程序调试与运行	能够在机床中断加工后正确恢复加工	程序中断与恢复加工的方法
	（二）参数设置	能够依据零件特点设置相关参数进行加工	数控系统参数设置方法
四、零件加工	（一）平面铣削	能够编制数控加工程序铣削平面、垂直面、斜面、阶梯面等，并达到如下要求： （1）尺寸公差等级达 IT7 级； （2）形位公差等级达 IT8 级； （3）表面粗糙度达 $Ra3.2\ \mu m$	（1）平面铣削精度的控制方法； （2）刀具端刃几何形状的选择方法
	（二）轮廓加工	能够编制数控加工程序铣削较复杂的（如凸轮等）平面轮廓，并达到如下要求： （1）尺寸公差等级达 IT8 级； （2）形位公差等级达 IT8 级； （3）表面粗糙度达 $Ra3.2\ \mu m$	（1）平面轮廓铣削的精度控制方法； （2）刀具侧刃几何形状的选择方法
	（三）曲面加工	能够编制数控加工程序铣削二次曲面，并达到如下要求： （1）尺寸公差等级达 IT8 级； （2）形位公差等级达 IT8 级； （3）表面粗糙度达 $Ra3.2\ \mu m$	（1）二次曲面的计算方法； （2）刀具影响曲面加工精度的因素以及控制方法
	（四）孔系加工	能够编制数控加工程序对孔系进行切削加工，并达到如下要求： （1）尺寸公差等级达 IT7 级； （2）形位公差等级达 IT8 级； （3）表面粗糙度达 $Ra3.2\ \mu m$	麻花钻、扩孔钻、丝锥、镗刀及铰刀的加工方法
	（五）深槽加工	能够编制数控加工程序进行深槽、三维槽的加工，并达到如下要求： （1）尺寸公差等级达 IT8 级； （2）形位公差等级达 IT8 级； （3）表面粗糙度达 $Ra3.2\ \mu m$	深槽、三维槽的加工方法
	（六）配合件加工	能够编制数控加工程序进行配合件加工，尺寸配合公差等级达 IT8 级	（1）配合件的加工方法； （2）尺寸链换算的方法

续表二

职业功能	工作内容	技　能　要　求	相　关　知　识
四、零件加工	（七）精度检验	（1）能够利用数控系统的功能使用百（千）分表测量零件的精度； （2）能对复杂、异形零件进行精度检验； （3）能够根据测量结果分析产生误差的原因； （4）能够通过修正刀具补偿值和修正程序来减少加工误差	（1）复杂、异形零件的精度检验方法； （2）产生加工误差的主要原因及其消除方法
五、维护与故障诊断	（一）日常维护	能完成数控铣床的定期维护	数控铣床定期维护手册
	（二）故障诊断	能排除数控铣床的常见机械故障	机床的常见机械故障诊断方法
	（三）机床精度检验	能协助检验机床的各种出厂精度	机床精度的基本知识

附录3

加工中心操作工国家职业标准

中 级 工 要 求

职业功能	工作内容	技 能 要 求	相 关 知 识
一、加工准备	（一）读图与绘图	（1）能读懂中等复杂程度（如凸轮、箱体、多面体）的零件图； （2）能绘制有沟槽、台阶、斜面的简单零件图； （3）能读懂分度头尾架、弹簧夹头套筒、可转位铣刀结构等简单机构的装配图	（1）复杂零件的表达方法； （2）简单零件图的画法； （3）零件三视图、局部视图和剖视图的画法
	（二）制定加工工艺	（1）能读懂复杂零件的数控加工工艺文件； （2）能编制直线、圆弧面、孔系等简单零件的数控加工工艺文件	（1）数控加工工艺文件的制定方法； （2）数控加工工艺知识
	（三）零件定位与装夹	（1）能使用加工中心常用夹具（如压板、虎钳、平口钳等）装夹零件； （2）能够选择定位基准，并找正零件	（1）加工中心常用夹具的使用方法； （2）定位、装夹的原理和方法； （3）零件找正的方法
	（四）刀具准备	（1）能够根据数控加工工艺卡选择、安装和调整加工中心常用刀具； （2）能根据加工中心特性、零件材料、加工精度和工作效率等选择刀具和刀具几何参数，并确定数控加工需要的切削参数和切削用量； （3）能够使用刀具预调仪或者在机内测量工具的半径及长度； （4）能够选择、安装、使用刀柄； （5）能够刃磨常用刀具	（1）金属切削与刀具磨损知识； （2）加工中心常用刀具的种类、结构和特点； （3）加工中心、零件材料、加工精度和工作效率对刀具的要求； （4）刀具预调仪的使用方法； （5）刀具长度补偿、半径补偿与刀具参数的设置知识； （6）刀柄的分类和使用方法； （7）刀具刃磨的方法

续表一

职业功能	工作内容	技　能　要　求	相　关　知　识
二、数控编程	（一）手工编程	（1）能够编制钻、扩、铰、镗等孔类加工程序； （2）能够编制平面铣削程序； （3）能够编制含直线插补、圆弧插补二维轮廓的加工程序	（1）数控编程知识； （2）直线插补和圆弧插补的原理； （3）坐标点的计算方法； （4）刀具补偿的作用和计算方法
	（二）计算机辅助编程	能够利用 CAD/CAM 软件完成简单平面轮廓的铣削程序	（1）CAD/CAM 软件的使用方法； （2）平面轮廓的绘图与加工代码生成方法
三、加工中心操作	（一）操作面板	（1）能够按照操作规程启动及停止机床； （2）能使用操作面板上的常用功能键（如回零、手动、MDI、修调等）	（1）加工中心的操作说明书； （2）加工中心操作面板的使用方法
	（二）程序输入与编辑	（1）能够通过各种途径（如 DNC、网络）输入加工程序； （2）能够通过操作面板输入和编辑加工程序	（1）数控加工程序的输入方法； （2）数控加工程序的编辑方法
	（三）对刀	（1）能进行对刀并确定相关坐标系； （2）能设置刀具参数	（1）对刀的方法； （2）坐标系的知识； （3）建立刀具参数表或文件的方法
	（四）程序调试与运行	（1）能够进行程序检验、单步执行、空运行并完成零件试切； （2）能够使用交换工作台	（1）程序调试的方法； （2）工作台交换的方法
	（五）刀具管理	（1）能够使用自动换刀装置； （2）能够在刀库中设置和选择刀具； （3）能够通过操作面板输入有关参数	（1）刀库的知识； （2）刀库的使用方法； （3）刀具信息的设置方法与刀具选择； （4）数控系统中加工参数的输入方法
四、零件加工	（一）平面加工	能够运用数控加工程序进行平面、垂直面、斜面、阶梯面等铣削加工，并达到如下要求： （1）尺寸公差等级达 IT7 级； （2）形位公差等级达 IT8 级； （3）表面粗糙度达 $Ra3.2\ \mu m$	（1）平面铣削的基本知识； （2）刀具端刃的切削特点

续表二

职业功能	工作内容	技 能 要 求	相 关 知 识
四、零件加工	（二）型腔加工	（1）能够运用数控加工程序进行直线、圆弧组成的平面轮廓零件铣削加工，并达到如下要求： ① 尺寸公差等级达 IT8 级； ② 形位公差等级达 IT8 级； ③ 表面粗糙度达 $Ra3.2\ \mu m$ （2）能够运用数控加工程序进行复杂零件的型腔加工，并达到如下要求： ① 尺寸公差等级达 IT8 级； ② 形位公差等级达 IT8 级； ③ 表面粗糙度达 $Ra3.2\mu m$	（1）平面轮廓铣削的基本知识； （2）刀具侧刃的切削特点
	（三）曲面加工	能够运用数控加工程序铣削圆锥面、圆柱面等简单曲面，并达到如下要求： （1）尺寸公差等级达 IT8 级； （2）形位公差等级达 IT8 级； （3）表面粗糙度达 $Ra3.2\ \mu m$	（1）曲面铣削的基本知识； （2）球头刀具的切削特点
	（四）孔系加工	能够运用数控加工程序进行孔系加工，并达到如下要求： （1）尺寸公差等级达 IT7 级； （2）形位公差等级达 IT8 级； （3）表面粗糙度达 $Ra3.2\ \mu m$	麻花钻、扩孔钻、丝锥、镗刀及铰刀的加工方法
	（五）槽类加工	能够运用数控加工程序进行槽、键槽的加工，并达到如下要求： （1）尺寸公差等级达 IT8 级； （2）形位公差等级达 IT8 级； （3）表面粗糙度达 $Ra3.2\ \mu m$	槽、键槽的加工方法
	（六）精度检验	能够使用常用量具进行零件的精度检验	（1）常用量具的使用方法； （2）零件精度检验及测量方法
五、维护与故障诊断	（一）加工中心日常维护	能够根据说明书完成加工中心的定期及不定期维护保养，包括机械、电、气、液压、数控系统的检查和日常保养等	（1）加工中心说明书； （2）加工中心的日常保养方法； （3）加工中心的操作规程； （4）数控系统（进口、国产数控系统）说明书
	（二）加工中心故障诊断	（1）能读懂数控系统的报警信息； （2）能发现加工中心的一般故障	（1）数控系统的报警信息； （2）机床的故障诊断方法
	（三）机床精度检查	能进行机床水平的检查	（1）水平仪的使用方法； （2）机床垫铁的调整方法

高 级 工 要 求

职业功能	工作内容	技 能 要 求	相 关 知 识
一、加工准备	（一）读图与绘图	（1）能够读懂装配图并拆画零件图； （2）能够测绘零件； （3）能够读懂加工中心主轴系统、进给系统的机构装配图	（1）根据装配图拆画零件图的方法； （2）零件的测绘方法； （3）加工中心主轴与进给系统基本构造知识
	（二）制定加工工艺	能编制箱体类零件的加工中心加工工艺文件	箱体类零件数控加工工艺文件的制定
	（三）零件定位与装夹	（1）能根据零件的装夹要求正确选择和使用组合夹具和专用夹具； （2）能选择和使用专用夹具装夹异型零件； （3）能分析并计算加工中心夹具的定位误差； （4）能够设计与自制装夹辅具（如轴套、定位件等）	（1）加工中心组合夹具和专用夹具的使用、调整方法； （2）专用夹具的使用方法； （3）夹具定位误差的分析与计算方法； （4）装夹辅具的设计与制造方法
	（四）刀具准备	（1）能够选用专用工具； （2）能够根据难加工材料的特点，选择刀具的材料、结构和几何参数	（1）专用刀具的种类、用途、特点和刃磨方法； （2）切削难加工材料时的刀具材料和几何参数的确定方法
二、数控编程	（一）手工编程	（1）能够编制较复杂的二维轮廓铣削程序； （2）能够运用固定循环、子程序进行零件的加工程序编制； （3）能够运用变量编程	（1）较复杂二维节点的计算方法； （2）球、锥、台等几何体外轮廓节点的计算； （3）固定循环和子程序的编程方法； （4）变量编程的规则和方法
	（二）计算机辅助编程	（1）能够利用 CAD/CAM 软件进行中等复杂程度的实体造型（含曲面造型）； （2）能够生成平面轮廓、平面区域、三维曲面、曲面轮廓、曲面区域、曲线的刀具轨迹； （3）能进行刀具参数的设定； （4）能进行加工参数的设置； （5）能确定刀具的切入切出位置与轨迹； （6）能够编辑刀具轨迹； （7）能够根据不同的数控系统生成 G 代码	（1）实体造型的方法； （2）曲面造型的方法； （3）刀具参数的设置方法； （4）刀具轨迹生成的方法； （5）各种材料切削用量的数据； （6）有关刀具切入切出的方法对加工质量影响的知识； （7）轨迹编辑的方法； （8）后置处理程序的设置和使用方法
	（三）数控加工仿真	能利用数控加工仿真软件实施加工过程仿真、加工代码检查与干涉检查	数控加工仿真软件的使用方法

续表一

职业功能	工作内容	技 能 要 求	相 关 知 识
三、加工中心操作	（一）程序调试与运行	能够在机床中断加工后正确恢复加工	加工中心的中断与恢复加工的方法
	（二）在线加工	能够使用在线加工功能，运行大型加工程序	加工中心的在线加工方法
四、零件加工	（一）平面加工	能够编制数控加工程序进行平面、垂直面、斜面、阶梯面等铣削加工，并达到如下要求： (1) 尺寸公差等级达 IT7 级； (2) 形位公差等级达 IT8 级； (3) 表面粗糙度达 $Ra3.2\ \mu m$	平面铣削的加工方法
	（二）型腔加工	能够编制数控加工程序进行模具型腔加工，并达到如下要求： (1) 尺寸公差等级达 IT8 级； (2) 形位公差等级达 IT8 级； (3) 表面粗糙度达 $Ra3.2\ \mu m$	模具型腔的加工方法
	（三）曲面加工	能够使用加工中心进行多轴铣削加工叶轮、叶片，并达到如下要求： (1) 尺寸公差等级达 IT8 级； (2) 形位公差等级达 IT8 级； (3) 表面粗糙度达 $Ra3.2\ \mu m$	叶轮、叶片的加工方法
	（四）孔类加工	(1) 能够编制数控加工程序进行相贯孔加工，并达到如下要求： ① 尺寸公差等级达 IT8 级； ② 形位公差等级达 IT8 级； ③ 表面粗糙度达 $Ra3.2\ \mu m$； (2) 能进行调头镗孔，并达到如下要求： ① 尺寸公差等级达 IT7 级； ② 形位公差等级达 IT8 级； ③ 表面粗糙度达 $Ra3.2\ \mu m$； (3) 能够编制数控加工程序进行刚性攻丝，并达到如下要求： ① 尺寸公差等级达 IT8 级； ② 形位公差等级达 IT8 级； ③ 表面粗糙度达 $Ra3.2\ \mu m$	相贯孔加工、调头镗孔、刚性攻丝的方法

续表二

职业功能	工作内容	技 能 要 求	相 关 知 识
四、零件加工	（五）沟槽加工	（1）能够编制数控加工程序进行深槽、特形沟槽的加工，并达到如下要求： ① 尺寸公差等级达 IT8 级； ② 形位公差等级达 IT8 级； ③ 表面粗糙度达 $Ra3.2~\mu m$； （2）能够编制数控加工程序进行螺旋槽、柱面凸轮的铣削加工，并达到如下要求： ① 尺寸公差等级达 IT8 级； ② 形位公差等级达 IT8 级； ③ 表面粗糙度达 $Ra3.2~\mu m$	深槽、特形沟槽、螺旋槽、柱面凸轮的加工方法
	（六）配合件加工	能够编制数控加工程序进行配合件加工，尺寸配合公差等级达 IT8 级	（1）配合件的加工方法； （2）尺寸链换算的方法
	（七）精度检验	（1）能对复杂、异形零件进行精度检验； （2）能够根据测量结果分析产生误差的原因； （3）能够通过修正刀具补偿值和修正程序来减少加工误差	（1）复杂、异形零件的精度检验方法； （2）产生加工误差的主要原因及其消除方法
五、维护与故障诊断	（一）日常维护	能完成加工中心的定期维护保养	加工中心的定期维护手册
	（二）故障诊断	能发现加工中心的一般机械故障	（1）加工中心的机械故障和排除方法； （2）加工中心的液压原理和常用的液压元件
	（三）机床精度检验	能够进行机床几何精度和切削精度检验	机床几何精度和切削精度的检验内容及方法

参 考 文 献

[1]　蒋洪平. 数控机床维修[M]. 北京：高等教育出版社，2004.

[2]　蒋洪平. 数控机床故障诊断与维修. 北京：北京理工大学出版社，2006.

[3]　蒋洪平. CAD/CAM 软件应用技术－MasterCAM. 北京：北京理工大学出版社，
　　　2012.

[4]　吴祖育，秦鹏飞. 数控机床[M]. 3 版. 上海：上海科学技术出版社，2004.

[5]　李松，徐冰川. 数控编程与加工. 上海：上海科学普及出版社，2007.

[6]　袁锋. 数控车床培训教程. 北京：机械工业出版社，2005.

[7]　王荣兴. 加工中心培训教程. 北京：机械工业出版社，2006.

[8]　郑晓峰. 数控原理与系统. 北京：机械工业出版社，2005.

[9]　韩鸿鸾. 数控机床的机械结构与维修. 山东：山东科学技术出版社，2005.

[10]　彭晓南. 数控技术. 北京：机械工业出版社，2008.

[11]　王志平. 数控加工编程与操作. 北京：高等教育出版社，2006.

[12]　武汉华中数控股份有限公司. HNC－21M 世纪星铣削数控装置编程说明书[M]. 武
　　　汉：武汉华中数控股份有限公司，2004.

[13]　沈剑峰. 数控铣工加工中心操作工(高级). 北京：机械工业出版社，2008.

[14]　沈剑峰，虞俊. 数控车工操作工(高级). 北京：机械工业出版社，2008.

[15]　林宋，田建君. 现代数控机床. 北京：化学工业出版社，2003.

[16]　崔元刚. 数控机床技术应用. 北京：北京理工大学出版社，2006.

[17]　吴明友. 数控车床(华中数控)考工实训教程. 北京：化学工业出版社，2006.

[18]　张方阳. 数控铣床/加工中心编程与加工. 北京：清华大学出版社，2010.

[19]　张亚力. 全国数控大赛实操试题及详解(数控铣/加工中心). 北京：化学工业出版
　　　社，2013.